高等院校网络教育系列教材

数学大观园

李继根　编著

华东理工大学出版社
EAST CHINA UNIVERSITY OF SCIENCE AND TECHNOLOGY PRESS

·上海·

图书在版编目(CIP)数据

数学大观园 / 李继根编著. —上海：华东理工大
学出版社,2022.1
　　ISBN 978 - 7 - 5628 - 6795 - 1

　　Ⅰ.①数… Ⅱ.①李… Ⅲ.①数学-基本知识 Ⅳ.
①O1

　　中国版本图书馆 CIP 数据核字(2022)第 008222 号

....

项目统筹 / 左金萍
责任编辑 / 翟玉清
责任校对 / 石　曼
装帧设计 / 戚亮轩
出版发行 / 华东理工大学出版社有限公司
　　　　　　地址：上海市梅陇路 130 号,200237
　　　　　　电话：021 - 64250306
　　　　　　网址：www.ecustpress.cn
　　　　　　邮箱：zongbianban@ecustpress.cn
印　　刷 / 上海展强印刷有限公司
开　　本 / 787mm×1092mm　1/16
印　　张 / 16.75
字　　数 / 405 千字
版　　次 / 2022 年 1 月第 1 版
印　　次 / 2022 年 1 月第 1 次
定　　价 / 58.00 元

....

前　言

许多人在微积分基本定理的帮助下解决了一个又一个积分问题,但却对这份珍贵的礼物视而不见,对于这种现象,在畅销书《微积分的力量》(微积分能有畅销书可是罕见的)中,作者举了个古老的笑话——鱼问它的朋友道:"你难道不感激水吗?"另一条鱼反问道:"水是什么?"

毋庸讳言,很长一段时间以来,学生听过最多的话就是:"这个不考,大家不用看了""这些要是不理解就记住吧,考试能拿上分就行""得数学者得天下""选择、填空要不择手段,蒙也得蒙对"……为了考试,师生只关注考试要考的;为了考试,学生专注于刷题,以"小镇做题家"为荣,练习只是为了"敲门",学习完全异化,根本无暇发现数学中的人文内涵,更没时间慢下来欣赏数学中的风景;为了考试,老师将考试题型和解题套路固化和八股化,学生照猫画虎,对于证明题,有的甚至背诵下来,考完即弃,完全缺乏创新精神;……按郑也夫先生在《吾国教育病理》中的说法,这些教育异化现象的病原是"学历军备竞赛".在这种大环境下,学生直奔主题,更关注题目的详细解答在哪里,至于你的思考过程,"我"不感兴趣.

众所周知,数学以抽象而闻名,而且数学抽象是有层次的.史宁中先生进一步指出:第一次抽象是基于现实的抽象,是感性具体到理性具体的过程;第二次抽象则是基于逻辑的抽象,是符号化、形式化和公理化的过程,是理性具体到理性一般的过程,教科书一般表现为"定义→定理和公式→例题和应用".第一次抽象才是更本质的抽象,因为它创造了新的概念、运算法则和基本原理,更有利于创新精神的培养.而要展示它的过程,一般需要采用启发式教学,这就带来了困惑:课堂上说的话很绕,编出的书很厚,满是文字却只有少量的公式,不符合一般人对数学书的认知.

司马云杰先生在《文化社会学》一书中强调,社会文化基础对国家民族生存绵延具有十分重要的作用,其中所谓社会文化基础,指的是"一个国家民族社会历史生活中由天德、王道、礼教、人心、人性、伦理、道德、宗教、哲学及其信仰、信念等所构成的社会历史根本存在"."欲知大道,必先为史.灭人之国,必先去其史,欲灭其族,必先灭其文化."(龚自珍)如今,越来越多的人已经意识到文化的重要性,比如清华大学和华东师范大学的校长们都在向新生推荐《从一到无穷大》等科普名著.那么数学的文化基础是什么呢? 社会变迁会带来文化变迁,而思想是数学的物质形态,文化则是数学的时代形态.所以要从数学文化上找到破解之道,那么又该怎样破题呢?

结合数学通识教育的课程要求、学生的数学基础以及作者自身的教学风格,本书打算从"趣精浅"上来做文章:(1)趣,即通过各种趣味性的数学历史掌故和"接地气"的语言叙述,展示数学和数学人生动活泼、有趣滑稽的一面.作者认为,数学文化,首先要展示数学人的人性,展示数学人作为人的喜怒哀乐.本书取名《数学大观园》,就是化用蒋勋先生将《红楼梦》

品读为"秘密的青春王国"的理念,希望能让读者重拾对数学最初的喜爱和热情.(2) 精,即精心选择经典的数学基础知识,重新进行趣味性、思想性乃至哲理性的品读,以期提升学生的数学文化水平、数学思维高度和数学思想深度.(3) 浅,即凡教材中所涉及的知识和方法均以浅显介绍为主,不回避数学符号,保留简单初步的运算,同时尽量减少复杂烦琐的运算.

为了实现这种理念,本书从三个方面进行了递进式铺陈:(1) 数学观的纠偏和重塑.先引导读者从大众、影视和数学人等视角来观照数学,然后观瞻"数学大都会"的概貌,最后则从哲学和文化两个视角带领读者进一步领略数学中的人文关怀.(2) 数字探秘,即探索"数"的秘密.这自然要从自然数出发,先谈趣闻再说史话,然后欣赏"数学王冠"上的一些"珍宝",接下来就是数字的扩张之旅:无理数→虚数→超复数,最后则将视线聚焦到最特殊的三大常数(因涉及微积分知识,本部分内容置于书末).(3) 微积分的探索之旅.先花费较大笔墨精心论述微积分的核心知识,即极限、微分和积分,然后再佐以微积分激动人心的发展史.唯冀能通过这样的组合式叙述,使读者能充分领悟到微积分何以被称为"人类精神的最高胜利".如此破题"数学文化基础",功效如何,在前述数学人文教育匮乏的大背景下,作者只能怀着忐忑又期望的心情拭目以待.

在前文所述教育生态的影响下,本书中的大量数学知识和史实,许多学生,甚至一些教师,恐怕都未知一二.比如,有的高数老师不知道洛必达法则的真正发明人,有的线代老师没听说过数值线性代数……

本书部分内容曾在华东理工大学数学学院专业选修课程"数学文化"以及辅修课程"数学思想与方法"上讲授多轮.感谢修读这些课程的同学们,希望你们的课堂表现和所思所想已经化入书中.

临近交稿之际,惊悉导师田万海先生(1937—2021)驾鹤西去."调查全国数学教学为国定策,研究古今初等代数泽被数代".先生主持的全国义务教育数学教学质量调查,荣获原国家科委科技进步一等奖;与其他学者合作编著的《初等代数研究》教材,已经累计印刷达 36 次,发行逾百万套.作为改革开放以来我国数学教育学科的重要奠基人之一,先生仅此两项成果就让同侪艳羡不已,使后学难望其项背.先生为人更是谦逊正直,一贯要求弟子要讲真话、做真事、解决真问题,真是"为数学教育而生"之人!谨以此书向先生致以诚挚的仰慕和深切的怀念!

李继根

于华东理工大学数学学院

目 录

第1章
数学是何物

1.1 众说纷纭的数学

1.1.1 大众眼中的数学

众所周知,在数学课本中经常露脸的小明和老农、泳池管理员、包工头以及火车司机被读者们幽默地称为数学课本"五大奇人". 作为五人之首的小明,自然非常熟悉其他几位同行,毕竟大家一起合作传播了许多数学知识和文化. 同时,思想开明的小明也知道读者们作为数学课程的受众,对数学有许多幽默认知和调侃.

比如,对于数学(mathematics)的英文简称 math,有人极富创意地将其单词字母扩写为 Mental Abuse To Humans(人类精神虐待). 还有一个英文单词 aftermath,本意是(战争、事故、不快事情的)后果、创伤,词源上和数学没有任何关系,但是由于它是由 after+math 组成的,被大家机智地发现它的词义也正好完美地表达了考完数学后的心情.

对于 2019 年高考中有关维纳斯身高的这道数学文化题:

> 古希腊时期,人们认为最美人体的头顶至肚脐的长度与肚脐至足底的长度之比是 $(\sqrt{5}-1)/2[(\sqrt{5}-1)/2 \approx 0.618$,称为黄金分割比例$]$,著名的"断臂维纳斯"便是如此. 此外,最美人体的头顶至咽喉的长度与咽喉至肚脐的长度之比也是 $(\sqrt{5}-1)/2$. 若某人满足上述两个黄金分割比例,且腿长为 105 cm,头顶至脖子下端的长度为 26 cm,则其身高可能是(　　)
>
> A. 165 cm　　　　B. 175 cm　　　　C. 185 cm　　　　D. 190 cm

基于选择题的题型特点,有人给出了"粗暴式解题法":因为维纳斯是女性,所以排除选项 C 和 D;又因为维纳斯是外国女性,所以排除选项 A. 可见在高考数学文化题的考核上,需要更深入的探索研究.

有人从实用角度出发,开始怀疑大学开设高等数学(核心是微积分)课程的意义:学数学有啥用,买菜难道用得上微积分? 对此,一种经典的反驳是:买菜是用不上微积分,但微积分能决定你在哪里买菜! 反驳得也有道理,但也是从实用角度出发的. 有人则欲从"微积分的源头"挖起,一个广为流传的段子是:牛顿(Isaac Newton, 1643—1727,英国物理学家、数学家)在剑桥大学升职为数学教授后,学校由于资金紧张已欠薪数月,为此牛顿潜心研究并创立了微积分,从而将一门名叫"高等数学"的新科目设为全校必修课,并规定不及格者来年必须缴费重修直至通过,很快教师们的工资便发下来了⋯⋯

上面的叙述当然是"$\tan 90°$"(不可能的).事实上,牛顿创立微积分是在他读书时,他当上教授是因为恩师巴罗为了提携他而退位让贤.

至于对数学全貌的认知,有人给出了形象的展示:自己眼中的数学是一团乱麻,就像塞·托姆布雷的《无题(纽约市)》;别人眼中的数学则符号清晰可见,甚至于看起来复杂如超大立交枢纽,但各块知识"各行其道",绝不会"迷路".事实上,小明觉得《无题(纽约市)》虽然看起来是一团乱麻,但从数学角度看,是一个"一笔画"问题,另外在这一圈圈线中也蕴含了数学规律,比如周期性.

小明也了解到了部分美国学生对数学的认知:

> 只有书呆子才会喜欢数学;数学是无意义的,与日常生活毫无联系;学习数学的方法就是记忆和模仿,你不用去理解,也不可能真正搞懂;没有学过的东西就不可能懂,只有天才才能在数学中做出发明创造;老师给出的每个问题都是可解的,我解不出来是因为我不够聪明;猜想在数学中没有任何地位,因为数学是完全严格的⋯⋯

他知道其中有些观念是不分国界的,是学生对数学共同的误解和偏见,是数学学科的特点和不当的教学方法所导致的结果.

那些以数学为职业的数学人(其中的优秀者称为数学家),自然遭受了比常人更多的"精神虐待".那么他们在大众眼中,又是怎样的形象呢?

多数人对数学家的刻板印象有:(数学家)总是一个人坐在书桌前冥思苦想,即使取得了成功也只能孤芳自赏;"花几天或几周时间完全纠缠于一个问题""费了九牛二虎之力,却一事无成、前功尽弃".更有甚者,将数学家极端化为"不食人间烟火的奇人或怪物".比如,关于牛顿,就有根据苹果落地发现了万有引力、请客忘食、煮手表,以及在笔记本中自述用针扎眼底探究光的性质的故事;关于陈景润(1933—1996),则有被关图书馆以及撞树(电线杆)的故事;与之类似的还有北京大学年轻的数学家韦东奕的故事.

1.1.2　影视作品中的数学

1. 影视作品中的数学人

小明将眼光投向受众更多的影视作品,发现它们一方面展示了数学人也有着和普罗大众一样的七情六欲、喜怒哀乐,让数学人走下了"神坛",从而让大家能从凡人的角度赞叹数学人的超人贡献.但同时,这些作品中仍然存在对数学人脸谱化、刻板化的塑造,给数学人以及数学带来负面影响,毕竟社会心理学家告诉我们:刻板印象会使判断出现偏差,还会扭曲认知解释,影响我们解释事件的方式.

(1) 真实数学家的影视形象.要说数学家传记片中的翘楚,自然非电影《美丽心灵》(*A Beautiful Mind*, 2001)莫属.该片讲述的是美国数学家纳什(John Nash, 1928—2015)如何与自身罹患的精神分裂症斗争的故事.纳什读研时就创立了纳什均衡博弈理论,虽然论文只有短短 26 页,却成为 20 世纪最具影响力的理论,在经济、军事等领域产生了深远的影响.但就在他蜚声国际之时,他的出众直觉却因为精神分裂症而受到困扰.影片表现了他在爱妻的鼓励和帮助下,与被认为无法治愈的疾病作斗争的艰辛历程.最终,他凭借过人的意志和不懈努力压制住疯狂的心灵,从疯癫中重获理智,继续向学术上的最高层艰难进军,并于1994年站上了诺贝尔经济学奖的领奖台.数学家纳什成为了一个不但拥有美好情感而且具有美丽心灵的人.

该片是根据纳什的传记《美丽心灵:纳什传》改编而成,并最终获得了2002年第74届奥斯卡最佳影片.纳什的妻子艾丽西亚表示对影片很满意,她说尽管它采用的是虚构的手法,但却成功地展现出了多年来夫妻俩一同走过的风风雨雨的场景和与病痛作斗争的精神.纳什本人在接受记者采访时则表示:"《美丽心灵》是一部制作得非常好的电影,而且取得了很高的艺术成就.我看过好几遍.不过,每次看的时候,我心里并不好受.但我还是认为这部电影有助于人们理解与尊重患有精神疾病的人.另外,这部电影没有反映我30岁以前的生活,也没有反映我后半生的生活."

当然话说回来,影视因为表现手段和剧情需要等原因,对人物真实经历等素材进行艺术加工无可厚非.但如果要了解真实的纳什,可以读一读玑衡(沈诞琦)《我所认识的约翰·纳什》一文,更深入的则是去阅读《美丽心灵:纳什传》,毕竟该书的副标题是"*Genius, Schizophrenia*(精神分裂症) *and Recovery in the Life of a Nobel Laureate*(获奖者)",而且入围了美国最受推崇的普利策人文传记奖.经济学家王则柯认为:"如果把天才看作正无穷大,那么白痴离负无穷大不会太远.纳什就是一个生活在无穷大区域的边沿人."这大概也就是所谓的"天才在左,疯子在右".不管怎么说,也许正是因为世人的包容与理解,亲友的爱与不离不弃,才创造了"爱的奇迹",使得纳什可以拥抱实实在在的现实之爱.传记作者将该书题献给了艾丽西亚,因为她才是真正的主角.

根据数学家的生平改编的影片还有《知无涯者》(2015)、《模仿游戏》(2014)、《丈量世界》(2012)、《城市广场》(2009)、《年轻的女王》(2015)等.

(2) 虚构数学家的影视形象.文学创作上有"圆形人物"和"扁形人物"之说.前者指具有复杂性格的人物形象,后者则指具有简单性格的人物形象.在小明看来,影视中的数学人形象更偏向于"扁形人物".根植于历史的前述关于现实数学人的电影,如果已然让人觉得数学人"不疯魔不成活",那么虚构的数学人则更成了"神".日本作家东野圭吾的畅销推理小说《嫌疑人X的献身》(由其改编的日本同名电影于2008年上映),说的是百年一遇的数学天才石神暗恋邻居靖子,当靖子失手杀了前来纠缠的前夫时,石神主动提出负责料理善后事宜,而石神设了一个匪夷所思的局,令警方始终只能在外围敲敲打打,根本无法触及案件的核心的故事.

从数学角度,小明觉得要思考的是作者为什么要将石神设定为数学天才,而不是其他领域的天才?难道是因为情节需要一个逻辑发达却情感白痴的男主角,而数学天才都是如此?要知道这份情感,连靖子的感受都是:"她从未遇到过这么深的爱情,不,她连这世上有这种深情都一无所知.石神面无表情的背后,竟藏着常人难以理解的爱."若果真如此,那么这种设定所基于的就是对数学(包括数学人)的刻板印象,并因小说以及影视的广为流传而得到了更大的传播.

文学及影视作品中设置虚构数学家角色的还有《坏小孩》(后改编为网剧《隐秘的角落》)、《博士的爱情方程式》《质数的孤独》《心灵捕手》等.

2. 影视作品中的数学思想

上述电影主要讲述的都是数学人的故事,极少涉及数学思想,而大量表现数学思想和寓意的电影,小明觉得非"爱丽丝梦游仙境"系列(Alice in Wonderland, 2010 & 2016)莫属,它们改编自卡罗尔(Lewis Carroll)的"爱丽丝"系列小说(1865 年出版的《爱丽丝漫游奇境》和1871 年出版的《爱丽丝镜中奇遇》).小说突破了西欧传统儿童文学道德说教的刻板写法,甫一出版就大获成功,如今已被翻译成数百种语言.据说当时的维多利亚女王(Alexandrina Victoria, 1819—1901)也很痴迷于"爱丽丝",她曾下令:以后卡罗尔先生凡有新作,立刻呈上.不久,新作呈上来了,是严谨的数学教材《行列式基础论述》.因为卡罗尔就是牛津大学数学家道奇森(Charles Dodgson, 1832—1898)的笔名,而道奇森本人更是集多重角色于一身,他还是诙谐诗人、逻辑学家和摄影先驱.

《爱丽丝漫游奇境》讲述了小女孩爱丽丝在梦中追逐一只揣着怀表、会说话的白兔,不慎掉进了兔子洞,由此开始漫游奇境,直到最后与扑克牌红皇后发生顶撞才大梦醒来.在续篇《爱丽丝镜中奇遇》中,爱丽丝则进入了一个时光可以倒流的镜中世界:花儿会说话,绵羊会织毛衣,棋子会走路.

"爱丽丝"究竟与数学存在什么联系呢? 牛津大学的贝利(Melanie Bayley)在 2009 年的《爱丽丝的代数冒险:仙境求解》一文中,对此进行了剖析.在道奇森写作的 19 世纪后期,非欧几何和抽象(符号)代数正在如火如荼地发展.而道奇森是一个"倔强而又保守的数学家",坚守欧几里得几何(简称欧氏几何)理念.故事主角爱丽丝的身体在一天内从 3 英寸到 9 英尺①间变来变去,甚至在吃了毛毛虫身下的蘑菇后,她的身体还会发生不等比例的变化.欧氏几何强调比例变化,以及相似和全等的几何关系,但是"吃下蘑菇后的任意变化",则是在暗示非欧几何以及射影几何的发展.对此,毛毛虫的建议是"Keep your temper",这也许是证明道奇森热爱欧氏几何最有说服力的线索,因为"temper"还有另一层意思——性质混合的协调.这就是说爱丽丝必须表现得像是一个欧氏几何者,保持自己的比例常数,即使自己的身形尺寸会发生改变.

"爱丽丝"接下来的故事里还有对"连续性原理""时间""旋转""四元数"等数学概念的影射.

总之,贝利声称道奇森是一个传统的数学家,感兴趣的是欧氏几何以及 18 世纪线性方程组的解法和行列式,但对维多利亚时期抽象的数学潮流却十分反感,因此"爱丽丝"成名的原因就在于它是对当时数学发展的讽喻之作.

有趣的是,"爱丽丝"中不仅隐藏了大量逻辑与数学,还穿插了不少与数学相关的语言游戏,比如仿拟、双关语和藏头诗等.例如假海龟对爱丽丝说:"(在学校里)我们学习……算术的不同分支:夹法(ambition)、卷法(distraction)、撑法(uglification)、丑法(derision)."其中分别对加法(addtion)、减法(subtraction)、乘法(multiplication)和除法(division)进行了仿拟.有个卡罗尔的超级粉丝甚至花费大量心血于 1960 年编辑出版了《注释版爱丽丝》(*The Annotated Alice*),并经多次修订增补,于 1999 出版了终极版.要知道,20 世纪 60 年代没有互联网,更没有个人电脑.为了纪念他,后人整理了他的研究并于 2015 年出版了豪华版.他就是著名科普作家马丁·加德纳(Martin Gardner, 1914—2010).加德纳一生创作了大量的科普著作,比如《啊哈,灵机一动》和《矩阵博士的魔法数》等,并长期主持著名科普杂志《科学

---

① 1 英寸＝2.54 厘米.1 英尺＝12 英寸.

美国人》的趣味数学专栏.上海科技教育出版社结集出版的《马丁·加德纳数学游戏全集(全15 册)》(2020),为广大趣味数学爱好者提供了饕餮盛宴.

在传播数学思想和解读数学寓意上,小明觉得能与"爱丽丝"相媲美的,非 1884 年出版的科幻小说《平面国》(*The Flatland: A Romance of many Dimensions*)莫属.书中首先详细介绍了在二维的平面国中"人"的各种活动(包括房屋构造、女性行走、阶级斗争等),接下来描写了主角正方形先生在圆球公的一路指引下,探险妙趣横生的零维国、一维国、二维国和三维国的历程,从而以科幻小说的形式提出了不同维度世界的存在及相互关系.

正如我国香港数学教育家萧文强指出的那样,《平面国》的副标题"一个多维的传奇故事"语带双关,充分反映了作者艾勃特(Edwin Abbott, 1838—1926)的精心安排.这里的"多维"首先当然是数学维度,因此该书被称为科普数学维度概念的"空间第一书";其次则是政治讽刺维度,针砭的是当时英国沉溺于安逸生活不思进取致使整个国家正逐步走向衰落的社会现实.

在国外,《平面国》不仅被改编为动画片(2007 年有两部同时上映),还催生出了一位超级粉丝,即著名的英国科普作家斯图尔特(Ian Stewart).他不仅编写了《注释版平面国》(*The Annotated Flatland*),还创作了续作《二维国内外:数字漫游奇历记》.

《平面国》为何如此受到大家的追捧?美国著名数学家斯蒂恩(Lynn Arthur Steen)早就给出了理由.他认为数学是模式的科学,并在其主编的《站在巨人的肩膀上》一书中,为当时的"明日数学"提供了看待数学的五种眼光:维数、数量、不确定性、形状和变化.其中排在第一位的就是"维数视角".空间观念是人类空间想象力的基础,是数学的核心素养之一,而维数(维度)则是空间观念的数字反映.希望深入了解维度的读者,可以进一步挑战科幻电影《星际穿越》(*Interstellar*, 2014)和《盗梦空间》(*Inception*, 2010),以及九集纪录片《维度:数学漫步》(*Dimensions: a walk through mathematics*, 2008).至于喜欢科幻惊悚片的读者,则可以挑战《心慌方》(*Cube*,又名《异次元杀阵》).

1.1.3　数学人眼中的数学

在数学人眼中,数学又是什么呢?这其实是一个本体论问题,所以许多数学人都不愿正面回答.一位被问到这个问题的教授的回答是:"不知道.但如果你对偏微分方程的稳定性理论有兴趣,我可以和你交流一下."他的潜台词其实是:"你问的问题太宽泛了,无法给出答案."(张景中《数学哲学》)

在《数学大师》一书的正文前,作者贝尔辑录了一些历史名人对数学的看法,用的标题则是苏格兰阿伯丁的马歇尔学院大门上镌刻的铭言——他们说,他们说什么,让他们说.也就是说,对于数学大师们:无论我们自由地允许"他们说",还是好奇乃至在意"他们说什么",抑或豁达地坚持走自己的路"让他们说",他们都是无与伦比的数学大师,遗世独立.

小明辑录了几组数学家对数学的看法,罗列如下.

(1) 德摩根(Augustus de Morgan, 1806—1871,英国数学家):"把圆变成方也比骗过一个数学家容易."

(2) 皮尔斯(Charles Peirce, 1839—1914,美国数学家):"数学是引出必然性结论的科学."

(3) 波莱尔(Émile Borel, 1871—1956,法国数学家):"数学是唯一的这样一门学科,在其中我们确切知道自己在说什么,并能肯定自己是否为真."

(4) 罗素(Bertrand Russell, 1872—1970,英国哲学家、数学家):"数学是这样一门学科,关于它,我们不知道我们谈论的是什么,也不知道谈的是否为真."

(5) 麦克莱恩(Saunders Mac Lane, 1909—2005,美国数学家):"很少有一个明确给出的绝对严密的证明,大多数用文字写下的数学证明只是些能足够详细地指出如何构成一个完全严密证明的概述.于是这种概述用来传递某种信念,即确信结果是正确的,或一个严密的证明是能够构成的."

小明不知道英国的罗素与法国的波莱尔是否见过面,但他认为两人一旦相见说不定会"老拳相向".

(1) 康托尔(Georg Cantor,1845—1918,德国数学家):"数学的本质在于它的自由."

(2) 庞加莱(Henri Poincaré,1854—1912,法国数学家):"数学家是'通过构造'而工作的,他们'构造'越来越复杂的组合."

(3) 哈代(Godfrey Harold,1877—1947,英国数学家):"我认为,数学的实在存在于我们之外,我们的职责是发现它或是遵循它,那些被我们所证明并被我们夸大为是我们'发明'的定理,其实仅仅是我们观察的记录而已."

(4) 哈尔莫斯(Paul Halmos,1916—2006,美国数学家):"数学是创造性的艺术,因为数学家创造了美好的新概念,因为数学家像艺术家一样地生活、工作和思索,因为数学家这样对待它."

数学活动是构造甚至自由的艺术创造,以上几位在"数学家天堂"里一定相见恨晚.

(1) 毕达哥拉斯(Pythagoras,约公元前 570—公元前 490,古希腊数学家、哲学家):"万物皆数."

(2) 柏拉图(Plato,公元前 427—公元前 347,古希腊哲学家):"上帝乃几何学家."

(3) 莱布尼茨①(Gottfried Leibniz,1646—1716,德国数学家):"神灵在分析的奇境中找到看一个卓越的出口,那是理念的预兆,其意义在存在与不存在之间,我们称之为负单位的虚(平方)根."

(4) 克罗内克(Leopold Kronecker,1823—1891,德国数学家):"上帝创造了整数,其他一切都是人造的."

(5) 希尔伯特(David Hilbert,1862—1943,德国数学家):"无穷! 再没有其他的问题如此深刻地打动过人类的心灵."

(6) 外尔(Hermann Weyl,1885—1955,德国数学家):"数学是无限的科学."

毕达哥拉斯和柏拉图作为古希腊人,将数学与神或上帝联系起来可以理解,小明有点儿

---

① 旧译莱布尼兹.

纳闷的是莱布尼茨作为微积分的创始人之一怎么也开口闭口"神灵"？至于"无限"或"无穷"，小明知道由于无法解释无理数和芝诺悖论，古希腊哲学家亚里士多德(Aristotle,公元前384—公元前322)区分了"实无穷"与"潜无穷". 实无穷观认为,无穷是无限延伸或无限变化过程中可以自我完成的无限实体或无限整体. 例如,"全体自然数"是存在的,因为每个自然数都是可以被数到的. 潜无穷观则认为,无穷是无限延伸的、永远完成不了的一个过程. 例如,"全体自然数"是不存在的,因为自然数是数不完的.

(1) 维格纳(Eugene Paul Wigner, 1902—1995,美国物理学家):《数学在自然科学中不可思议的有效性》(文章标题).

(2) 德摩根:"数学毕竟是人类思想独立于经验之外的产物,它怎么会如此美妙地适应于各种现实目的呢？"

(3) 韦伊(Andre Weil, 1906—1998,法国数学家):"数学的特别之处,就是它不能为非数学家所理解."

小明知道,诺贝尔物理学奖得主维格纳的感慨并非夸大其词夺人眼球,而是有着大量的案例支撑,其中最典型的莫过于非欧几何. 非欧几何本来只是一个具有纯粹数学趣味的问题,却在提出几十年后成为广义相对论的理论基础.

(1) 陈省身(1911—2004,中国数学家):"数学好玩."

(2) 齐民友(1930—2021,中国数学家、教育家):"一个没有相当发达的数学的文化是注定要衰落的,一个不掌握数学作为一种文化的民族也是注定要衰落的."

(3) 张奠宙(1933—2018,中国数学教育家):"结构说到底是一种'关系',所以数学是一门'关系学'."

(4) 史宁中(1950—,中国数理统计学家、教育家):"我们把基本数学基本思想归结为三个核心要素：抽象、推理和模型."

齐民友先生的《数学与文化》曾入选高中语文课本,他在其中提出了数学的三个特点：数学追求一种完全确定、完全可靠的知识;数学的简单性和深刻性;数学不仅研究宇宙的规律,也研究自身. 由此产生的文化影响分别是：求真的态度,用理性思维揭示宇宙和人类的真面目;分析与综合的理念;越来越巩固的数学基础. 总之,数学大大地促进了人的思想解放,提升了人类的整个精神水平;数学作为文化的一部分,其最根本的特征是它表达了一种探索精神.

1.2 数学概观

小明注意到,大众对于高数,首先存在狭义与广义两种理解：狭义的理解仅指大学里一门名为"高等数学"的课程,内容涵盖空间解析几何、微积分(包括极限、导数和积分)、微分方程和无穷级数等;广义的理解则泛指初等数学(包含算术、代数、平面几何、立体几何、三角和平面解析几何等)之外的一切数学.

其次,就是将高数形象化为一棵大树.

　　小明查阅资料,发现将知识比作大树的说法来自笛卡儿,至于将数学比喻为大树的说法,至少可追溯到著名数学家莫里斯·克莱因(Morris Kline, 1908—1992)的名著《西方文化中的数学》:"数学是一棵富有生命力的树,她随着文明的兴衰而荣枯。"这个比喻充分地反映了数学与其他学科的重大区别,那就是数学是累积性的学科,正如德国数学家汉克尔(Hermann Hankel, 1839—1873)所感慨的:

　　　　就大多数学科而言,一代人摧毁的正是另一代人所建造的,而他们所建立的也必将为另一代人所破坏.只有数学不同,每一代人都是在旧的建筑物上加进新的一层.

　　也有人将数学比喻为"深渊",可谓一语双关:既比喻数学学得越高深越难以理解,也比喻数学学得越高深越类似于深渊考察那样艰难,因为专业术语里"深渊"指的是海洋深度大于 6 000 m 的海域.

　　在阅读了一些数学概观类书籍后,小明注意到数学的疆域正日益飞速扩张,因此他觉得可以将数学比喻为一个充满神奇的"大都会"(Metropolis),其中各个领域和分支有机地汇合在一起,形成一个错综复杂却生机盎然的超大型系统. 这个数学大都会是如此庞大,以至于中小学 12 年所学的数学,也仅仅只涉及巴掌大的一块区域,至于数学系的本科毕业生,涉及的区域也只有其整个体系的十分之一左右. 2008 年出版的介绍数学最新研究

数论	几何	代数	分析	计算数学
元数学	结构数学	离散数学	随机数学	统计数学

图 1-1　数学十大领域

成果的《普林斯顿数学指南》,哪怕由菲尔兹奖得主高尔斯(Timothy Gowers,英国数学家)领衔主编,也需要多达 133 位著名数学家共同参与撰写. 至于对它的粗略概括和划分,则可借鉴胡作玄先生"十大领域,百门学科,千余分支,万种问题"的观点(如图 1-1 所示).

1.2.1　经典数学概观

　　1900 年以前,经典数学主要研究数与形及其算法,可分为代数(含数论和计算数学)、几何和分析等领域,其中的内容经过近代几百年的发展演化,也都发生了革命性变化,如今已形成五大领域(如图 1-2 所示).

几何	算术 (数的性质)	算术 (计算方法)	代数	三角
⇓	⇓	⇓	⇓	⇓
几何	数论	计算数学	代数	分析

图 1-2　经典数学五大领域

前两个领域主要是"对象数学",研究的是形与数;后三个领域主要是"演算数学",主要目标是创立算法. 经典数学在中小学数学教育上的反映,就是算术、代数、几何(平面几何、立体几何和解析几何)和三角这四门课程,在大学则对应高代(高等代数)、数分(数学分析)和解几(解析几何),也就是如今数学系大一的三门基础课.

　　1. 经典代数学

　　经典代数学的主要内容就是求解代数方程的理论,主要包括:解线性方程组,后来演化为线性代数学;解多项式方程,后来演化为抽象代数学;解多项式方程组,后来演化为代数几何学.

　　代数学的新研究对象可分为两类:一类是多项式、型(齐次多项式)、矩阵等,结合计算机产生了数值代数(矩阵计算)等学科;另一类则是群、环、域、模、格等,产生了群论、环论、格

论、伽罗瓦理论、李群、李代数、微分代数以及计算机代数(符号计算)等学科.

2. 几何学

几何学的主要研究对象就是形. 与数相比,形具有无比复杂的多样性. 从 17 世纪开始,随着数学的快速发展,几何学实现了两个重大突破: ① 笛卡儿引入代数方法,创立解析几何学;② 瑞士数学家欧拉(Leonhard Euler, 1707—1783)、法国数学家蒙日(Gaspard Monge, 1746—1818)和德国数学家高斯(Carl Friedrich Gauss, 1777—1855)等引入分析方法,创立微分几何学. 到了 19 世纪,几何学更是迎来了黄金时代,形成了许多新兴学科(射影几何学以及仿射几何学、综合几何学、非欧几何学、黎曼几何学等),研究对象也随之被扩张. 更重要的是,德国数学家菲利克斯·克莱因(Felix Klein, 1849—1925)于 1872 年提出了爱尔兰根纲领,认为每一种几何学都对应一个变换群,几何学所要做的就是研究某种变换群下的几何不变量,从而用群论的观点统一了几何学.

3. 分析学

微积分通过引入无穷运算(极限、导数、积分、级数),实现了微分(无限细分)与积分(无限累加)的辩证统一. 分析学则是微积分的延续和发展,理论部分的研究对象是函数及算子,包括实分析(实变函数论)、复分析(复变函数论)、调和分析(傅里叶分析)以及泛函分析(包括算子理论)等;计算和求解部分则包括常微分方程、偏微分方程、积分方程和变分法等. 分析学是经典应用数学的主要组成部分,也是目前工科数学的主要内容之一. 值得注意的是,随着计算机网络中大数据与人工智能技术的发展,非线性分析已逐渐成为显学.

4. 数论

数是数学中第一个抽象概念,来源于数(shǔ)数. 数论则是以自然数为研究对象的数学理论. 在数学大都会中,数论的领地是最小的,但却是数学的核心领域之一,正如高斯所言:数学是自然科学的皇后,数论是数学中的皇冠.

按照使用的方法,数论可分为初等数论、解析数论、概率数论、计算数论、组合数论等;按照研究的对象,数论可分为代数数论、几何数论、超越数论等. 更前沿的数论领域,则有丢番图逼近、朗兰兹纲领、椭圆曲线等.

朗兰兹纲领又称大统一数学理论,是当代数论的一个重要的研究指导纲领,由加拿大数学家朗兰兹(Robert P. Langlands)在 1967 年给韦伊的一封信中提出. 作为一组影响深远的猜想,朗兰兹纲领精确地预言了数论、分析、代数和几何等领域之间存在的联系,揭示了所有数学的深层结构. 朗兰兹纲领的影响近年来与日俱增,与它有关的每一个新的进展都被看作是重要的成果,其中最经典的莫过于英国数学家维尔斯(Andrew Wiles)对费马大定理的证明.

5. 计算数学

计算数学也叫作数值分析,主要研究与各类科学与工程计算相关的计算方法,还包括解的存在性、唯一性、收敛性和误差分析等理论问题. 计算数学主要包括数值代数(矩阵计算)、微分方程数值解、数值逼近、特征值问题、数值优化、概率统计计算、边界元和有限元、反问题理论与计算、计算几何等学科.

有限元法是一种基于变分原理的偏微分方程数值解技术,由冯康院士(1920—1993)提出于 20 世纪 50 年代(发表于 1965 年). 他是中国计算数学的先驱者和创始人,对中国计算数学事业作出了杰出贡献. 为了纪念他,中国科学院于 1994 年设立了冯康科学计算奖,并于

1995 年首次颁发. 希望进一步了解冯康先生生平事迹的读者,可阅读宁肯和汤涛 2019 年合著的《冯康传》.

1.2.2 现代数学概观

1900 年之后,现代数学这个庞大的领域内出现了一群有文化、历史和哲学素养的大数学家,希尔伯特和外尔位列其中. 希尔伯特几乎"走遍"了当时数学的所有前沿领域,被誉为"数学界的亚历山大". 他领导了著名的哥廷根学派,使哥廷根大学成为当时世界数学研究的重要中心. 他在 1900 年提出的 23 个希尔伯特问题,对现代数学的研究和发展产生了巨大的影响. 非数学科班出身的美国女作家瑞德(Constance Reid)撰写的传记《希尔伯特:数学界的亚历山大》,得到了数学界的普遍赞叹. 外尔对 20 世纪上半叶的著名比喻是:"当前拓扑学的天使和代数学的魔鬼在争夺数学的灵魂",这正好与他在 1951 年发表的《半个世纪的数学》一文中列出的两大主题(代数学、数论、群,分析、拓扑学、几何学、基础论)互相印证.

接下来则是著名的布尔巴基(Nicolas Bourbaki),关于他最有趣的莫过于一则死亡讣告. 讣告中提到的布尔巴基,不是一个人,而是一群人,他们大都是法国人,被称为布尔巴基学派,讣告一开始提到的"嘉当、谢瓦莱、迪厄多内、韦伊"等人是创始人. 他们不满于当时的法国数学隅缩在单复变函数论的狭小领域,主张以结构主义观点从事数学分析,认为数学就是关于结构的科学. 他们于 1939 年开始编写的《数学原理》,至今已达 40 余卷,对现代数学产生了深远影响,以至于有学者断言:"毫不夸张地说,现代数学就是布尔巴基的数学."

1. 结构数学

结构数学主要研究集合上的各种结构,这里结构指的是元素与元素、元素与子集、子集与子集之间的关系,主要包括所谓"新三高"(抽象代数、拓扑学与泛函分析)和基础结构(一般拓扑学和测度论等).

布尔巴基学派认为基本结构(母结构)有三种:引入代数运算后所得的代数结构(群、环、域等),它们来自现实世界的数量关系;考察元素之间的先后顺序关系所得的序结构(偏序、全序),来自现实世界的时间观念;考察集合中元素的连续性所得的拓扑结构(邻域、连续、极限、连通性、维数),来自现实世界的空间观念.

在布尔巴基学派看来,一个系统可以同时具有几种结构. 母结构可以派生出子结构,结构之间也可以连接成复合结构. 这样通过结构的变化、复合和交叉等,数学的各分支就被纳入统一的框架之中,构成一座处于不断发展扩张中的数学大都会. 这种数学的统一性,正是布尔巴基学派的伟大贡献. 因为有了结构工具和公理化方法,一旦数学家在他所研究元素之间认识到某个已知数学结构的踪迹,就可以自由地、直接地使用与这类结构相关的定理库.

抽象代数学主要研究的是群、环、域. 群的概念来源庞杂,主要贡献者是法国数学家伽罗瓦(Évariste Galois, 1811—1832)对五次方程没有公式解的研究;环主要来自对整数集合的研究;域主要来自对有理数集合的研究. 抽象代数主要通过抽象的方法研究一类对象的共性结构,再对相关公理进行推广(添减、加强或减弱),进一步形成了向量空间、模、代数、半群等数学理论.

拓扑学主要研究拓扑空间的结构,但一般的拓扑空间过于复杂,因此现代拓扑学主要研究流形,特别是光滑流形和微分流形,包括代数拓扑学、微分拓扑学、几何拓扑学等分支. 其中代数拓扑学中的纽结理论,俗称"绳圈的数学",研究的是有趣的绳结问题,人人都熟悉,毕竟史前人类就曾经结绳记事.

泛函分析是拓扑学与抽象代数学交叉的产物,主要研究对象是拓扑空间与向量空间结合的产物,即拓扑向量空间.其中各类空间的层次结构关系,如图 1-3 所示.根据函数的思想,在泛函分析中需要进一步考虑算子,即函数空间到函数空间的映射,于是对这种算子集合的代数结构和拓扑结构的研究,就构成了算子代数,其中最重要的就是 C* 代数和冯·诺依曼代数.

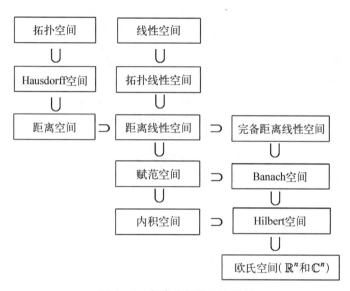

图 1-3　各类空间的层次关系

2. 随机数学

随机数学是研究随机现象统计规律性的一个数学分支,主要包括概率论、随机过程、随机分析,其中概率论是基础.在以确定性著称的数学大都会中,随机数学研究的却是不确定性问题,概率就是度量不确定性的常用工具.由于对概率的哲学含义存在不同理解,因此存在多个概率学说:古典概率学说、频率学说、逻辑关系学说、主观概率学说、性向学说,等等.而在数学上,直至 1933 年苏联数学家柯尔莫哥洛夫(Andrey Kolmogorov, 1903—1987)以测度论为基础建立了概率的公理化定义,概率论作为数学门派才正式诞生.但之后仍然"备受歧视",除了日本数学家伊藤清(Kiyosi Ito, 1915—2008)于 1987 获奖之外,整个 20 世纪的数学大奖几乎从未颁给过概率论专家,这种情况直至 21 世纪才有所改观.

随机过程俗称"酒鬼漫步的数学",源自物理学中对布朗运动的研究.美国数学家维纳(Norbert Wiener, 1894—1964)天才地意识到概率就是有界测度,从而把布朗运动数学化,法国数学家莱维(Paul Lévy, 1886—1971)等继续进行推广,产生了高斯过程、马尔可夫过程、平稳随机过程和鞅论等理论.

随机分析创始于伊藤清,受莱维的启发,他对布朗运动引入随机微分和随机积分,导出了相当于牛顿-莱布尼茨公式的伊藤公式,并引入了随机微分方程.经济学家将随机分析应用于期权,提出期权定价理论,成为金融数学这门新兴学科的里程碑.在我国,荣获 2020 未来科学大奖的彭实戈院士开创了倒向随机微分方程的研究,推动了金融数学在国内的发展.

3. 统计数学

统计数学主要指数理统计,是统计学与数学的交叉.早期的统计学归属于描述统计学,主要任务是数据的收集、整理和分析,偏向于人口学等社会科学,如今的统计数学则主要是推断统计学,是以概率论为理论基础的.

在研究方法上,统计数学一般使用归纳法,即依托样本数据推断总体模型的性质(分布和参数等),与概率论依托模型推断出结果正好相反.

早期的统计数学处理的是大样本,之后英国数学家戈赛特(William Gosset, 1876—1937)将之拓展到小样本.后来统计数学的疆域又进一步拓展到主观概率,产生了贝叶斯统计.大数据和人工智能时代,"样本＝总体"的思想与计算机的强大处理能力相结合,统计数学更是给人类社会带来巨变.

4. 离散数学

离散数学研究的是离散量的结构及其相互关系,是有限数学的典型代表.离散数学特别在计算机领域有着广泛的应用,与具体数学(concrete mathematics)有一定的交集.

离散数学中的重要学科有数理逻辑、集合论、算法设计与分析、组合数学(包括图论)、代数结构(包括布尔代数)、计算模型(语言与自动机)等.图论创始自欧拉七桥问题,与几何拓扑联系紧密,因此有人视图论为"一维的拓扑学".图论研究的是图,而图这种最简单也最直观的数学对象,遍布生活的方方面面,因此在大数据和人工智能时代,表征数据之间关联的图论已经逐渐成为显学.

5. 元数学

元数学俗称"数学的数学",也称为数理逻辑,主要研究对象是数学本身的矛盾性问题,主要包括所谓"四论",即公理集合论、模型论、证明论和递归论.

为了克服罗素悖论(俗称理发师悖论)带来的危机,德国数学家策梅洛(Ernst Zermelo, 1871—1953)采用公理化方法研究集合论,创立了公理集合论(ZFC).模型论研究的是数学中的结构及其表示,是元数学的语义理论.证明论研究数学证明,是元数学的语法理论.递归论研究的是计算问题,如可计算性、可判定性等问题.随着计算机科学的发展,又催生了计算复杂性理论,即研究计算问题时所需的资源,比如时间和空间,以及如何尽可能地节省这些资源,其中最著名的莫过于 P 与 NP 问题.

6. 新兴数学

在庞大的数学大都会里,还有许多十分风靡和活跃的新兴数学,比如分形、混沌、图形镶嵌(包括彭罗斯镶嵌、埃舍尔镶嵌等)、魔群,等等.

分形(fractal)是美国数学家曼德博(Benoit Mandelbrot, 1924—2010)首先提出的,通常被定义为"一个粗糙或零碎的几何形状,可以分成数个部分,且每一部分都(至少近似地)是整体缩小后的形状",即具有自相似的性质.分形几何学的研究对象一般是分数维的,例如 0.63, 1.58, 2.72, $\ln 2/\ln 3$ 等,因为普遍存在于自然界中,因此分形几何学又被称为"大自然的几何学".关于分形,最著名的问题应该是曼德博在 1967 年提出的"英国的海岸线有多长".至于著名的分形模型,则有康托尔三分集、科赫雪花曲线、谢尔宾斯基地毯、门格海绵等.分形和混沌旋风如今已经横扫数学、理化、生物、大气、海洋以至社会学科,甚至在音乐、美术中也产生了一定的影响.

混沌(chaos)指的是确定性动力学系统因对初值敏感而表现出的不可预测的、类似随机性的运动.它源自 1963 年美国数学家洛伦茨(Edward Lorenz,1917—2008)对长期天气预报问题的研究,因此混沌的一个著名表述是"蝴蝶效应":南美洲的一只蝴蝶扇一扇翅膀,就会在佛罗里达引起一场飓风.

混沌中经常被提及的莫过于"周期三则乱七八糟",它是作者李天岩(1945—2020)本人对与导师合写的论文 *Period Three Implies Chaos* (1975)的形象翻译,文中证明了"有三周期点,就有一切周期点"的神奇发现,并且深刻地揭示了混沌现象的本质特征:混沌动力系统关于初始条件的敏感性以及由此产生的解的最终性态的不可预测性.无独有偶,对于"三体问题":三个质量已知的天体在万有引力的相互作用下,如果知道了初始时刻的位置及速度,能否确定之后任意时刻的位置和速度?庞加莱发现即使对简化了的限制性三体问题,在同宿轨道或者异宿轨道附近,解的形态会非常复杂,以致对于给定的初始条件,几乎没有办法预测当时间趋于无穷时这个轨道的最终命运,因此通常情况下三体问题的解是非周期性的.中国科幻小说家刘慈欣的享誉世界的科幻小说《三体》,就是以此问题为灵感而创作的.

1.3　数学与哲学

1.3.1　数学哲学的历史视角

小明知道,很多大数学家同时也是大哲学家(有的作为哲学家的名声甚至超过数学家),比如毕达哥拉斯、笛卡儿、莱布尼茨、罗素、希尔伯特、外尔和哥德尔(Kurt Gödel, 1906—1978,美国数学家和哲学家)等人.这说明数学与哲学之间存在重要联系,因此数学哲学可以担任数学与哲学的"中介",了解数学哲学既有助于了解数学,也有助于了解哲学.事实上,数学与哲学的研究对象都是抽象化、概念化的产物.当然两者也存在如下区别:哲学概念具有相当的歧义性和不确定性,因此哲学知识更倾向于主观知识;数学概念则大都有确定、严格和丰富的内涵,因此数学知识更倾向于客观知识.

法国哲学家孔德(Auguste Comte, 1798—1857)是实证主义的创始人,开创了社会学学科,被尊称为"社会学之父".关于人类精神的发展,他提出了三阶段法则:① 神学阶段:一切事件都被归于上帝和神灵的活动;② 形而上学,即哲学阶段:上帝或神圣的力量的意志被抽象概念所取代;③ 实证或科学阶段:科学的解释取代了哲学的解释.早期数学哲学思想的发展,也可按此三阶段来进行划分:① 神学阶段,以毕达哥拉斯学派的"万物皆数"为代表;② 哲学阶段,以柏拉图的"理念说"为代表;③ 科学阶段,以古希腊数学家欧几里得(Euclid,约公元前 330—公元前 275)《几何原本》中的公理化体系为代表.

1.　毕达哥拉斯:万物皆数

毕达哥拉斯学派宣称"万物皆数",即万物由(整)数生成,(整)数是万物的本原,正如该派的优秀信徒菲洛劳斯(Philolaus,约公元前 480—?)所言:"一切可能知道的事物,都具有数;因为没有数而要想象或了解任何事物是不可能的","如果没有数及其性质,那么任何存在的事物,无论是其本身还是它们之间的关系,对任何人来说都将是不清楚的⋯⋯不仅在上帝和魔鬼的行动中,而且在人类所有的行为和思想中,在手工艺制品和音乐中,人们都能看到数本身所发挥的作用."毕达哥拉斯学派最著名的成果,就是发现音乐可以简化成简单的数量关系:他们发现了音程、音调和琴弦长度的关系,认为音乐的和谐是由高低长短轻重不同的音调按照一定的数量上的比例组成的,例如两根长度之比为 3：2 的弦可以发出和音,而且短弦发出的声音比长弦高 5 度.将这种思想应用到天体研究,他们认为天体间的距离有一定比例,整个天体是一个和谐有序的宇宙(cosmos),因此拨动宇宙的琴弦产生的"天籁之音"也是简化了的数量关系.因此从心理上看,人们出于寻求纯洁和不朽的渴望,想达到灵魂的净化,那么进行数学研究是最好的方式.

在毕达哥拉斯学派之前,米利都的泰勒斯(Thales of Miletus,约公元前 624—约公元前 547)提出万物的本原是"水",还有人提出万物的本原是"气",等等,这些本原都太过于感性和直观.而毕达哥拉斯学派所说的"数",是所谓的"形数",即平面上各种规则点阵所对应的数,因此他们对"数"的理解,是数字与几何图形的结合,也是抽象与具体、理性与经验(感性)诸范畴的结合.尽管在当时,这些范畴尚未完全分化,但"数"的普遍性和抽象性使它当仁不让地被选为万物的本原,毕竟只有数量关系在万物中都普遍存在,并且是稳定不变的.

"万物皆数"实际上是理性主义的萌芽,也就是说毕达哥拉斯学派开创了"科学数学化"的潮流,正如恩格斯(Friedrich Engels,1820—1895)所高度评价的那样,"数服从于一定的规律,同样,宇宙也是如此.于是宇宙的规律性第一次被说出来了".到了近代,意大利物理学家伽利略(Galileo Galilei,1564—1642)深信宇宙是按数学设计的,他在 1610 年说过一段著名的话:

> 宇宙是永远放在我们面前的一本大书,哲学就写在这本大书里面.为懂得这本书,必须首先懂得它的语言和符号.它是以数学的语言写成的,它的符号是三角形、圆和其他图形,人若不具备这方面的知识,就无法懂得宇宙,就会在黑暗的迷宫中踯躅.

在科学研究的方法论上,伽利略最早提出应该放弃对事物的定性解释,而应该追求数量的规律.牛顿则在《自然哲学的数学原理》书末指出:"我们说通过数学方法(着重号为牛顿所加),是为了避免关于这个力(指万有引力)的本质或性的一切问题,这个质是我们用任何假设都不会确定出来的."正是这种对物理学公式"只描述,不解释",也就是只把量的描述作为物理规律的唯一的、本质上的解释,使得物理学成为第一个被数学化的领域.事实上,近代科学各领域的重大突破,大都是在科学数学化的思想指引下实现的.

2. 柏拉图：数是理念

柏拉图学派发展了毕达哥拉斯学派关于"数"的抽象与理性的观点,并将之绝对化,从而产生了"理念数论".他们认为,感官接触的现实世界是变化不定的、虚幻的和不真实的,而"理念"是独立于事物和人心的实在,是存在于理念世界的精神实体.这个理念世界是独立于人的感性经验之外的真实、完美和永恒的世界,它们不依赖于时间、空间和人的思维而永恒存在,任何具体事物都只是理念的"影子"或"模仿".而数学则是"把灵魂拖着离开变化世界进入实在世界的学问",也就是说数学对象是存在于现实世界与理念世界之间的"居间者".因此数学概念是天赋的或先验的存在,分离独立地存在于可感事物之外,是认识理念世界的工具.人们对数学的认识过程是对这些先天知识的重新"回忆",只能是一个"发现"的过程而不是"发明"的过程.到了晚年,柏拉图更是把纯数学与理念论等同起来,认为"数是理念",是一切事物存在的原因,是万物的本原,因此作为数学一部分的几何学的研究对象(点、线、面、体)也是万物的本原.在这方面,柏拉图学派显然相似于毕达哥拉斯学派,正如罗素所说:"所谓柏拉图主义的东西倘若加以分析,就可以发现在本质上不过是毕达哥拉斯主义罢了."

那么如何从理念过渡到具体事物呢? 这就是"投影"或"模仿"的过程,它只能由柏拉图所谓"巨匠"(Artificer)这个既不是理念也不是具体物的第三方来完成,这就为"上帝"的到来打下了思想基础,因此柏拉图学派就是一个力图调和数学与神学的社会产物,它使得宗教神学成为日后影响数学发展的重要社会因素. 特别是文艺复兴之后,为了同经院哲学的统治和亚里士多德教条主义的影响相抗争,以便获得科学研究的合法权利,科学家们吸取并发挥了柏拉图学派的一些合理观点,形成了近代的数学柏拉图主义.

近代的数学柏拉图主义信奉的基本原则为:

(1) 上帝是用数学方案构造宇宙的,因此寻求自然界的数学规律就是对上帝智慧的证明,这就让教会人士难以反对,同时也有助于调和科学家们在科学事实与宗教信仰之间的矛盾心理.

(2) 数学对象是具有客观性的理念实体,需要通过理性的心智活动去认识,且认识不应受直观感觉的约束. 由此,对于超验的无穷大与无穷小概念的接纳以及无限数量关系的研究才使得微积分理论成为可能.

(3) 数学观念是先验的或天赋的观念,因此心智与理念世界之间存在着"先定和谐"的关系. 这个原则一直影响到德国哲学家康德(Immanuel Kant, 1724—1804)和黑格尔(Georg Hegel, 1770—1831).康德认为数学命题是"先天综合判断",黑格尔则提出"绝对观念".

(4) 数学仅仅研究具有确定性的数量关系与空间形式的事物.

3. 亚里士多德:数学经验主义

小明知道亚里士多德是柏拉图的弟子,他本人对数学没什么贡献,但他的名言"吾爱吾师,吾更爱真理",则形象地反映了他对柏拉图理念哲学的批判,这种批判曾使老年的柏拉图非常难过与失望:"我就像一只年老的母鸡,可这只小鸡还忍心伤害我."

与柏拉图相反,亚里士多德认为数学来自现实世界,"数"和"理念"一样,是不能和具体事务相分离而独立存在的,但是可以在思想上将事物的数量关系与事物分离开来进行研究,这种存在于可感事物中的不可感之物,就是数学对象. 因此作为数学对象的数及几何形状,是通过诸如分离这种抽象活动为人们所认识的,但仍然是从属于具体事物的属性,正如他在《形而上学》中所指出的:

> 数学家研究抽象物,因为他在开始之前,首先剥离一切可感的质(例如轻重、软硬、冷热以及其他可感的对立因素),只剩下量性和连续性(有时是一维的,有时是二维的,有时是三维的)以及作为量性和连续性的那些东西的属性,他不考虑其他方面,有时研究相对位置及属性,有时研究可通约性和不可通约性,有时研究比率.

由此,他进一步在不需证明的"公理"或"公设"的基础上建立了第一个形式逻辑的理论体系,直接影响了之后欧几里得以公理化体系搭建《几何原本》. 他还从常识和经验角度解释了不可分量、无穷、连续等数学概念,并且第一次明确区分了"实无穷"与"潜无穷".

最早把演绎方法系统地引入数学的是泰勒斯,由此数学从问"怎么样"变成了问"为什么". 亚里士多德和欧几里得的工作,则使得数学同形式逻辑体系相结合,让数学真正变成了一门演绎科学. 作为第一个演绎体系和公理化的典范,欧氏几何"唯我独尊"了几千年.《几何原本》成为发行量则仅次于《圣经》的出版物,其中蕴含的思维方式乃至世界观,影响了牛顿的《自然哲学的数学原理》、霍布斯(Thomas Hobbes, 1588—1679,英国哲学家)的《利维坦》、斯宾诺莎(Baruch de Spinoza, 1632—1677,荷兰哲学家)的《伦理学》,甚至美国的《独立宣言》中都有它的影子.

到了 1901 年,以罗素悖论为代表的集合论悖论的出现,带来了关于数学基础的一系列问题:如何解决已发现的悖论? 如何保证公理系统中不出现悖论? 如何理解"数学的实在"? 如何理解"实无穷"? 对这些问题的不同回答,产生了各种学派,其中最著名的有三个:逻辑主义、形式主义和直觉主义.

4. 逻辑主义学派

逻辑主义主张把数学划归为逻辑,代表性人物有弗雷格(Gottlob Frege, 1849—1925,德国数学家)、罗素和怀特海(Alfred Whitehead, 1861—1947,英国哲学家).

弗雷格认为,为了实现数学的逻辑化,首先假设全部数学可以还原为实数理论,再还原为有理数,最终归结为自然数理论,也就是皮亚诺的算术公理. 因此一旦完成了自然数的算术逻辑化,数学逻辑化就大功告成了. 问题是他所谓的算术逻辑化,是以集合论的概念和理论为基础的. 所以当罗素发现集合论悖论后,他只能发出如下悲叹:

一位科学家不会碰到比这更难堪的事情了,即在工作完成之时,它的基础垮掉了.
当本书等待付印的时候,罗素先生的一封信把我置于这种境地.

弗雷格由于对集合论缺乏深入了解而无奈地放弃了逻辑主义立场,但罗素和怀特海则通过研究如何有效地避免悖论的出现,写出了著名的《数学原理》,从而丰富了公理集合论的体系. 但他们的体系工程浩大,以至于很简单的数学定理都需要冗长的逻辑证明. 比如关于"1"的定义,就被庞加莱挖苦为"一个可钦可佩的定义,用以献给那些从来不知道 1 的人". 该派后来不再追求把数学完全归结为逻辑,而是尽可能改进公理集合论体系,以便容纳尽可能多的数学知识.

5. 直觉主义学派

数学直觉主义来自康德,他试图通过"先验哲学"或者说通过回答"先天综合判断何以可能"来调和经验主义与理性主义各自的片面性. 他认为先天综合判断一方面是一种"先天"的"直观(intuition)形式",具有理性主义"天赋"的色彩;另一方面又是后天感觉经验的一种"综合判断". 他认为,数学判断不仅是综合判断,更是先天的综合判断. 至于为什么数学判断是先天的,康德将之归结为"纯数学何以可能"的问题. 他把感官接受的表象称为感性直观,将其分为内容的后天经验性和形式的先天先验性,并认为空间和时间就是先天的感性直观. 数学就是在时间和空间上发展起来的:时间是代数研究的对象,时间的纯直观性质使得代数学的先天综合判断成为可能;空间是几何研究的对象,空间的纯直观性质使得几何学的先天综合判断成为可能. 康德的论点其实来自欧氏几何,他想说明欧氏几何的普遍真理性.

直觉主义学派的代表性人物是荷兰数学家布劳威尔(Luitzen Brouwer, 1881—1966).他宣扬"存在就等于被构造",把数学看成是人类心智固有的一种创造性活动,主张把数学和逻辑上的可靠性建立在直觉上得到构造的对象和推理过程之上,同时应放弃那些不符合

"可信性"标准的数学概念和方法.

后来,直觉主义学派提出了一套"直觉主义数学"和"直觉主义逻辑",特别是他们不承认古典逻辑中的排中律,这导致建立在排中律之上的数学证明(如反证法等)无法保证相应的数学对象在直觉上的可构造性,使得许多经典的数学成果(包括微积分)无法纳入"直觉主义数学"之中,从而遭到了很多数学家的抵制.希尔伯特就曾经说过:"不准数学家使用排中律,就和不准天文学家使用望远镜一样."因此直觉主义学派也并没有真正实现按照构造性的要求来重建古典数学(至少是其大部分)的目标.

6. 形式主义学派

形式主义主张把整个数学形式化,奠基人是希尔伯特,集大成的则是布尔巴基学派.

希尔伯特主张用公理化的形式系统整合古典数学,这种系统在逻辑上必须满足三性(相容性、独立性和完备性),其中的公理和规则都用形式语言表示,但不赋予任何内容.在《几何基础》中,他指出欧几里得关于点、线、面的定义并不重要,重要的是它们同所选择的各个公理的关系,因此"点、线、面完全可以用桌子、椅子、啤酒杯来代替",这样一来几何学就完全摆脱了传统的直观意义,变成了一门极为广泛的学科,也使得公理化方法突破几何学的传统领地,从而促进了拓扑学、泛函分析、概率论等学科的公理化进程.

形式主义学派极力反对"无穷整体"的客观实在性,认为它们只是有用的虚构.他们还认为,既然无法证明"选择公理""连续统假设"等命题,因此它们无真假可言.在他们眼里,数学只是一种纯粹的纸上的符号游戏,唯一的要求就是在推理中不产生矛盾.

为了构建坚实的数学基础,希尔伯特进一步提出了宏伟的"希尔伯特纲领"(元数学理论或证明论),希望能够用形式系统描述出直觉主义学派不承认的非构造性数学(比如无穷),但 1931 年哥德尔发表的不完备性定理,即形式算术系统中存在本系统内既不能证明为真也不能证伪的命题,使得这个梦想彻底破灭.

1.3.2　数学哲学的现代视角

1. 从拟经验主义到建构主义

基础主义试图为数学真理提供一个绝对可靠的基础,但三大流派都铩羽而归.再加上柏拉图主义的困难(强调数学与感性经验的相分离),最终导致了数学经验主义的复兴:数学并不是一门纯粹的演绎科学,应该将数学与一般的自然科学同等对待,强调经验不仅是数学认识的最终渊源,而且数学理论的可接受性也主要取决于在经验世界中能否获得成功.美国数学家、计算机科学家冯·诺依曼(John von Neumann, 1903—1957)在 1947 年的《数学家》一文中指出:

> 许多最美妙的数学灵感来源于经验,而且很难相信会有绝对的、一成不变的、脱离人类经验的数学严密性概念.……数学思想来源于经验,我想这一点是比较接近真理的.……在距离经验本源很远很远的地方,或者在多次"抽象的"近亲繁殖之后,一门数学学科就有退化的风险.……总之,每当到了这种地步时,在我看来,唯一的药方就是为重获青春而返本求源:重新注入或多或少直接来自经验的思想.

由于经验主义没有很好地说明数学的特殊性,拉卡托斯(Imre Lakatos, 1922—1974,匈牙利哲学家)受波普尔(Karl Popper，1902—1994，奥地利哲学家)约定论(认为数学中即便是数学公理也是一种约定)的影响,于 20 世纪 60 年代提出了拟经验主义,基本观点如下:数学知识是可误的、可修正的;数学是假设-演绎的和拟经验的;历史是数学哲学的核心;等等.特别地,他在《证明与反驳》一书中,通过分析欧拉定理 $V-F+E=2$ 的证明历史,说明数学理论是按照"问题—猜想—证明与反驳—新猜想"的启发式过程发展的,因此拟经验主义的方法论是致力于寻找具有高度解释力和启发力的大胆而富有想象力的假说.

知识社会学理论通过对欧拉定理证明史的分析,指出人们必须对"多面体"的概念进行创造或者协商,才能挽救柯西(Augustin - Louis Cauchy，1789—1857，法国数学家)给出的巧妙证明.受知识社会学的影响,并基于拟经验主义的合理性基础,欧内斯特(Paul Ernest，英国数学家)在《数学教育哲学》(1991)中,提出了社会建构主义,主要观点为:个体具有主观数学知识;主观数学知识经发表转化为客观数学知识;发

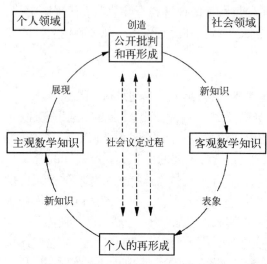

图 1 - 4 主客观数学知识的循环关系

表后的数学知识历经拉卡托斯的启发式过程才能为他人接受;启发式过程取决于客观标准;客观标准建立在约定的语言知识和数学知识的基础上;数学主观知识是内化了的客观知识;等等.欧内斯特进一步用图 1 - 4 刻画了主客观数学知识的循环关系.

2. 数学哲学的基本理论体系

林夏水(1938—)先生认为数学哲学是数学观的理论形式,是关于数学发生发展的一般规律的学问,主要研究数学的对象、性质和方法的哲学三论问题(本体论、认识论和方法论),进而提出了数学哲学的基本理论框架:数学本体论、数学认识论和数学方法论.

本体论是关于存在或本原的学说,在数学哲学中的表现就是数学的研究对象是什么以及数学对象的存在性和客观性问题,例如关于实无穷与潜无穷的争论,数学家的工作是发明还是发现,等等.对于数学的研究对象问题,最经典的莫过于恩格斯的观点:"数学是研究数量关系与空间形式的一门科学."由于现代数学研究对象的扩大,许多数学家或数学哲学家试图作出新的概括,典型的有:布尔巴基学派认为"数学是研究结构的数学",斯蒂恩认为"数学是模式的科学",等等.我国数学家徐利治(1920—2019)先生给出的概括则是:"数学是实在世界的最一般的量与空间形式的科学,同时又作为实在世界中最具有特殊性、实践性及多样性的量与空间形式的科学."为了统一数量说和结构说,林夏水根据数学对象历史发展的大致脉络"名数→常量→变量→结构",提出了"量的层次说":量的层次是无限的;目前人类已经认识到量的四个层级(名数、常量、变量、结构),进而指出"数学在总体上说是研究量的科学".

认识论研究的是思维与存在的关系问题,在数学哲学中的表现就是数学的本质、数学发展的模式以及数学真理的标准等问题.例如,数学的本质到底是经验科学还是演绎科学? 历史上一直是聚讼不断.林夏水指出数学的本质在于经验性与演绎性在实践基础之上的辩证

统一,进而提出"数学是一门演算的科学",这里的"演"指的是演绎、推演,"算"表示计算、算法,"演算"表示演与算这对矛盾共存于数学统一体之中.

方法论是关于认识世界和改造世界的方法的理论,在数学哲学中的表现就是数学方法论,它的最早界定是徐利治先生于 1983 年给出的——数学方法论主要是研究和讨论数学的发展规律,数学的思想方法以及数学中的发现、发明与创新等的一门学问——至今仍然得到广泛认可.数学方法论的源泉是数学科学和数学史,同时还涉及哲学、思维科学,心理学、一般科学方法论等众多的领域,具体可分为宏观数学方法论与微观数学方法论两大范畴.数学方法论领域的著名学者,国外有波利亚(George Pólya, 1887—1985,美国数学家)、阿达玛(Jacques Hadamar, 1865—1963,法国数学家)和米山国藏(1877—1968,日本数学家)等人,国内则有徐利治、郑毓信、张奠宙、史宁中等人.

3. 数学模式论

早在 1939 年,怀特海就在题为《数学与善》的演讲中指出:

> 各个时代所研究的几何学是模式原理的一章;并且,模式为有限的识别力所知道,它又部分地揭示了与宇宙的本质联系.……代数科学的历史,是表达有限模式的技巧成长的故事.……数学对于理解模式和分析模式之间的关系,是最强有力的技术.……这种推广了的数学的本质就是,研究相关模式的最显著的实例,而应用数学则是将这种研究转移到实现这些模式的其他实例上.……数学的本质特征就是,在从模式化的个体作抽象的过程中对模式进行研究.

斯蒂恩则在 1988 年明确提出:"数学是模式的科学,数学家们寻求存在于数量、空间、科学、计算机乃至想象之中的模式.数学理论阐明了模式间的关系,函数和映射、算子把一类模式与另一类模式联系起来从而产生稳定的数学结构."徐利治和郑毓信综合了各种数学哲学观点,更进一步提出了"数学模式论",提出"数学是量化模式的建构与研究".数学模式论与强调数学应用的"数学模型"课程相呼应,在国内产生了较大的影响.

所谓数学模式,指的是按照某种理想化的要求来反映一类事物关系结构的数学形式,具有一定范围的普适性.从规模上看,按布尔巴基结构主义观点建立的一个数学系统(如欧氏几何、群论)可看成大型的数学模式;解题中的数学思维模式(如数学模块或数学认知组块)乃至一个概念、公式、定理和算法等(如我国古代数学的"术"),可看成小型的数学模式;而中型的数学模式,则是指解决一类实际问题的数学关系结构,也就是通常所谓的"数学模型".

数学模式论指出:① 数学是从量的方面反映客观实在的,数学的抽象仅仅保留了事物或现象的量的特性,而且"量"是一个不断在发展和演变的概念,因此几何学研究的空间形式之间的关系也可归结为量的范畴.② 数学量化模式存在多样性,例如数学中存在多种空间,同一空间中也可以同时存在多种几何;关于无限观存在"潜无穷"与"实无穷"等模式;关于实数理论也存在多种模型.③ 数学的研究对象已经从具有明显直观意义的量化模式扩展到了可能的量化模式,这充分反映了数学思维可以"自由想象"(往往会受到数学美的制约),例如数学的无限观事实上就是思维的"自由创造".④ 由于数学的量化模式无法依据经验直接证实或证伪,因此这种具有形式客观性的"数学世界"(类似于波普尔所谓"第三世界"),首先需要借助于事先给定的逻辑推理法则进行形式推理,然后需要数学共同体的普遍接受.⑤ 多样性说明模式有高低之分,因此需要引入抽象度进行量度,以刻画数学量化模式的抽象性层次.这方面徐利治先生提出的抽象度分析法可供参考.

总的来说,小明认为:首先,要肯定数学观念的多元性与辩证性;其次,就是承认数学是模式的科学,也就是说数学并非是对真实世界的直接研究,而是通过模式的建构进行研究的;再次,应当同时肯定数学的经验性与拟经验性,这也反映了数学相对于一般自然科学的共同性与差异性;最后,就是意识到数学是一个多元的复合体,其中既有知识成分,也有观念成分,数学学习不仅是知识的学习,也应该包括数学观念成分的学习.

1.4　数学与文化

1.4.1　文化视角下的数学

1. 两种文化

小明发现有一本名字很有趣的书,叫《文艺呆与科技宅》,说在美国斯坦福大学,人文社科的学生被称为"文艺呆",理工科的学生则是"科技宅".这种调侃称呼的背后,是对学科价值因时因地而异的价值判断,更是科学与人文两大文化分离和对立的直接反映.事实上,早在 1959 年,斯诺(Charles Percy Snow, 1905—1980,英国物理学家和小说家)就用"两种文化"为题在剑桥大学做了一场影响深远的演讲,在演讲中他重复了萨顿(George Sarton, 1884—1956,美国科学史家)30 年前的观点,认为以文史知识分子为代表的人文文化群体,同以科学家特别是自然科学家为代表的科学文化群体,相互之间充满了各种偏见,甚至已经相互厌弃、势同水火.他认为英国的人文学者对"科学"本身怀有一种顽固的傲慢,而科学家对"人文"则较为轻视和无知.他还重点批评了当时的人文知识分子:"现代物理学的大厦已经建立起来,而西方世界的大多数最聪明的人对它的认识和他们新石器时期的祖先相差无几."

1994 年,为反击后现代文化思潮对科学的歪曲、贬损和不敬,格罗斯(Paul R. Gross,美国生物学家)和莱维特(Norman Levitt,美国数学家)出版了《高级迷信》一书,首次将各种"科学批评"的视角与观点集结在一起"示众".索卡尔(Alan Sokal,美国量子物理学家)受此启发,精心炮制了一篇诈文《超越界线:走向量子引力的超形式的解释学》,其中堆砌了大量反科学人士特别喜欢的观点,同时充满用后现代话语包装、掩盖的科学常识性错误,投稿到文化研究杂志《社会文本》并被录用,开启了席卷全球 10 年的"科学大战",进一步降低了人文学科的声誉.

而在我国,科学与人文的关系则更加复杂和悲壮.鸦片战争以来,严复(1854—1921)等思想家为了激励人们"自强保种"、救亡图存,从形而下的"器"与"技"层面转向了思想、观念、制度等层面,为国人引入了科学的观念,推动了中国传统文化的现代性转换,同时科学主义也开始发端.新文化运动中,陈独秀(1879—1942)大力提倡"德先生"与"赛先生",造就了一大批具有新思想、新观念的新青年,使得科学主义观念迅速普及,科学也从"器用"上升到"体道",同时也使得"科学成为一种形而上的文化命令"."一战"爆发产生的怀疑科学主义的情绪,引发了著名的"科玄论战":玄学派重在揭露和批判西方文化的弊端,强调中国传统文化的合理价值与认同;科学派则着眼于中西方发展的现实落差,揭露和批判中国传统文化的负面影响,主张"科学的人生观",甚至于主张用西方文化改造乃至取代中国文化.论战以科学派与唯物史观结盟而大获全胜,结果是科学主义日渐昌盛,"科学"以一种"教条的终结"(郭颖颐语)的方式确定了它的最终权威,之后"没有一个自命为新人物的人敢公开诽谤"(胡适语),而人文主义则日渐式微.

新中国建立初期,外有美国为首的西方国家的全面封锁,内部则工业基础薄弱,理工科不强,大学地域分布不均,因此国家按照"苏联模式",进行了院系大调整,拆分了许多综合性大学,增设了许多急需的工科院校,解决了技术人才短缺的燃眉之急.但大调整也造成了专业面窄、文不习理理不学文、文法和财经等学科被削减的弊端.到了改革开放初期,高中也开始文理分科,更使得理科生对人文领域弃之不顾,文科生对科学领域一窍不通,培养出的人才往往知识结构比较单一.

由于现代数学越来越抽象的特征,加之功利主义和工具主义的影响,使得处在两种文化困境中的数学教学越来越"演变成空洞的解题训练"(柯朗语),数学教育也越来越缺乏人文关怀.在实用理性主义的传统下,数学在我国则遭遇了更尴尬的局面:一方面,作为"科学之父"的数学受到各方极大的重视;另一方面,数学教育中只强调知识的传授和技能的训练,一直没跳出知识、方法和思维训练这个"应试教育"实用范畴.时代呼唤数学教育中人文精神的回归,希望于数学的教学和研究中融入人性.

2. 数学文化研究

如何破解两种文化之间的困境,萨顿早就给出了一种解答,他首倡的"新人文主义",强调应从历史的角度分析文明的发展,从哲学的角度理解科学的本质,进一步解开科学、自然、人类的统一性.按照马克思主义的观点,科学人文主义就是要"以科学精神为基础,以人文关怀为价值旨归".至于如何实现:首先就是要"和解",要增强两大群体的对话和沟通,要有相互理解和宽容的文化心态;其次就是要"融通",要摒除传统的以知识传授为中心的教育模式,践行"文理融通"的科学教育,从而将外在的科学知识教育同内在的人性生命教育有机地结合起来.一句话,要牢记"科学是发动机,人文是方向盘".这也正如《文艺呆与科技宅》中所指出的:技术固然重要,但文科教育培养的领导能力、创新能力、交流能力和感知人们需求的能力才是能让技术发挥出其价值的关键.

在数学领域中与科学人文主义相呼应的,则是数学文化研究的崛起.莫里斯·克莱因的《西方文化中的数学》(1953),比较系统地阐述了数学在人类文化中的作用,堪称数学文化的"开山之作".之后怀尔德(Raymond Wilder, 1896—1982,美国数学家)受文化人类学的影响,撰写了《数学概念的演变》(1968)和《作为文化体系的数学》(1981)这两本理论性较强的数学文化专著,提出数学是"一个不断进化的文化体系",其发展是由其内在力量(遗传张力)和外在力量(环境张力)共同决定的,外在力量主要是其他学科特别是物理学的需要,而非人类物质生活的直接需要.大量史实表明,数学对整体性人类文化的发展有重要的影响,反过来整体性人类文化也为数学提供了重要的外部环境.因此数学可以看成整体性人类文化的一个具有相对独立性的子系统.说相对独立,是因为 20 世纪以来现代数学的发展越来越受到其内部因素的影响,并具有自己的特殊发展形式和规律.怀尔德的数学文化研究对数学界和文化人类学领域都产生了积极的影响,并催生了之后的数学人文主义思想.

在我国,齐民友先生在《数学与文化》(1991)中,明白无误地表述了一个中国数学家对西方数学的理解,并在书中用粗体着重指出:**"一种没有相当发达的数学的文化是注定要衰落**

的,一个不掌握数学作为一种文化的民族也是注定要衰落的."郑毓信等人的《数学文化学》(2000)专著,从数学的文化观念、数学文化史、数学的文化价值等方面构建起了数学文化学的初步理论框架.方延明的《数学文化导论》(1999),从哲学观、社会观、方法论、美学观、创新观等方面给出了数学文化的一种框架体系,并在《数学文化》(2007)中进一步提出了从三元结构(概念的自在价值、方法的工具价值和模型的应用价值)构建数学文化体系.之后王宪昌等人的《数学文化概论》(2010),则论述了数学在不同民族文化中的发展道路、地位及作用,以及数学理性的发展、地位和作用等.

进入 21 世纪以来,大量的数学文化研究终于结出了令人欣慰的果实:不仅许多高校以不同形式开设了"数学文化"类课程,而且数学文化与数学史也在 2003 年被教育部正式列入高中数学教学内容,之后在 2017 年高考试题中增设了数学文化试题,接下来更是开始全面取消文理分科和开展"强基计划".阴阳鱼、宝塔灯数、割圆术、逻辑推理、软件激活码、共享单车、斐波那契数列、毕达哥拉斯形数、数字黑洞、蝴蝶定理、狄利克雷函数、杨辉三角、赵爽弦图、将军饮马问题、祖暅原理、米堆问题、竹九节问题、更相减损术、回文数、开立圆术等数学文化相关试题相继出现,特别是"阳马"和"鳖臑"更是成了 2015 年湖北高考的代名词.这说明通过数学文化乃至高考试题破解应试难题仍然任重道远,唯冀教育部最新的教培新规能彻底扭转乾坤.

1.4.2　数学的文化多样性

1. 文化多样性

"文化"一词一般指的是由于某种因素(民族、职业、居住区域等)联系起来的各个群体特有的行为、观念和态度.按此理解,"数学文化"指的就是数学共同体特有的行为、观念和态度,也就是所谓的"数学传统".数学传统始终是数学文化的核心内涵,但数学传统却是相对的,因为历史上存在着许多种数学传统.例如,古代西方数学重视演绎推理,关注特殊与一般之间的关系;中国传统数学则关注归纳推理以及算法,因为中国的先哲更关注社会关系,更关注类与类间的关系,同时更强调数学的工具价值.

通过进一步追踪,小明发现英国人类学家泰勒(Edward Tylor, 1832—1917)在《原始文化》中给"文化"作出了影响深远的定义,即"文化是一种复合体",具体地说:文化或者文明,从其广泛的民族学意义而言,是包括全部实物、知识、信仰、艺术、道德、法律、风俗及其作为社会成员的人所掌握和接受的任何其他才能和习惯的复合体.其中"实物"代表物质文化,是后人的增补.这显然给了文化一个全方位的整体描述.按这种理解,张奠宙等进一步认为:数学文化是在特定的社会历史环境下,数学团体和个人在从事数学活动时所显示的民族特征、传统习惯、规则约定以及思想方法的总和.它以符号化、逻辑化、形式化的数学体系为载体隐性地存在着.它的物质产品是数学命题、数学方法、数学问题和数学语言等知识性成分,精神产品则是数学思想、数学意识、数学精神和数学美等观念性成分.

美国人类学家克鲁伯(Alfred Louis Kroeber, 1876—1960)和克拉克洪(Clyde kluckholn)在 1952 年整理了 1871—1951 年间关于文化的定义,多达 160 种.他们将之归纳为六种类型:描述性定义、历史性定义、规范性定义、心理性定义、结构性定义和遗传性定义.英国科学史学者劳埃德(Geoffrey Lloyd)和美国科学史学者席文(Nathan Sivin)在《道与名》(2002)一书中则首次将文化多样性(cultural manifold,又译为文化簇)这一概念引入科学史研究. 作为一种概念工具, 文化多样性的基本理念就是从多个维度(社会、经济、思想、宗教、政治等)开展研究. 这种研究不是用线性重构的观点重建历史, 而是在"语境"中尽可能多地从相关知识维度、社会维度和知识建构维度考虑不同的科学事件和科学对象.

按照文化多样性的理念, 数学文化不仅包含前述数学共同体特有的行为、观念、态度和精神等(内隐的所谓"数学传统"), 还可以包含外显的数学领域的历史、事件、人物和数学传播, 乃至数学美、数学教育、数学发展中的人文因素以及数学与各种文化的关系等. 事实上, 数学史历来有两种阐述方式:"内史"着重于数学知识的内在逻辑演进,"外史"则主要关注数学发展的社会环境及其社会作用. 美国数学史家斯特罗伊克(Dirk Struik, 1894—2000)的《数学简史》(1948)就堪称内史与外史相结合的典范. 在书中斯特罗伊克更进一步提出了"数学社会学": 数学的社会学, 要考虑社会组织形式对数学概念、方法的起源与发展的影响, 以及数学在某一时期内对社会及经济结构所起的作用. 他认为数学既是一种社会建制, 也是人类文化的一种子文化.

按照文化多样性视角, 数学文化就成了"数学文化是个筐, 什么都能往里装". 比如以下不同视角:

(1) 顾沛先生的《数学文化》(2008), 从数学问题(5 个)、数学典故(5 个)和数学观点(5 个)三个角度展开对数学文化的论述.

(2) 张维忠的《文化视野中的数学与数学教育》(2005), 选取了神奇的数、无理数、斐波那契级数与黄金分割、数学文化中的 π、勾股定理、数学镶嵌、几何原本、数学游戏和分形世界九个数学文化专题.

(3) 李大潜院士主编的《数学文化小丛书》(2007), 每册一个专题, 尽管篇幅不长, 但"小"而见"大", 能让读者很快掌握该专题的核心内容, 自 2007 年以来已出版 30 余册, 为热爱数学的年轻人提供了数学文化的饕餮盛宴.

(4) 张楚廷先生的《数学文化》(2000), 从数学美学、数学与人的发展、数学哲学、数学与语言、数学与其他(文学、艺术、经济、教育)等五个方面旁征博引, 让读者逐步体会数学作为一种文化的含义.

(5) 易南轩等的《多元视角下的数学文化》(2007), 从数学题材、数学典籍、数学史料、数学名题、数学应用、数学艺术、文学与数学等视角审视了数学文化.

(6) 谭永基等人的数学通识教育教材《现实世界的数学视角与思维》(2010), 从寻优与优化、数据与规律、发展与变化、计划与规划、随机与概率、风险与决策、竞争与博弈、模拟与仿真、模式与分类等八个方面展示了数学在科技进步和人类文明上的重大作用.

(7) 王章雄等人的数学素质教育通俗读本《数学的思维与智慧》(2011), 分十八讲讲述了数学的若干经典问题, 内容涵盖基础数学、经典高等数学和现代应用数学等.

(8) 张顺燕的《数学的美与理》(2012, 第 2 版)从数学文化与数学教育、数学与艺术、数学史、数学方法论、学好微积分等方面, 也就是从哲学的、历史的、文化的角度讲述了数学文化的法则及其对人类文明的影响.

(9) 汪晓勤的《数学文化透视》(2013), 从自然界的数学奥秘、文明足迹、数学常数、建筑之美、艺术中的数学、跨越文理鸿沟、作图问题、数学游戏、历史轶事九个方面表现数学文化的魅力.

(10) 邹庭荣等的《数学文化赏析》(2016, 第 3 版), 从数学文化的起源、数论、勾股定理、费波那契数列与黄金比、幻方、数学问题与猜想、变量数学的产生与发展、中国古代数学文化、七桥问题、数学与艺术等方面,从赏析的角度拼盘式地介绍了数学文化.

2. 数学与文学

至于数学与文学之间的联系,小明知道科普名家李毓佩创作了大量数学童话故事:《爱克斯探长》《数学司令》《数学动物园》《数学神探》……幽默风趣的语言加上生动形象的文笔,就像著名的《小牛顿科学馆》丛书一样,"不知喂饱了多少对世界充满好奇的心灵". 小明进一步发现有人撰写了《寓言与数学》(欧阳维诚,2001)、《唐诗与数学》(欧阳维诚,2014)、《诗话数学》(梁进,2018)等书籍,还有人根据《西游记》创作出了漫画"等妖(腰)三角形"(草木虫脑洞,2016). 在日本,数学小说的翘楚当属结城浩的《数学女孩》系列,通过阅读和思考,读者将和主人公一起践行"在动人的故事中走近数学,在青春的浪漫中理解数学".

至于涉及数字的诗词等文学作品,更是比比皆是,比如下面这些:

(1) 一去二三里,烟村四五家,亭台六七座,八九十枝花.(宋,邵康)

(2) 十里长亭无客走,九重天上观星辰. 八河船只皆收港,七千州县尽关门. 六宫五府回官宰,四海三江罢钓纶. 两座楼台钟鼓敲,一轮明月满乾坤.(明,吴承恩)

(3) 两个黄鹂鸣翠柳,一行白鹭上青天. 窗含西岭千秋雪,门泊东吴万里船.(唐,杜甫)

(4) 飞流直下三千尺,疑是银河落九天.(唐,李白)

(5) 坐地日行八万里,巡天遥看一千河.(毛泽东)

类似的还有数字对联,比如:

(1) 花甲重开,外加三七岁月(乾隆);古稀双庆,内多一个春秋.(清,纪晓岚)

(2) 海纳百川有容乃大;壁立千仞无欲则刚.(清,林则徐)

(3) 四面荷花三面柳;一城山色半城湖.(济南大明湖对联)

(4) 一门父子三祠客;千古文章四大家.(眉山三苏祠对联)

(5) 一支粉笔两袖清风,三尺讲台四季晴雨,加上五脏六腑七嘴八舌九思十想,教必有方,滴滴汗水诚滋桃李芳天下;十卷诗赋九章勾股,八索文思七纬地理,连同六艺五经四书三字两雅一心,诲而不倦,点点心血勤育英才泽神州.(杨江南)

甚至还有数字谜语词:

下楼来,金钱卜落;问苍天,人在何方? 恨王孙,一直去了;詈冤家,言去难留. 悔当初,错失口,有上交无下交. 皂白何须问? 分开不用刀,从今莫把仇人靠,千种相思一撇销.(宋,朱淑贞,断肠谜)

"下"字"卜"落就是"一","天"字无"人"就是"二"……谜语中巧妙地融入了一到十这十个数字汉字,令人赞叹.

参考文献

[1] 贝尔. 数学大师[M]. 徐源,译. 上海：上海科技教育出版社,2018.
[2] 迈尔斯. 社会心理学：第 11 版[M]. 侯玉波,乐国安,张智勇,等译. 北京：人民邮电出版社,2014.
[3] 娜萨. 美丽心灵：纳什传[M]. 王尔山,译. 上海：上海科技教育出版社,2018.
[4] 卡尼格尔. 知无涯者：拉马努金传[M]. 胡乐士,齐民友,译. 上海：上海科技教育出版社,2008.
[5] 霍奇斯. 艾伦·图灵传：如谜的解谜者[M]. 孙天齐,译. 长沙：湖南科学技术出版社,2017.
[6] 孙卫民. 笛卡尔①：近代哲学之父[M]. 北京：九州出版社,2013.
[7] 东野圭吾. 嫌疑人 X 的献身[M]. 刘子倩,译. 海口：南海出版公司,2021.
[8] 马丁内斯. 牛津谜案[M]. 马科星,译. 北京：人民文学出版社,2018.
[9] 凯曼. 丈量世界[M]. 文泽尔,译. 海口：南海出版公司,2015.
[10] 小川洋子. 博士的爱情算式[M]. 李建云,译. 杭州：浙江文艺出版社,2018.
[11] 乔尔达诺. 质数的孤独[M]. 文铮,译. 上海：上海译文出版社,2011.
[12] 卡罗尔. 爱丽丝梦游仙境[M]. 冷杉,译. 北京：中国社会科学出版社,2010.
[13] 罗懿宸. 反映维多利亚时期数学的一面镜子：道奇森和他的《爱丽丝漫游奇境记》[J]. 科学文化评论,
　　 2018,15(2)：5 - 16.
[14] 龙隐. 爱丽斯奇境里的数学世界[J]. 世界博览,2010(9)：71 - 72.
[15] Wilson R. Lewis Carroll in numberland：His fantastical mathematical logical life[M]. New York：W.
　　 W. Norton & Company, 2008.
[16] 卡罗尔. 挖开兔子洞：深入解读爱丽丝漫游奇境[M]. 张华,译. 长春：吉林出版集团有限责任公
　　 司,2013.
[17] Burstein M, Tenniel J, Gardner M. The annotated Alice：150th anniversary deluxe edition[M]. New
　　 York：W. W. Norton & Company,2015.
[18] 加德纳. 马丁·加德纳数学游戏全集：全 15 册[M]. 封宗信,陆继宗,黄峻峰,等译. 上海：上海科技教
　　 育出版社,2020.
[19] 艾勃特. 平面国：多维空间传奇往事[M]. 鲁冬旭,译. 上海：上海文化出版社,2020.
[20] Abbott E, Stewart I. The annotated Flatland[M]. New York：Basic Books,2008.
[21] 斯图尔特. 二维国内外：数字漫游奇历记[M]. 暴永宁,胡晓梅,译. 长沙：湖南科学技术出版社,2011.
[22] 杜德尼 A K. 平面宇宙：与二维世界的一次亲密接触[M]. 于娟娟,译. 北京：人民邮电出版社,2015.
[23] 帕帕斯. 理性的乐章：从名言中感受数学之美[M]. 王幼军,译. 上海：上海科技教育出版社,2008.
[24] 胡作玄. 数学是什么[M]. 北京：北京大学出版社,2008.
[25] 戈丁. 数学概观[M]. 胡作玄,译. 北京：科学出版社,2001.
[26] 胡作玄,邓明立. 20 世纪数学思想[M]. 济南：山东教育出版社,1999.
[27] 亚历山大洛夫. 数学：它的内容、方法和意义：全三卷[M]. 孙小礼,译. 北京：科学出版社,2001.
[28] 高尔斯. 普林斯顿数学指南：全三卷[M]. 齐民友,译. 北京：科学出版社,2014.
[29] MacLane S. Mathematics：Form and function[M]. Berlin：Springer,2011.
[30] 贝尔. 数学：科学的女王和仆人[M]. 李永学,译. 上海：华东师范大学出版社,2020.
[31] 休森. 数学桥：对高等数学的一次观赏之旅[M]. 邹建成,杨志辉,刘喜波,等译. 上海：上海科技教育
　　 出版社,2010.
[32] 斯狄瓦. 数学及其历史[M]. 2 版. 袁向东,冯绪宁,译. 北京：高等教育出版社,2011.
[33] 克莱因 M. 古今数学思想：第四册[M]. 邓东皋,张恭庆,朱学贤,译. 上海：上海科学技术出版
　　 社,2002.
[34] 克拉默. 大学数学[M]. 舒五昌,周仲良,编译. 上海：复旦大学出版社,1987.
[35] 高隆昌,李伟. 数学及其认识[M]. 2 版. 成都：西南交通大学出版社,2011.

_____

① 指笛卡儿.

[36] 曾晓新. 数学的魅力[M]. 重庆：科学技术文献出版社重庆分社,1990.

[37] 瑞德. 希尔伯特：数学界的亚历山大[M]. 袁向东,李文林,译. 上海：上海科学技术出版社,2018.

[38] 外尔. 诗魂数学家的沉思[M]. 袁向东,等编译. 大连：大连理工大学出版社,2020.

[39] 布尔巴基. 数学的建筑[M]. 胡作玄,译. 大连：大连理工大学出版社,2014.

[40] 马夏尔. 布尔巴基：数学家的秘密社团[M]. 胡作玄,王献芬,译. 长沙：湖南科学技术出版社,2012.

[41] 丁玖. 智者的困惑：混沌分形漫谈[M]. 北京：高等教育出版社,2013.

[42] 邓纳姆. 天才引导的历程：数学中的伟大定理[M]. 李繁荣,李莉萍,译. 北京：机械工业出版社,2016.

[43] 曼凯维奇. 数学的故事[M]. 冯速,译. 海口：海南出版社,2019.

[44] 斯图尔特. 数学的故事[M]. 熊斌,汪晓勤,译. 上海：上海辞书出版社,2013.

[45] 蔡天新. 数学简史[M]. 北京：中信出版集团,2017.

[46] Aczel A D. A strange wilderness：The lives of the great mathematicians[M]. New York：Sterling Publishing,2011.

[47] 贝弗里奇. 数学的世界[M]. 牟晨琪,译. 北京：电子工业出版社,2019.

[48] 王树和. 数学演义[M]. 北京：科学出版社,2008.

[49] 王前. 数学哲学引论[M]. 沈阳：辽宁教育出版社,2002.

[50] 林夏水. 数学哲学[M]. 北京：商务印书馆,2003.

[51] 拉卡托斯. 证明与反驳：数学发现的逻辑[M]. 方刚,兰钊,译. 上海：复旦大学出版社,2007.

[52] 欧内斯特. 数学教育哲学[M]. 齐建华,张松枝,译. 上海：上海教育出版社,1998.

[53] 谢明初. 数学教育中的建构主义：一个哲学的审视[M]. 上海：华东师范大学出版社,2007.

[54] 郑毓信. 新数学教育哲学[M]. 上海：华东师范大学出版社,2015.

[55] 徐利治,郑毓信. 数学模式论[M]. 南宁：广西教育出版社,1993.

[56] 夏皮罗. 数学哲学：对数学的思考[M]. 郝兆宽,杨睿之,译. 上海：复旦大学出版社,2009.

[57] 阿特斯坦. 数学与现实世界：进化论的视角[M]. 程晓亮,张传兴,胡兆玮,译. 北京：机械工业出版社,2019.

[58] 戴维斯,赫什,马奇索托. 数学经验：学习版[M]. 王前,译. 2版. 大连：大连理工大学出版社,2020.

[59] 赫什,约翰-斯坦纳. 爱+恨数学：还原最真实的数学[M]. 杨昔阳,译. 北京：商务印书馆,2013.

[60] 张景中,彭翕成. 数学哲学[M]. 3版. 北京：北京师范大学出版社,2019.

[61] 欧文. 数学哲学[M]. 康仕慧,译. 北京：北京师范大学出版社,2015.

[62] 克莱因 M. 数学与知识的探求[M]. 刘志勇,译. 上海：复旦大学出版社,2016.

[63] 克莱因 M. 数学简史：确定性的消失[M]. 李宏魁,译. 北京：中信出版集团,2019.

[64] 利维奥. 最后的数学问题[M]. 黄征,译. 2版. 北京：人民邮电出版社,2019.

[65] 外尔. 数学与自然科学之哲学[M]. 齐民友,译. 上海：上海科技教育出版社,2007.

[66] 柯尔. 数学与头脑相遇的地方[M]. 丘宏义,译. 长春：长春出版社,2002.

[67] 波利亚. 数学与猜想：全两卷[M]. 李心灿,王日爽,李志尧,译. 北京：科学出版社,2019.

[68] 阿达玛. 数学领域中的发明心理学[M]. 陈植荫,肖奚安,译. 大连：大连理工大学出版社,2008.

[69] 徐利治. 数学方法论十二讲[M]. 大连：大连理工大学出版社,2007.

[70] 郑毓信. 数学方法论入门[M]. 杭州：浙江教育出版社,2006.

[71] 张奠宙,过伯祥,方均斌. 数学方法论稿[M]. 修订版. 上海：上海教育出版社,2012.

[72] 史宁中. 数学基本思想18讲[M]. 北京：北京师范大学出版社,2016.

[73] 米山国藏. 数学的精神、思想和方法[M]. 毛正中,吴素华,译. 上海：华东师范大学出版社,2019.

[74] 德福林. 数学的语言：化无形为可见[M]. 洪万生,洪赞天,苏意雯,等译. 桂林：广西师范大学出版社,2013.

[75] 斯诺. 两种文化[M]. 陈克艰,秦小虎,译. 上海：上海科学技术出版社,2003.

[76] 格罗斯,莱维特. 高级迷信：学术左派及其关于科学的争论(原书第二版)[M]. 张雍军,张锦志,译. 北京：北京大学出版社,2008.

[77] 李丽. 科学主义在中国[M]. 北京：人民出版社,2012.

[78] 郭颖颐. 中国现代思想中的唯科学主义：1900—1950[M]. 雷颐,译. 南京：江苏人民出版社,2010.

[79] 吴国盛. 在中国,是科学对人文的傲慢[N]. 中国科学报,2019-05-24(5).

[80] 陈方正. 继承与叛逆：现代科学为何出现于西方[M]. 北京：生活·读书·新知三联书店,2009.

[81] 马建波. 科学之死：20世纪科学哲学思想简史[M]. 上海：上海科技教育出版社,2018.

[82] 丁石孙,张祖贵. 数学与教育[M]. 长沙：湖南教育出版社,1989.

[83] 克莱因 M. 西方文化中的数学[M]. 张祖贵,译. 北京：商务印书馆,2020.

[84] 怀尔德. 数学概念的演变[M]. 谢明初,陈念,陈慕丹,译. 上海：华东师范大学出版社,2019.

[85] 怀尔德. 作为文化体系的数学[M]. 谢明初,陈慕丹,译. 上海：华东师范大学出版社,2019.

[86] 刘鹏飞,徐乃楠,王涛. 怀尔德的数学文化研究[M]. 北京：清华大学出版社,2021.

[87] 胡典顺,孔凡祥. 高考中的数学文化：让数学阅读简单又有趣[M]. 武汉：湖北科学技术出版社,2017.

[88] 斯特罗伊克. 数学简史：第4版[M]. 胡滨,译. 北京：高等教育出版社,2018.

[89] 司马云杰. 文化社会学[M]. 5版. 北京：华夏出版社,2011.

[90] 刘鹏飞,徐乃楠. 数学与文化[M]. 北京：清华大学出版社,2015.

[91] 张奠宙,王善平. 数学文化教程[M]. 北京：高等教育出版社,2013.

[92] 齐民友. 数学与文化[M]. 大连：大连理工大学出版社,2008.

[93] 郑毓信,王宪昌,蔡仲. 数学文化学[M]. 成都：四川教育出版社,2000.

[94] 方延明. 数学文化[M]. 北京：清华大学出版社,2007.

[95] 王宪昌,刘鹏飞,耿鑫彪. 数学文化概论[M]. 北京：科学出版社,2010.

[96] 顾沛. 数学文化[M]. 2版. 北京：高等教育出版社,2017.

[97] 张维忠. 文化视野中的数学与数学教育[M]. 北京：人民教育出版社,2005.

[98] 张楚廷. 数学文化[M]. 北京：高等教育出版社,2000.

[99] 易南轩,王芝平. 多元视角下的数学文化[M]. 北京：科学出版社,2007.

[100] 谭永基,俞红. 现实世界的数学视角与思维[M]. 上海：复旦大学出版社,2010.

[101] 王章雄. 数学的思维与智慧[M]. 北京：中国人民大学出版社,2011.

[102] 张顺燕. 数学的美与理[M]. 2版. 北京：北京大学出版社,2012.

[103] 汪晓勤. 数学文化透视[M]. 上海：上海科学技术出版社,2013.

[104] 邹庭荣,沈婧芳,汪仲文. 数学文化赏析[M]. 3版. 武汉：武汉大学出版社,2016.

[105] 彭双阶,胡典顺. 数学鉴赏[M]. 武汉：湖北教育出版社,2020.

[106] 结城浩. 数学女孩[M]. 朱一飞,译. 北京：人民邮电出版社,2016.

[107] 结城浩. 数学女孩2：费马大定理[M]. 丁灵,译. 北京：人民邮电出版社,2016.

[108] 结城浩. 数学女孩3：哥德尔不完备定理[M]. 丁灵,译. 北京：人民邮电出版社,2017.

[109] 结城浩. 数学女孩4：随机算法[M]. 丛熙,江志强,译. 北京：人民邮电出版社,2019.

[110] 结城浩. 数学女孩5：伽罗瓦理论[M]. 陈冠贵,译. 北京：人民邮电出版社,2021.

第2章
自然数探秘

2.1 自然数趣话

2.1.1 科幻中的名数

在科幻小说中,产生了许多有名的数.比如《三体》中就有:第 1379 号监听员给出了著名的回答"不要回答! 不要回答!! 不要回答!!!"(重要的事情说 3 遍,说明 3 这个数很重要,理由见下一节);三体游戏中的文明编号,"137 号文明,该文明进化至战国层次";他(云天明)要送给程心一颗星星(DX3906 恒星),现在,他又送你一个宇宙(第 647 号小宇宙).

至于外国科幻小说中的名数,小明觉得最著名的莫过于 42 了.它是道格拉斯·亚当斯(Douglas Adams,1952—2001,英国作家)的小说《银河系漫游指南》中"生命、宇宙以及任何事情的终极答案"的答案.在 Google 搜索中输入"the answer to life, the universe, and everything",Google 会返回结果 42;在 Wolfram Alpha 中输入"Answer to the Ultimate Question of Life, the Universe, and Everything", Wolfram Alpha 会回答 42;询问 Siri "What's the meaning of life?"(小说中的机器人马文具有人类情绪,但患有严重抑郁症,这是它的口头禅),Siri 也会回答 42.

亚当斯之所以选择这个数,是因为他快速地问了一圈他的朋友们,大家都认为 42 是最乏味的.但斯图尔特却不这么认为,在《不可思议的数》一书的压轴篇章中,斯图尔特给出了 42 的许多数学意义,其中包括:42 是第 6 个普罗尼克数(矩形数);42 是两个连续整数之积,也是第 6 个三角形数的 2 倍;42 是第 6 个卡塔兰数 C_6,其中卡塔兰数 C_n 指的是把正 $n+2$ 边形分割为三角形的方法总数(如图 2-1 所示,图中 $C_4=14$),也是生成有 $n+1$ 片叶子的二叉树的总数(如图 2-2 所示,图中 $C_3=6$),计算公式为

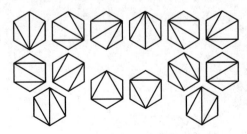

图 2-1　六边形分割为三角形

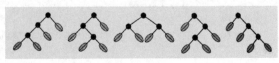

图 2-2　有 4 片叶子的二叉树

$$C_n = \frac{C_{2n}^n}{n+1} = \frac{(2n)!}{(n+1)!\, n!} = C_{2n}^n - C_{2n}^{n-1}$$

小明得知 42 还与 Roger 猜想有关：除了 $9n \pm 4$ 型的自然数外，其他所有正整数都可以写成三个立方数的和，它是由牛津大学的希思-布朗(Roger Heath-Brown)于 1992 年提出的. 2019 年 9 月，有人在 MIT 数学系网站贴出了一个等式：

$$42 = (-80\,538\,738\,812\,075\,974)^3 + (80\,435\,758\,145\,817\,515)^3 + (12\,602\,123\,297\,335\,631)^3$$

使得 42 成为 100 以内最后一个被证实满足 Roger 猜想的自然数，33 是倒数第二个(2 019)，74 是倒数第三个(2 015). 1 000 以内的整数中，目前未被证实的也只剩下 10 个：114，165，390，579，627，633，732，906，921 和 975.

上面提到的矩形数和三角形数都属于形数(亦称拟形数、垛积数)，指的是平面上各种规则点阵所对应的数. 按照每个图形的点数(如图 2-3 所示)，形数分别被称为三角形数、四边形数、五边形数……它们是毕达哥拉斯学派在研究数论时提出的. 要特别注意的是，毕达哥拉斯学派眼中的数都是形数，是"数形结合"的.

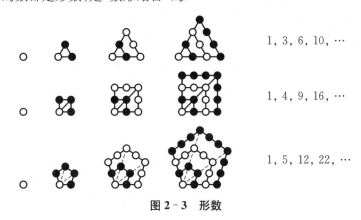

图 2-3　形数

2.1.2　拉马努金数和水仙花数

维纳的年龄问题也是一个与自然数有关的有趣话题. 维纳是控制论之父，从小就智力超常，年纪轻轻就成为美国哈佛大学的科学博士. 在博士学位授予仪式上，执行主席看到一脸稚气的维纳，颇为惊讶，于是就当面询问他的年龄. 维纳的回答十分巧妙："我今年年龄的立方是个四位数，年龄的四次方是个六位数，这两个数，刚好把十个数字 0~9 全都用上了，不重不漏. 这意味着全体数字都向我俯首称臣，预祝我将来在数学领域里一定能干出一番惊天动地的大事业."一言既出，四座皆惊，整个会场上的人，都开始议论他的年龄问题.

事实上，如果设维纳当时的年龄为 n 岁，因为 $21^3 = 9\,261$，$22^3 = 10\,648$，因此 $n \leqslant 21$；又因为 $17^4 = 83\,521$，$18^4 = 104\,976$，因此 $n \geqslant 18$. 显然 $n \neq 20$，这是因为 $20^4 = 160\,000$，其中出现了重复数字 0；n 也不可能是 19 或 21，这是因为 19^4 和 21^4 的末位数字都是 1，而它们的首位数字也是 1. 因此，维纳当时的年龄是 18 岁.

说到天才，小明不能不再次想到拉马努金. 电影《知无涯者》中再现了这个著名的故事：哈代有次在伦敦坐出租车去看望生病的拉马努金，注意到车牌号是 1729，他向拉马努金诉苦说这是一个无聊乏味的数字，并希望这不是什么坏兆头."哈代，你错了，"拉马努金说，"它是能用两种不同方式表示为两个正立方数之和的最小的数."此类数后来被命名为拉马努金数,并被进一步推广为的士数:能以 n 个不同的方法表示成两个正立方数之和的最小正整数,记为 $Ta(n)$,目前仅找到 14 个. 显然 $Ta(1)=2=1^3+1^3$, $Ta(2)=1\,729=1^3+12^3=9^3+10^3$.

拉马努金数 1729 还有一个惊人的秘密:$1\,729=19\times91$,即它可以分解为一对互为回文数(互文数)之积,更惊人的则是 $1+7+2+9=19$. 与之类似的还有 $1,81$ 和 $1\,458$. 因为 $81=9\times9$, $8+1=9$; $1\,458=18\times81$, $1+4+5+8=18$.

由于这里涉及自然数中各位数字的运算,这使小明马上联想到最神秘的 153. 它首先满足 $1^3+5^3+3^3=153$,因而是一个水仙花数(指的是一个三位数,其各个数位上的数字的立方和等于该数);其次有 $153=1+2+\cdots+17$,以及 $153=1!+2!+\cdots+5!$;它还存在难以解释的"水仙花数黑洞"现象:任取 3 的倍数,计算其各位数字的立方和,再计算这个立方和的各位数字的立方和······最终会出现 153. 例如 $174\to408\to576\to684\to792\to1\,080\to513\to153$.

将水仙花数推广到 n 位数,可得兰德尔数(又称自方幂数):指的是一个 n 位数,其各个数位上的数字的 n 次方和等于该数,其中的三位就是水仙花数,四位称玫瑰花数,五位称五角星数,六位称六合数. 验算可知 8208 是玫瑰花数,54748 是五角星数.

这种有趣的数字秘密其实有很多. 例如,大家都知道 $2^2=4$, $2^{2^2}=2^4=16$,但是肯定没想到 $22=2+2^2+2^{2^2}$. 还有凶数 13,有 $13^2=169$,但是肯定没注意到 $(1+3)^2=16=1+6+9$. 更神奇的是,利用加法交换律,可得 $(3+1)^2=9+6+1$,对应地,居然也有 $31^2=961$,当然数 12 也有这种性质. 还有 $8=2^3$, $9=3^2$,两者底数与指数之和都是 5. 更神奇的是,$8=2\times2\times2$, $9=3\times3$,两者素因子之和都是 6. 还有 $2^5 9^2=2\,592$,读者不妨论证一下.

小明清楚这种数字秘密也不能泛化. 比如 $10=1+2+3+4$, $100=10^2=1^3+2^3+3^3+4^3$,那么有没有 $1\,000=10^3=1^5+2^5+3^5+4^5$ 呢? 很遗憾并没有.

2.1.3 怪兽数、缺 8 数和圣数

1. 怪兽数

一个数或一类数隐藏的数学秘密越多,当然也就越神秘. 按此标准,小明知道最典型的莫过于怪兽数 666,它具有下列神奇的性质:

(1) $1+2+\cdots+36=666$;

(2) 将适当个数的加号加在数字 1~9 之间,所得自然数之和为 666:

$$1+2+3+4+567+89=666, \quad 123+456+78+9=666,$$
$$9+87+6+543+21=666;$$

(3) 前 7 个素数的平方和等于 666:$2^2+3^2+5^2+7^2+11^2+13^2+17^2=666$;

(4) 666 还与它各数位上的 6 之间存在一些有趣的联系:

$$6+6+6+6^3+6^3+6^3=666, \quad 1^6-2^6+3^6=666,$$
$$(6+6+6)^2+(6+6+6)^2+(6+6+6)=666;$$

(5) 666 还是史密斯数:$666=2\times3\times3\times37$,而 $6+6+6=2+3+3+3+7$.

你以为这就见底了？太天真了！《圣经·启示录》中说："凡有聪明的,可以算计兽的数目,因为这是人的数目,它的数目是六百六十六."因此 666 在西方被称为怪兽数或魔鬼数字,代表恶魔撒旦.当然,也有人调侃说这是因为 666(六氯环己烷,$C_6H_6Cl_6$)是有毒物质!接着看……

(6) $666^2 = 443\,556$, $666^3 = 295\,408\,296$, 这好像没什么神奇的,但是你仔细看:

$$4^3 + 4^3 + 3^3 + 5^3 + 5^3 + 6^3 + 2 + 9 + 5 + 4 + 0 + 8 + 2 + 9 + 6 = 666;$$

(7) $666 = 5^3 + 6^3 + 7^3 - (6 + 6 + 6)$;

(8) $666 = 2^1 \times 3^2 + 2^3 \times 3^4$;

(9) $666 = 15^2 + 21^2$(两个连续三角数的平方和);

(10) $20\,772\,199 = 7 \times 41 \times 157 \times 461$, $20\,772\,200 = 2 \times 2 \times 2 \times 5 \times 5 \times 283 \times 367$, 两个相邻整数都是合数,这并不稀奇,但是却有:

$$7 + 41 + 157 + 461 = 666, \quad 2 + 2 + 2 + 5 + 5 + 283 + 367 = 666.$$

关于 666,还有一则趣事.数学家加德纳在《矩阵博士的魔法数》中开了时任美国国务卿的基辛格(Henry Alfred Kissinger)一个玩笑:如果用 6 代替 A,用 12 代替 B, …,用 156 代替 Z,那么 Kissinger 就变成了:$66 + 54 + \cdots + 108 = 666$.据说这位"中国人民的老朋友"知悉这个玩笑后,非但没有生气,反而认为它很有意思.

2. 缺 8 数

再看神奇的缺 8 数:

$$12\,345\,679 \times 9 \times 1 = 111\,111\,111$$
$$12\,345\,679 \times 9 \times 2 = 222\,222\,222$$
$$12\,345\,679 \times 9 \times 3 = 333\,333\,333$$
$$12\,345\,679 \times 9 \times 4 = 444\,444\,444$$
$$12\,345\,679 \times 9 \times 5 = 555\,555\,555$$
$$12\,345\,679 \times 9 \times 6 = 666\,666\,666$$
$$12\,345\,679 \times 9 \times 7 = 777\,777\,777$$
$$12\,345\,679 \times 9 \times 8 = 888\,888\,888$$
$$12\,345\,679 \times 9 \times 9 = 999\,999\,999$$

接下来,小明换了个花样:

$$12\,345\,679 \times 12 = 148\,148\,148$$
$$12\,345\,679 \times 15 = 185\,185\,185$$
$$12\,345\,679 \times 21 = 259\,259\,259$$
$$12\,345\,679 \times 24 = 296\,296\,296$$

显然,缺 8 数乘上 3 的倍数(从 12 开始,9 的倍数除外),乘积遽然"三位一体"地重复出现,也就是出现了 3 个数字组成的数字节循环.那么那些没考虑的倍数,情况又如何呢?

$$12\,345\,679 \times 10 = 123\,456\,790 \quad (数字 8"休息")$$
$$12\,345\,679 \times 11 = 135\,802\,469 \quad (数字 7"休息")$$

$$12\ 345\ 679 \times 13 = 160\ 493\ 827 \quad (\text{数字 5“休息”})$$
$$12\ 345\ 679 \times 14 = 172\ 839\ 506 \quad (\text{数字 4“休息”})$$
$$12\ 345\ 679 \times 16 = 197\ 530\ 864 \quad (\text{数字 2“休息”})$$
$$12\ 345\ 679 \times 17 = 209\ 876\ 543 \quad (\text{数字 1“休息”})$$

显然,缺 8 数乘以 10~17(12, 15 是 3 的倍数,除外),所得结果中数字 8~1(3, 6 除外)轮流"休息"(不出现).

再看一组规律:

$$12\ 345\ 679 \times 10 = 123\ 456\ 790$$
$$12\ 345\ 679 \times 19 = 234\ 567\ 901$$
$$12\ 345\ 679 \times 28 = 345\ 679\ 012$$
$$12\ 345\ 679 \times 37 = 456\ 790\ 123$$
$$12\ 345\ 679 \times 46 = 567\ 901\ 234$$
$$12\ 345\ 679 \times 55 = 679\ 012\ 345$$
$$12\ 345\ 679 \times 64 = 790\ 123\ 456$$
$$12\ 345\ 679 \times 73 = 901\ 234\ 567$$

这里乘数为等差数列(首项为 10,公差为 9)的前 8 项,乘积显然是一类循环数,数字 0~9 循环排列,其中首位数字从 1~9(8 除外)"轮流做庄".

3. 圣数 142 857

既然说到了循环数,自然绕不开圣数 142 857:

$$142\ 857 \times 1 = 142\ 857$$
$$142\ 857 \times 2 = 285\ 714$$
$$142\ 857 \times 3 = 428\ 571$$
$$142\ 857 \times 4 = 571\ 428$$
$$142\ 857 \times 5 = 714\ 285$$
$$142\ 857 \times 6 = 857\ 142$$
$$142\ 857 \times 7 = 999\ 999$$

圣数乘以倍数 1~6(7 除外),结果出现"走马灯"现象,即圣数各数字向左"顺时针旋转"一定次数.

$$142\ 857 \times 8 = 1\ 142\ 856(7\ \text{分身为首和尾的}\ 1\ \text{和}\ 6)$$
$$142\ 857 \times 9 = 1\ 285\ 713(4\ \text{分身为首和尾的}\ 1\ \text{和}\ 3)$$
$$142\ 857 \times 10 = 1\ 428\ 570(1\ \text{分身为首和尾的}\ 1\ \text{和}\ 0)$$
$$142\ 857 \times 11 = 1\ 571\ 427(8\ \text{分身为首和尾的}\ 1\ \text{和}\ 7)$$
$$142\ 857 \times 12 = 1\ 714\ 284(5\ \text{分身为首和尾的}\ 1\ \text{和}\ 4)$$
$$142\ 857 \times 13 = 1\ 857\ 141(2\ \text{分身为首和尾的}\ 1\ \text{和}\ 1)$$
$$142\ 857 \times 14 = 1\ 999\ 998(9\ \text{分身为首和尾的}\ 1\ \text{和}\ 8)$$
$$142\ 857 \times 15 = 2\ 142\ 855(7\ \text{分身为首和尾的}\ 2\ \text{和}\ 5)$$
$$142\ 857 \times 16 = 2\ 285\ 712(4\ \text{分身为首和尾的}\ 2\ \text{和}\ 2)$$

$$142\,857 \times 17 = 2\,428\,569(71\,分身为首和尾的\,2\,和\,69,略有异常)$$
$$142\,857 \times 18 = 2\,571\,426(8\,分身为首和尾的\,2\,和\,6)$$
$$142\,857 \times 19 = 2\,714\,283(5\,分身为首和尾的\,2\,和\,3)$$
$$142\,857 \times 20 = 2\,857\,140(2\,分身为首和尾的\,2\,和\,0)$$
$$142\,857 \times 21 = 2\,999\,997(9\,分身为首和尾的\,2\,和\,7)$$
$$142\,857 \times 22 = 3\,142\,854(7\,分身为首和尾的\,3\,和\,4)$$
$$142\,857 \times 23 = 3\,285\,711(4\,分身为首和尾的\,3\,和\,1)$$
$$142\,857 \times 24 = 3\,428\,568(71\,分身为首和尾的\,3\,和\,68,略有异常)$$
$$142\,857 \times 25 = 3\,571\,425(8\,分身为首和尾的\,3\,和\,5)$$

圣数乘以倍数 8~25(14,21 例外),结果是圣数各数字向左"顺时针旋转"一定次数,然后取出所得数的末位数字(17,24 例外,它们取的是末两位),"分身"为两个数字后,分别放在圣数的首位和末尾.

还有,

$$10 = 3 + (7 \times 1)$$
$$100 = 2 + (7 \times 14)$$
$$1\,000 = 6 + (7 \times 142)$$
$$10\,000 = 4 + (7 \times 1\,428)$$
$$100\,000 = 5 + (7 \times 14\,285)$$
$$1\,000\,000 = 1 + (7 \times 142\,857)$$

其中最后一个等式说明:在 100 万以内的自然数中,能被 7 整除的自然数刚好有 142 857 个.

另外还有:$142\,857 \times 142\,857 = 20\,408\,122\,449$,$20\,408 + 122\,449 = 142\,857$.

为什么圣数的 7 倍中数字全是 9?这其实与 $\frac{1}{7} = 0.\dot{1}42\,85\dot{7}$ 以及 $1 = 0.\dot{9}$ 有关,据此,圆周率 π 最著名的近似值就是 $\pi \approx \frac{22}{7} = 3.\dot{1}42\,85\dot{7}$.

2.2 自然数史话

2.2.1 从前有个数

1. 数感

丹齐克(Tobias Dantzig,1884—1956)在《数:科学的语言》(1930)中,引述了这样一个故事:有只乌鸦竟在庄园的瞭望塔上筑巢,庄主为了打下它,想出一个妙计.他找来一个邻居,两个人一起走进塔楼,然后离开一个,另一个留在里面.可是乌鸦没有上当,一直等到楼里的人离开才飞回来.接下来三个人,四个人都没有成功,直到最后,五个人进去,四个人出来,一个人留在里面.这次乌鸦数不清了,它不能辨别数量 4 与 5,于是飞向了死亡之旅.

　　丹齐克将这种能力定义为数感(数觉,number sense):当在一个小的集合里增加或减去一样东西时,能够辨认到其中有所变化.动物具有模糊的数感并不是个别现象.比如一种周期蝉,大部分时间都在地下度过,但在特定的时候,会到地面进行繁殖活动(最近一次是2021年).研究发现这个周期是13年或17年(两个素数),而大部分以蝉为食物的动物的繁殖周期为2～10年,这样周期蝉就相对不容易被其他繁殖周期的物种捕食,从而增加了生存机会.再如,科学家曾经录下咆哮中的母狮吼声,播放给坦桑尼亚塞伦盖蒂国家公园(Serengeti National Park)的一小群母狮听,它们会走向声源,意图驱赶这个"入侵者".但当播放三只不同母狮的吼声时,它们后退了.至于与人类亲缘关系最近的物种,比如大猩猩和恒河猴,它们的数感则更强.

　　既然动物都具有模糊的数感,那么从种系发生学的角度来看,作为"天地之精华,万物之灵长"(莎士比亚语)的人类,具有更强的数感似乎是天经地义的事.这显然是人类中心论的观点.事实上,存在一些完全不使用数字的原住民,比如澳大利亚的瓦尔皮里人、巴西的毗拉哈人和蒙杜鲁库人.这些仍然保持着古老生活方式的少数民族和原住民是人们了解人类历史的活化石.

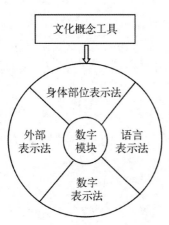

图 2-4　巴特沃斯的数学脑假说

　　人类的数感是先天的还是后天的? 如果是先天的,那么在大脑中就会存在相应的结构,同时在婴幼儿身上也能看到证据.英国神经心理学家巴特沃斯据此思路,结合人类已有的研究成果,提出了一个"数学脑"假说(1999,如图2-4所示).他认为人类基因组中含有一个"数字模块",其作用是以数量感(numerosity)来对世界进行归类,最多可以达到4或5.这里的数量感,他指的是一个集合中物体的数目.拥有数量感,意味着不仅能判断两个集合是否有相同的数量,而且能辨别两个不同数目的集合.显然,他的数量感定义与丹齐克的数感定义大致相同.

　　在一些心理学实验中,成年人被要求答出随机散布在幻灯片上的点数,答案为一点或两点所需时间几乎一样,三点所需时间略长一点,但点数多于三点时所需时间则迅速增长.这说明大脑可能运用了两种不同的机制:前者仅靠下意识瞬间完成,后者则需要计数的思维过程.诺贝尔经济学奖得主丹尼尔·卡尼曼(Daniel Kahneman)在《思考,快与慢》中提出了两种系统:系统1依赖于直觉,系统2则依赖于理性.

　　事实上,脑成像技术的发展和大范围应用已经证实,大脑的双侧顶叶中的顶内沟区域(the intraparietal sulcus, IPS)是人脑中负责数字思维的主要部分.顶内沟区域的损伤会显著影响数字能力.大量的认知心理学及神经科学研究,特别是对婴幼儿数字认知能力的一些天才实验,证实了人类即使没有受过任何数学训练,也能快速地辨别数量1、2、3之间的区别,以及对于较大数量的模糊区分.更准确地说,这些研究说明人的大脑先天地具有两种不同的数感:一种是区别小数量的精确数感,另一种是区别大数量的模糊数感.它们是人类进行数量推理的基础,但要发展成真正的数学思维,还需要借助于巴特沃斯所谓"文化概念工具"的熏陶和训练.对大猩猩等动物的大量科学实验也证实,人类的这些灵长目"亲戚"似乎也具有这两种数感.

小明知道有个小女孩背乘法表的视频，"一五得五二五一十三五三十五"，小女孩总是在"三个五"上卡壳，看起来不是毫无道理. 在人类族群中开展的语言学研究发现，研究对象对超过三的数量大都进行了模糊的表达. 比如汉字结构中三个相同的形体构成的合体字，大多有"多"之义：三人为"众"，表示人多；三木为"森"，表示树木多；三水为"淼"，表示水多. 老子《道德经》中说："道生一，一生二，二生三，三生万物." 孔子晚年读《易》"韦编三绝"，"三绝"指的就是编连竹简的"韦"即熟牛皮多次断绝.《论语》中的"三"更是令人应接不暇："吾日三省吾身"，"三人行必有我师"，"季文子三思而后行"，"举一隅不以三隅反"，君子有"三变"及"三畏". 随着社会的发展，以"三千"为"多"的用法应运而生. 例如，庄子的"水击三千里"，李白的"白发三千丈"和"飞流直下三千尺"，白居易的"三千宠爱在一身". 著名学者庞朴(1928—2015)先生更是倡导"一分为三"的"三元论"，指出"一分为三"为中国文化密码，并运用这个密码来解读中国文化成果，看起来极富远见卓识.

2. 记数法

小明了解到世界各地都发现了大量岩洞壁画，其中许多以人类的手为主题，例如阿根廷洛斯马诺斯岩画. 洛斯马诺斯(Cueva de las Manos)的意思是"手洞"，因为洞中有许多距今约 1 万年的远古人类绘制的似有记数功能的手印. 更接近具有记数功能的或许是距今 2.7 万年的法国科斯凯岩画，有学者认为其中的人手图形中，拇指都处于抬起状态，表示的是一种计数方式(如果只有拇指跷起，表示数量 1；如果 5 根手指都翘起，则表示数量 5). 注意"计数"与"记数"容易混淆：计数是数(shǔ)数，强调过程，而记数则是把计数的结果记录下来.

这种通过手指记数的方式(巴特沃斯所谓"身体部位表示法")，世界各地虽因时因地因族群而存在差异，但由于便于交流，已经成为随处可见的一种行为习惯. 如图 2-5 中所示就是会计学之父帕乔利(Luca Pacioli，1445—1517)在算术课本《数学大全》(1494)中整理的一套手指记数法，可见在几百年前的欧洲，屈指计数仍然非常风行.

人类真的是一个"恋手"的物种，美国著名科普作家阿西莫夫(Isaac Asimov，1920—1992)说过：人类最早的"计算机"是手指. 当两只手不够用时，随处可见的小石子或小树枝等外物便成了当然的替代与补充. 其中的石子记数，起初用不同大小和形状的石头代表不同大小的数字，之后又慢慢发展出一套不同大小的圆柱形、锥形、球形的标准化黏土石记数(计数)系统，

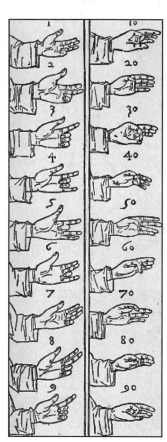

图 2-5　15 世纪西欧的数字手势

在中东、土耳其和印度等地都出土过类似文物. 创作于公元前 8 世纪的古希腊史诗《奥德赛》中，就有独眼巨人用石子计数羊群的故事. 英文单词 calculus(微积分)在拉丁文中的意思就是"用来计算的小石子". 石子记数等方式说明人类开始懂得了用无生命的物体来代替最基本的手指计数. 事实上，人类正是借助于外部工具，"把一个无法精确表达大数量的原始数字系统，发展为人类所独有的正式数学系统". 这些外部工具中，最重要的就是数字工具，它帮

助我们用符号化的方式表达数量,然后通过语言将数量的概念具体化,并以不同的文化方式使用它.

由于石子记数等方式很难长久保存信息,于是又有了结绳记数和刻痕记数.

《周易·系辞下》说,庖羲氏时代,"作结绳而为网罟(读音为古),以佃以渔,盖取诸《离》.……上古结绳而治,后世圣人易之以书契."这里的"结绳而治"就是结绳记事或结绳记数,"书契"就是在物体上刻痕,以后逐渐发展为文字.到了2 000年后的春秋末期,老子在《道德经》里还对"结绳而治"的不复使用感到惋惜:"小国寡人,……使民复结绳而用之.甘其食,美其服,安其居,乐其俗,邻国相望,鸡狗之声相闻,民至老死,不相往来."

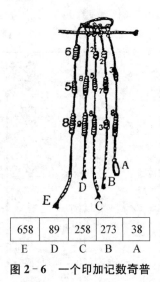

658	89	258	273	38
E	D	C	B	A

图2-6　一个印加记数奇普

南美洲的印加帝国也使用结绳记事(包括记数)管理庞大的国家,最多的"奇普"(quipu,绳结)上有2 000多根绳子.如图2-6所示的就是一种典型的印加记数奇普,现藏于美国自然博物馆.其中E绳表示的数658,是A～D四根绳上表示的4个数(38, 273, 258, 89)的和.

20世纪70年代,在南非莱邦博山脉的山洞里面发现了一件骨器,是用狒狒的小腿骨制成的,距今约3.5万年.莱邦博骨(Lebombo Bone)的刻痕是分四次用不同的工具刻下的,因为有29个刻痕,有人怀疑是用来记录月亮的运行周期(月运周期)的,或者说是用来记录女性的生理周期的,毕竟这两个周期对人类都具有十分重要的意义.

1937年,阿布索隆(Karl Absolon)在捷克摩拉维亚(Moravia)发现了一根狼骨,距今约3万年.摩拉维亚狼骨上刻着55道刻痕,分为25道和30道两组,每组又按5个一群排列.

1960年,在刚果民主共和国伊尚戈(Ishango)发掘出一块狒狒的小腿骨,距今约3万年.伊尚戈骨上的刻痕分为三列多组:① 中间一列有7组,刻痕数(依次为3, 6, 4, 8, 10, 5, 7)中似乎出现了2倍乘法(3与6,4与8,5与10);② 左边一列有4组,刻痕数(依次为11, 13, 17, 19)都是素数(一般认为这可能是巧合),且总和为60;③ 右边一列也有4组,刻痕数(依次为11, 21, 19, 9)都遵循10±1和20±1的规则,且总和也是60.

或许是关于伊尚戈骨上这些标记存在太多的假说,人们反而忽视了一个重要事实:在伊尚戈骨的一端伸出了一块尖锐的石英,是人为固定在骨头上的,因此伊尚戈骨很可能是一种雕刻工具.至于伊尚戈骨侧面的刻痕,则很可能是工具使用者所需要的某种数字参考表格.

英国皇家国库曾经采用账板(tally-stick)记账法,按法定的刻槽体制在账板上刻出不同形状、大小和深度的刻槽,代表不同的英镑数,直至1826年才废止.

无论是结绳记数,还是刻痕记数,或者积攒小石子或小木棍等其他记数方式(巴特沃斯所谓"外部表示法"),都是基于最简单的一一对应原则,用史前数学符号来记录数量.这意味着早在很久以前,人类就有了保存和记录数量的意识.从这些已发现文物的发现地来看(应该还有大量尚未被发现的),这种情况并不是孤立地存在于某一个地点,而是全球范围内的各种人类族群都具有的意识.

3. 记数系统

明代刘元卿(1544—1609)的《贤弈篇》中,有一则《汝人识字》的笑话:

> 汝有田舍翁,家资殷盛,而累世不识之乎. 一岁,聘楚士训其子. 楚士始训之搦管临朱,书一画,训曰:"一字."书二画,训曰:"二字."书三画,训曰:"三字."其子辄欣欣然掷笔,归告其父曰:"儿得矣! 儿得矣! 可无烦先生,重费馆谷也,请谢去."其父喜,从之,具币谢遣楚士. 逾时,其父拟征召姻友万氏者饮,令子晨起治状,久之不成. 父趣之. 其子恚曰:"天下姓字夥矣,奈何姓万? 自晨起至今,才完五百画也."

小明觉得这位公子的智商实际上处于原始人级别,即"结绳"或"刻痕"的水平. 正如罗素所说的那样,"不知道要经过多少年,人类才发现一对锦鸡和两天同是数字 2 的例子". 换句话说,自然数就是一系列彼此一一对应的集合(称为等价类 N)的数目表征,也就是它们的基数. 当然,自然数还可以表征某个有序集合中每个元素所占的位置,因此也是用来标记顺序的序数.

随着社会的发展,人类逐步面临描绘和掌握更大数字的挑战,问题是自然数有无限多个,每一个都要用一个独立的名称来命名,不可能也不方便,这就产生了分组计数的需要. 小明知道,现代使用的**记数系统**(简称**数系**),主要是以 b 为基数的位值制(b 进制,相当于每 b 个一组计数,默认 $b=10$):只需要引入 $0,1,\cdots,b-1$ 这 b 个基本符号,任何自然数 n 就都能够唯一地表示为

$$n=a_nb^n+\cdots+a_1b+a_0,0\leqslant a_1,a_2,\cdots,a_n\leqslant b-1$$

这样 n 在 b 进制下的符号序列就是 $a_1a_2\cdots a_n$. 例如 458 的含义就是 $458=4\times10^2+5\times10+8\times1$. 如果是非十进制,则根据上下文约定或者通过角标标注一下. 例如 458,在十六进制下(16 个基本符号为 0~9,A~F)就是 $(1CA)_{16}$,因为 $1\times16^2+12\times16+10=458$;在二进制下则是 101 000 100(角标可省略),因为 1 的二进制即为 0001,C 即为 1 100,A 即为 1 010,因此 $458=(1CA)_{16}=111\,001\,010$,也就是先把十进制数转化为十六进制数,再写出每个十六进制基本符号对应的 4 位二进制(要去掉最左侧的第一个 1 前面的所有 0). 再比如,由华东师范大学主办的第 14 届国家数学教育大会(ICME - 14)(2020,因疫情

图 2 - 7　ICME - 14 会标

延期至 2021 年 7 月 12 日),其会标(如图 2 - 7 所示)中就蕴含了丰富的中国数学元素,特别是右下方的四个"卦",表达成二进制就是(0)11 111 100 100,表达成八进制就是 3 744,表达成十进制就是 2 020.

各古代文明历经沧海桑田,都逐渐产生了各种记数符号和数系.

巴比伦人主要用黏土作为书写工具,用一只笔尖为等腰三角形的硬笔,在湿的黏土板上印上它的一个顶角或底角,形成两种楔形文字(cuneiform),再把写好的泥版晒干,便于长期保存. 这样巴比伦的数系,就由𒁹(表示 1)和𒌋(表示 10)两种基本数学符号组成. 马祖尔在《人类符号简史》中就给出了约 3 700 年前在巴比伦尼普尔(Nippur)古城制作的一块数学泥版,如图 2 - 8 所示.

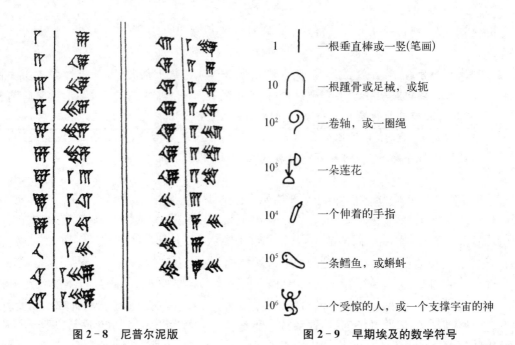

图 2 - 8　尼普尔泥版　　　　　　　图 2 - 9　早期埃及的数学符号

泥版中最左边一列显然代表数字 1～12,那么第 2 列呢? 前 6 个依次是 9, 18, 27, 36, 45, 54. 第 7 个符号看起来像 4,但如果仔细看,会发现它最左边的楔形符号与右边的三个之间,存在一个小空格,因此这个空格的含义应该是进位值 60,这样第 7 个符号表示的就是 $1\times60+3$,即 63,也就是 9 的 7 倍. 这样第 8 个符号就是 $1\times60+12$,即 72,就是 9 的 8 倍. 以此类推,不难发现表的第 2 列实际上都是 9 的相应倍数,也就是说这块泥版实际上是一张正整数的 9 倍数表.它同时也表明古巴比伦人的记数系统是六十进制的,尽管其中只使用了两个符号和空格.这种记数系统的麻烦在于有时候很难辨别记号之间有多少个空格,比如数字 61 的表示 (有一个空格)和 3 601 的表示 (有两个空格)之间.至于为什么古巴比伦人会使用六十进制? 有一种解释是 60 的因子很多,另一种解释则是它是使用基数 5 和基数 12 的两部分移民混合的结果.

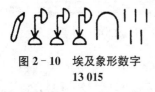

图 2 - 10　埃及象形数字
13 015

早期埃及的数系采用的是象形文字(hieroglyphic),用来表示 1 的各次幂的符号如图 2 - 9 所示,其中代表 1 000 000 的那个符号,是一个举起双手的神,仿佛因数字的巨大而手足无措.至于其他数,则采用符号重复必要次数的简单方式.例如图 2 - 10 中表示的就是 $1\times(10\,000)+3\times(1\,000)+1\times(10)+5=13\,015$. 这些象形文字散见于石刻、陶片、木头或纸草上.

古希腊的数系以 10 为基,共用了 27 个字母(包括现代希腊文的 24 个字母和 3 个已作废的字母),如图 2 - 11 所示.为了区别于文字,有时在数字上加一横杠,或者在最后一个字母的右上角加撇号′,在不致引起混淆的情况下也可以不加,例如 $247=\overline{\sigma\lambda\delta}=\sigma\lambda\delta'$. 如果要表示 1 000 以上的数,则在字母左下角加一斜画来表示,或者类似形式.显然用古希腊的数系表示的数很紧凑,但缺点则是要记住许多符号.

古罗马数字的数系符号为: Ⅰ, Ⅹ, C, M(依次表示的是 1, 10, 10^2, 10^3),以及 Ⅴ(5),

1	α	阿尔法	10	ι	约塔	100	ρ	柔
2	β	贝塔	20	κ	卡帕	200	σ	西格玛
3	γ	伽马	30	λ	拉姆达	300	τ	陶
4	δ	德尔塔	40	μ	米尤	400	υ	宇普西隆
5	ε	伊普西隆	50	ν	纽	500	φ	斐
6	作废的 digamma		60	ξ	克西	600	χ	喜
7	ζ	截塔	70	o	奥密克戎	700	ψ	普西
8	η	伊塔	80	π	派	800	ω	奥米伽
9	θ	西塔	90	作废的 koppa		900	作废的 sampi	

图 2-11　古希腊的数学符号

L(50)，D(500)，其中Ⅹ可看成两个Ⅴ合起来. 除了正常的加法法则，要特别注意其中的减法法则：在较大单位符号之前放一个较小单位的符号，表示这两个单位之差，例如Ⅳ表示 4＝5－1，Ⅸ表示 9＝10－1. 其实这种减少符号的减法法则直到近现代才开始被充分利用.

　　中国筹算数系的符号，是用纵式和横式表示 1~9（如图 2-12 所示），再引入位值制. 为了避免邻位误读，从右至左交替使用竖码横码（个位用竖码，十位用横码，百位用竖码，如此类推）. 至于数字的书写，除了一至九这九个汉字，再引入十(10)、百(100)、千(1 000)、万(10 000)等表示位值的汉字. 为防止涂改，后来还引入了大写繁体形式：壹贰叁肆伍陆柒捌玖拾佰仟万. 例如 5 624 就是五千六百二十四（伍仟陆佰贰拾肆）.

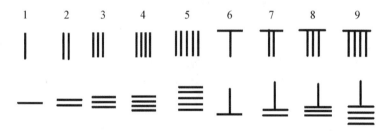

图 2-12　中国筹算数码(纵式和横式)

　　值得骄傲的是，许多外国学者都对中国的数系表示赞叹. 比如马祖尔(Joseph Mazur)在谈到中国的数系时，用"不得不佩服的中国人"作为章节标题，因为他惊奇地发现：要表示 20 009，只需要写"二万九"，连零都不需要！再比如德夫林(Keith Devlin)，他认为"中国孩子做算术运算，尤其是背熟九九乘法表，实在简单透顶，因为它们的数词非常简短——通常只是单个音节"，而且"构建数词的语法规则也比英语或其他欧洲语言简单"，同时"语言规则严格地遵循了阿拉伯数字的十进制结构"，"这使得初等算术运算更为简便易行"，所以这是"中国人的优势". 想起来也是，比如"八九七十二"，一字一音，如果用英语念，则是"eight nine seventy two"，好多个音节.

　　说起九九乘法表，小明知道古时候其实是倒过来念的，从"九九八十一"到"二二得四"，开头两个字是"九九"，故简称"(小)九九". 大约成书于战国时期(公元前 4 世纪)的《管子》中，就有"四开以合九九""五七三十五""四七二十八"等句，诸子百家的文献中也多次出现口诀中的一些句子，这说明九九乘法表的起源要更早. 2002 年出土于湘西里耶古井中的"九九表"秦简，是目前全世界发现最早的"乘法口诀表"实物.

4. 阿拉伯数字的前世今生

在畅销书《人类简史》中,作者指出:0～9 这十个阿拉伯数字,再加入加号、减号、乘号等数学符号后构成的阿拉伯数字系统,如今"已经成为全世界的一大重要语言". 事实上,正如法国数学家拉普拉斯(Pierre - Simon Laplace, 1749—1827)曾经感慨的那样:"这(阿拉伯数字)是一个深远而又重要的思想,它今天看来如此简单,以至我们忽略了它的真正伟绩,简直无法估计它的奇妙程度. 而当我们想到它竟逃过古代希腊最伟大的阿基米德和阿波罗尼奥斯(Apollonius of Perga,约公元前 262—公元前 190)两位天才思想家的关注,我们更感到这成就的伟大了."

中古时期阿拉伯人建立的阿拉伯帝国(我国史书称之为"大食"),到了阿拔斯王朝的鼎盛时期,疆域横跨亚非欧三洲. 大约 830 年,哈里发马蒙(Ma-mūn,786—833)于皇家图书馆的基础之上,在当时的国际性大都市巴格达建立了全国性的综合学术机构"智慧宫",其由翻译局、研究院和图书馆等机构组成,招揽全国各地的学者将希腊和印度的著作翻译成阿拉伯文,同时开展一些科学研究. 大量数学名著阿拉伯译文的出版,使得阿拉伯数学在算术、代数、三角等方面都作出了贡献.

关于阿拉伯数字的起源,据说摩洛哥学者给出了一种美妙的解释——阿拉伯数字是按照"每个数字正好包含相应数目的角"来构造这些数字的,看起来不无道理. 但公认的则是"阿拉伯数字"其实是一个历史的误会,因为它来源于更早的古印度数码,称为"印度数字"应该更合适. 大量材料显示,古印度数码早在四五世纪时就已经相当成熟. 8 世纪阿拉伯人入侵印度后,发现古印度数码既简便又科学,古印度数码自此传入阿拉伯世界. 在此基础上,花拉子米(Al - Khwarizmi,约 780—约 850)用阿拉伯文编写了《印度人的算术》一书,系统地叙述了古印度数码和十进制记数法,以及四则运算和求根算法. 花拉子米还著有《代数学》一书,阐述了二次方程求根公式,明确提出了代数、已知数、未知数、根、移项、无理数等一系列概念,被誉为"代数学之父". 阿拉伯人入侵西班牙以后,古印度数码也借由他的著作传入西班牙,再经西班牙传入意大利、法国和英国,被欧洲人称为阿拉伯数字. 之后中世纪欧洲最卓越的数学家斐波那契(Leonard of Pisa, Fibonacci, 1170—1250) 用拉丁文写成《计算之书》(1202,又译《算盘书》),开篇就是"这 9 个阿拉伯数字是: 9, 8, 7, 6, 5, 4, 3, 2, 1. 用它们和符号 0……如下面证明的,就可以写出任何数目."书中用七章的篇幅解释了阿拉伯数字的概念及其实际运用,从而再次将阿拉伯数字引入欧洲.

从历史上看,0 究竟是不是自然数历来有两种对立的观点. 国外的数学界大都规定 0 是自然数,而我国 1949 年以后的中小学教材则规定自然数不包括 0. 后来为了国际交流的方便,我国 1993 年颁布的国家标准开始规定 0 是自然数. 那么自然数中为什么要加入 0? 首先是因为 0 与空集的基数相对应;其次,则是自然数中加入 0 之后,加法就有了单位元,四则运算中需要相应地增加内容,比如 $a+0=0+a=a$, $a-0=a$, $a\times0=0\times a=0$, $0\div a(a\neq0)=0$,从而丰富了自然数的内容;再次,加入 0 以后,可以方便地将自然数扩展到整数.

为什么自然数中可以不包括 0? 归根结底是因为 0 的特殊性. 事实上,零的发现是人类最伟大的成就之一. 如前所述,虽然古巴比伦记数系统里已经引入了空格,但由于容易混淆,后来终于有人创造出了 (两个倾斜的楔形符号),相当于零,但仅用于指明数码的位置(占位符号),不作为数参与运算. 希腊人也早在 2 世纪使用小圆圈"〇"来表示空位. 一般认为印度人发明了零：不仅是空位或一无所有，而且把它当作数来使用. 符号上则是从空格演变到点"·"（读作 sunya，意思是空），再演变到小圆圈"○"，最后定型为扁圆形的"0"，时间至迟不晚于 9 世纪. 中国古代用空位（筹算）或空格（书写）表示零，古书中用缺字符号"□"表示，由于毛笔的书写习惯，演变为"○". 英语中的 zero（零）这个词可能是从阿拉伯文 sifr 的拉丁文形式 zephorum 演变过来的，而 sifr 又是从印度文中的 sunya 翻译过来的，并且在 13 世纪被引入德国，写作 cifra，由此得到如今的字 cipher（零）. 总之 0 起源于位值制，它的使用完善了位值制记数法，这是它的出现为何如此晚的实证论解释.

2.2.2　数字神秘主义

1. 数术探秘

在史前时代，能够数数的人被视为天才，而能够透彻地了解数字的人更是被奉为先知. 在先民眼中，他们和那些懂得施展巫术、对神灵直呼其名的人一样神秘莫测，由此产生了各文明的神话思维在数字上的表现，也就是数字神秘主义或数术（又称术数）. 正如文化哲学创始人德国哲学家卡西尔（Ernst Cassirer, 1874—1945）在《神话思维》中所指出的："如果我们试图追溯附着于各个圣数的情感值的起源，那么我们几乎总能发现，它的基础是神话空间感、时间感或自我意识的特殊性. "怀尔德也指出，正如占星术之于天文学一样，数字神秘主义对数字的发展作出了很大贡献.

在中国古代，"算"的一种写法为"祘"，由两个"示"字合成. 而"示"始见于商代甲骨文，据考证其古字形像古人祭祀用的祭台，上放祭品，下面的一竖表示撑脚. 祭品都是显示在光天化日之下的，因此"示"有展示之意. 古人认为，天上的神灵通过日月星的变异来昭告人类，人们可以通过观察宇宙天象等自然界的各种变化，来推测人事、政治、社会等的变化，这两者之间的关系可用数术来归纳和推理，数术成为古人用来推测个人吉凶、测定国运兴衰的工具. 例如，《黄帝内经》中说"上古之人，其知道者，法于阴阳，和于术数"，《周易》中说"参（三）天两地而依数，观变阴阳而立卦". 《汉书·艺文志》则将天文、历谱、五行、蓍龟、杂占、形法等六方面列入数术范围. 因此在古代，计算数仅仅是一种低层次的技术，高层次的算数则可以算出过去与未来. 正如宋代数学家秦九韶（1208—1268）在《数书九章》序言中说："数学大则可以通神明，顺性命；小则可以经世务，类万物. "该书原名《数术》，又名《数术大略》.

象数是数术的思想基础，它和阴阳学说、五行学说一起构成中国古代数术的三大支柱. 《左传》中说："龟，象也；筮，数也. 物生而后有象，象而后有滋，滋而后有数. "事物诞生之后才有形象，滋长以后才有了数字. 占龟的核心就是"取龟象"，然后通过"审象"，达到通过"象"的类比来认识周围世界的各种现象. 商代崇尚龟卜，到了周代，更方便的占筮开始兴起. 《周易》就是周代占筮的著作，素有"宇宙代数学"之称，因为它的结构确实像一个严密的数学体系，也有符号、公理、定义和公式等. 占筮的核心就是"取卦象"（算卦），这里的卦由阴爻（－－）和阳爻（—）两种基本符号组合而成，每次取 3 个进行组合，就得到了 8 个不同的卦体，也就是所谓的八卦，顺序为"乾坤震巽坎离艮兑"，象征"天地雷风水火山泽"，也象征八个方位，如图 2－13 所示. 据说伏羲始作八卦，后来周文王被囚羑里期间推演出六十四卦，而孔子在晚年时韦编三绝作了"十翼". 德国数学家莱布尼茨则受到八卦和六十四卦的启发，用 0 代表阴爻，用 1 代表阳爻，从而重新发现了二进制. 对神秘的二进制，莱布尼茨无限偏爱，还特地制作了一枚纪念章,上刻拉丁文:omnibus ex nihilo ducendis sufficit unum(用一,从无,可生万物).当然,小明知道莱布尼茨之前已经有数学家提出过这种记数法,只不过他一直以为是自己的独创,并大力进行提倡,从而引起了人们对二进制的关注.

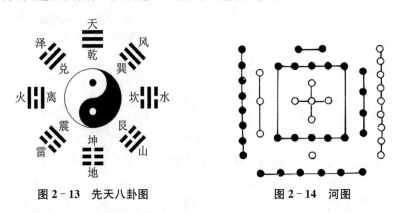

图 2-13　先天八卦图　　　　　　　图 2-14　河图

八卦就像数学公式,仅仅提供了一个框架,需要计算者给它赋值.最古老的"文王卦"即"六爻大课"中,就涉及许多"易数",即《周易》中的数字.比如,天数是奇数(包括 1,3,5,7,9),属于天,具有阳刚、光明和吉祥的含义;地数是偶数(包括 2,4,6,8,10),属于地,具有阴柔、晦暗和凶险的含义;天地之数就是 55,即天数与地数之和;万物之数就是一万一千五百二十,就是六十四卦中的阳爻数 192 乘以 36,再加上阴爻数 192 乘以 24,象征着世间万物的总数.后世则将河图(如图 2-14 所示,白点表示奇数,黑点表示偶数)与八卦联系起来,使得这些易数对中国古代文化的影响更加深远.

古人之所以极力神化数学,把数学与人事牵强附会地联系起来,其目的在于使数学产生神化的功能.一言以蔽之,"万物莫逃乎数也",即万物皆数,数是万物的本原,数与世界是等同的东西.

2. 十大神秘数字剖析示例

数字神秘主义在十个数字一到十上的表现尤为明显,其中"三"前文已剖析过,接下来另选几个加以剖析.

(1)"一"被视为万有之始,世界的本原,或者宇宙初萌的表征,其表现形式是一种混沌未开的元气,或者某种精神实体,所谓太(泰)一、太极或元.《道德经》中,"一"就是"道"(世界的本原)的直接表象:"道生一,一生二,二生三,三生万物.""一"也是汉字之始和数字之始,所谓"数始于一,终于十,成于三"(《史记·律书》).

(2)"五"是最具中国文化特色的神秘数字.如前所述,"五"作为计数单位,来自屈指数数,取象于手得到的符号为"彡".但"五"的神秘意义则来自先民分辨出东西南北四个方位后剩下的"中间"空间,由此产生了第五个方位"中",正所谓"五位,天地之中数也"."五"的甲骨文为"Ⅹ",本义为阴阳在天地之间交午,也就是"阴气从下往上与阳气相忤逆".

真正让"五"变成最具中国文化特色的,是"五行"观念的引入.所谓五行,指的是自然界中存在的五种基本物质:木、火、土、金、水.

《史记》中说,"黄帝考定星历,建立五行",所谓"五星"就是太阳系的水金火木土五大行星.庞朴先生认为五方不仅仅是简单的空间定位,更是一种神祇崇拜.因此叶舒宪等认为,"五行"说来源于天上的五星运行与地上的五方定位,而与黄帝崇拜相连带的圣"五"崇拜无形中助长了五行说的普及流行.

而让五行观念发生本质变化的则是战国末期的邹衍(约公元前 324 年—约公元前 250 年),他基于五行相克原理建立了"五德始终说".所谓五行相克原理,就是根据五种物质的属性,确定土克水、水克火、火克金、金克木、木克土(如图 2 - 15 所示).邹衍把五种物质变成了五种德行,将它们之间的相克关系与王权兴衰对应了起来.后世的学者受此启发,把大量关于自然、政治伦理等方面的事物与五行进行配对(如表 2 - 1 所示),从而让五行成为中国古代最庞大的思想体系之一.

图 2 - 15　五行及其生克关系

表 2 - 1　五数配列表

五行	木	火	土	金	水
五性	曲直	炎上	稼穑	从革	润下
五脏	肝	心	脾	肺	肾
五味	酸	苦	甘	辛	咸
五色	青	赤	黄	白	黑
五音	角	徵	宫	商	羽
五神	太昊	炎帝	黄帝	少昊	颛顼
五畜	羊	鸡	牛	狗	猪
五谷	麦	黍	稷	麻	菽
五方	东	南	中	西	北
五数	八	七	五	九	六

将五行引入河图洛书,则让数字"五"更加神秘.如图 2 - 16 所示,河图中北方(图中向下为北)阳一配阴六,所谓"天以一生水,而地以六成之",北方为水;南方阴二配阳七,所谓"地

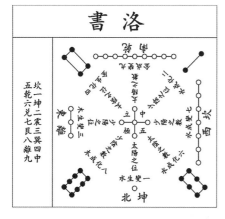

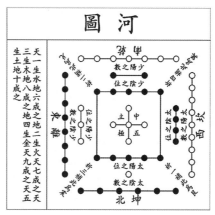

图 2 - 16　五行八卦与河图洛书

以二生火,而天以七成之",南方为火;东方阳三配阴八,所谓"天以三生木,而地以八成之",东方为木;西方阴四配阳九,所谓"地以四生金,而天以九成之",西方为金;中央阳五配阴六,所谓"天以五生土,而地以十成之",中央为土. 如此可知,五行对应的"五数"为"八七五九六". 五行与天数、地数、五方及八卦如此交混,难怪李约瑟(Joseph Needham, 1900—1995,英国科学史学家)会感慨道:"五行说的影响之大,传播之广,使它遍见于中国古代及中古的一切科学和原始的科学领域."

(3)"九"作为神秘数字其影响在中国文化中仅次于"五". 说到"九",小明觉得自然得先从北京天坛的圜丘坛说起,毕竟高考数学文化题考过"天坛数砖". 圜丘坛自外向内有两层矮墙,外方内圆,象征"天圆地方". 中央处就是祭天的圜丘台,分三层,上层中心铺有一块圆形石板,称为天心石,环绕天心石铺设9块扇面形石板构成第一环,向外每环依次增加9块,下一层的第一环比上一层的最后一环多9块,向外每环依次也增加9块,每层9环(象征九重天),共27环,三层共378个"九",不含天心石,石板总数为3 402块. 同时每层四面各有台阶九级,每层周围的石栏杆数也是九的倍数,即上层72根、中层108根、下层180根. 另外,三层的直径依次为9丈①、15丈、21丈,合起来45丈,这不但是九的倍数,而且还有"九五之尊"的含义.

为什么要用"九"这个数来做象征? 因为"九"是天数即阳数(一三五七九)中的最大值,所谓"极阳之数",天坛是用来祭天的,而天帝是住在九重天里的,所以用"九"的倍数来表示天的至高与至大. 同时"九"也是像天之数"三"的三倍,那更是十足的天数了.

前面说过,"三"有"多"之义,那么当"三之数不能尽者,则约之以九,见其极多",因此"九"也可以用来虚指多数. 例如,庄子的"抟扶摇而上者九万里",李白的"疑是银河落九天". 特别是《楚辞》中,存在大量"九"的虚指,比如"九天""九重""九歌""九辨".

(4)"七"是最有代表性的世界性神秘数字,因为古希伯来人的吉数是6、7和40,而基督教则把"七"承继了下来. 卡西尔认为,对七的崇拜来自方位崇拜. 这就是说,原始的空间意识只有四个方位,后来添加了代表天和地的上、下两方,形成三维的"六合"方位,而"七"则是在其中添加"中"这个方位之后的结果. 至此,划分空间的基本方位都已穷尽,"七"方就成了极限方位,由此引申出"七"为无限大和循环基数.

在中国文化中,"七"的含义时凶时吉. 有人认为"七"与月亮的盈亏(生死)有关.《周易》中多次提到"七",都说表示先凶险后化吉. 如,古人对"七"和"四十九"的神秘观念,催生了"七七"的丧葬风俗. 当然"七七"也有美好的一面,那就是七夕节,牛郎织女"金风玉露一相逢,便胜却人间无数".

(5)"四"被认为是原始思维中最神秘的数字. 在中国,"两仪生四象"说的就是先民们借助于太阳运行轨迹确定东西方位之后进一步确定南北方位,从而在平面上将宇宙空间划分为"四方",进而产生"中国"之外的"四荒"、载地的"四海"乃至撑天的"四极"等观念,以及盖天说. 早期的盖天说主张"天圆如张盖,地方如棋局"(天圆地方),穹隆状的天覆盖在呈正方形的平直大地上,大地向四方延伸,边极处就是东南西北四海,但圆盖形的天与正方形的大地边缘无法吻合. 于是又有人提出,天像一把大伞一样高高悬在大地之上,天与地并不相接,而地的周边有八根柱子支撑着,天和地的形状犹如一座顶部为圆穹形的凉亭.《周髀算经》指

___
① 1丈=3.33米.

出"数之法出于圆方",因为"圆,径一而周三;方,径一而匝四",所以"三"是象天之数,"四"是象地之数,天地之数与圆方之形的计算方法就对应了起来,神话系统的"天圆地方"说就同神秘数字"天三地四"完美地统一了.

在西方,小明觉得最著名的莫过于毕达哥拉斯学派对于"圣四"(tetraktys)的祷文. 祷文中的"圣四"被毕达哥拉斯学派认为代表四种元素,即火、水、气、土. 它们各有各的属性:土和火是干燥的,而气和水则是潮湿的;火与气温热,而土与水则阴冷. 通过不同的配比,它们可以组成世间的任何一种物质. 对"圣四"的崇拜后来演化为对具体的十字形状的崇拜.

(6) 除了"四"之外,毕达哥拉斯学派最崇尚的就是"十",因为 1+2+3+4=10,也就是说"圣十"是前四个数或者点线面体结合而产生的,因此是"天下之母,无所不包,无所不属". 他们将宇宙想象为球体,因为圆和球是最完美的几何图形,是完美与和谐的象征. 由此他们杜撰了 cosmos 这个词来代表宇宙中的一切,从人类到地球,再到头顶上旋转的星星. Cosmos 代表整体、秩序、和谐和完美,其中的"秩序"指的是宇宙整体是一个层层天球套地球的模式(如图 2-17 所示),见于菲洛劳斯留下的残篇,"和谐"则指诸天球之间存在数学上的特定比例. 在这个宇宙模型中,居于宇宙中心的是一团大火,当时已知的九个天体即地球、月球、太阳、金星、水星、火星、木

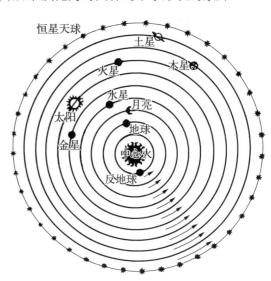

图 2-17　毕达哥拉斯中心火宇宙模型

星、土星和恒星天球都绕着中心火旋转. 他们认为 10 才是符合宇宙整体的数字,因此臆想出了第十个天体"对地"(反地球),也就是地球的镜像,隐藏在中心火的另一侧,永远不为人们所见. 亚里士多德后来去掉"对地"和中心火,并将地球修正为宇宙的中心,从而提出了"地心说".

在中国古代,"十"也被视为"数之极",生成了形形色色的以"十"为多、久、远、全的数字文化现象. 比如十全十美(完美无缺)、十拿九稳、一目十行、十载寒窗、十万火急、十恶不赦等.《春秋繁露》里更将"十月怀胎"的自然法则视为合"十"而生的神授天启:"天之大数毕于十……人亦十月而生,合于天数也."

3. 神秘的零

从四则运算上看,小明觉得 0 相当令人费解:一个数加减 0,无法令它增大或减小;任何数乘以 0 都会被归零,这意味着整个数轴被压缩为一个点,也就是一维空间被降维为 0 维空间;至于除法,如果按照除法能够抵消乘法,那么先乘后除应该有 $(a×0)/0=a$,即 $0/0=a$,这显然是不可能的,而先除后乘应该有 $(a/0)×0=a$ $(a≠0)$,一个数乘以 0 居然可以得到非零的 a. 所以如果一定要坚持除以 0 的运算,那么必定可以证明各种"不可能":隔空取物、$1+1=42$(终极答案)、日出西方乃至星河逆转,等等. 正所谓"乘法归零,除法湮灭",小明想起小说《三体》中就提到了一种超级文明归零者,也叫重启者,可能是一群智慧个体,也可能是一个或几个文明,他们想重启宇宙,回到田园时代. 具体方法就是把宇宙降到零维,然后继续降维,就可能从零的方向回到最初,使宇宙的宏观维度重新回到十维.

在毕达哥拉斯学派的思想框架里,数是形数,所以 0 无处栖身,否则 0 的图形是什么呢?事实上,既不是古希腊的记数系统,也不是古希腊人知识的匮乏阻拦了 0 的融入,真正的根源在于哲学:0 所蕴含的虚无与无限,对西方哲学而言是致命的打击. 在毕达哥拉斯以及亚里士多德的宇宙模型中,恒星天球之外没有更多、更巨大的天体,也就是不可能存在无限数量的嵌套天体. 但古希腊哲学家芝诺(Zeno of Elea, 约公元前 490—约公元前 425)提出的四个悖论(二分法悖论、阿基里斯追龟悖论、飞矢不动悖论、游行队伍悖论),证明了"不可能"的存在. 芝诺本人笃信"运动是不可能的",芝诺悖论的核心就是无限,他将连续运动过程分割成了无穷多的小段间隔;原子论认为宇宙并非无限可分,最小的粒子即原子在无限的虚空中运动;亚里士多德和托勒密(Claudius Ptolemy, 约 85—约 165,古希腊天文学家)的宇宙模型则没有无限,没有虚空,因为"无限只不过是人类思维的构想",由此可产生一个推论,那就是推动这些有限数目的恒星运转的原动力或最终动因,就是上帝. 古希腊人由于对 0 的不信任,也就不具备极限的概念,自然破解不了芝诺悖论. 亚里士多德思想后来长期占据统治地位,与之相伴的就是对无限及虚空的排斥. 由于同时驳倒无限与 0 并非易事,因此要么存在 0,要么存在无限,取舍之间,亚里士多德宁愿相信"潜在的"无限(潜无穷)而不愿相信宇宙里充斥着虚空.

与古希腊不同的是,小明发现印度不仅不惧怕无限与虚无,反而对它们非常欢迎. 印度教中的湿婆神是创造和毁灭之神,也是虚无的象征. 宇宙万物生于虚空,无限也是. 印度教的宇宙是广袤而虚无的,而且存在无数个宇宙. 在这种哲学思想下,印度不仅欣然接受了 0,还将它从占位符号转变为一个数字. 因为印度人对平面图形兴趣不大,这就使他们能够剥离古希腊人赋予数字的几何意义,规避了古希腊人对 0 的排斥,转而窥见数字之间的相互作用,并自然地接受了负数和 0,从而为阿拉伯人创立代数学提供了思想渊源. 除了负数方面的工作,印度数学家婆罗摩笈多(Brahmagupta, 598—670)还讨论了 0 的算术法则,但错误地认为 $0 \div 0 = 0$,而之后的数学家很快发现 $1 \div 0$ 其实就是无限,因此 0 就是虚无的集中体现. 征服了印度的阿拉伯人选择接受原子论,也就意味着他们接受了虚空,接受了 0,于是 0 作为对虚无和无限的认同象征,在阿拉伯世界迅速传播.

到了文艺复兴时期,0 与无限成了风暴的中心. 因为接受 0 就意味着接受虚无,也就是否定亚里士多德的思想堡垒,那么他对上帝存在的证明也就不再有效. 倘若承认哥白尼(Nicolaus Copernicus, 1473—1543,波兰天文学家)的日心说,那么地球不再是宇宙的中心,这样教会拥护的"地心说"就岌岌可危了. 更要命的是,倘若承认布鲁诺(Giordano Bruno, 1548—1600,意大利哲学家)的无限宇宙思想,即宇宙没有中心,它在时空上都是无限的,那么连上帝生活的空间都不存在了. 于是 0 与无限开始颠覆亚里士多德的思想体系,被教会顶礼膜拜的"亚圣"地位开始动摇了. 古代智慧被抛诸脑后,科学家们开始探索支配万物运转的法则,微积分闪亮登场. 关于微积分,小明打算留到后续章节再深入探究.

总之,从哲学观念上看数学领域迟迟没有引入"零"的概念,应该要归咎于科学和哲学领域对"非存在"和"虚空"的排斥. 因为 0 是无限的双生子,它们是平等而对立的两极,就像阴与阳一样. 同时 0 也是东西方思想辩论的核心,是宗教与科学斗争的焦点,科学与宗教讨论的最宏大的命题都与虚无、永恒、0 和无限有关.

对于数字神秘主义这种历史文化及受其影响的数学人,小明觉得在"祛魅化"之后,更应该从历史文化的视角理性地看待. 事实上,伟大如牛顿,一直被视为理性主义的化身,但他花费在神学研究上的时间远远超过科学. 英国著名经济学家凯恩斯(John Maynard Keynes, 1883—1946)在为纪念牛顿诞生 300 周年而准备的演讲稿《牛顿其人》(1942)一文中,称:"他(牛顿)是最后一位魔法师,最后一位巴比伦人和苏美尔人,最后一位像几千年前为我们的智力遗产奠立基础的先辈那样看待可见世界和思想世界的伟大心灵."这篇演讲使人们开始注意到牛顿的神学和炼金术思想与其数学和物理学思想之间的内在联系,进而在 17 世纪的社会和文化背景上来理解牛顿的伟大与超凡.

2.3　数学的王冠

2.3.1　完全数与梅森数

完全数(完美数)　指的是一个数的所有因子(不包括自身)之和等于这个数本身. 例如 6 的因子有 1, 2, 3, 6,而 $6=1+2+3$. 设 $\sigma(n)$ 表示正整数 n 的所有因数之和,则 n 是一个完全数等价于 $\sigma(n)=2n$. 例如 $\sigma(28)=1+2+4+7+14+28=56=2\times28$. 这说明 28 也是一个完全数.

古希腊数学家尼科马科斯(Nicomachus,约 60—约 120) 在《算术入门》中给出了前 4 个完全数: 6, 28, 496, 8 128. 其中后两个完全数 496 和 8 128 是他首次发现的.

这 4 个完全数有什么特征呢? 小明考察它们的素因数分解式,发现

$$6=2\times(2^2-1), 28=2^2\times(2^3-1), 496=2^4\times(2^5-1), 8\,128=2^6\times(2^7-1)$$

这里面显然存在规律. 其实古希腊人早就知道这个规律,欧几里得《几何原本》的命题 Ⅸ. 36 就提供了计算完全数的这种公式. 尼科马科斯的书中复述了欧几里得关于完全数的这个论述.

定理 2.1(欧几里得定理)　当 2^n-1 是素数时, $2^{n-1}(2^n-1)$ 是完全数(而且是偶完全数).

引理 2.1　设 2^n-1 是素数,则正整数 n 也是素数.

前 4 个完全数还有一些有趣的事实:

(1) 除 6 以外,每个完全数都是从 1 开始的连续奇数的立方和:

$$28=1^3+3^3, 496=1^3+3^3+5^3+7^3,$$
$$8\,128=1^3+3^3+5^3+7^3+9^3+11^3+13^3+15^3$$

(2) 每个完全数还是 2 的相继方次[从 $p-1$ 到 $2(p-1)$,其中 p 为素数]的和:

$$6=2^1+2^2, 28=2^2+2^3+2^4, 496=2^4+2^5+2^6+2^7+2^8,$$
$$8\,128=2^6+2^7+2^8+2^9+2^{10}+2^{11}+2^{12}$$

从文艺复兴时期起,代数研究开始复兴,但对完全数的研究却受困于运算量过大,这种障碍使得一些著名学者在完全数研究中也遭受挫折. 塔塔利亚尔(Nicolo Tartaglia, 1500—1557,意大利数学家)错误地认为: 当 $n=2$ 以及 3~39 的奇数时, $m=2^{n-1}(2^n-1)$ 都是完全数. 事实上,当 $n=9$ 时, $p=2^n-1=511=7\times73$ 不是素数,因此相应的 $m=256p=256\times511$ 不是完全数. 无独有偶,莱布尼茨也犯了一个错误:他认为只要 n 为素数,那么 $m=$

$2^{n-1}(2^n-1)$ 都是完全数. 事实上, 当 $n=11$ 时, $p=2^n-1=2\,047=23\times89$ 也不是素数, 因此相应的 $m=1\,024p=1\,024\times2\,047$ 也不是完全数.

梅森 (Marin Mersenne, 1588—1648, 法国数学家) 的总结工作给 17 世纪的完全数研究带来了一个小高潮. 梅森与当时欧洲科学界的许多名人都有通信往来, 是法国科学院的奠基人.

当 p 是素数时, 称 $M_p=2^p-1$ 是一个**梅森数**. 特别地, 当梅森数 M_p 为素数时称为梅森素数. 1644 年, 梅森给出了著名的梅森猜想: 当 $p=2$, 3, 5, 7, 13, 17, 19, 31, 67, 127, 257 时, 对应的 $m=2^{p-1}M_p$ 都是完全数.

梅森猜想首先是前人工作的总结, 因为 $p=2$, 3, 5, 7 时对应的 $m=2^{p-1}(2^p-1)$ 就是尼科马科斯给出的前 4 个完全数; $p=13$ 时对应的第 5 个完全数 $m=33\,550\,336$ 已于 1456 年被发现 (见 codex 手稿); $p=17$ 时对应的第 6 个完全数 $m=2^{16}\times(2^{17}-1)$ 和 $p=19$ 时对应的第 7 个完全数 $m=2^{18}\times(2^{19}-1)$, 已在 1603 年被意大利数学家卡塔尔迪 (Pietro Cataldi, 1548—1626) 严格证明.

梅森猜想更是对之后近 300 年完全数研究方向的引领, 其中作出革命性贡献的, 自然非欧拉莫属. 1730 年, 时年仅 23 岁的欧拉证明了欧拉完全数定理.

定理 2.2 (欧拉完全数定理)　如果 m 是一个偶完全数, 则必有 $m=2^{p-1}(2^p-1)$, 且其中的 $M_p=2^p-1$ 是梅森素数.

欧拉定理意味着偶完全数与梅森素数是一一对应的, 因此寻找完全数就变成了寻找梅森素数. 1772 年, 双目已经失明的欧拉证明了 $M_{31}=2\,147\,483\,647$ 是素数, 从而证明了 $m=2^{30}(2^{31}-1)$ 是第 8 个完全数.

欧拉定理的证明需要一个引理: $\sigma(n)$ 是积性函数, 即若 m, n 互素, 则有 $\sigma(mn)=\sigma(m)\sigma(n)$. 例如, $72=8\times9=2^3\times3^2$, $\sigma(72)=\sigma(8)\sigma(9)$.

随着完全数研究的深入, 人们发现在 $p\leqslant257$ 的范围内, 梅森猜想存在疏漏: 1886 年有人证明了 $p=61$ 时梅森数 $M_{61}=2^{61}-1$ 是素数, 1911—1914 年间有人证明了 $p=89$ 和 $p=107$ 时梅森数 $M_{89}=2^{89}-1$ 和 $M_{107}=2^{107}-1$ 都是素数.

甚至, 人们发现梅森猜想中还存在错误. 小明知道一个 "一言不发" 的学术报告的故事. 那是 1903 年 10 月, 科尔 (Frank Cole, 1861—1926, 美国数学家) 参加美国纽约的一次数学学术会议. 轮到他作学术报告时, 一向沉默寡言的他一言不发地走到黑板前, 写下 1, 再不断翻倍, 翻倍 67 次之后, 他写下: $2^{67}-1=147\,573\,952\,589\,676\,412\,927$. 然后他又写出两组数字 193\,707\,721 和 761\,838\,257\,287, 用竖式连乘后, 结果与 $2^{67}-1$ 完全相同. 对此, 全体与会人员给出暴风雨般的掌声. 为了这个论证, 科尔花去了他三年时间里的全部星期天. 科尔长期担任美国数学会的秘书长和学报主编, 为了纪念他的工作, 美国数学会设立了科尔奖 (分为代数奖和数论奖).

到了 1922 年, 有人证明了 $p=257$ 时 $M_{257}=2^{257}-1$ 是合数. 至此完全数的研究告一段落, 因为完全数研究的计算量越来越巨大, 如果仅凭手工计算, 即便是最一流的数学家也无计可施.

计算机的横空出世和飞速发展, 给梅森素数研究带来革命性变化. 学者们开始借助大型计算机进行深入研究, 梅森素数的研究成果也成为彰显大型计算机计算能力的标志. 比如 1963 年第 23 个梅森素数 $2^{11\,213}-1$ 的发现, 就让发现者所在的伊利诺斯大学数学系师生无比自豪,为此他们还专门制作了" $2^{11\,213}-1$ 是一个素数"的邮戳.从 1995 年起,人们更是利用互联网展开了 GIMPS(Great Internet Mersenne Prime Search,因特网梅森素数大搜索),这就使得普通的数论爱好者也有机会成为梅森素数的发现人,例如第 42 个梅森素数的发现者就是一名德国眼科医生.目前的记录中,已找到第 51 个梅森素数 $2^{82\,589\,933}-1$,有 24 862 048 位(2018 - 12 - 07).

2.3.2　亲和数

如前所述,毕达哥拉斯学派宣扬万物皆数.据说有学生曾问道:"我结交朋友时,存在着数的作用吗?"毕达哥拉斯回答说:"朋友是你的灵魂的倩影,要像 220 和 284 一样亲密."又说:"什么叫朋友?就像这两个数,一个是你,另一个是我."

这里的两个数 220 和 284,被称为亲和数,是因为 220 的全部因数(不包括自身)之和为 $1+2+4+5+10+11+20+22+44+55+110=284$,而 284 的全部因数(不包括自身)之和为 $1+2+4+71+142=220$.

一般地,如果正整数 m 的全部因数(不包括 m 自身)之和为 n ,同时正整数 n 的全部因数(不包括 n 自身)之和为 m ,则称 m,n 是一对亲和数,记为 (m,n) .显然,(m,n) 是一对亲和数等价于 $\sigma(m)=\sigma(n)=m+n$.特别地,当 $m=n$ 时有 $\sigma(n)=2n$,即 n 是完全数.

令人惋惜的是,在毕达哥拉斯之后的很多年里,尽管欧洲的数学家们费尽心机,却再也没发现新的亲和数.所以 16 世纪之前,人们一直认为亲和数只有一对,因而视为珍宝,并给它抹上了神秘色彩,比如用以预测婚姻大事,或者制作这两个数的护身符,以促进爱情.

但让小明惊奇的是,9 世纪的阿拉伯数学家库拉(Thabit ibn Qurra,836—901)潜心研究亲和数,竟然发现了一个公式(一个充分条件).然而令人惋惜的是,库拉公式直到 1852 年才被译成法文发表.

定理 2.3(库拉公式)　设 $a=3\times2^n-1$,$b=3\times2^{n-1}-1$,$c=9\times2^{2n-1}-1$,其中正整数 $n>1$,则当 a,b,c 都是大于 2 的素数时,$(2^nab,2^nc)$ 是一对亲和数.

显然当 $n=2$ 时,$a=11$,$b=5$,$c=71$ 都是素数,且 $2^nab=220$,$2^nc=284$.

第 2 对亲和数和第 3 对亲和数的发现,要归功于费马和笛卡儿.费马在 1636 年给梅森的信中,给出了下表所示的方法:(为方便叙述,小明使用了库拉公式中的记号)

	n	1	2	3	4	$\cdots$
①						
②	$3\times2^n-1$	5	11	23	47	$\cdots$
③	2^n	2	4	8	16	$\cdots$
④	3×2^n	6	12	24	48	$\cdots$
⑤	$9\times2^{2n-1}-1$		71	287	1 151	$\cdots$

(1) 先列出第③行中的数,每个数乘以 3 得到第④行中的数,再减去 1 得到第②行中的数;

(2) 将第④行中的数逐项两两相乘后再减 1,得到第⑤行中的数.

对某个正整数 n ,当第⑤行中的数 $c=9\times2^{2n-1}-1$ 是素数时(例如 $n=2$ 时 $c=71$),如果它所在的列中第②行中的数 $a=3\times2^n-1$(如 11)和它前面的数 $b=3\times2^{n-1}-1$(如 5)也是素数,那么 2^nc(例如 $4\times71=284$)与 2^nab(例如 $4\times11\times5=220$)是一对亲和数.

由于 $287=7\times41$ 是合数,费马接着考虑第⑤行中下一个数 $c=1\,151$($n=4$ 的情形),发现它是素数,相应地,$a = 47$,$b = 23$ 也是素数,因此他按照上述方法,得到了第 2 对亲和数:$(2^n ab, 2^n c) = (17\,296, 18\,416)$.

两年后即 1638 年,笛卡儿写信给梅森,公布了自己的方法,如下表所示:(小明仍然沿用了库拉公式中的记号)

① $m = n - 1$	1	2	3	4	5	6	7	8	⋯
② 2^m	2	4	8	16	32	64	128	256	⋯
③ $b = 3 \times 2^m - 1$	5	11	23	47	95	191	383	767	⋯
④ $a = 6 \times 2^m - 1$	11	23	47	95	191	383	767	1\,535	⋯
⑤ $c = 18 \times 2^{2m} - 1$	71	287	1\,151	4\,607	18\,431	73\,727	294\,911	1\,179\,647	⋯

(1) 先列出第②行中的数,每个数乘以 3 再减 1 得到第③行中的数,乘以 6 再减 1 得到第④行中的数;

(2) 将第②行中的每个数平方后乘以 18 再减 1,得到第⑤行中的数.

如果对某个正整数 n,同一列中的 3 个数 $a = 6 \times 2^m - 1 = 3 \times 2^n - 1$,$b = 3 \times 2^{n-1} - 1$,$c = 18 \times 2^{2m} - 1 = 9 \times 2^{2n-1} - 1$ 都是素数,那么 $2^n c$ 就是一对亲和数中的一个.

例如,当 $m = 1$ 时,$b = 5$,$a = 11$,$c = 71$ 都是素数,有 $2^n c = 284$;当 $m = 3$ 时,$b = 23$,$a = 47$,$c = 1\,151$ 都是素数,有 $2^n c = 18\,416$;当 $m = 6$ 时,$b = 191$,$a = 383$,$c = 73\,727$ 都是素数,有 $2^n c = 9\,437\,056$. 这样笛卡儿就发现了第 3 对亲和数 $(9\,437\,056, 9\,363\,584)$. 显然正如笛卡儿自己指出的那样,他与费马的方法是完全一致的. 由于库拉公式当时尚未被欧洲学术界获悉,因此费马和笛卡儿事实上互相独立地重新发现了库拉公式.

接下来取得突破性进展的是欧拉. 1747 年,时年 39 岁的欧拉将亲和数划分为 5 类,一次性给出了 30 对,并在 3 年后给出了 64 对(其中错了 2 对).

欧拉的前两类亲和数采用的是这样的方法:第一类,通过寻找形如 (apq, ar) 的亲和数对,其中 p,q,r 是不能整除 a 的互异素数,他得到了 11 对;第二类,通过寻找形如 (apq, ars) 的亲和数对,其中 p,q,r,s 是不能整除 a 的互异素数,他又得到了 4 对.

欧拉的上述计算过程都是初等的,但得到的结果却让人望尘莫及. 可是自古英雄出少年,中学生培格黑尼(1866,时年 16 岁)运用欧拉的方法,通过仔细地计算,发现欧拉等前辈大师居然漏掉了第 2 对较小的亲和数 $(1\,184, 1\,210)$,居然还是一对 4 位数!

进入计算机时代之后,亲和数的研究也发生了革命性变化,寻找亲和数也变成了彰显大型计算能力的标志,因为亲和数的基本算法非常简单:对每个自然数 n,先确定它的所有因数(不包括 n 自身)以及它们的和,再对 $m = \sigma(n) - n$ 施以同样的运算,如果 $\sigma(m) = m + n$,则 (m, n) 就是一对亲和数.

尽管新发现的亲和数越来越多,但它们的数位也越来越大. 事实上,10 万以下的只有 13 对. 在寻找亲和数上,人们迫切需要协同计算,于是 Amicable Numbers 在线项目应运而生(网址是 https://sech.me/boinc/Amicable/). 据该网站公布的数据,目前已发现的亲和数对已达到 1\,227\,277\,187 对之多(2022 - 01 - 13). 这个数字正在不断地被更新,而且更新的速度也越来越快.

亲和数可以进一步推广为亲和数链:设 $\sigma_1(n)$ 表示正整数 n 的所有因数(不包括 n 自身)之和,令 $\sigma_k(n) = \sigma_1(\sigma_{k-1}(n))$,若有正整数 k,使得 $\sigma_k(n) = n$,则得到一个链长为 k 的亲和数链 $(n, \sigma_1(n), \cdots, \sigma_{k-1}(n))$. 目前已经发现的最长的亲和数链长度为 28,相应的正整

数 $n = 14\ 316$.

2.3.3 勾股定理、勾股数和费马大定理

1. 勾股定理的起源

数学中使用最频繁的定理莫过于勾股定理 $a^2 + b^2 = c^2$（如图 2-18 所示），其中勾为"小腿"，这里指短的直角边；股为"大腿"，这里指长的直角边；弦指的是斜边. 勾股定理同时用离散的数量关系刻画了连续的几何空间，因此也是数形结合的典范.

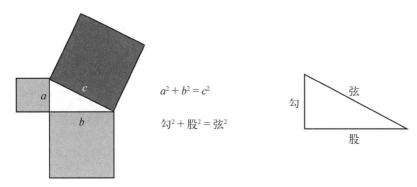

图 2-18 勾股定理

小明觉得中国古代最著名的勾股定理证法，莫过于三国时期数学家赵爽（约 182—约 250）的出入相补证法："勾股各自乘，并之为弦实. 开方除之，即弦. 按弦图，又可以勾股相乘，为朱实二，倍之，为朱实四. 以勾股之差自相乘，为中黄实. 加差实，亦成弦实."（赵爽，《周髀算经注·勾股论》，如图 2-19 所示）. 其中的"实"指的是面积及数的平方，"又""亦"二字则说明赵爽认为勾股定理还可以用另一种方法来证明. 赵爽的上述方法，用代数式表示，就是 $c^2 = (a-b)^2 + 4 \times \dfrac{1}{2}ab = a^2 - 2ab + b^2 + 2ab = a^2 + b^2$. 2002 年在北京召开的国际数学家大会，会徽设计就直接取自赵爽的证法（如图 2-20 所示）.

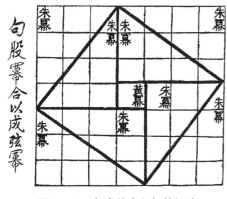

图 2-19 赵爽的出入相补证法

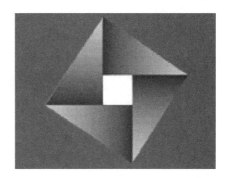

图 2-20 2002 北京国际数学家大会会徽

《周髀算经》成书于公元前 2 世纪的西汉时期，书中用数学讨论了"盖天说". 对于这种宇宙模型，人们自然会产生"天有多高、地有多广"的问题.《周髀算经》开篇就是周公姬旦（约公元前 1100 年）与大夫商高关于天高地广的问答.

　　周公曰:"窃闻乎大夫善数也,请问昔者包牺立周天历度——夫天不可阶而升,地不可得尺寸而度,请问数安从出?"商高曰:"数之法出于圆方,圆出于方,方出于矩,矩出于九九八十一.故折矩,以为句广三,股修四,径隅五.既方之,外半其一矩,环而共盘,得成三四五.两矩共长二十有五,是谓积矩.故禹之所以治天下者,此数之所生也."……周公问曰:"大哉言数! 请问用矩之道."商高答曰:"平矩以正绳,偃矩以望高,覆矩以测深,卧矩以知远,环矩以为圆,合矩以为方."(《周髀算经·卷上之一》)

　　商高的回答,似乎只给出了"句广三,股修四,径隅五"(广即阔,修即长,隅即边),也就是勾股定理的特例 $3^2 + 4^2 = 5^2$. 也有人通过对"数之法出于圆方"以及"半其一矩,环而共盘"的分析和注释,认为商高已经给出了不太严格的证明. 不管怎么说,确切提及勾股定理一般形式的是周公的后人陈子(最晚是六七世纪的人).《周髀算经》中记载了荣方与陈子关于测日的问答.陈子讲了一套测日方法后,说道:"若求邪(斜)至日者,以日下为句(勾),日高为股.句、股各自乘,并而开方除之,得邪至日(太阳到观测者的距离)."(《周髀算经·卷上之三》)其中的"句、股各自乘,并而开方除之",是我国关于勾股定理普遍公式的最早记载,用代数语言表示,就是 $\sqrt{a^2 + b^2} = c$.

　　成书于公元 1 世纪左右的《九章算术》则特辟专章教授勾股术,比如其中一题:"今有勾三尺,股四尺,问为弦几何? 答曰: 五尺. 今有弦五尺,勾三尺,问为股几何? 答曰: 四尺. 今有股四尺,弦五尺,问为勾几何? 答曰: 三尺. 勾股术曰:勾股各自乘,并,而开方除之,即弦.又股自乘,以减弦自乘,其余开方除之,即勾.又勾自乘,以减弦自乘,其余开方除之,即股."(刘徽《九章算术注·勾股》)其中还清晰地阐述了勾股定理的变形公式,比如 $a = \sqrt{c^2 - b^2}$.

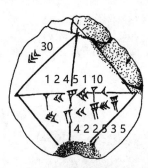

图 2 - 21　YBC7289 泥版摹本

　　事实上,各个古代文明都发现了勾股定理的"芳踪".西方收藏了 300 多块古巴比伦数学泥版,其中耶鲁大学的耶鲁巴比伦藏品(Yale Babylonian Collection)中编号为"YBC 7289"的数学泥版(如图 2 - 21 所示),就被研究者认为与勾股定理有关.这块泥版的年代是汉谟拉比时期,大约是公元前 1800 年到公元前 1600 年.为了表述方便,我们已经将巴比伦数字对应的现代数字标注在图中.水平对角线上的数为 $k = 1, 24, 51, 10$(按古巴比伦的六十进制),将它除以 2(因为左上角的边长 $a = 30$ 是 60 的一半),得 $\frac{1}{2}$, 12, $25\frac{1}{2}$, 5,再换算,即得 $d = 42, 25, 35$,这就是水平对角线下的另一个数.按十进制来处理,前者即为 $k = 1 + \frac{24}{60} + \frac{51}{60^2} + \frac{10}{60^3} = 1.414\,213$,这显然是 $\sqrt{2}$ 的近似值(精确到小数点后六位),后者即为 $d = 42 + \frac{25}{60} + \frac{35}{60^2} = 42.426\,389$,满足 $d = ka$. 这说明古巴比伦人可能非常熟悉勾股定理,或者至少知道正方形对角线的特殊情况($d^2 = a^2 + a^2$, $d = a\sqrt{2}$).

　　2. 勾股定理的证明

　　勾股定理在西方被称为毕达哥拉斯定理,是因为西方学术界公认毕达哥拉斯学派最先证明了这个定理,所以用学派领袖的名字来命名它. 至于他们的证法,伊夫斯(Howard Eves)认为用的是面积剖分方法. 如图 2 - 22 所示,对边长为 $a+b$ 的大正方形,采用两种剖分方式,去掉左侧图中的四个直角三角形,也就是去掉右侧四角上的四个直角三角形,因此左侧阴影部分的面积等于右侧阴影部分的面积. 用代数语言表示,就是

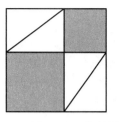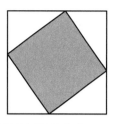

图 2 - 22　毕达哥拉斯的面积剖分法

$c^2 = (a+b)^2 - 2ab = a^2 + 2ab + b^2 - 2ab = a^2 + b^2$,这显然与赵爽的证法不谋而合.

　　为什么勾股定理如此受古人关注?小明发现有一种说法指出:这是因为通过它,古人可以轻易到达真理王国,不仅旅程短暂,而且证法有数百种之多. 兹举数例如下.

　　我国数学教育家傅种孙(1898—1962)基于"出入相补"原理,给出了一种铺地锦法. 如图 2 - 23 所示,他画出了一个由勾方和股方拼接而成的"铺地锦". 将弦方移动到任意位置,可见其中包含若干小块,分别来自勾方和股方,将它们分别进行平行移动,便可分别凑出勾方和股方各一个. 无独有偶,美国数学家马格努斯(Wilhelm Magnus, 1907—1990)也于 1974 年发文提出了一种从铺砖地面来证明勾股定理的方法,如图 2 - 24 所示(图中虚线标出的正方形仅作提示用,不是地砖).

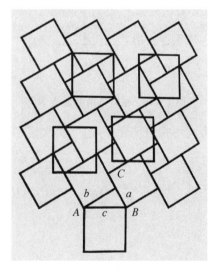

图 2 - 23　傅种孙的铺地锦法

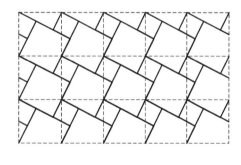

图 2 - 24　铺地砖法

　　更让人脑洞大开的是,以色列特拉维夫科学博物馆从物理演示的角度给出了勾股定理的一种验证方法. 如图 2 - 25 所示,左图是初始状态,顺时针转动转盘,则经过一段时间后(右图是临近结束的状态),勾方容器和股方容器中的彩色液体正好会全部填满弦方容器. 记三个容器的容积分别为 V_a,V_b,V_c,三个容器的高度 h 显然一致,因此 $a^2 h + b^2 h = V_a + V_b = V_c = c^2 h$,化简即得 $a^2 + b^2 = c^2$.

　　最经典的证法自然是欧几里得在《几何原本》中给出的. 对命题 I.47(第一卷最后一个命题),即"直角三角形中,斜边上的正方形等于两个直角边上的正方形之和",欧几里得给出的证法被形象地称为"大风车". 如图 2 - 26 所示,由于 $\triangle ABF \cong \triangle ACD$,因此 $S_{\triangle ABF} = $

图 2 - 25　勾股定理的物理证法

$S_{\triangle ACD}$，于是 $a^2 = S_{正方形 ACHF} = 2S_{\triangle ABF} = 2S_{\triangle ACD} = S_{正方形 ADLI}$，同理可知 $b^2 = S_{正方形 BELI}$，因此 $a^2 + b^2 = S_{正方形 ABED} = c^2$.

需注意的是，希腊人把毕达哥拉斯定理理解成了一个关于面积的几何关系，而不是 $a^2 + b^2 = c^2$ 这种代数关系，因为这些代数符号直到 1600 年左右才出现.

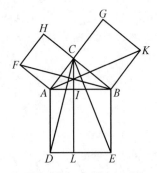 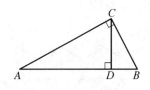

图 2 - 26　大风车证法　　　　　　　图 2 - 27　相似三角形证法

在《几何原本》的命题 Ⅵ.31 的证明中，欧几里得利用相似三角形理论，再次证明了勾股定理(如图 2 - 27 所示)：

$$\left.\begin{array}{l}\angle ADC = \angle ACB = 90° \\ \angle CAD = \angle BAC\end{array}\right\} \Rightarrow \triangle ADC \backsim \triangle ACB \Rightarrow \frac{AC}{AB} = \frac{AD}{AC} \Rightarrow AC^2 = AD \cdot AB$$

同理可知，$\triangle BCD \backsim \triangle BAC \Rightarrow BC^2 = BD \cdot AB$，因此

$$a^2 + b^2 = AC^2 + BC^2 = (AD + BD) \cdot AB = AB^2 = c^2$$

美国第 20 任总统加菲尔德(James Abram Garfield, 1831—1881)给出了一个基于面积公式的巧妙证法(1876). 如图 2 - 28 所示，$S_{梯} = \frac{1}{2}(a+b)(b+a) = 2 \cdot \frac{1}{2}ab + \frac{1}{2}c^2$，化简即得 $a^2 + b^2 = c^2$.

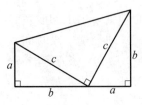

图 2 - 28　总统证法

说到政治名人与勾股定理，小明觉得首先不得不提霍布斯与几何的神奇"邂逅"："他年届 40 才偶然见到几何. 在一位绅士的图书馆里，桌上有一本打开的欧几里得《几何原本》，正翻到命题 Ⅰ.47 处. 他读完这条命题，便提高了嗓门——他时常会以这种方式强调他在赌咒发誓——说道：这是不可能的！于是，他

读了该命题的证明,可这又引导他去求助于前一条命题……最后他彻底相信了那条真理. 这一经历使他喜欢上了几何."之后霍布斯不仅用几何推理的方法撰写了政治学名著《利维坦》,而且还深度卷入了之后的"无穷小"论战.

其次就是关于爱因斯坦与勾股定理. 国外有人编撰了一种基于相对论的"调侃证法",如图 2 - 29 所示. 假设大三角形的面积为 E,则根据相对论,有 $E(c) = mc^2$. 同理,大三角形内部分割出的两个小三角形的面积分别为 $E(a) = ma^2$ 和 $E(b) = mb^2$. 于是有 $ma^2 + mb^2 = mc^2$,化简即得 $a^2 + b^2 = c^2$.

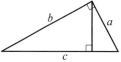

图 2 - 29 基于相对论的调侃证法

爱因斯坦在 12 岁时"证明"了勾股定理. 作为生日礼物,他的伯父送给他一本《几何原本》. 在个人自传中,他说道:"在我拿到这本神圣的几何小册子之前,我的伯父就跟我说过毕达哥拉斯定理. 经过大量的努力,我用相似三角形的方法成功地'证明'了这个定理."这里爱因斯坦自己已经小心地在"证明"这个词上加上了双引号,显然指的是他当时在已有知识的基础上"再创造"(数学教育家弗赖登塔尔语)出了欧几里得的第二种证法,而不是指历史上首次用相似三角形证明勾股定理. 当然,他在勾股定理方面的真正"首次",则是他在狭义相对论中给出的勾股定理的四维形式.

还有人猜测毕达哥拉斯学派发现勾股定理的想法来自他们的形数理论. 如图 2 - 30 所示,这里 $4^2 + 9 = 5^2$,而 $9 = 3^2$ 正好也是平方数,因此有 $4^2 + 3^2 = 5^2$. 更一般地,对于任意的两个相邻平方数 n^2 和 $(n+1)^2$,以及它们所满足的关系式 $n^2 + (2n+1) = (n+1)^2$,毕达哥拉斯学派自然会猜测:是否存在平方数 m^2,使得 $m^2 = 2n+1$,从而有 $n^2 + m^2 = (n+1)^2$?

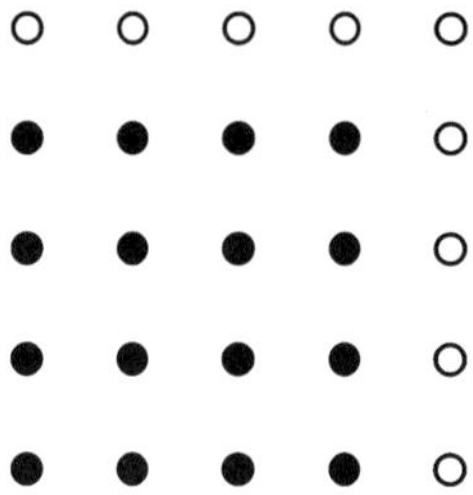

图 2 - 30 形数与勾股定理

3. 勾股数及其性质

毕达哥拉斯学派要寻找的,就是一类特殊的勾股数 $(m, n, n+1)$. 所谓**勾股数**,指的是满足 $a^2 + b^2 = c^2$ 的正整数三元组 a,b,c,记为 (a, b, c),例如 $(3, 4, 5)$,$(5, 12, 13)$,$(7, 24, 25)$,$(20, 21, 29)$ 以及 $(8, 15, 17)$. 据说毕达哥拉斯学派发现了 m 为奇数时的勾股数公式,即

$$a = m = 2k+1, \ b = \frac{m^2 - 1}{2} = 2k^2 + 2k, \ c = \frac{m^2 + 1}{2} = 2k^2 + 2k + 1$$

后来,柏拉图则给出了 m 为偶数时的勾股数公式,即

$$a = m = 2k, \ b = \left(\frac{m}{2}\right)^2 - 1 = k^2 - 1, \ c = \left(\frac{m}{2}\right)^2 + 1 = k^2 + 1$$

如果说 YBC 7289 尚不足以证明巴比伦人掌握了勾股定理,那么同一时期的另一块泥版则充分说明巴比伦人已经掌握了勾股定理的代数过程. 如图 2 - 31 所示是哥伦比亚大学的普林顿(Plimpton)322 号藏品摹本. 将泥版上的巴比伦数字换算成十进制数,得表 2 - 2 左侧 4 列,其中第 1 列保留至小数点后 6 位.

美国数学史家诺伊格鲍尔(Otto Neugebauer, 1899—1990)经过潜心研究,惊奇地发现这块泥版上每行第 3 列数 c(泥版中原标题为"计算出的对角线长度")与第 2 列数 a(原标题为"计算出的宽")的平方差 $c^2 - a^2$ 竟然都是平方数(其中有 4 处应该是抄写员的抄写错误,

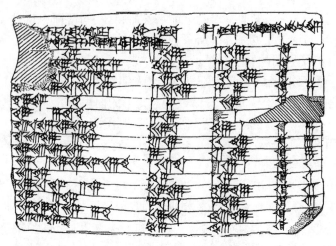

图 2-31　普林顿 322 号泥版摹本

表中已更正),也就是如果每行补上第 5 列的 b,那么这块泥版给出的居然是 15 组勾股数 (a, b, c). 最让人好奇的是第 1 列(原标题中再次提到"对角线"),研究发现这一列给出的其实是 $(c/b)^2 = \sec^2 A$ ($\angle A$ 为勾 a 所对的角)的近似值.

表 2-2　普林顿 322 号泥版上的数及补充(十进制)

$(c/b)^2$	a	c	序号	b	u	v
1.983 403	119	169	1	120	12	5
1.949 159	3 367	11 521[4 825]	2	3 456	64	27
1.918 802	4 601	6 649	3	4 800	75	32
1.886 248	12 709	18 541	4	13 500	125	54
1.815 008	65	97	5	72	9	4
1.785 193	319	481	6	360	20	9
1.719 984	2 291	3 541	7	2 700	54	25
1.692 709	799	1 249	8	960	32	15
1.642 670	541[481]	769	9	600	25	12
1.582 123	4 961	8 161	10	6 480	81	40
1.562 500	45	75	11	60		
1.489 417	1 679	2 929	12	2 400	48	25
1.450 017	25 921[161]	289	13	240	15	8
1.430 239	1 771	3 229	14	2 700	50	27
1.387 160	56	53[106]	15	90	7	2

　　显然新的问题接踵而至:这个表格各行的顺序遵循的是什么模式? 为什么古巴比伦人对比率 $(c/b)^2$ 特别感兴趣? 如果逐行比较这些比率,易知它们是单调递减的,所以这个表格应该是按照比率 $(c/b)^2$ 递减排列的. 特别地,有研究指出,如果按 $c/b = \sec A$ 计算出 $\angle A$

的值,会发现它正好从大约 45°逐项递减到大约 32°.

最令人困惑的是,古巴比伦人是如何发现这些勾股数的,特别是其中还有像(4 601, 4 800, 6 649)这样数值巨大的勾股数? 一个合理的解释就是他们必定知道某个算法或者计算公式.研究发现,这样的勾股数公式应该是

$$a = u^2 - v^2, \ b = 2uv, \ c = u^2 + v^2 \tag{2.1}$$

其中 u, v 是任意的两个正整数,且 $u > v$. 补充的 u, v 见表 2-2 最后两列.

4. 费马大定理

"将一个立方数分成两个立方数之和,或一个四次幂分成两个四次幂之和,或者一般地将一个高于二次的幂分成两个同次幂之和,这是不可能的.关于此,我确信已发现了一种美妙的证法,可惜这里空白的地方太小,写不下."费马大约在 1637 年阅读丢番图《算术》拉丁文译本时写下了这段评注,其中提出了费马大定理:当整数 $n > 2$ 时,关于 x, y, z 的不定方程 $x^n + y^n = z^n$ 没有正整数解,当且仅当 $n = 2$ 时有解,此时其解就是勾股数 (x, y, z).

由于费马没有写下证明,激发了许多数学家对这一横空出世的猜想持续数百年的证明兴趣.1847 年,拉梅(Gabriel Lamé,1795—1870)和柯西先后宣布自己基本证明费马大定理,然而就在此时刘维尔(Joseph Liouville,1809—1882) 宣读了库默尔(Eduard Kummer,1810—1893) 的来信,明确指出证明中的复数系的唯一因子分解定理并不普遍成立,据此可知拉梅和柯西的证明都是错的.大约在 1850 年,库默尔运用独创的"理想素数"理论,一下子证明了对 100 以内除 37,59,67 以外的所有奇数,费马大定理都成立,取得了第一次重大突破.借助于数形结合,费马大定理的证明可转换为证明曲线 $x^n + y^n = 1$ ($n > 2$) 没有坐标非零的有理点.德国数学家法尔廷斯(Gerd Faltings)于 1983 年证明了莫德尔猜想,从而证明了曲线 $x^n + y^n = 1$ ($n > 2$) 上最多有有限多个有理点,从而取得了第二次重大突破.接下来的问题就是把有理点数从有限多个降到 2 个(或 4 个).

1984 年,德国数学家弗雷(Gerhard Frey)将费马方程与椭圆曲线联系起来,并猜想:如果谷山-志村猜想(所有椭圆函数都是模曲线)为真,则费马大定理为真.1986 年美国数学家里贝特(K. A. Ribet)完成了弗雷猜想的证明.

接下来,"终结者"怀尔斯上场了.他进一步设想:只需对一类椭圆曲线证明谷山-志村猜想即可.经过 7 年深居简出的工作,他于 1993 年 6 月 21 日到 23 日在剑桥牛顿学院以"模形式、椭圆曲线与伽罗瓦表示"为题,分三次作了演讲,几乎证明了费马大定理.之后经过 1 年多的修补,怀尔斯公布了长文《模形椭圆曲线和费马大定理》和一篇短文,最终完成了费马大定理 360 年的求证之旅.

对费马大定理的证明工作,丰富了数论的内容,推动了数论的发展,也使得费马当仁不让地成为"现代数论之父".

2.3.4　斐波那契数

1. 自然中的斐波那契数

我们先来看兔子问题(如图 2-32 所示):如果一对兔子每月生一对兔子,一对新生的兔子从第二个月又开始生兔子,试问一对兔子一年能繁殖多少对兔子? (假定兔子不会死亡)

如果记第 n 个月的兔子数为 F_n,那么不难发现**兔子数列**为

F_n : 1, 1, 2, 3, 5, 8, 13, 21, 34, 55, 89, 144, 233, …

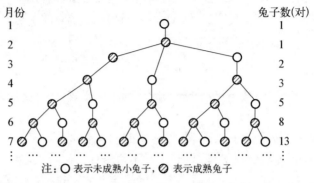

注：○ 表示未成熟小兔子，⊘ 表示成熟兔子

图 2 – 32　兔子问题

兔子数列又被命名为**斐波那契数列**，是为了纪念意大利数学家斐波那契. 兔子问题是他在《计算之书》1228 年的修订本中增加的问题. 斐波那契引入的兔子问题是个理性化的"繁殖问题"，因为其中假定了"兔子不死"和每次生产皆"一雌一雄". 这就使得他能够通过兔子的快速增长这种直观现象，让人们领略到时间的价值和利率的重要性.

16 世纪时，开普勒在植物**叶序问题**中重新发现了斐波那契数，如图 2 – 33 所示. 植物的叶序分数指的是每个周期中叶子绕茎的圈数除以每个周期中的全部叶子数，记为 m. 例如榆树的叶序分数为 $m = \dfrac{1}{2}$，樱桃树的叶序分数为 $m = \dfrac{2}{5}$，梨树的叶序分数为 $m = \dfrac{3}{8}$，柳树和杏树等的叶序分数为 $m = \dfrac{5}{13}$. 这些叶序分数的分子分母都是相隔一项的两个斐波那契数 F_n 和 F_{n+2}.

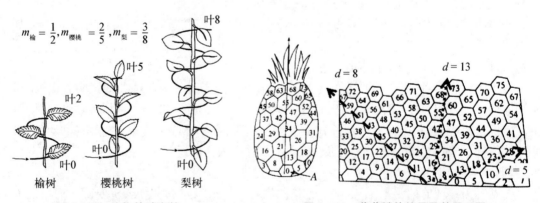

图 2 – 33　植物的叶序数　　　　**图 2 – 34　菠萝鳞片编号及其展开图**

斐波那契数存在于大量的自然现象之中. 比如**菠萝的鳞片**：如图 2 – 34 所示，将一个菠萝放在一个平面上，测量它的每片鳞片(六边形)中心与所在平面的距离，按距离远近从 0 开始编号，再把菠萝的表皮在平面展开，接下来选取某个鳞片为起点(图中为 3 号鳞片)，沿着与该鳞片相邻的 3 个相邻鳞片的方向向上延伸，可得到三个等差数列，即 3, 8, 13, 18, …；3, 11, 19, 27, …；3, 16, 29, 42, …. 令人惊奇的是，这三个数列的公差分别为 5, 8, 13，显然是相邻的三个斐波那契数.

再如向日葵的花盘：如图 2 - 35 所示，向日葵的种子排列组成了两组相互嵌合的螺旋线，分别是顺时针方向和逆时针方向.仔细数数这些螺旋线的条数，会发现顺时针方向有 ↻＝21 条，逆时针方向有 ↺＝13 条，正好是相邻的两个斐波那契数.当然，不同品种的向日葵，这两个相邻的斐波那契数会有所不同.

既然出现了螺旋，小明把眼光望向浩瀚的银河.众所周知，银河系是螺旋形的，拥有 4 条清晰明确且相当对称的旋臂，它们都是呈向内旋转的螺旋形，因为这是银河中心黑洞引力场中的引力子的运行路线，它使得银河系中的可见物质都随着引力子的拉曳路线在运行.既然宇宙万物都在进行螺旋式运动，而斐波那契数存在于大量的自然现象之中，那么用斐波那契数肯定可以构造出螺旋，问题是如何构造呢？

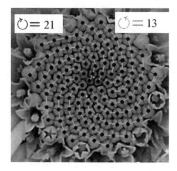

图 2 - 35　向日葵中的螺线

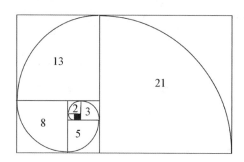

图 2 - 36　斐波那契螺线

如图 2 - 36 所示，首先将两个单位正方形左右并排放置，然后在它们上方放置一个边长为 2 的正方形且与它们共一条边，接着在右侧放置一个边长为 3 的正方形（也与它们共一条边），接着在下方放置一个共一条边且边长为 5 的正方形，后面以此类推.然后在每个正方形中按图示方向画一条四分之一圆弧，那么依次连接这些圆弧，就得到了一条斐波那契螺线.

既然斐波那契数与宇宙关系如此密切，那其中自然也包括"恶魔数"：

（1）$F_{15} + F_{11} - F_9 + F_1 = 610 + 89 - 34 + 1 = 666$，而且它们的下标也满足 $15 + 11 - 9 + 1 = 6 + 6 + 6$；

（2）$F_1^3 + F_2^3 + F_4^3 + F_5^3 + F_6^3 = 1 + 1 + 27 + 125 + 512 = 666$，同样地，它们的下标也满足 $1 + 2 + 4 + 5 + 6 = 6 + 6 + 6$；

（3）斐波那契数中，只有三个平方数（$F_1 = F_2 = 1$，$F_{12} = 144$）和一个立方数（$F_6 = 8$），其中最大的平方数 $F_{12} = 144$，正好等于 $(6 + 6) \times (6 + 6)$，而且 6 唯有的 2 个素因子 2 与 3 之比，正好等于 12 与 $(6 + 6 + 6)$ 之比.此外，144 还有多种用自己的组成数字按原来的顺序表示的方式：

$$144 = (1 + 4)! + 4! = (\sqrt{1 + 4!})! + 4! = (-1 + 4)! \times 4! = (1 + \sqrt{4})! \times 4!$$

小明觉得这就不难理解在小说《达芬奇密码》(2003)和同名电影中，年迈的卢浮宫博物馆馆长被人杀害在博物馆里后，作者为什么设置了这样的情节，即尸体旁边留下了一串难以捉摸的数字：13，3，2，21，1，1，8，5.重新排列这些数字后就是前 8 个斐波那契数.众所周知，达·芬奇(Leonardo da Vinci, 1452—1519)是著名的意大利画家、科学家和发明家，文艺复兴后三杰之一，那么斐波那契数列与达·芬奇之间到底存在什么密码，小明打算留到第 7

章再仔细探究.

2. 斐波那契数列的公式和性质

回到一开始的兔子问题,显然第 n 个月的兔子数 n 分为两类:一类是上个月即第 $n-1$ 个月的兔子数 F_{n-1}(因为假定兔子不会死亡),另一类是当月新出生的兔子,也就是第 $n-2$ 个月的兔子数 F_{n-2}(它们到第 n 个月时均可繁殖). 法国数学家吉拉德(Albert Girard, 1595—1632)通过这种细心观察,得到了斐波那契数列的吉拉德递推公式

$$F_n = F_{n-1} + F_{n-2}(n \geqslant 3), \ F_1 = F_2 = 1$$

吉拉德的工作使得兔子问题被抽象为更一般的斐波那契数列问题,自然也吸引了数学家们的关注. 法国数学家比内(Jacques Binet, 1786—1856)于 1843 年发现并证明斐波那契数列的通项公式(比内公式):

$$F_n = \frac{1}{\sqrt{5}}\left[\left(\frac{1+\sqrt{5}}{2}\right)^n - \left(\frac{1-\sqrt{5}}{2}\right)^n\right]$$

斐波那契数列中隐藏的众多神秘,也衍生出了许多数学趣题. 比如美国老牌的科普杂志《科学美国人》(*Scientific American*)上曾刊登了这样一个拼图游戏:如图 2-37 上图所示,地毯匠按魔术师的要求,将边长为 13 dm 的正方形地毯,按左图的方式分割为四块后,再按右图的方式缝合,得到了一块长为 21 dm、宽为 8 dm 的长方形地毯. 这个游戏有趣在哪里呢?首先游戏中涉及四个连续的斐波那契数:5, 8, 13, 21;其次才是两块地毯的面积之差为 $13^2 - 8 \times 21 = 169 - 168 = 1$,面积居然缩水了 1 dm²!

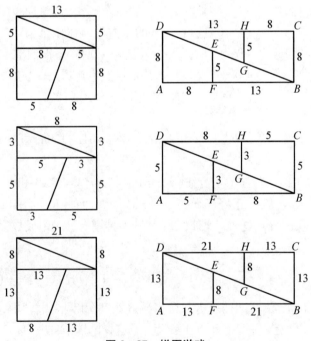

图 2-37　拼图游戏

视觉魔术大都是借助于视觉误差来实现魔术效果的,这个拼图游戏也不例外,它的谜底隐藏在长方形地毯的对角线上. 计算可知 $\angle ADE > \angle FEB$,因此 $\angle BED < 180°$,也就是

图中的三点 B, E, D 并不是共线的,被盖住的三角形 $\triangle BED$ 的面积,就是缺少掉的那 $1\ \mathrm{dm}^2$.

这样的拼图游戏还可以有很多:如图 2-37 中图所示,右侧的长方形与左侧的正方形的面积之差为 $5 \times 13 - 8^2 = 1$,面积居然增加了 1 个单位? 再如图 2-37 下图所示,右侧的长方形与左侧的正方形的面积之差为 $34 \times 13 - 21^2 = 1$,面积也是增加了 1 个单位.

问题是为什么它们与斐波那契数有关? 观察其中出现的三组斐波那契数:

$$3,\ 5,\ 8,\ 13;\ 5,\ 8,\ 13,\ 21;\ 8,\ 13,\ 21,\ 34$$

可知设计这种拼图游戏的奥秘在于相邻的 3 个斐波那契数之间存在一个算法,那就是意大利数学家卡西尼(Giovanni Cassini, 1625—1712)利用吉拉德递推公式发现的卡西尼恒等式:

$$F_{n-1}F_{n+1} = F_n^2 + (-1)^n$$

卡西尼还是著名的卡西尼卵形线(Cassini oval,其中最特殊的就是双纽线)的发现者.

斐波那契数列既然与宇宙万物有密切联系,它的地位早已超出数论乃至数学. 至于何以至此,小明打算在第 7 章再详细探究.

参考文献

[1] 刘慈欣. 三体全集: 地球往事三部曲[M]. 重庆: 重庆出版社,2012.

[2] 亚当斯. 银河系搭车客指南: 全 5 册[M]. 姚向辉,译. 上海: 上海译文出版社,2014.

[3] 斯图尔特. 不可思议的数[M]. 何生,译. 北京: 人民邮电出版社,2019.

[4] 谈祥柏. 数: 上帝的宠物[M]. 上海: 上海教育出版社,1996.

[5] 加德纳. 矩阵博士的魔法数[M]. 谈祥柏,译. 上海: 上海科技教育出版社,2001.

[6] 吴鹤龄. 幻方与素数: 娱乐数学两大经典名题[M]. 修订版. 北京: 科学出版社,2021.

[7] 亨特,玛达其. 数学娱乐问题[M]. 张远南,张昶,译. 上海: 上海教育出版社,2000.

[8] Posamentier A S, Lehmann I. Mathematical amazements and surpries[M]. Amherst: Prometheus Book, 2009.

[9] 陈梅,陈仕达. 妙趣横生的数学常数[M]. 北京: 人民邮电出版社,2016.

[10] 田翔仁. 趣味数学百科图典[M]. 南京: 江苏凤凰少年儿童出版社,2008.

[11] 梁宗巨,王青建,孙宏安. 世界数学通史: 全三册[M]. 沈阳: 辽宁教育出版社,2005.

[12] 李文林. 文明之光: 图说数学史[M]. 济南: 山东教育出版社,2005.

[13] 卡兹. 简明数学史: 第一卷 古代数学[M]. 董晓波,顾琴,邓海荣,等译. 北京: 机械工业出版社,2016.

[14] 博耶,梅兹巴赫. 数学史: 修订版[M]. 秦传安,译. 北京: 中央编译出版社,2012.

[15] 丹齐克. 数: 科学的语言[M]. 苏仲湘,译. 上海: 上海教育出版社,2000.

[16] 塔巴克. 数: 计算机、哲学家及对数的含义的探索[M]. 王献芬,王辉,张红艳,译. 北京: 商务印书馆,2008.

[17] 利维. 奇妙数学史: 从早期的数字概念到混沌理论[M]. 崔涵,丁亚琼,译. 北京: 人民邮电出版社,2016.

[18] 杰克逊. 奇妙数学史: 数字与生活[M]. 张诚,梁超,译. 北京: 人民邮电出版社,2018.

[19] 克劳森. 数学魔法[M]. 周立彪,译. 长沙: 湖南科学技术出版社,2005.

[20] 埃尔威斯. 奇妙数学的 100 个重大突破: 上下册[M]. 宋瑞红,译. 北京: 人民邮电出版社,2015.

[21] 巴特沃思. 数学脑: 天生我才 1+1=? [M]. 吴辉,译. 上海: 东方出版中心,2004.

[22] 德夫林. 数学犹聊天: 人人都有数学基因[M]. 谈祥柏,谈欣,译. 上海: 上海科技教育出版社,2009.

[23] 埃弗里特. 数字起源：人类是如何发明数字，数字又是如何重塑人类文明的？[M]. 鲁冬旭，译. 北京：中信出版集团，2018.

[24] 柯普兰. 儿童怎样学习数学：皮亚杰研究的教育含义[M]. 李其维，康清镳，译. 上海：上海教育出版社，1985.

[25] 张奠宙，孔凡哲，黄建弘. 小学数学研究[M]. 北京：高等教育出版社，2009.

[26] 伍鸿熙. 数学家讲解小学数学[M]. 赵洁，林开亮，译. 北京：北京大学出版社，2016.

[27] 奥迪弗雷迪. 数字博物馆：从零到无穷的故事[M]. 周宇航，译. 北京：电子工业出版社，2017.

[28] 钱伯兰. 数字乾坤[M]. 唐璐，译. 长沙：湖南科学技术出版社，2020.

[29] 伊夫斯. 数学史概论：第六版[M]. 欧阳绛，译. 哈尔滨：哈尔滨工业大学出版社，2013.

[30] 莱昂斯. 智慧宫：阿拉伯人如何改变了西方文明[M]. 刘榜离，李洁，杨宏，译. 北京：新星出版社，2013.

[31] 赫拉利. 人类简史：从动物到上帝[M]. 林俊宏，译. 北京：中信出版集团，2017.

[32] 马祖尔. 人类符号简史[M]. 洪万生，译. 南宁：接力出版社，2018.

[33] 徐品方，张红. 数学符号史[M]. 北京：科学出版社，2006.

[34] 徐品方. 数学趣史[M]. 北京：科学出版社，2013.

[35] 赵焕光. 数的家园[M]. 北京：科学出版社，2008.

[36] 俞晓群. 数术探秘：数在中国古代的神秘意义[M]. 北京：生活·读书·新知三联书店，1994.

[37] 叶舒宪，田大宪. 中国古代神秘数字[M]. 西安：陕西师范大学出版总社，2018.

[38] 斯金纳. 神圣几何[M]. 王祖哲，译. 长沙：湖南科学技术出版社，2010.

[39] 米歇尔，布朗. 神圣几何：人类与自然和谐共存的宇宙法则[M]. 李美蓉，译. 广州：南方日报出版社，2014.

[40] 吴国盛. 科学的故事：起源篇[M]. 南京：江苏凤凰文艺出版社，2020.

[41] 吴国盛. 科学的历程[M]. 全新修订版. 长沙：湖南科学技术出版社，2018.

[42] 约翰斯顿. 人人都该懂的科学简史[M]. 郭雪，译. 杭州：浙江教育出版社，2020.

[43] 罗南. 剑桥插图世界科学史[M]. 周家斌，王耀杨，译. 济南：山东画报出版社，2009.

[44] 吴义方，吴卸耀. 数字文化趣谈[M]. 上海：上海大学出版社，2005.

[45] 卡普兰. 零的历史[M]. 冯振杰，郝以磊，茹季月，译. 北京：中信出版社，2005.

[46] 赛弗. 神奇的数字零：对宇宙与物理的数学解读[M]. 杨立汝，译. 海口：海南出版社，2017.

[47] 巴罗. 无之书：万物由何而生[M]. 何妙福，傅承启，译. 上海：上海科技教育出版社，2009.

[48] 阿克泽尔. 寻找零的起源[M]. 周越人，译. 上海：上海科学技术文献出版社，2020.

[49] 纽曼. 数学的世界：Ⅱ[M]. 李文林，等译. 北京：高等教育出版社，2016.

[50] 霍夫曼. 阿基米德的报复[M]. 尘土，等译. 北京：中国对外翻译出版公司，1994.

[51] 巴罗. 天空中的圆周率：计数、思维及存在[M]. 苗华建，译. 北京：中国对外翻译出版公司，2000.

[52] 宾利. 万物皆数[M]. 马仲文，译. 广州：南方日报出版社，2012.

[53] 洛奈. 万物皆数：从史前时期到人工智能，跨越千年的数学之旅[M]. 孙佳雯，译. 北京：北京联合出版公司，2018.

[54] 佛里伯格，汤马斯. 数的故事[M]. 徐雅，译. 太原：山西人民出版社，2018.

[55] 皮寇弗. 数学之书[M]. 陈以礼，译. 重庆：重庆大学出版社，2015.

[56] 余元希，田万海，毛宏德. 初等代数研究：上册[M]. 北京：高等教育出版社，2005.

[57] 西尔弗曼. 数论概论：原书第4版[M]. 孙智伟，吴克俭，卢青林，等译. 北京：机械工业出版社，2016.

[58] 俞晓群. 自然数中的明珠[M]. 上海：上海教育出版社，2013.

[59] 程贞一，闻人军. 周髀算经译注[M]. 上海：上海古籍出版社，2012.

[60] 张苍，等. 九章算术：人类科学史上应用数学的最早巅峰[M]. 曾海龙，译解. 全新修订版. 南京：江苏人民出版社，2011.

[61] 郭书春. 中国科学技术史：数学卷[M]. 北京：科学出版社，2010.

[62] 马奥尔. 勾股定理: 悠悠 4000 年的故事[M]. 冯速, 译. 北京: 人民邮电出版社, 2010.

[63] 蔡宗熹. 千古第一定理: 勾股定理[M]. 北京: 高等教育出版社, 2013.

[64] 李文林. 数学珍宝: 历史文献精选[M]. 北京: 科学出版社, 1998.

[65] 索托伊. 悠扬的素数: 二百年数学绝唱黎曼假设[M]. 柏华元, 译. 北京: 人民邮电出版社, 2019.

[66] 辛格. 费马大定理: 一个困惑了世间智者 358 年的谜[M]. 薛密, 译. 桂林: 广西师范大学出版社, 2013.

[67] 结城浩. 数学女孩 2: 费马大定理[M]. 北京: 人民邮电出版社, 2016.

[68] 华罗庚, 段学复, 吴文俊, 等. 数学小丛书: 合订本[M]. 北京: 科学出版社, 2018.

[69] 吴振奎. 斐波那契数列欣赏[M]. 2 版. 哈尔滨: 哈尔滨工业大学出版社, 2018.

[70] 德福林. 斐波那契的兔子: 现代数学之父与算术革命[M]. 杨晨, 译. 北京: 电子工业出版社, 2018.

[71] 博塔兹尼. 尖叫的数学: 令人惊叹的数学之美[M]. 余婷婷, 译. 长沙: 湖南科学技术出版社, 2021.

第3章

数字的扩张

数学史上这一系列事件的发生顺序是耐人寻味的,并不是按照先整数、分数,然后无理数、复数、代数数和微积分的顺序,数学家是按照相反的顺序与它们打交道的……他们非到万不得已才去进行逻辑化的工作.

——莫里斯·克莱因《数学简史:确定性的消失》

3.1 无理数的那些事儿

3.1.1 无理数的发现

1. 希帕索斯的发现

小明知道,如今 A3,A4 等名词已经进入大众生活,那么这些纸张尺寸是如何规定的呢?以 ISO 216A 系列(如图 3-1 左图所示)为例,他通过计算每种规格的长宽比(如图 3-1 右图所示),发现了有趣的现象:这些比值非常接近.

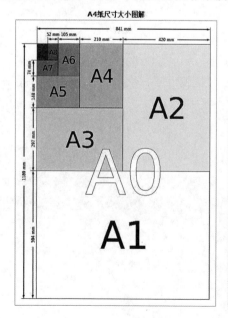

ISO 216A 系统 （单位：mm×mm）		长宽比
A0	841×1189	1.4138
A1	594×841	1.4158
A2	420×594	1.4143
A3	297×420	1.4141
A4	210×297	1.4143
A5	148×210	1.4189
A6	105×148	1.4095
A7	74×105	1.4189
A8	52×74	1.4231
A9	37×52	1.4054
A10	26×37	1.4231

图 3-1 A 系列纸张尺寸

　　进一步探究后小明得知,一张 A3 纸对折后就是两张 A4 纸,而且两张 A4 纸的长宽都缩小相同倍数后,正好可放在一张 A4 纸上.纸张这样放缩相同倍数后,文件的页边距等均与原文件成比例,打印时美观而且便于节约纸张.那么问题来了:这种设计的原理是什么呢? 如图 3-2 所示,原来理论上要求纸张的宽度与长度之比为 $1:\sqrt{2}$,但因为 $\sqrt{2}$ 是无理数,实际中需要选择适当的有理数来逼近,于是不同的选择就形成了不同的纸张系列.

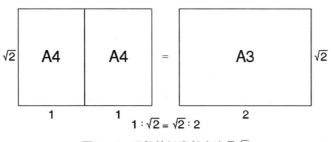

$$1:\sqrt{2}=\sqrt{2}:2$$

图 3-2　理想的纸张长宽比是 $\sqrt{2}$

　　如此神奇的 $\sqrt{2}$ 究竟是谁发现的呢? 小明觉得最著名的传说莫过于此:公元前 500 年左右,在地中海的一艘船上,毕达哥拉斯学派的忠实信徒们发现了外逃多年的希帕索斯(Hippasus),一番指责之后,他们残忍地将他扔进了地中海.至于信徒们要置希帕索斯于死地的原因,梁宗巨先生指出至少三种说法:其一是政治问题,因为他违反了教规,参与了反贵族的民主运动;其二是他自夸发现了正十二面体或不可公度量(无理数);其三是他泄露了这些秘密.不管怎么说,后面两种说法都表明他是因为发现无理数而丧生大海的.毕达哥拉斯学派解决不了 $\sqrt{2}$ 的问题,于是只能解决发现这个问题的人.从现有的资料来看,上述传说应该来源于古希腊数学家普罗克洛斯(Proclus,411—485)在给《几何原本》作注时的评论:"众所周知,首先泄露无理数秘密的人命丧大海,因为对所有不能表达的和不定形的东西,都要严守秘密,因此这个偶然触及并揭示了万物之秘密的罪人,必会立遭毁灭,并万世都被永恒的波涛吞噬."

　　众所周知,毕达哥拉斯学派信仰万物皆数,也就是任何两个量 (a, b) 之比都可以表示为两个整数 (m, n) 之比,即 $\dfrac{a}{b}=\dfrac{m}{n}$,令 $c=\dfrac{b}{n}$,则 $a=mc$,$b=nc$,这说明用 c(b 的 n 等分,也是 a 的 m 等分)量 m 次即可量尽 a,同时量 n 次也可量尽 b,这就是说 a 和 b 是可公度的,c 就是它们的公度.因此"万物皆数"的另一种说法就是"任何两个量都是可公度的".

　　希帕索斯到底发现了什么惊人的秘密呢? 因为毕达哥拉斯学派对正五边形作图法深有所知,并用正五角星作为学派的徽章(如图 3-3 所示).他们在每一个角顶上刻上字母,按逆时针方向读下来就是 $\upsilon\gamma\iota\theta\alpha$,意为"健康".希帕索斯反复琢磨了这个徽章,在其中发现了不可公度比,他转而考虑更简单的正方形,也在其中发现了不可公度比.

　　如图 3-4 所示,在正方形对角线 AC 上截取 $EC=BC$,作 $EF\perp AC$ 交 AB 于点 F,易知 $BF=EF=AE<AF<AB=BC$.接下来在 AB 上截取 $BF=AE$ 之后,剩下的 AF 正好是以 AE 为边的正方形的对角线,于是回到了开始……由于这种过程可以无休止地进行下去,因此不可能存在公度,所以对角线 AC 与边 AB 不可公度.

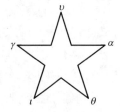

图 3-3 毕达哥拉斯学派的徽章

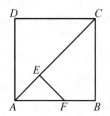

图 3-4 正方形中的不可公度

如图 3-5 左图所示,对于正五边形 $ABCDE$,由于 $AGDE$ 和 $CDEF$ 都是平行四边形,可知 $AB=AG=FC$,$AF=GC=JH$. 在 AC 上截 $AG=AB$,剩下的 $GC<FC=AB$,用 GC 或 AF 去截 AG,接下来是用剩下的 FG 去截 AF,FG 正好是中间的小正五边形的边,而 $JH=AF$ 是其对角线,于是回到了开始……由于这种过程可以无休止地进行下去,因此对角线 AC 与边 AB 不可公度.

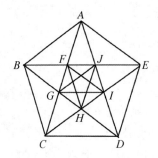
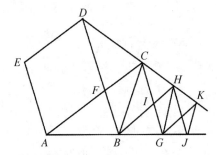

图 3-5 正五边形中的不可公度

如果换一种方式,也能说明对角线 AC 与边 AB 不可公度. 如图 3-5 右图所示,设正五边形 $ABCDE$ 对角线 AC 与 BD 相交于点 F,易证 $AF=ED=AB$,在 AB 及 DC 的延长线上分别截取 $BG=CH=CF$,易知 $BGHCF$ 是一个小正五边形,它的边长是正五边形 $ABCDE$ 的对角线 AC 与边 AB 之差,它的对角线长正好等于正五边形 $ABCDE$ 的边长,于是回到了开始……由于这种过程可以无休止地进行下去,所以对角线 AC 与边 AB 不可公度.

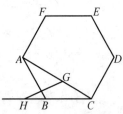

图 3-6 正六边形中的不可公度

按照类似的方法,有人在正六边形中也发现了不可公度. 如图 3-6 所示,在正六边形 $ABCDEF$ 的短对角线 AC 上截取 $AG=AB$,并作 $\angle AGH=60°$,使得边 GH 交 CB 于点 H,则 HGC 构成一个较小的正六边形的两邻边,且以 HC 为较短对角线……由于这种过程可以无休止地进行下去,所以对角线 AC 与边 AB 不可公度.

梁宗巨先生指出不可公度的发现还有可能来自毕达哥拉斯学派对平均数的兴趣. 由比例 $\dfrac{b-a}{c-b}=\dfrac{a}{a}=\dfrac{b}{b}=\dfrac{c}{c}$ 可得两个量 a,c 的算术平均值(等差中项)$b=\dfrac{a+c}{2}$,由 $\dfrac{b-a}{c-b}=\dfrac{a}{b}=\dfrac{b}{c}$ 可得 a,c 的几何平均值(等比中项)$b=\sqrt{ac}$,由 $\dfrac{b-a}{c-b}=\dfrac{a}{c}$ 可得 a,c 的调和平均值(调和中项)$b=\dfrac{2}{\dfrac{1}{a}+\dfrac{1}{c}}$(三平均值满足:算术

平均值≥几何平均值≥调和平均值),之后自然会提出"两个最小的正整数 1,2 的等比中项是什么"的问题,即 $b=\sqrt{1\times2}=\sqrt{2}$ 的存在性问题.还有一种说法是毕达哥拉斯学派证明了形的勾股定理之后,自然相信"数的勾股定理"也一定成立.于是便有了"单位正方形的对角线等于多少的问题".

事实上,正五边形和正五角星中存在着许多这种"可怕"的无穷现象(如图 3-7 所示),这让小明不禁联想到愚公的那句话:"子又生孙,孙又生子;子又有子,子又有孙;子子孙孙无穷匮也……"同时他也联想到各种套娃.以 $\sqrt{2}$ 为代表的无理数"怪物"的出现,打破了毕达哥拉斯学派奉为圭臬的信仰,万物不再皆数,而是存在

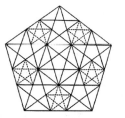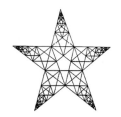

图 3-7　"可怕"的无穷

大量不可公度比,而且它们都与"可怕"的无穷有关,"四论(芝诺的四个无穷悖论)把无穷之恐怖(horror infiniti)灌输到希腊几何学家的头脑中……无穷成为一种禁忌,不惜任何代价,务必拒之门外;如果做不到的话,就必须用归谬法(reductio ad absurdum)之类的推理把它伪装起来."(丹齐克)难怪古希腊人如此惧怕无穷,并在科学和哲学中回避无穷.

2. $\sqrt{2}$ 是无理数的证明

既然继承了泰勒斯演绎数学的衣钵,毕达哥拉斯学派自然会给出 $\sqrt{2}$ 是无理数的证明.据亚里士多德记载,他们的奇偶法证法思路大致是这样的(因为他们十有八九使用的是一种几何证明而不是这种代数证明):设 $\sqrt{2}=\dfrac{a}{b}$,且 a, b 互素,则 $a^2=2b^2$ 是偶数,故 a 必是偶数.再设 $a=2p$,则有 $b^2=2p^2$,由于 b^2 是偶数,故 b 也是偶数,这与 a, b 互素矛盾.

这种证明方法显然可推广至 $\sqrt[3]{2}$, $\sqrt[4]{5}$ 乃至 $\sqrt[n]{m}$ 的情形,其中正整数 m 不是某个整数的 n 次幂.

后人根据费马证明费马大定理的思路,给出了费马递降证法.设 $\sqrt{2}=\dfrac{a}{b}$,其中 a, b 为正整数.由于 $1<\sqrt{2}<2$,所以 $b<a<2b$.注意到 $\sqrt{2}=\dfrac{\sqrt{2}(\sqrt{2}-1)}{\sqrt{2}-1}=\dfrac{2-\sqrt{2}}{\sqrt{2}-1}=\dfrac{2-\dfrac{a}{b}}{\dfrac{a}{b}-1}=\dfrac{2b-a}{a-b}$,由于 $1\leqslant a-b<b$,所以上式说明如果 $\sqrt{2}$ 可以表示成两个正整数之比,那么它也就可以表示为另外两个正整数之比,但新的分母 $a-b$ 比原来的分母 b 要小.如果新分母仍然大于 1,那么不断重复上述过程,则经过有限步之后,$\sqrt{2}$ 可以表示成两个正整数之比,其中分母为 1,于是 $\sqrt{2}$ 是一个正整数,这显然是不可能的,因为 $1<\sqrt{2}<2$.因此 $\sqrt{2}$ 是无理数.

还有人给出了如下证法:设 $\sqrt{2}$ 是有理数,则存在某个最小的自然数 k,使得 $\sqrt{2}k$ 也是自然数,因此 $m=(\sqrt{2}-1)k$ 是比 k 更小的自然数,但是却有 $\sqrt{2}m=2k-\sqrt{2}k$ 仍然是自然数,与"k 最小"矛盾.(埃斯特曼,1975)

轻松一刻 1：大炮打蚊子式的证明

假设 $\sqrt[3]{2}$ 是有理数，则可令 $\sqrt[3]{2}=\dfrac{a}{b}$，其中 a，b 都是正整数，整理后可得 $b^3+b^3=a^3$．根据费马大定理，该方程是无解的，所以原假设错误，即 $\sqrt[3]{2}$ 不是有理数．

3. 为什么停在了 $\sqrt{17}$

思路再回到古希腊，如同为了追求奥林匹克精神的公正、平等，人们觉得必须为体育竞技制定一些规则，同时限定器械的使用一样，几何学中，为了锻炼智力，人们觉得也必须要限制器械的使用．据此，毕达哥拉斯学派的恩诺皮德斯(Oenopides，约公元前 490—约公元前 420)最早提出了"尺规作图"的原则，即作图只能使用直尺与圆规这两种工具．

那么如何用尺规作出 $\sqrt{n}$ 呢？一种方法是画一个边长为 1 的正方形，然后就可以建立一系列根号矩形(如图 3-8 左图所示)，它们的高都是 1，因此对角线长依次为 $\sqrt{2}$，$\sqrt{3}$，$\sqrt{4}$，…，$\sqrt{n}$．另一种方法是昔兰尼的西奥多罗斯(Theodorus of Cyrene，公元前 465—公元前 398)的螺线法，先作一个腰长为 1 的等腰直角三角形，就可以建立一系列直角三角形，它们公共顶点的对边长度都为 1，因此斜边长依次为 $\sqrt{2}$，$\sqrt{3}$，$\sqrt{4}$，…，$\sqrt{17}$(如图 3-8 右图所示)．

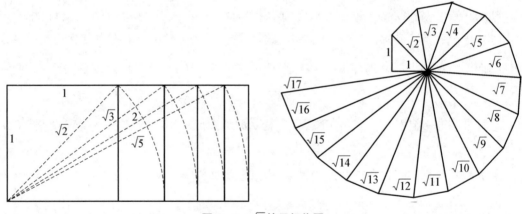

图 3-8　$\sqrt{n}$ 的尺规作图

正如柏拉图在《泰阿泰德篇》中所指出的："西奥多罗斯为我们写出了一些关于根的东西，比如 3 或 5 的根，展示了它们用单位是不可通约的：他挑选了一些例子直到 17 的根——也就是在这里他停止了．"为什么到 $\sqrt{17}$ 就戛然而止了呢？从图中可以看出，若继续作 $\sqrt{18}$ 的直角三角形，会覆盖住 $\sqrt{2}$ 的直角三角形．还有另外一种看法则认为原因在于"17 是第一个形如 $8m+1$ 的非平方数"．具体理由如下：

(1) 对于形如 $4n$ 的整数，有 $\sqrt{4n}=2\sqrt{n}$，问题转化为对整数 n 的处理．

(2) 对于形如 $4n+2$ 的整数，若有 $\sqrt{4n+2}=\dfrac{a}{b}$，其中 a，b 互素，则 $a^2=(4n+2)b^2$，由此可推出 a，b 都是偶数，矛盾．

(3) 对于形如 $4n+3$ 的整数，若有 $\sqrt{4n+3}=\dfrac{a}{b}$，其中 a，b 互素，则 $a^2=(4n+3)b^2$，

由此可推出 a, b 都是奇数,设 $a=2p+1$, $b=2q+1$,代入后化简,可得出左偶右奇的矛盾.

(4) 对于形如 $4n+1$ 的整数,若 n 为奇数,不妨设 $n=2m+1$, $\sqrt{4n+1}=\sqrt{8m+5}=\dfrac{a}{b}$,其中 a, b 互素,则 $a^2=(8m+5)b^2$,由此可推出 a, b 都是奇数,设 $a=2p+1$, $b=2q+1$,代入后化简,可得出左偶右奇的矛盾;若 n 为偶数,不妨设 $n=2m$, $\sqrt{4n+1}=\sqrt{8m+1}=\dfrac{a}{b}$,其中 a, b 互素,则 $a^2=(8m+1)b^2$,由此可推出 a, b 都是奇数,设 $a=2p+1$, $b=2q+1$,代入后化简可得 $p(p+1)=8mq^2+8mq+2m+q(q+1)$,两边都是偶数,不存在矛盾!

小明不禁联想到正十七边形的尺规作图问题,它在历史上一直悬而未决,直到 1796 年,年仅 19 岁的天才高斯证明:如果费马数 $F_n=2^{2^n}+1$ 为素数,那么就可以用直尺和圆规将圆周 F_n 等分,而费马数 $F_2=2^{2^2}+1=2^4+1=17$. 高斯也视此为生平得意之作,临终前留下遗言要求把正十七边形刻在他的墓碑上,但因为雕刻家认为正十七边形和圆太像,改成了正十七角星.

3.1.2　什么是无理数

1. 古希腊避谈无理数

为了回避无穷,欧几里得在《几何原本》中将平行公理表述为:如果一条线段与两条直线相交,在某一侧的内角和小于两直角和,那么这两条直线在不断延伸后,会在内角和小于两直角和的一侧相交. 与前四个公理相比,这个表述不仅冗长、令人费解,而且在以封闭和有限而著称的《几何原本》中几乎没有使用过,以致后世许多数学家认为它应该是个定理从而试图给出证明.

至于如何避开无理数,则选择了欧多克斯(Eudoxus,公元前 408—公元前 355)提出的比例论. 欧多克斯是柏拉图学园里最著名的人物之一,在数学地位上仅次于阿基米德. 他通过提出的比例论,摆脱了无理数悖论和第一次数学危机,据分析《几何原本》卷 V 和卷 XII 主要来自他的工作. 他通过以明确的公理为依据的演绎推理,定义了比(两个同类量之间的一种数量关系)以及比例(第一量比第二量与第三量比第四量有相同比,即第一量的倍量与第二量的倍量依次有大于、等于或小于的关系时,第三量的倍量与第四量的倍量也有相应的关系;有相同比的四个量成比例). 这就意味着,如果当 $na>mb$(或 $na=mb$ 或 $na<mb$)时就有 $nc>md$(或 $nc=md$ 或 $nc<md$),那么 $\dfrac{a}{b}=\dfrac{c}{d}$. 这实际上定义了两个数 $x=\dfrac{a}{b}$ 与 $y=\dfrac{c}{d}$ 的相等,而且 a, b 可以是同一类量(如长度), c, d 可以是另一类量(如面积). 这些量和比都是不指定数值的,从而避免了把无理数当作数. 这样 $\sqrt{2}$ 虽然在代数上说不清,但几何上可以用正方形对角线与边的长度比来表示.

亚里士多德区分了连续的量与离散的数,明确了"量"不是数,"量""可以分割而且可以无限地分割",如线段、角、面积、体积、时间等,而数的基础是不可再分的单元. 欧多克斯则通过比例论,进一步忽略了量之间的不可通约性. 这种做法的后果是"硬把数与几何截然分开",将毕达哥拉斯学派以数为基础的、数形结合的数学,改变为以几何量为基础的、数形分离的数学,导致数学的重点由重视算术转向重视几何,促进了欧几里得《几何原本》及其公理化思想方法的诞生.

2. 突破无穷禁忌

由于缺少代数工具，无穷在之后 2 000 多年的数学世界里一直被回避，直到法国数学家韦达(François Viète, 1540—1603)突破这个古老的禁忌. 他在自己 1593 年发现的计算 π 值的乘积公式上附加了"等等"(拉丁文 et cetera，缩写为 etc.)一词，表示该公式的过程可以无限地重复下去. 韦达创造了历史，让无穷以闪电般的速度重新回到数学的舞台中心，为之后用微积分解决无穷悖论奠定了符号基础. 他还突破了"言辞代数"的束缚，提出了一种新的符号系统，即用"元音字母表示未知量，而用辅音字母表示已知量". 例如对于方程 $x^3 + cx = d$，他简写为 "A cubus plus C plano in A aequetus D solido"，其中 A 表示未知数 x，plus 表示加号，in 表示乘号，aequetus 表示相等. 不过他仍然用单词或缩写来表示幂(plano 表示平方，cubus 表示立方)，并坚持使用了"齐性法则"(C plano 与 D solido).

小明认为更早突破无穷禁忌的恐怕应该是意大利数学家邦贝利(Rafael Bombelli, 1526—1572)，他逝世前不久出版的《代数》(1572)以其全面性和深刻性成为文艺复兴时期意大利最有系统的代数著作，其中首次提出用连分数来逼近 $\sqrt{2}$ 的值，按照现代符号，具体如下：

$$\sqrt{2} = 1 + (\sqrt{2} - 1) = 1 + \frac{1}{\sqrt{2}+1} \text{ (接下来分母中的 } \sqrt{2}+1 \text{ 不断地用 } 2 + \frac{1}{\sqrt{2}+1} \text{ 代替)}$$

$$= 1 + \cfrac{1}{2 + \cfrac{1}{\sqrt{2}+1}} = \cdots = 1 + \cfrac{1}{2 + \cfrac{1}{2 + \cfrac{1}{\cdots}}}$$

引入现代的简写记号 $[a_0; a_1, a_2, \cdots] = a_0 + \cfrac{1}{a_1 + \cfrac{1}{a_2 + \cfrac{1}{\cdots}}}$，则有 $\sqrt{2} = [1; 2, 2, 2, \cdots]$，

真是"一路爱(2)不停"呀！

与韦达同时代的荷兰数学家斯蒂文(Simon Stevin, 1548—1620)，则创新了十进制的小数记数法. 在《论十进制》(1585)一书的前言中，他明确指出："本书要讲授在不使用普通分数的情况下怎样简便地完成各种账务计算、数字计算和货币兑换. 如果这种新记数系统的算术运算法则与整数的相关法则相通，便能收到这些效果. "例如，$8\frac{937}{1\,000}$ 按他的十进制数来表达就是"8⓪9①3②7③". 显然斯蒂文的表示法中包含了笨拙的附加符号，而且在他之后还出现了各种类似的表示法，而我们熟悉的"8. 937"这种小数点形式，则是德国数学家克拉维斯(Christopher Clavius, 1538—1612)于 1608 年提出的，但也过了大约 150 年后，才固定下来. 斯蒂文在书中展示了如何进行加减乘除以及求平方根、立方根等运算，核心思想是它们与整数的运算完全相同，除了必须考虑合适的位号.

在另一本著作《算术》(1585)中，斯蒂文首次明确打破了欧几里得的著作中关于数与量、离散量与连续量之间的区分. 他指出"数代表量，任何类型的量"，并断言"数是不间断的量"，而且任何量(包括单位)都可以"连续不断地"分割. 从某种意义上说，这是他十进制小数思想的基础. 他进一步指出，任何(正)数都是平方数，因此任何平方数的根也都是一个数，这样使

用他的十进制记数系统,就能够像表示 2 一样,将 $\sqrt{2}$ 表示到所期望的任意精度.这说明,斯蒂文已经处于数学思想的分水岭.

3. 无理数的模型

无论是韦达、邦贝利还是斯蒂文,他们都倾向于用相同的方式处理所有的数量.然而欧几里得一直是数学研究的中心,要想突破他在《几何原本》卷 X 中对各种无理线段的区分带来的思想观念影响,不是一朝一夕就能做到的.事实上,直到 19 世纪,将"离散的算术"嵌入"连续的量"的工作才算彻底完成,典型标志就是数学家们在 1872 年给出了各种互相等价的实数模型.(该年因此被称为"无理数之年")

按照实数理论,可得无理数的三种典型模型:

(1) 魏尔斯特拉斯无限不循环小数模型.魏尔斯特拉斯在 19 世纪 60 年代的一系列柏林讲座中,将实数定义为无限小数扩张的集合,即实数集 $\mathbb{R}=\{x=a_0.a_1a_2\cdots\}$,其中 a_0, a_1, a_2, $\cdots$ 都是整数,且 $0\leqslant a_i\leqslant 9$, $i=1,2,\cdots$ 写成级数就是 $x=\sum_{n=0}^{\infty}\frac{a_n}{10^n}$. 其中的有限情形(从小数点后的某个 a_j 开始都为零,即 $x=a_0$ 或 $x=a_0.a_1\cdots a_{j-1}$)及无限循环情形(从小数点后的某个 a_j 开始出现长度为 $p\geqslant 1$ 的循环节,即 $x=a_0.a_1a_2\cdots a_{j-1}\overline{a_j\cdots a_{j+p-1}}$),都可以化成两个整数的比,因此属于有理数;剩下的无限不循环情形,就是无理数.例如 $\sqrt{2}=1.414\,213\,56\cdots$,其小数点后的数字不会停顿更不会出现循环节.显然这是我们最熟悉的无理数模型.

(2) 康托尔闭区间套模型.柯西指出 $\lim_{n\to\infty}x_n=x$ 等价于对任意的 $\varepsilon>0$,存在正整数 N,当 $m,n>N$ 时有 $|x_m-x_n|<\varepsilon$,即数列 $\{x_n\}$ 几乎所有项之间的差都可以任意小.在吸收了柯西的思想之后,康托尔提出了闭区间套定理,由此出发,$\sqrt{2}$ 可以按如下方式定义(如图 3-9 所示):

设 $\{a_n\}$:1, 1.4, 1.41, 1.414, $\cdots$;$\{b_n\}$:2, 1.5, 1.42, 1.415, $\cdots$,显然它们形成了闭区间套,即 $[a_1,b_1]\supset\cdots\supset[a_n,b_n]\supset\cdots$,而且 $\lim_{n\to\infty}(b_n-a_n)=0$,因此 $\lim_{n\to\infty}a_n=\lim_{n\to\infty}b_n=\sqrt{2}$.

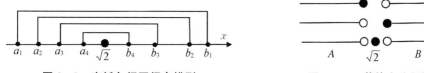

图 3-9　康托尔闭区间套模型　　　　图 3-10　戴德金分割模型

(3) 戴德金分割模型.1872 年戴德金(Richard Dedekind, 1831—1916)在《连续性与无理数》提出了一种分割模型:如果对实数直线任意砍一刀,一定会砍在某个点上,同时将直线一分为二,那么这个断点要么属于左边,要么属于右边.按此想法就可如此定义 $\sqrt{2}$(如图 3-10 所示):断点将正有理数集 $\mathbb{Q}^+$ 分割成不相交的两个非空集合 $A=\{x\mid x^2\leqslant 2, x\in\mathbb{Q}^+\}$,$B=\{x\mid x^2>2, x\in\mathbb{Q}^+\}$ 那么,要么 $\sqrt{2}\in A$,此时 A 中有最大值;要么 $\sqrt{2}\in B$,此时 B 中有最小值;要么 $\sqrt{2}\in A$ 既不属于 A 也不属于 B,此时 A 中没有最大值,B 中没有最小值.可以证明,此时只有第三种情况为真,这说明不存在正有理数 x,使得 $x^2=2$,因此在集合 A 与 B 之间,需要扩充一个"无理数"来补上这个空隙,即满足 $x^2=2$ 的只能是个"无理数",称之为$\sqrt{2}$.一般地,通过戴德金分割可以确定一个实数,它或许是有理数(如果分割没有产生空隙),或许是无理数(如果分割产生了空隙),因此每个实数就是有理数集的戴德金分割.把有理数之间的空隙都填满了,直线就是连续的了.这就是戴德金早在1858年讲授微积分初步时就已经思考成熟的想法.它为实数系找到一种几何模型,使得直线成为一条无限可分的数轴,从而奠定了微积分的基础.

按照这些模型,特别是无限不循环小数模型,可以构造出稀奇古怪的无理数.例如:

(1) 马赫勒尔定理:设n为大于1的正整数,$a=0.(n^1)(n^2)(n^3)\cdots$其中$(n^k)$表示把用十进制数$n^k$写出来.例如$n=3$时,$a=0.(3^1)(3^2)(3^3)\cdots=0.392781\cdots$,则$a$一定是无理数.

(2) 钱伯瑙恩常数$0.123\,456\,789\,101\,1\cdots$是无理数,它的小数部分是由所有正整数依次相连接而构成的,出现在钱伯瑙恩(David Champernowne, 1912—2000)发表于1933年的一篇论文中.

(3) 伯西科维奇常数$0.149\,162\,536\,49\cdots$是无理数,它是钱伯瑙恩常数的衍生数,其小数部分是由全体正整数的平方数依序排列而成的,由伯西科维奇(Abram Besicovitch, 1891—1970)构造于1934年.

(4) 科普兰-埃尔德什常数$0.235\,711\,131\,719\cdots$是无理数,它也是钱伯瑙恩常数的衍生数,其小数部分是由全体素数依序排列而成的.

3.1.3　代数数与超越数

1. 超越数是否存在

小明得知钱伯瑙恩常数也是一个超越数.如果一个实数是某个整系数多项式方程$a_nx^n+a_{n-1}x^{n-1}+\cdots+a_1x+a_0=0$的根,就称其为代数数,否则称为超越数.例如无理数$\sqrt{2}$是$x^2-2=0$的根,无理数$\varphi=\dfrac{-1+\sqrt{5}}{2}$是$x^2+x-1=0$的根.

从历史上看,法国数学家勒让德(Adrien-Marie Legendre, 1752—1833)在研究π的无理性的过程中,猜测π可能不是有理系数方程的根,由此引入了代数数和超越数的概念.但欧拉至少在1744年之前就意识到代数数与超越数的区别,并称超越数"超越了代数方法的能力".到了19世纪,大家才意识到:有的无理数不能通过有理数进行代数运算得到.鉴于当时最热门的两个候选数e和π是否超越尚未得到证明,所以大家普遍怀疑超越数到底存不存在.直到1844年,刘维尔首开先河证明了形如$\dfrac{a_1}{10}+\dfrac{a_2}{10^{2!}}+\dfrac{a_3}{10^{3!}}+\cdots+\dfrac{a_i}{10^{i!}}$的一类数都是超越数,其中$a_i$是从0到9的任意整数,例如$0.110\,001\,000\,000\,000\,000\,000\,001\,000\cdots$(第$n!$位是1,其余都是0)就是一个刘维尔数.他的论文题目是《论既非代数无理数又不能化为代数无理数的广泛数类》.到了1873年,终生腿瘸但身残志坚的法国数学家埃尔米特(Charles Hermite, 1822—1901)使用特别高超的技巧,初步证明了e是超越数.之后到了1882年,林德曼(Lindemann, 1852—1939)借鉴埃尔米特的思路,并利用欧拉公式$e^{i\theta}=\cos\theta+i\sin\theta$,首次证明了$\pi$是超越数.尽管他的证法非常烦琐冗长,但他只凭这个唯一成果,便已留名于数学史.至此,大家的兴趣和问题又转换成了"超越数到底有多少个".

2. "终结者"康托尔

"终结者"康托尔上场了.刚一接触康托尔的思想,小明就发现一大波"谁更多"汹涌而来：自然数与平方数谁更多？整数与偶数谁更多？有理数与实数谁更多？有理数与无理数谁更多？……如何化解这些问题？小明发现他需要"一一对应大法"．他得知伽利略早在1638年的著作《关于两门新科学的对话》中，就已经使用这种方法证明了"存在与正整数一样多的平方数"（如图 3 - 11 所示），但这个结论让正整数中那些非平方数"情何以堪"，伽利略无法给出解释，只能断言"'相等''大于'和'小于'不能应用于无穷，而只能应用于有限量."之后捷克数学家波尔查诺（Bernard Bolzano，1781—1848）在遗著《无穷的悖论》(1951)一书中，肯定了实无穷集合的存在，运用一一对应建立了集合等价的概念，并注意到无穷集的一个部分等价于整体这种情况．

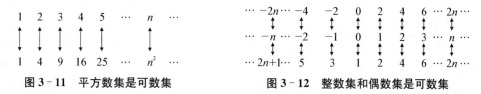

图 3 - 11　平方数集是可数集　　　　　　　　图 3 - 12　整数集和偶数集是可数集

作为集合论的开篇之作，康托尔在1874年发表的《关于全部实代数数的一个性质》一文中，大胆地抛开欧几里得第五公理"整体大于部分"这个最基础的公理，公开宣布"无穷集是具有这样异常性质的集合，即它的全体可以与它的部分一样多"，这样一来，比较集合的大小（称为集合的势）就变成了寻找集合之间的一一对应关系．可列集（可数集）是最小的无穷集，它可以定义为能与正整数集 $\mathbb{N}^+$ 一一对应的集合，也就是可以用数列 $\{x_n\}$ 将它的元素逐个排列出来．按照这个理论，整数集 $\mathbb{Z}$ 、偶数集都能与正整数集 $\mathbb{N}^+$ 建立一一对应关系（如图 3 - 12 所示），因此它们的势都相等，而且都是可列集．

对于有理数集 $\mathbb{Q}$ ，康托尔首先定义"有理数 $\dfrac{m}{n}$ 的高"为 $m+n$ ，然后按对角线法则进行双重排序（先按有理数的高排序，同高的再按大小排序，如图 3 - 13 所示），最终将有理数排列成了如下数列（其中略去了非最简分数形式的有理数）：

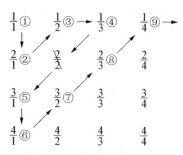

图 3 - 13　康托尔对角线法则

$$\{x_n\}:\ \frac{1}{1},\ \frac{2}{1},\ \frac{1}{2},\ \frac{1}{3},\ \frac{3}{1},\ \frac{4}{1},\ \frac{3}{2},\ \frac{2}{3},\ \frac{1}{4},\ \frac{1}{5},$$

$$\frac{5}{1},\ \frac{6}{1},\ \frac{5}{2},\ \frac{4}{3},\ \frac{3}{4},\ \frac{2}{5},\ \frac{1}{6},\ \frac{1}{7},\ \cdots$$

这就在有理数集 $\mathbb{Q}$ 与正整数集之间建立了一一对应关系，因此有理数集 $\mathbb{Q}$ 与正整数集 $\mathbb{N}^+$ 的势相等，而且是可列集．

接下来康托尔开始证明代数数集是可列集．对于每个整系数多项式方程 $a_n x^n + \cdots + a_1 x + a_0 = 0$ ，他定义了这个"多项式的高"为 $N = n + |a_n| + \cdots + |a_1| + |a_0|$ ．那么对于 $N = k$ ，显然以它为高的多项式方程的数目是有限的，每个方程的根也是有限的，因此所对应的代数数也是有限个，记其个数为 φ_N ，其中去掉了在讨论 $N = 1,\ 2,\ \cdots,\ k-1$ 时已出现的代数数．接着他将 $N = 1$ 对应的代数数从 1 到 $n_1 = \varphi_1$ 进行编号，将 $N = 2$ 对应的代数数从 $n_1 + 1$ 到 $n_2 = n_1 + \varphi_2$ 进行编号……以此类推，每一个代数数都与一个正整数一一对应，因此代数数集是可列集．

最后是攻坚战阶段. 康托尔证明了实数区间 $(0, 1)$ 是一个不可列集, 否则其中的所有实数就能按照某种顺序排列成数列 $\{x_n\}$, 一旦如此, 总能构造出某个实数 $x \in (0, 1)$, 它不在这个数列 $\{x_n\}$ 里. 具体构造方法可采用如下的对角线方法: 设 $x_n = 0.a_{n1}a_{n2}a_{n3}\cdots$, 则可构造 $x = 0.b_1b_2b_3\cdots$, 其中数字 $b_n = \begin{cases} 1, & a_{nn} = 8 \\ 8, & a_{nn} \neq 8 \end{cases}$, $n = 1, 2, 3, \cdots$. 显然 x 与数列 $\{x_n\}$ 中的每一项都至少有一位数字不相同, 因此它不在这个数列中.

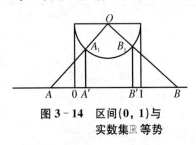

图 3 - 14　区间 $(0, 1)$ 与
实数集 $\mathbb{R}$ 等势

小明知道实数区间 $(0, 1)$ 与实数集 $\mathbb{R}$ 的势相等的问题, 可以很容易地给出构造性证明. 如图 3 - 14 所示, 对数轴上的任意点 A, B, $\cdots$ 显然过半圆圆心 O 的射线分别将半圆上的点 A_1, B_1, $\cdots$ 与它们一一对应, 而 A_1, B_1, $\cdots$ 通过垂线段与区间 $(0, 1)$ 的点 A', B', $\cdots$ 一一对应, 这就证明了实数区间 $(0, 1)$ 与实数区间 $(-\infty, +\infty)$ 是一一对应的, 也就是实数集 $\mathbb{R}$ 与实数区间 $(0, 1)$ 的势相等, 因此实数集 $\mathbb{R}$ 也是不可列集.

不仅无理数比有理数多得多, 而且超越数也比代数数多得多. 几何上看, 就是实数轴上的缝隙数是不可数的. 戴德金一刀砍下去, 砍中的不仅基本上都是无理数, 而且基本上都是无理数中的超越数.

关于实数集 $\mathbb{R}$ 的不可数(列), 小明发现还有许多有趣的证法. 例如德国数学家哈纳克 (Axel Harnack, 1851—1888) 在 1885 年给出的如下证法: 设 $\{x_n\}$ 是一个由全体实数构成的可列集. 用一根长度为 0.1 的线段覆盖 x_1 这个点, 即用区间 $[x_1 - 0.05, x_1 + 0.05]$ 覆盖 x_1, 类似地, 用一根长度为 0.01 的线段覆盖 x_2 这个点⋯⋯以此类推. 显然整个可列集被一个总长度至多为 $0.1 + 0.01 + \cdots = \dfrac{1}{9}$ 的线段集所覆盖, 这与整个实数轴长度无限矛盾. 后来小明得知, 按照测度论, 对于任意小的长度 ε, 可列集总能被总长度至多为 ε 的区间覆盖, 所以可列集都是零测度集.

3. 大数及其表示

在古希腊, 10 000 曾被视为一个十分巨大的数, 被称为 myriad(无数). 对于著名的"无限猴子理论", 即"如果许多猴子任意敲打打字机键, 最终可能会打出(当时藏书最多的)大英博物馆所有的书", 有人估算所需时间大约是 200 亿年, 约为 10^{18} 秒.

与国际象棋诞生有关的麦粒数大约为 $1 + 2 + 2^2 + \cdots + 2^{63} = 2^{64} - 1 \approx 1.8 \times 10^{19}$(粒), 魔方的所有可能变化数约为 4.3×10^{19} 种, 数独的所有可能填法约为 6.7×10^{21} 种, 宇宙中的恒星总数约为 3×10^{23} 颗, "魔群"的元素数量约为 10^{54}, 阿基米德在《数沙者》中认为填满恒星天球大约需要 10^{63} 粒沙子, 宇宙中的原子总数约为 10^{80} 个. 小明知道, 阶乘表示的数增长很快, 其中 $50! \approx 3 \times 10^{64}$, $100! \approx 9 \times 10^{157}$.

10^{100} 被称为"古戈尔"(googol), 10 的古戈尔次方 $10^{10^{100}}$ 则被称为 googolplex, 谷歌 (Google)公司及其总部 Googleplex 的名称就来源于此. 进一步地, 按照这种叠床架屋的"盖楼"方式, 数学家规定 N - plex 表示 10^N, 因此 googolplexplex 表示 $10^{10^{10^{100}}}$. 国际象棋的理论棋局总数约为 10^{120}, 而围棋则至少有 $10^{10^{48}}$ 种, 这就是为什么阿尔法围棋(AlphaGo)击败世界围棋冠军李世石会引起大众的震惊和对人工智能的思考. 阿根廷作家博尔赫斯(Jorge Luis Borges, 1899—1986)在小说《巴别图书馆》(1941)中描述了一座"巴别图书馆",其所有可能的藏书数量约为 10^{10^6} 册. 决定人类生物多样性的各种 DNA 碱基字母组合数约为 10^{10^9} 种. 素数研究中出现的两个斯奎斯(Skewes)数更是巨大到 $10^{10^{10^{34}}}$ 和 $10^{10^{10^{963}}}$.

为了简化上述烦琐的"盖楼"记号,可以使用高德纳(Donald Ervin Knuth)引入的箭头表示法. 例如, $a \uparrow N$(也写作 $a \char`\^ N$)表示 a^N, $a \uparrow \uparrow N$(可以简写作箭头幂 $a \uparrow^2 N$)表示 a 的 N 层指数塔 $a^{a^{\cdot^{\cdot^a}}}$,也就是 $a \uparrow (a \uparrow (\cdots \uparrow a))$($a$ 重复 N 次,注意运算顺序是从右往左),所以 $2 \uparrow^2 4 = 2 \uparrow \uparrow 4 = 2^{(2^{2^2})} = 2^{(2^4)} = 2^{16} = 65\,536$,而 $2 \uparrow \uparrow 6 \approx 10^{19\,727}$. 高德纳还定义了多箭头(简写为箭头幂)的情形,比如

$$a \uparrow^3 N = a \uparrow \uparrow \uparrow N = a \uparrow \uparrow (a \uparrow \uparrow (\cdots \uparrow \uparrow a))\ (a\ \text{重复}\ N\ \text{次}),$$
$$a \uparrow^4 N = a \uparrow \uparrow \uparrow \uparrow N = a \uparrow \uparrow \uparrow (a \uparrow \uparrow \uparrow (\cdots \uparrow \uparrow \uparrow a))\ (a\ \text{重复}\ N\ \text{次}),$$
$$\cdots,$$
$$a \uparrow^N N = a \uparrow \uparrow \cdots \uparrow \uparrow a,$$

因此 $3 \uparrow^3 3 = 3 \uparrow \uparrow \uparrow 3 = 3 \uparrow \uparrow (3 \uparrow \uparrow 3) = 3 \uparrow \uparrow (3^{3^3}) = 3 \uparrow \uparrow 3^{27} = 3 \uparrow \uparrow 7\,625\,597\,484\,987$,也就是 3 的 7 万多亿层指数塔. 进一步地,可以继续引入 $a \uparrow \uparrow^N N = a \uparrow^N (a \uparrow^N (\cdots \uparrow^N a))$($a$ 重复 N 次)……这个过程是没有尽头的,就像古巴比伦的那座巴别塔,通向无穷的天穹深处.

"最大数之父"葛立恒(Ronald Graham, 1935—2020)该出场了. 他提出的葛立恒数是如此之大,以至于用箭头幂来表示也很烦琐. 如图 3-15 所示,葛立恒数一共有 64 层,第 1 层的数目 $g_1 = 3 \uparrow^4 3 = 3 \uparrow \uparrow \uparrow \uparrow 3$,第 2 层的数目 $g_2 = 3 \uparrow^{g_1} 3 = 3 \uparrow \uparrow \cdots \uparrow \uparrow 3$(箭头有 g_1 个),第 3 层的数目为 $g_3 = 3 \uparrow^{g_2} 3$……第 64 层的数目为 $g_{64} = 3 \uparrow^{g_{63}} 3$,这个数已经大到令人难以想象.

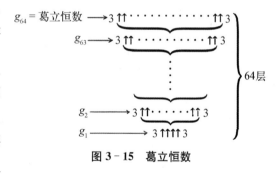

图 3-15　葛立恒数

4. 为无穷立法

康托尔当然没有停下向无穷王国深邃之地挺进的步伐,他继续思考了下列问题:既然证明了存在不同大小的无穷集,那么有比实数集更大的无穷集吗? 无穷可以分成多少等级? 能够定义无穷数(他称之为超限数)的算术运算吗?

为了解决上述问题,康托尔引入了幂集的概念. 一个集合 S 的幂集 2^S 是它的所有子集构成的集合,例如,两个元素的集合 $S = \{a, b\}$,其幂集为 $2^S = \{\varnothing, \{a\}, \{b\}, \{a, b\}\}$. 1891 年,康托尔证明了康托尔定理:无论 S 是有限集还是无穷集,幂集 2^S 的势总是比 S 的势大. 可以用反证法给出如下证明,其中的逻辑就是"理发师悖论":

假设存在一个 S 与其幂集 2^S 之间的一一对应 f,则对任意 $s \in S$,其函数值 $f(s)$ 必是 S 中元素的一个集合,因此要么 $s \in f(s)$,要么 $s \notin f(s)$. 构造集合 $T = \{s \mid s \in S$ 且 $s \notin$

$f(s)\}$，因此 $T \subset 2^S$，按照 f 的定义，必存在 $x \in S$，使得 $f(x) = T$. 那么问题来了：

(1) 如果 $x \in T$，那么由 T 的定义，$x \notin f(x)$，由于 $f(x) = T$，故可知 $x \notin T$；

(2) 如果 $x \notin T$，那么由 T 的定义，$x \in f(x)$，由于 $f(x) = T$，故可知 $x \in T$. 证毕.

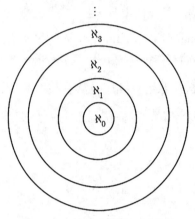

图 3-16　康托尔的阿列夫宇宙

接下来，康托尔选择了希伯来字母表中的第一个字母 $\aleph$（读作阿列夫），它也意味着这是实无穷的开始. 他称自然数集的势（也就是超限基数）为 $\aleph_0$，其幂集的势记为 $\aleph_1$，其幂集的幂集的势记为 $\aleph_2$……从而"为无穷立法"（如图 3-16 所示）：存在不同层级的超限基数，它们可依次排列为

$$\aleph_0, \aleph_1, \aleph_2, \aleph_3, \cdots$$

因为每个实数都可以写成二进制形式，因此可以证明实数集的势 $c = 2^{\aleph_0}$，问题是 c 与 $\aleph_1$ 是什么关系？也就是在 $\aleph_0$ 与 c 之间是否存在其他的超限基数？康托尔相信并希望证明 $\aleph_1 = c = 2^{\aleph_0}$，这就是著名的连续统假设，又称希尔伯特第一问题，因为它位居希尔伯特 1900 年在巴黎国际数学家大会上提出的 23 个著名问题之首，至今无法证明真伪. 后人据此进一步提出了广义连续统假设：$\aleph_{\alpha+1} = 2^{\aleph_\alpha}$.

直观上，$\aleph_0$ 可以想象为所有自然数的数目、所有整数的数目或者所有有理数的数目，$\aleph_1$ 可以想象为所有实数的数目、点线面体上所有几何点的数目，$\aleph_2$ 可以想象为所有平面曲线的条数，至于 $\aleph_3$，伽莫夫（George Gamow, 1904—1968）在 1946 年就指出："到目前为止，还没有人想得出一种能用来表示的无穷大数." 所以他不禁调侃道："原始人有许多儿子，却数不过 3；我们什么都数得清，却没有那么多东西让我们来数！"

至于算术运算，康托尔成功地将有限自然数的加法和乘法运算推广到了超限数，可得到如表 3-1 所示的运算表. 小明注意到，两种运算都没有提高 $\aleph_0$ 和 $\aleph_1$ 原来的层级，即它们都满足：$\aleph_\alpha + \aleph_\beta = \aleph_\alpha \times \aleph_\beta = \max\{\aleph_\alpha, \aleph_\beta\}$，$\aleph_\alpha^2 = \aleph_\alpha \times \aleph_\alpha = \aleph_\alpha$，其中 $\alpha, \beta \in \{0, 1\}$.

表 3-1　超限数运算表

$+$	n	$\aleph_0$	$\aleph_1$	$\times$	n	$\aleph_0$	$\aleph_1$
n	$2n$	$\aleph_0$	$\aleph_1$	n	n^2	$\aleph_0$	$\aleph_1$
$\aleph_0$	$\aleph_0$	$\aleph_0$	$\aleph_1$	$\aleph_0$	$\aleph_0$	$\aleph_0$	$\aleph_1$
$\aleph_1$	$\aleph_1$	$\aleph_1$	$\aleph_1$	$\aleph_1$	$\aleph_1$	$\aleph_1$	$\aleph_1$

要理解这两种超限算术运算，需要使用超限序数的概念（如图 3-17 所示）：第 1 个超限序数 $\omega = \aleph_0$，第 2 个超限序数 $\omega_1 = \aleph_1$，那么 ω 之后第一个序数就是 $\omega + 1$，然后是 $\omega + 2 \cdots$，直至 $\omega + \omega$，记为 2ω. 接下来则是 $2\omega + 1 \cdots$，直至 $3\omega \cdots \omega \times \omega$，记为 ω^2. 再往下，$\omega^2 + 1, \cdots, \omega^3, \cdots, \omega^\omega, \cdots, \omega^{2\omega}, \cdots, \omega^{\omega^2}, \cdots, \omega^{\omega^\omega} \cdots, \omega_1, \cdots, \omega_1^{\omega_1}, \cdots$，无休无止. 这就是无限的魅力！

如此"荒诞不经"的思想自然会受到质疑乃至抵制. 庞加莱把集合论当作"病态数学"，并预言"后一代将把集合论当作一种疾病". 反对最激烈的是康托尔的老师克罗内克，冲突达到

整数	超限序数							

$$1,2,\cdots, \quad \omega,(\omega+1),\cdots, \quad 2\omega,(2\omega+1)\cdots, \quad 3\omega,\cdots, \quad \omega^2,(\omega^2+1)\cdots, \quad \omega^3,\cdots, \quad \omega^{\omega},\cdots, \quad \omega_1,\cdots, \omega_1^{\omega_1},\cdots$$

图 3-17 序数列

顶点时他甚至批评康托尔是一个"科学骗子,叛徒,青年的败坏者",并宣布不认康托尔这个学生. 要知道"败坏青年"可是当初古希腊人对苏格拉底(Socrates,公元前 469—公元前 399)的指控. 康托尔无法承受如此压力,屡次住进了大学附属的精神病医院,所幸他工作的哈勒大学保留了他的教职,该大学也因细心呵护这位天才而彪炳史册. 关于克罗内克与康托尔的"师生反目",有兴趣的读者可进一步阅读《数学恩仇录》.

当然,也有一些有远见的数学家坚定地支持和捍卫康托尔的集合论思想,其中最著名的莫过于希尔伯特. 他不仅大声呼吁"没有人能把我们从康托尔为我们创造的乐园中开除出去",还创作了"(有无限多房间的)希尔伯特旅馆"这个著名的比喻,到处传播康托尔的无限集思想. 如今集合论已经成为数学大厦的基础,而无穷则正如希尔伯特感慨的那样:"无穷!再没有其他的问题如此深刻地打动过人类的心灵."

3.2 虚数的故事

3.2.1 虚数 i 引发"大海啸"

1. 复数的概念和运算

从数的扩张逻辑来看,为了让 $3+x=2$ 这类方程有解而引入了负数,为了让 $3x=2$ 这类方程有解而引入了分数,为了让 $x^2=2$ 这类方程有解而引入了无理数,而复数(complex number)的引入则是为了让 $x^2+1=0$ 这类方程有解. 如此,通过纯虚数 $i=\sqrt{-1}$ 的引入,就将实数 $x=a$ 扩张到复数 $z=a+bi$,将实数集 $\mathbb{R}$ 扩张到复数集 $\mathbb{C}$.

复数的代数表示为 $z=a+bi$,其中的实数 a,b 分别称为复数 z 的实(real)部和虚(imaginary)部,分别记为 $a=\mathrm{Re}\,z$,$b=\mathrm{Im}\,z$. 虚部 $b=0$ 的复数 $a+0i$ 就是实数 a;虚部 $b\neq 0$ 的复数 $a+bi$ 称为虚数,其中 $a=0$ 的特殊情形 bi ($b\neq 0$) 则称为纯虚数. 称复数 $\bar{z}=a-bi$ 为复数 $z=a+bi$ 的共轭复数.

由于复数 $z=a+bi$ 分为实数 a 和纯虚数 bi 两部分,因此几何上可以用 Ox 轴上的点表示实数 a(单位为 1),并称此轴为实轴,用 Oy 轴上的点表示纯虚数 bi(单位为 i),并称此轴为虚轴,如图 3-18 所示. 因此存在以下一一对应关系:$z=a+bi \Leftrightarrow \overrightarrow{OP} \Leftrightarrow P(a,b)$,即代数表示、向量表示和坐标表示构成所谓"三位一体". 这样若要得到复数 $z=a+bi$,就是先沿实轴方向前进 a 个单位得到 a,再沿虚轴方向前进 b 个单位得到 bi,最终所得就是它们的合成 $z=a+bi$. 用向量加法来表示,就是 $\overrightarrow{OQ}+\overrightarrow{QP}=\overrightarrow{OP}$.

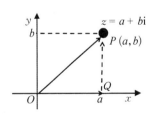

图 3-18 复数的几何表示

设 $z=z_1=a+bi$,$z_2=c+di$,则复数的四则运算为

(1) $z_1 \pm z_2 = (a+bi) \pm (c+di) = (a \pm c) + (b \pm d)i$. 特别地,$z+\bar{z}=2\mathrm{Re}\,z$.

(2) $z_1 z_2 = (a+bi)(c+di) = ac+adi+bci+bdi^2 = (ac-bd)+(ad+bc)i$,其中利

用了 $i^2 = -1$. 特别地, $z\bar{z} = (a+bi)(a-bi) = a^2 + b^2$.

(3) $\dfrac{z_1}{z_2} = \dfrac{z_1\overline{z_2}}{z_2\overline{z_2}} = \dfrac{(a+bi)(c-di)}{c^2+d^2} = \dfrac{(ac+bd)+(bc-ad)i}{c^2+d^2}$. 特别地, $\dfrac{1}{z} = \dfrac{a-bi}{a^2+b^2}$.

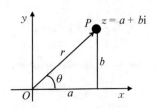

图 3-19　复数的三角表示

复数 $z = a + bi$ 的位置也可以用极坐标来确定, 也就是借助于向量 $\overrightarrow{OP}$ 的长度 r, 以及向量与实轴正向的夹角 θ 来确定, 直观上就是以原点为圆心半径为 r 的圆弧, 与倾斜角为 θ 的射线的交点位置, 如图 3-19 所示. 数 r 和 θ 分别称为复数 $z = a + bi$ 的模和辐角, 记为

$$r = |z| = \sqrt{a^2+b^2},\ \theta = \arg z$$

易知 $|z|^2 = z\bar{z}$, $|z| = |\bar{z}|$, $\arg \bar{z} = -\arg z$, 以及 $a = r\cos\theta$, $b = r\sin\theta$, 据此可知复数的三角表示为

$$z = a + bi = r(\cos\theta + i\sin\theta)$$

由于三角函数的周期性, 因此辐角 θ 不唯一, 为方便起见, 一般考虑主辐角 $\theta = \text{Arg}\,z$, $\theta \in (-\pi, \pi]$, 且有 $\arg z = \text{Arg}\,z + 2k\pi$, $k \in Z$, 也就是辐角与主辐角之间相差一定圈数.

2. 虚数 i 是个旋转算子

接下来, 小明发现一个神奇的现象: $iz = i(a+bi) = -b + ia$, 如图 3-20 所示, 显然, iz 就是将 z 对应的向量逆时针旋转 $90°$, 这说明 i 就是个旋转算子! 按照这种理解, 如图 3-21 所示, $i = i \cdot 1$ 可视为实轴上的 1 对应的向量被 i 逆时针旋转 $90°$, 变成了虚轴上的 i 对应的向量, 再继续逆时针旋转 $90°$, 即得 $i \cdot i = i^2$, 也就是 -1……不断重复下去, 可得 $i^{4n} = 1$, $i^{4n+1} = i$, $i^{4n+2} = -1$, $i^{4n+3} = -i$, 易知这与使用四则运算所得结果相同.

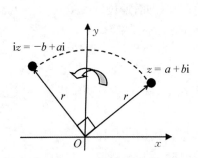

图 3-20　虚数 i 就是个旋转算子

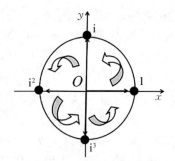

图 3-21　$i^2 = -1$ 的几何意义

小明注意到 $i = \cos\dfrac{\pi}{2} + i\sin\dfrac{\pi}{2}$, 其辐角正好是 $\dfrac{\pi}{2}$ 即 $90°$, 将之一般化后, 小明作出了如下猜想: 也可将单位圆上的复数 $z_1 = \cos\theta + i\sin\theta$ 视为一个旋转算子, 即逆时针旋转 θ 角度. 显然 $z_1 = z_1 \cdot 1$ 可看成实轴上的 1 对应的向量被 z_1 逆时针旋转 θ 角度, 变成了 z_1 对应的向量. 那么对于 $z_2 = \cos\varphi + i\sin\varphi$, $z = z_1 z_2$ 情况又如何呢?

如图 3-22 左图所示, 按照旋转来理解的话, $z_1 z_2$ 表示 z_1 将 z_2 逆时针旋转 θ 角度, 所得 $z_1 z_2$ 的辐角应该是 $\theta + \varphi$, 即 $z_1 z_2 = \cos(\theta+\varphi) + i\sin(\theta+\varphi)$. 而事实上, 按照四则运算有 $z_1 z_2 = (\cos\theta + i\sin\theta)(\cos\varphi + i\sin\varphi) = (\cos\theta\cos\varphi - \sin\theta\sin\varphi) + i(\sin\theta\cos\varphi + \cos\theta\sin\varphi)$

比较实部和虚部,必须有

$$\cos(\theta + \varphi) = \cos\theta\cos\varphi - \sin\theta\sin\varphi, \ \sin(\theta + \varphi) = \sin\theta\cos\varphi + \cos\theta\sin\varphi$$

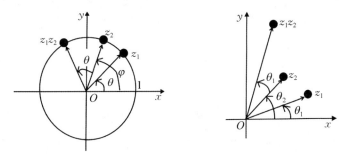

图 3 - 22　复数乘法的几何意义

而这显然是三角和差公式 $C_{\theta+\varphi}$ 和 $S_{\theta+\varphi}$. 所以小明的猜想是正确的,也就是可以给复数乘法赋予几何意义.

若令 $z_1 = r_1(\cos\theta_1 + i\sin\theta_1)$, $z_2 = r_2(\cos\theta_2 + i\sin\theta_2)$,则

$$z_1 z_2 = r_1(\cos\theta_1 + i\sin\theta_1) \cdot r_2(\cos\theta_2 + i\sin\theta_2) = r_1 r_2 [\cos(\theta_1 + \theta_2) + i\sin(\theta_1 + \theta_2)]$$

因此复数乘法的几何意义就是"模相乘,辐角相加":

$$|z_1 z_2| = |z_1||z_2|, \ \arg(z_1 z_2) = \arg(z_1) + \arg(z_2)$$

其中后一等式两端是多值的,应理解为两端值的集合相等(下同).从旋转的角度,如图 3 - 22 右图所示,$z_1 z_2$ 现在可理解为将 z_2 逆时针旋转 θ_1 角度,再将所得延长 $|z_1|$ 倍.当然由于乘法的交换律成立,因此 $z_2 z_1$ 也可理解为将 z_1 逆时针旋转 θ_2 角度,再将所得延长 $|z_2|$ 倍.

若进一步设 $z = r(\cos\theta + i\sin\theta)$,则有

$$\frac{1}{z} = \frac{\bar{z}}{z\bar{z}} = \frac{\bar{z}}{|z|^2} = \frac{r(\cos\theta - i\sin\theta)}{r^2} = \frac{1}{r}(\cos\theta - i\sin\theta) = \frac{1}{r}[\cos(-\theta) + i\sin(-\theta)]$$

故 $\left|\dfrac{1}{z}\right| = \dfrac{1}{|z|}$, $\arg\dfrac{1}{z} = \arg\bar{z} = -\arg z$,即几何上 $\dfrac{1}{z}$ 就是将 z 的"模取倒数,辐角取反".这样就有

$$\frac{z_1}{z_2} = \frac{1}{z_2} \cdot z_1 = \frac{1}{r_2}[\cos(-\theta_2) + i\sin(-\theta_2)] \cdot r_1(\cos\theta_1 + i\sin\theta_1)$$

$$= \frac{r_1}{r_2}[\cos(\theta_1 - \theta_2) + i\sin(\theta_1 - \theta_2)]$$

这说明复数除法的几何意义就是"模相除,辐角相减":

$$\left|\frac{z_1}{z_2}\right| = \frac{|z_1|}{|z_2|}, \ \arg\frac{z_1}{z_2} = \arg z_1 - \arg z_2$$

按旋转来理解的话,由于除法是乘法的逆运算,既然乘法意味着逆时针旋转,那么除法就意味着顺时针选择,因此 $\dfrac{z_1}{z_2} = \dfrac{1}{z_2} \cdot z_1$ 现在可理解为将 z_1 顺时针旋转 θ_2 角度,再将所得压缩为

原来的 $\dfrac{1}{|z_2|}$.

纳欣在《虚数的故事》中指出,上述将 i 视为旋转算子这种几何解释,不仅是人类智慧的一次巨大飞跃,而且会像汹涌的海啸一样带来大量美妙精巧的计算. 小明觉得至少在复数的乘方、开方以及单位根上的确如此.

对 $z=r(\cos\theta+\mathrm{i}\sin\theta)$,按照乘法的几何意义,连续执行 n 次,有 $z^n=r^n(\cos n\theta+\mathrm{i}\sin n\theta)$,即 $|z^n|=|z|^n$,$\arg z^n=n\arg z$. 特别地,当 $r=1$ 时,有棣莫弗定理:

$$(\cos\theta+\mathrm{i}\sin\theta)^n=\cos n\theta+\mathrm{i}\sin n\theta$$

这意味着可以得到 n 倍角公式,即通过 $\sin\theta$ 和 $\cos\theta$ 来表达 $\sin n\theta$ 和 $\cos n\theta$ 的公式.

例如,$n=3$ 时,有

$$\cos 3\theta+\mathrm{i}\sin 3\theta=(\cos\theta+\mathrm{i}\sin\theta)^3=\cos^3\theta+3\cos^2\theta\cdot(\mathrm{i}\sin\theta)+3\cos\theta(\mathrm{i}\sin\theta)^2+(\mathrm{i}\sin\theta)^3$$
$$=(\cos^3\theta-3\cos\theta\sin^2\theta)+\mathrm{i}(3\cos^2\theta\sin\theta-\sin^3\theta)$$

比较两边的实部和虚部,并利用三角恒等式 $\sin^2\theta+\cos^2\theta=1$,可得三倍角公式:

$$\cos 3\theta=\cos^3\theta-3\cos\theta\sin^2\theta=\cos^3\theta-3\cos\theta(1-\cos^2\theta)=4\cos^3\theta-3\cos\theta$$
$$\sin 3\theta=3\cos^2\theta\sin\theta-\sin^3\theta=3(1-\sin^2\theta)\sin\theta-\sin^3\theta=-4\sin^3\theta+3\sin\theta$$

正如阿达玛所言:"实数域中两个真理之间的最短路程是通过复数域." 这里通过复数工具,轻松地得到了实数域的两个结果.

3. **复数的开方**

接着考虑复数的开方问题. 设有 $\omega=\rho(\cos\varphi+\mathrm{i}\sin\varphi)$ 满足 $\omega^n=z$,也就是 $\omega=\sqrt[n]{z}$,那么由于

$$\omega^n=\rho^n(\cos n\varphi+\mathrm{i}\sin n\varphi)=r(\cos\theta+\mathrm{i}\sin\theta)$$

因此 $\rho^n=r$,$n\varphi=\theta+2k\pi$,$k\in Z$,从而有 $\rho=\sqrt[n]{r}$,$\varphi=\dfrac{\theta+2k\pi}{n}$,也就是说

$$\sqrt[n]{z}=\sqrt[n]{r}\left(\cos\dfrac{\theta+2k\pi}{n}+\mathrm{i}\sin\dfrac{\theta+2k\pi}{n}\right)$$

有意思的是,虽然 k 是任意整数,但作为主辐角的 $\varphi=\dfrac{\theta+2k\pi}{n}$ 只有 n 个不同的值 ω_0,ω_1,$\cdots$,ω_{n-1},它们可以通过令 $k=0,1,2,\cdots,n-1$ 依次得到,即 $\omega_k=\dfrac{\theta}{n}+k\dfrac{2\pi}{n}$.

更有意思的是,当 $r=1$ 时 $\rho=1$,因此这 n 个根的顶点都在单位圆上,而且相邻两个根的辐角差为 $\dfrac{2\pi}{n}$,这说明将其中一个旋转 $\dfrac{2\pi}{n}$ 可以得到下一个,也说明它们的顶点正好是一个圆内接正 n 边形的 n 个顶点.

再考虑更特殊的 n 次单位根问题,即求分圆方程 $\omega^n=1$ 的所有解,注意到 $z=1=\cos 0+\mathrm{i}\sin 0$,因此这 n 个单位根可依次表示为 $1,\omega,\omega^2,\cdots,\omega^{n-1}$,其中 $\omega=\cos\dfrac{2\pi}{n}+\mathrm{i}\sin\dfrac{2\pi}{n}$. 例

如, $n=3$ 时的 3 个单位根依次为 1, $\omega=\cos\frac{2\pi}{3}+\mathrm{i}\sin\frac{2\pi}{3}=-\frac{1}{2}+\frac{\sqrt{3}}{2}\mathrm{i}$, $\omega^2=-\frac{1}{2}-\frac{\sqrt{3}}{2}\mathrm{i}$. 注意到分圆方程可变形为

$$0=z^n-1=(z-1)(z^{n-1}+\cdots+z+1)=0$$

因此方程 $z^{n-1}+\cdots+z+1=0$ 的所有根是 ω, ω^2, $\cdots$, ω^{n-1}.

4. 代数基本定理

说到方程求解问题,小明知道:一元一次方程 $ax=b$ 有一个根;一元二次方程 $ax^2+bx+c=0$, 当 $\Delta>0$ 时,有两个不相等的实根,当 $\Delta=0$ 时,有两个相等的实根(重根按重数计算),当 $\Delta<0$ 时,按求根公式有 $x=\frac{-b\pm\sqrt{\Delta}}{2a}=\frac{-b\pm\sqrt{-1}\sqrt{-\Delta}}{2a}=\frac{-b\pm\mathrm{i}\sqrt{-\Delta}}{2a}$, 即有一对共轭复根. 那么一元 n 次方程呢? 笛卡儿在 1637 年首先注意到:如果 a 是 n 次多项式方程 $P(x)=0$ 的根,即 $P(a)=0$, 则 $P(x)$ 必有因式 $x-a$, 即有 $n-1$ 次多项式 $P_1(x)$ 使得 $P(x)=(x-a)P_1(x)$. 笛卡儿因式定理自然使人产生了这样的猜想: 每个 n 次多项式 $P(x)$ 都可以分解为 n 个线性因式. 数学家们进行了各种尝试,最终高斯于 1799 年证明了代数基本定理,给出了完美的回答. 有趣的是,高斯后来又发表了好几个其他形式的严格证明,由此可见他对这个定理情有独钟.

定理 3.1(代数基本定理)　n 次复系数多项式

$$P(z)=a_nz^n+a_{n-1}z^{n-1}+\cdots+a_1z+a_0$$

至少有一个复根.

按照代数基本定理,设有 $P(z_1)=0$, 即 z_1 是方程 $P(z)=0$ 的一个复根,用一次多项式 $z-z_1$ 去除 $P(z)$, 可知存在首项系数为 1(首一)的 $n-1$ 次多项式 $P_1(z)$ 和常数 c, 使得 $P(z)=a_nP_1(z)(z-z_1)+c$, 代入 $z=z_1$, 可知 $c=P(z_1)=0$, 因此 $P(z)=a_nP_1(z)(z-z_1)$. 若 $n-1\geqslant 1$, 则又存在一个复根 z_2 和一个 $n-2$ 次首一多项式 $P_2(z)$, 使得 $P_1(z)=(z-z_2)P_2(z)$, 也就是

$$P(z)=a_n(z-z_1)(z-z_2)P_2(z)$$

如此下去最终可得 $P(z)=a_n(z-z_1)(z-z_2)\cdots(z-z_n)$. 此即下面的推论 3.1.

推论 3.1　任何一个 n 次复系数多项式恰有 n 个复根,其中重根按重数计算.

推论 3.2　任何一个 n 次实系数多项式的复根,如果有的话必成对共轭出现.

证明: 根据复数的共轭运算法则,即 $\overline{z_1+z_2}=\overline{z_1}+\overline{z_2}$ 及 $\overline{z_1\cdot z_2}=\overline{z_1}\cdot\overline{z_2}$ (和的共轭等于共轭的和,积的共轭等于共轭的积),设 $\alpha=a+b\mathrm{i}$ 是方程 $P(z)=0$ 的一个复根,则

$$0=\overline{P(\alpha)}=\overline{a_n\alpha^n+\cdots+a_1\alpha+a_0}=\overline{a_n\alpha^n}+\cdots+\overline{a_1\alpha}+\overline{a_0}$$
$$=\overline{a}_n(\overline{\alpha})^n+\cdots+\overline{a}_1\overline{\alpha}+\overline{a}_0=a_n(\overline{\alpha})^n+\cdots+a_1\overline{\alpha}+a_0=P(\overline{\alpha})$$

即 $\overline{\alpha}=a-b\mathrm{i}$ 也是方程的根. 证毕.

显然,当方程 $P(z)=0$ 有一对共轭复根 $\alpha=a+b\mathrm{i}$ $(b\neq 0)$ 和 $\overline{\alpha}=a-b\mathrm{i}$ 时,必有

$$P(z)=a_n(z-\alpha)(z-\overline{\alpha})P_2(z)=a_n(z^2+pz+q)P_2(z)$$

其中 $p=-2a$，$q=a^2+b^2$，且 $\Delta=p^2-4q=-4b^2<0$.

推论 3.3　任何一个 n 次首一实系数多项式都能分解为若干个一次因式和二次因式（有一对共轭复根）的乘积.

推论 3.4(部分分式分解定理)　对于有理真分式 $\dfrac{P(x)}{Q(x)}$，其中 $P(x)$ 和 $Q(x)$ 是两个实系数多项式，且分子的次数 n 小于分母的次数 m，若有

$$Q(x)=(x-x_1)^{i_1}\cdots(x-x_s)^{i_s}(x^2+p_1x+q_1)^{j_1}\cdots(x^2+p_tx+q_t)^{j_t}$$

其中的指数满足 $i_1+\cdots+i_s+2(j_1+\cdots+j_t)=m$，则有如下部分分式分解式：

$$\frac{P(x)}{Q(x)}=\frac{A_1}{x-x_1}+\cdots+\frac{A_{i_1}}{(x-x_1)^{i_1}}+\cdots+\frac{B_1}{x-x_s}+\cdots+\frac{B_{i_s}}{(x-x_s)^{i_s}}+\frac{M_1x+N_1}{x^2+p_1x+q_1}+\cdots+$$

$$\frac{M_{j_1}x+N_{j_1}}{(x^2+p_1x+q_1)^{j_1}}+\cdots+\frac{R_1x+S_1}{x^2+p_tx+q_t}+\cdots+\frac{R_{j_t}x+S_{j_t}}{(x^2+p_tx+q_t)^{j_t}}$$

证明：(1) 设有 $Q(x)=(x-a)^kQ_1(x)$，其中 $k\geqslant1$ 且 $Q_1(x)$ 已不再整除 $x-a$，则有

$$\frac{P(x)}{Q(x)}=\frac{P(x)}{(x-a)^kQ_1(x)}=\frac{A}{(x-a)^k}+\frac{P_1(x)}{(x-a)^{k-1}Q_1(x)}$$

其中第一项 $\dfrac{A}{(x-a)^k}$ 是部分分式. 两边乘以 $Q(x)$，可知 A 和多项式 $P_1(x)$ 必须满足恒等式：

$$P(x)-AQ_1(x)=(x-a)P_1(x)$$

故可选择 $A=\dfrac{P(a)}{Q_1(a)}$ 使得左式可被 $x-a$ 除尽即可，然后可知 $P_1(x)$ 就是用 $x-a$ 整除左式的商.

(2) 设有 $Q(x)=(x^2+px+q)^lQ_1(x)$，其中 $l\geqslant1$ 且 $Q_1(x)$ 已不再整除 x^2+px+q，$p^2-4q<0$，则有

$$\frac{P(x)}{Q(x)}=\frac{P(x)}{(x^2+px+q)^lQ_1(x)}=\frac{Mx+N}{(x^2+px+q)^l}+\frac{P_1(x)}{(x^2+px+q)^{l-1}Q_1(x)}$$

其中第一项 $\dfrac{Mx+N}{(x^2+px+q)^l}$ 是部分分式. 两边乘以 $Q(x)$，可知 M，N 和多项式 $P_1(x)$ 必须满足恒等式

$$P(x)-(Mx+N)Q_1(x)=(x^2+px+q)P_1(x)$$

可以证明存在这样的 M，N 和 $P_1(x)$.

(3) 设 $Q(x)$ 中包含 $(x-a)^k$. 如果 $k=1$，那么根据(1)有唯一的部分分式 $\dfrac{A}{x-a}$ 与它对应；如果 $k>1$，那么根据(1)，在分出部分分式 $\dfrac{A_k}{(x-a)^k}$ 之后，对于剩下的部分可以继续

使用(1)分出部分分式 $\dfrac{A_{k-1}}{(x-a)^{k-1}}$，如此不断，直至由分解分母所得到的因式 $x-a$ 完全消失为止. 此时得到的 k 个部分分式为 $\dfrac{A_1}{x-a}+\cdots+\dfrac{A_{k-1}}{(x-a)^{k-1}}+\dfrac{A_k}{(x-a)^k}$. 这种推理可以轮流用于剩下的每一个线性因式，直至完全用尽分母或它的分解式中只剩下一些二次因式为止.

与此类似，对剩下的二次因式 $(x^2+px+q)^l$ 反复利用(2)，如果 $l=1$，则有唯一一个部分分式 $\dfrac{Mx+N}{x^2+px+q}$ 与之对应；如果 $l>1$，则有 l 个部分分式 $\dfrac{M_1x+N_1}{x^2+px+q}+\cdots+\dfrac{M_lx+N_l}{(x^2+px+q)^l}$ 与之对应. 如果还有其他的二次因式，则重复上述过程. 证毕.

例 3.1　分解有理式 $\dfrac{2x^2+2x+13}{(x-2)(x^2+1)^2}$.

解：对于有理分式 $\dfrac{2x^2+2x+13}{(x-2)(x^2+1)^2}$，根据部分分式分解定理，设

$$\frac{2x^2+2x+13}{(x-2)(x^2+1)^2}=\frac{A}{x-2}+\frac{Bx+C}{x^2+1}+\frac{Dx+E}{(x^2+1)^2}$$

两边同时乘以 $(x-2)(x^2+1)^2$，可得恒等式

$$2x^2+2x+13=A(x^2+1)^2+(Bx+C)(x^2+1)(x-2)+(Dx+E)(x-2)$$

展开右式并合并同类项后，再根据两边 x 的各次幂的系数对应相等，可得一个方程组，解之可得

$$A=1,\ B=-1,\ C=-2,\ D=-3,\ E=-4$$

因此所求部分分式分解为

$$\frac{2x^2+2x+13}{(x-2)(x^2+1)^2}=\frac{1}{x-2}-\frac{x+2}{x^2+1}-\frac{3x+4}{(x^2+1)^2}$$

3.2.2　虚数 i 的漫长接受史

1. 卡尔达诺初涉复根

在答复爱尔兰数学家哈密顿(William Rowan Hamilton, 1805—1865)的信中，德摩根曾经认为复数的历史要追溯到印度人. 但现在学界公认的是，卡尔达诺(Girolamo Cardano, 1501—1576)在《大术》(*Ars Magna*, 1545)中，就遭遇了方程的复根，并形式上处理过复数运算.

《大术》中有"立方等于一次项和常数之和"问题的解法描述：将常数项之半的平方，减去一次项系数的 1/3 的立方，并取整个的平方根. 现在分别用常数之半加上及减去这个数，那么，第一个的立方根与第二个的立方根之差便是未知数的值. 请大家体谅一下卡尔达诺的烦琐文字描述，因为代数学的现代符号还有待他的后辈韦达等人来创造.

若设未知数为 x，则该问题就是求解一元三次方程 $x^3=px+q$，而卡尔达诺公式就是

$$x = \sqrt[3]{\frac{q}{2} + \sqrt{\left(\frac{q}{2}\right)^2 - \left(\frac{p}{3}\right)^3}} - \sqrt[3]{\frac{q}{2} - \sqrt{\left(\frac{q}{2}\right)^2 - \left(\frac{p}{3}\right)^3}}$$

显然这个公式中隐藏着一条"恶龙",那就是当 $\Delta = \dfrac{q^2}{4} - \dfrac{p^3}{27} < 0$ 时会出现负数的平方根. 对于这种"不可约的"(irreducible, 另有词义为"不能征服的")情形, 卡尔达诺仍然讨论了三次方程的解法. 事实上, 他并不害怕负数的平方根, 还在《大术》中提出了一个著名的问题: 把 10 分成两部分, 使其乘积为 40. 他称这个问题"显然是不可能的", 但仍然给出了两个根 ($5 \pm \sqrt{-15}$)(尽管他称它们为 sophistic, 即似是而非的, 因为他觉得它们没有物理意义), 并且说"不管会受到多大的良心责备", 都要把它们的乘积形式地写成

$$(5 + \sqrt{-15})(5 - \sqrt{-15}) = 5 \times 5 - 5 \times \sqrt{-15} + 5 \times \sqrt{-15} - \sqrt{-15} \times \sqrt{-15}$$
$$= 25 - (-15) = 40$$

然后, 他感叹道:"算术的巧妙性就是这样发展的, 其最终结果正如我已经说过的, 是又精致又不中用."

在一元三次方程求根公式上, 还存在著名的优先权之争, 有兴趣的读者可进一步阅读《数学恩仇录》和《无法解出的方程》. 有趣的是, 卡尔达诺在《大术》末尾用大写字母宣称:"WRITTEN IN FIVE YEARS, MAY IT LAST AS MANY THOUSANDS"(五载写就, 或传千古), 但讽刺的是这本书没传多少年就湮没无闻了. 这是因为他不承认负数, 所以将一元三次方程分成各种类型后分别给出了求解方法. 但是一旦接受了负数和复数, 对一元三次方程 $ax^3 + bx^2 + cx + d = 0$, 两边除以 a, 再令 $x = y - \dfrac{b}{3a}$, 则方程变形为新方程 $y^3 + py + q = 0$, 其中

$$p = \frac{3ac - b^2}{3a^2}, \quad q = \frac{27a^2d - 9abc + 2b^3}{27a^3}$$

其求根公式为 $y_1 = A + B$, $y_2 = \omega A + \omega^2 B$, $y_3 = \omega^2 A + \omega B$, 其中

$$A = \sqrt[3]{-\frac{q}{2} + \sqrt{\Delta}}, \quad B = \sqrt[3]{-\frac{q}{2} - \sqrt{\Delta}}, \quad \Delta = \left(\frac{q}{2}\right)^2 + \left(\frac{p}{3}\right)^2, \quad \omega = \frac{-1 + \sqrt{3}i}{2}$$

一句话, 因为观念问题, "五载写就"的《大术》(这书名就极富野心), 其数学贡献仅仅等价于上述数学公式. 悲哉, 卡氏其人! 当然, 卡尔达诺的经历也确实挺悲惨, 在自传《我的生平》中, 他以自我批评的口吻剖析了自己的一生, 有兴趣的读者可进一步阅读.

卡尔达诺对负数的拒斥, 只是西方思想传统的延续. 小明知道, 早在魏晋时期, 刘徽(约 225—约 295)就在《九章算术注》里率先给出了正负数的定义, 同时还蕴含了运算法则. 反观西方, 正如对 0 的长期拒斥那样, 从古希腊人开始就拒绝负数, 认为它没有意义, 物理上没法解释. 随着负数通过阿拉伯人的著作传入欧洲, 大多数数学家仍然不承认它们是数, 而且争论长达数百年之久, 焦点是"方程有没有负根?". 例如, 德国数学家斯蒂费尔(Michael Stifel, 1487—1567)是首批使用加号"+"和减号"−"的数学家之一, 但却称负数为"荒谬的数"(1544); 卡尔达诺虽然承认方程可以有负根, 但称它们为虚有的, 只是一些记号, 不认为它们是根; 韦达完全拒绝负数; 笛卡儿把负数叫作"不合理的数", 把方程的负根称为"假根"; 法国

天才数学家帕斯卡(Blaise Pascal, 1623—1662)认为 0 减去 4 纯粹是胡说八道,他的一位密友进而举出反例: 若承认 $\dfrac{-1}{1}=\dfrac{1}{-1}$,而 $-1<1$,则较小数与较大数之比,怎么能等于较大数与较小数之比? 连莱布尼茨也认为对此的指摘有道理.

到了 18 世纪,争论越发激烈,以致英国教会不得不出面公开宣布不承认负数,认为比 0 还小的数是荒谬的,是不可思议的.至于伟大的欧拉,居然也认为负数比 ∞ 大.到了 1831 年,德摩根仍然坚持说"只要一涉及实际含义,两者(指负数式 $-a$ 和虚数式 $\sqrt{-a}$)都是同样的虚构,因为 $0-a$ 和 $\sqrt{-a}$ 同样是不可思议的",还举例加以说明: 父亲 56 岁,儿子 29 岁,问何时父亲的岁数是儿子的两倍? 所以他固执地认为考虑比 0 小的数是荒谬的.

2. 几何解释拨开迷雾

第一个认真对待复数的人是邦贝利.在《代数学》中,他不仅给出了 $\sqrt{2}$ 的连分数表示,还洞察到卡尔达诺的怪诞表达式的真正秘密,那就是它只不过是用了人们不熟悉的形式来表示实数.他考察了 $x^3=15x+4$,易知有根 $x=4$(另外两个根是 $x=-2\pm\sqrt{3}$),而按卡尔达诺公式,则有

$$x=\sqrt[3]{2+\sqrt{-121}}+\sqrt[3]{2-\sqrt{-121}}$$

因此他猜测 $\sqrt[3]{2\pm\sqrt{-121}}=a\pm b\sqrt{-1}$,并求得 $a=2$, $b=1$. 更重要的是,他假设 $\sqrt{-1}$ 遵循一般的代数法则,即 $(\sqrt{-1})^2=-1$, $(\sqrt{-1})^3=(-1)\sqrt{-1}=-\sqrt{-1}$,从而有

$$(2\pm\sqrt{-1})^3=2^3\pm3\times2^2\times\sqrt{-1}+3\times2\times(\sqrt{-1})^2\pm(\sqrt{-1})^3$$
$$=8\pm12\sqrt{-1}+3\times2\times(-1)\pm(-\sqrt{-1})=2\pm11\sqrt{-1}=2\pm\sqrt{-121}$$

这说明不可约情形下,神秘的卡尔达诺公式是正确的,即 $x=(2+\sqrt{-1})+(2-\sqrt{-1})=4$,同时暗示了 $\sqrt{-1}$ 是个有意义的概念,从而消除了 $\sqrt{-1}$ 的神秘性.

尽管邦贝利成功地给出了 $\sqrt{-1}$ 的形式意义,但由于缺乏几何解释,大多数数学家仍然视之为不可能存在的事物.首先尝试作出几何解释的是英国数学家沃利斯(John Wallis, 1616—1703),他在 1673 年通过几何作图,意识到虚数的意义在于垂直方向(当然他本人没有给出这样的表述).考察方程 $x^2+2bx+c^2=0$,其中 b, $c>0$,易知其根为 $x=-b\pm\sqrt{b^2-c^2}$,因此当 $b\geqslant c$ 时它们是实数,可用实数直线上两点 P_1, P_2 来表示,如图 3-23 左图所示.问题是当 $b<c$ 时,从 Q 点出发的线段 b 太短,不能到达实数直线,因此沃利斯只能"在实数直线外"去寻找 P_1, P_2,但遗憾的是他为 P_1, P_2 找到的位置不恰当,如图 3-23 右图所示.

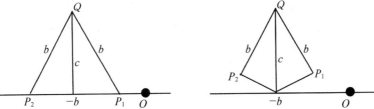

图 3-23　沃利斯的实根和复根作图

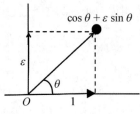

图 3 - 24　韦塞尔复数模型

真正拨开复数迷雾的是韦塞尔(Caspar Wessel, 1745—1818).作为丹麦皇家科学院的一名测绘员,韦塞尔于 1797 年提交了《论方向的解析表示》一文,并于两年后发表在科学院的院刊上.文章开始,他就开宗明义提出问题:怎样解析地表示方向? 接着他通过平行四边形法则,制定了有向线段的加法规则.他的真正创新在于提出了有向线段的乘法规则:乘积线段必须在因子线段所在平面中;乘积线段的长度必须是因子线段长度的乘积;乘积线段的方向角必须是因子线段方向角的和.接下来,他写道:"设 $+1$ 表示正的直线单位, $+\varepsilon$ 表示另一种单位,它与正单位有共同起点且垂直于正单位."(如图 3 - 24 所示)根据规则,积的方向角等于因子的方向角之和,因此有

$$(+1)(+1)=+1, \ (+1)(-1)=-1, \ (-1)(-1)=+1,$$

$$(+1)(+\varepsilon)=+\varepsilon, \ (+1)(-\varepsilon)=-\varepsilon, \ (-1)(+\varepsilon)=-\varepsilon,$$

$$(-1)(-\varepsilon)=+\varepsilon, \ (+\varepsilon)(-\varepsilon)=+1, \ (-\varepsilon)(-\varepsilon)=-1$$

于是他指出"由此显然可知 ε 就是 $\sqrt{-1}$".接着他指出,平面上的任意有向线段都可以解析地写成 $a+\varepsilon b$ 和 $r(\cos\theta+\varepsilon\sin\theta)$,并证明了这种表达式如何相乘、相除及求幂.

历史再次显露出它残酷无情的本色,韦塞尔这篇用丹麦文写的论文读者寥寥无几.直到 1895 年,该文才被重新发现,并译成法文重新发表.

对于寻求几何解释的尝试,哈密顿则不以为然,因为他觉得 $\sqrt{-1}$ 应该有个纯代数的解释.他认为,既然几何是空间的科学,那么代数就是时间的科学,时间的基本思想是那些有居先、后来和同时三种关系的次序和序列.在 1835 年发表的《代数作为纯时间的科学》一文中,他建立了实数数偶算术: $(a,b)\pm(c,d)=(a\pm c,b\pm d)$, $(a,b)(c,d)=(ac-bd,bc+ad)$.并指出:在单个数的系统中,符号 $\sqrt{-1}$ 是荒唐的,表示的是"不可能的数",或者仅仅是一个"虚数","但在数偶理论中,符号 $\sqrt{-1}$ 是有意义的,代表了一种可能的抽象,或者一个数对 $(-1,0)$ 的主平方根 $(0,1)$",这是因为按数偶乘法,有 $(0,1)(0,1)=(-1,0)$,因此对任意数对 (a,b),都有 $(a,b)=a+b\sqrt{-1}$.这就证明了 (a,b) 等价于复数 $a+bi$.但是通过数偶,就可以避开"荒唐的" $i=\sqrt{-1}$,因此他总觉得自己的符号更好.在文末他进一步指出,只要将代数看成纯粹时间的科学,那么那些通常被认为仅仅是符号的、难以解释的表达式,就逐渐变成思想,并获得现实意义.

3. 高斯和黎曼

最终让大家接受复数的是高斯.在 1832 年的一篇论文中,高斯以他特有的简洁,给出了复数 $m+ni$(m,n 为整数或零)即"高斯整数"的一种平面表示,引入了复平面的思想,并阐述了复数的几何加法与乘法(复数这个术语就是他的发明).只是在注释中,他指出,这种思想早就隐含在他 1799 年做出的代数基本定理的证明中.由于他的显赫名声,他"使不可能成为可能",之后 $\sqrt{-1}$ 被承认为合法符号,也奠定了复数在数学中的地位.事实上,高斯早在 1796 年(早于韦塞尔)就掌握了许多复数的概念,但由于他一直秉持"宁可少发表,也不能发表不成熟的成果",这使得他与许多数学家存在优先权之争,其中最著名的莫过于非欧几何、正态分布和最小二乘法.

　　小明知道早期有一种叫球极平面投影的地图制作方法. 如图 3 - 25 所示,一个球面置于复平面ℂ上,只与复平面在原点 O 处相切,因此点 O 可称为球面的南极点. 这样通过点 O 和球心的直线交球面顶部于 N,它就是球面的北极点. 从 N 出发经过复平面上任意一点 Z 的射线交球面于点 Z'. 显然 Z 与 Z' 一一对应,且球面上的经线被映射为过原点 O 的直线,纬线则被映射为以原点 O 为圆心的同心圆. 经线上越靠近北极点 N 的点 Z',其对应的点 Z 离原点 O 越远;越靠近北极点 N

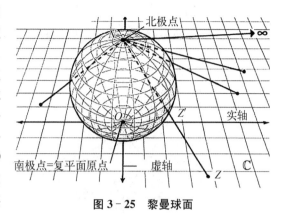

图 3 - 25　黎曼球面

的纬线,其对应的同心圆的半径越大. 因此除了北极点 N 之外,球面上每一点都被投影到复平面ℂ上,而且当 $Z' \to N$ 时,有 $Z \to +\infty$. 这意味着可在复平面ℂ中加入一个理想化的无穷远点 ∞,它与北极点 N 相对应,从而得到扩充的复平面 $\mathbb{C}_\infty = \mathbb{C} \cup \{\infty\}$. 注意,任何一条直线都通过无穷远点,哪怕是平行直线.

　　球极平面投影可追溯到古希腊的托勒密,乃至于更早的古希腊天文学家喜帕恰斯(Hipparchus,公元前 190—约公元前 120). 后来英国数学家哈里奥特(Thomas Harriot,1560—1621)发现了球极平面投影的一个重要性质:球面上的一个小块区域被投影为复平面上一个形状相同的小区域,也就是说这种投影"在局部上是忠实的". 高斯从 1816 年起就为政府进行大规模的大地测量,这激起了他对微分几何学的兴趣,并于 1827 年发表《关于曲面的一般研究》一文. 更重要的是,他在欧拉等前人工作的基础上,将曲面从三维欧氏空间中剥离出来,也就是一张曲面本身就是一个空间. 这样通过引入 u,v 坐标,就可以得到空间曲面 Σ 的参数表示

$$\Sigma: x = x(u, v), \ y = y(u, v), \ z = z(u, v)$$

由于空间曲面 Σ 的三大内蕴量 E,F,G 可以有不同的选取方式,这就意味着同一张曲面上可以有不同的几何. 这可是对当时主流的哲学权威康德(Immanuel Kant, 1724—1804)的哲学观念的挑战,因为按康德的哲学观念,只能有一种几何,即欧氏几何.

　　图 3 - 25 中的球面为什么被标注为黎曼球面? 这是因为到了 1854 年,或许意识到大限将至(次年高斯就溘然长逝),一向谨慎的高斯终于带着少有的热情,在同事面前大加赞赏他的爱徒黎曼(Bernhard Riemann, 1826—1866). 在高斯的指导下,黎曼宣讲了《关于几何基础的假设》的授课资格论文,用最通俗的语言,对整个几何学做了一次深刻而闳阔的概览,俯瞰了当时已杂乱无章的几何学,并给出了几何学的一种全新定义,即几何学是关于流形的一门科学.

　　将复数纳入代数范畴同时也给分析学带来了巨大冲击. 从形式上看,只要允许常量和变量为复数,就可以将单变量实函数 $y = f(x)$ 拓展到单变量复函数 $w = f(z)$. 问题是几何上无法在一个平面直角坐标系里表达这种复函数,因为自变量 z 和因变量 w 本身都各自需要一个平面. 小明发现解决之道其实也很简单,那就是将它看作一个平面到另一个平面的映

射. 以复映射 $w=z^2$ 为例,令 $z=x+y\mathrm{i}$, $w=u+v\mathrm{i}$,则由 $w=z^2=(x+y\mathrm{i})^2=(x^2-y^2)+(2xy)\mathrm{i}$ 可知,$u=x^2-y^2$,$v=2xy$. 因此当点 $P(x, y)$ 分别沿着双曲线 $x^2-y^2=c$ 和 $2xy=k$ (c, k 为常数)运动时,它的像点 $Q(u, v)$ 将分别沿着垂直线 $u=c$ 和水平线 $v=k$ 运动,如图 3-26 所示.

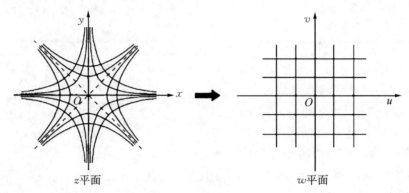

图 3-26　复映射 $w=z^2$

3.3　超复数及尺规作图

3.3.1　超复数

1. 哈密顿与四元数

复数之后自然就是超复数,其中最著名的莫过于四元数(quaternion). 关于"四元数之父"哈密顿,已经有多种著名的评价,比如"一个爱尔兰人的悲剧"(贝尔),"哈密顿的人生履历其实是灰色的"(德比希尔). 小明觉得,或许他本人的回忆与四元数的发现更贴切,那就是他晚年给儿子的信中所讲的故事:"1843 年 10 月初,每天早晨我下楼吃早餐的时候,你和弟弟总是问我:'爸爸,你能把三元数相乘吗?'而我总是悲伤地摇头,不情愿地回答说:'不,我只能把它们相加和相减.'"

早在 1835 年将复数视为数偶之前,哈密顿就已经开始探索三元数,也就是形如 $p=a_1+b_1\mathrm{i}+c_1\mathrm{j}=(a_1, b_1, c_1)$ 的数. 他发现问题的困难在于如何定义三元数的乘法,使得对另一个三元数 $q=a_2+b_2\mathrm{i}+c_2\mathrm{j}=(a_2, b_2, c_2)$ 的模满足乘法性质(模法则):

$$|p|^2|q|^2=|pq|^2$$

其中 $|p|^2=a_1^2+b_1^2+c_1^2$,$|q|^2=a_2^2+b_2^2+c_2^2$

事实上,如果设 $pq=r=a+b\mathrm{i}+c\mathrm{j}=(a, b, c)$,则有

$$(a_1^2+b_1^2+c_1^2)(a_2^2+b_2^2+c_2^2)=a^2+b^2+c^2$$

问题是几十年前,法国数学家勒让德的三平方和定理已经指出:形如 $8n+7$ 的正整数都无法表示成三个整数 a, b, c 的平方和,例如 $(1^2+1^2+1^2)(0^2+1^2+2^2)=15\neq a^2+b^2+c^2$,因此不存在类似于哈密顿数对之积的任何简单的三元数乘积,而且这种乘积还会存在很

多不完美性,比如结合律不成立.

遗憾的是,哈密顿没有阅读足够多的数学文献,所以他当时不知道这一点,因而至少有 13 年的时间(从 1830 到 1843 年),他苦苦寻求三元数组 $(a, b, c) = a + b\mathrm{i} + c\mathrm{j}$ 的乘法,也就是如何确定乘积 i^2, j^2 和 ij 的问题.哈密顿认为三元数必须满足下列六条性质(这些性质复数都具备):加法和乘法的结合律;加法和乘法的交换律;分配律;除法;模律,即两个三元数乘积的模等于它们模的乘积,这里 $a + b\mathrm{i} + c\mathrm{j}$ 的模为 $\sqrt{a^2 + b^2 + c^2}$;在三维空间里有一个有意义的解释.

受复数的启发,他希望 $\mathrm{i}^2 = \mathrm{j}^2 = -1$,这样问题就变成了如何定义 ij.考虑到

$$(a + b\mathrm{i} + c\mathrm{j})^2 = (a^2 - b^2 - c^2) + (2ab)\mathrm{i} + (2ac)\mathrm{j} + (bc)\mathrm{ij} + (bc)\mathrm{ji}$$

其中利用了 $\mathrm{i}^2 = \mathrm{j}^2 = -1$.要使上式的右边也是一个三元数,可令 $\mathrm{ij} = 0$ 或 $-\mathrm{ji}$.

再考虑两个不同的三元数的乘积,若仍设 $\mathrm{ij} = -\mathrm{ji}$,则有

$$(a + b\mathrm{i} + c\mathrm{j})(x + y\mathrm{i} + z\mathrm{j}) = (ax - by - cz) + (bx + ay)\mathrm{i} + (cx + az)\mathrm{j} + (bz - cy)\mathrm{ij}$$

显然右边没能去掉 ij 项.此时若令 $\mathrm{ij} = 0$,虽然能够实现这个目的,但注意到根据法国数学家拉格朗日(Joseph - Louis Lagrange, 1736—1813)的四平方数和恒等式(其实最早是欧拉于 1748 年发现的):

$$(a_1^2 + b_1^2 + c_1^2 + d_1^2)(a_2^2 + b_2^2 + c_2^2 + d_2^2)$$
$$= (a_1 a_2 - b_1 b_2 - c_1 c_2 - d_1 d_2)^2 + (a_1 b_2 + a_2 b_1 + c_1 d_2 - c_2 d_1)^2 +$$
$$(a_1 c_2 - a_2 c_1 - b_1 d_2 + b_2 d_1)^2 + (a_1 d_2 + a_2 d_1 + b_1 c_2 - b_2 c_1)^2$$

乘积的模应为

$$(a^2 + b^2 + c^2)(x^2 + y^2 + z^2) = (ax - by - cz)^2 + (bx + ay)^2 + (cx + az)^2 + (bz - cy)^2$$

其中 ij 项的系数 $(bz - cy)$ 又以平方形式出现,因此令 $\mathrm{ij} = 0$ 也行不通.

注意到上式右边是四个平方之和,因此只有令 ij 为未知的 k,即将三元数扩充为包含四个分量的新数,并且放弃乘法交换律,才能基本实现上述六个要求.所以只能有四元数,而没有三元数.

正如他自己回忆的那样,到了 1843 年,他做出了一个不太苛刻的假设:$\mathrm{ij} = -\mathrm{ji}$(乘法反交换律),或者 $\mathrm{ij} = +\mathrm{k}$, $\mathrm{ji} = -\mathrm{k}$,乘积的值仍然不确定.这就使他越过三元数,把眼光投向了诸如 $a + b\mathrm{i} + c\mathrm{j} + d\mathrm{k}$ 或 (a, b, c, d) 这样的四元数上,其中符号 k 为一种新的单位算子.

在大胆放弃了乘法交换律之后,剩下的一切就开始突飞猛进了.接下来的就是那个灵感乍现的著名故事:1843 年 10 月 16 日,在哈密顿去参加会议的路上,"好像电路接通,火花飞溅,我多年的预想终于成为方向明确的思想和工作……我无法抑制我的兴奋……用刀子在勃洛翰桥(Brougham Bridge)的石头上刻下了用符号表示的基本公式:$\mathrm{i}^2 = \mathrm{j}^2 = \mathrm{k}^2 = \mathrm{ijk} = -1$."

那些雕刻的字符当然早已荡然无存,不过如今桥上嵌有一块纪念石板,上面镌刻的是:Here as he walked by on the 16th of October 1843, Sir William Rowan Hamilton in a flash of genius discovered the fundamental formula $\mathrm{i}^2 = \mathrm{j}^2 = \mathrm{k}^2 = \mathrm{ijk} = -1$ for quaternion multiplication & cut it on a stone of this bridge(1843 年 10 月 16 日,威廉·罗文·哈密顿

爵士从此处走过时,天才地灵光一闪发现了四元数乘法的基本公式 $i^2=j^2=k^2=ijk=-1$,并将它刻在了这座桥的一块石头上).

至此,哈密顿的四元数就是形如 $a+bi+cj+dk$ 的数,其中向量部分的三个基向量 i, j, k 需满足乘法表

·	i	j	k
i	−1	k	−j
j	−k	−1	i
k	j	−i	−1

一般地,两个四元数的乘积 $pq \neq qp$. 接着通过定义共轭 $\bar{p}=a-bi-cj-dk$ 和模 $|p|^2=p\bar{p}$,就可以定义乘法逆元 $p^{-1}=\bar{p}/|p|^2$,从而实现除法,即商 $r=pq^{-1}$ 或 $q^{-1}p$.

哈密顿起初认为四平方数和恒等式是他的原创,但在发现四元数之后的几个月里,一直和他探讨四元数的朋友格雷夫斯(John Graves, 1806—1870)翻阅到了前述三平方和以及四平方和的新信息,不胜唏嘘,"第一次感到我追踪前辈数学家成就的行动开始得太晚了". 至于哈密顿自己的心情,小明不得而知,但小明知道哈密顿深信他这个创造"和牛顿的微积分一样重要".

尽管四元数存在致命的缺陷,但它作为第一个"超复数",却给代数学的发展带来了革命性的影响. 四元数放弃了乘法的交换律,这是第一个非交换可除代数. 它的引入让人们开始怀疑"上帝造数",否则我们怎么能自由地创造出想象中的东西,并赋予它超自然的性质? 与此同时,高斯、伽罗瓦等人的更加革命性的非欧几何和群论思想的传播,使得人们逐渐认识到:代数学的公理是可以改变的,不仅交换律,其他运算规则如结合律等也可以不满足,因此可以自由地构造各种各样的代数,进而使得"大量看似不同问题的领域和结果之间的联系第一次被发现了".

2. 八元数

四元数的发现首先促进了格雷夫斯本人对 n 元数的思考,1843 年 12 月他发现了八元数(octonion). 两年后英国数学家凯莱(Arthur Cayley, 1821—1895)重新发现了八元数,所以八元数又称作凯莱数. 对八个基向量 1, e_1, e_2, e_3, e_4, e_5, e_6, e_7,八元数的乘法表如图 3-27 左图所示. 八元数在诸如弦理论、狭义相对论和量子逻辑中都有应用,特别是剑桥大学数学物理学家法诺(Cohl Furey)在 2014 年发明了一种三角图记忆法. 如图 3-27 右图所示,同一条直线(包括过 e_1, e_2, e_3 的圆)上的三个基向量,如 e_7, e_2, e_5,按箭头方向,前两个作乘积就可以得到第 3 个,即 $e_7e_2=e_5$. 如果再添加一条虚线形成回路,则任何两个相邻的基向量作乘积,都可以得到第 3 个基向量,即还有 $e_2e_5=e_7$ 和 $e_5e_7=e_2$. 若按箭头反方向,则任何两个相邻的基向量作乘积,都可以得到第 3 个基向量的负向量,即有 $e_5e_2=-e_7$,$e_2e_7=-e_5$,$e_7e_5=-e_2$. 也就是说八元数和四元数一样,没有乘法交换律,但有乘法反交换律. 对于八元数,仍然可以定义共轭和模,从而仍然可定义乘法逆元.

数系的扩张看起来已经走到了尽头. 小明知道,复数无法比较大小,比如没法比较 3+2i 与 2+3i 谁大谁小,也就是没法定义一个全序关系使得它与复数的加法和乘法相容.

事实上,若复数域ℂ中定义了一个全序关系≤,则对任意 a, b, $c \in \mathbb{C}$,必须满足:

×	1	e_1	e_2	e_3	e_4	e_5	e_6	e_7
1	1	e_1	e_2	e_3	e_4	e_5	e_6	e_7
e_1	e_1	-1	e_3	$-e_2$	e_5	$-e_4$	$-e_7$	e_6
e_2	e_2	$-e_3$	-1	e_1	e_6	e_7	$-e_4$	$-e_5$
e_3	e_3	e_2	$-e_1$	-1	e_7	$-e_6$	e_5	$-e_4$
e_4	e_4	$-e_5$	$-e_6$	$-e_7$	-1	e_1	e_2	e_3
e_5	e_5	e_4	$-e_7$	e_6	$-e_1$	-1	$-e_3$	e_2
e_6	e_6	e_7	e_4	$-e_5$	$-e_2$	e_3	-1	$-e_1$
e_7	e_7	$-e_6$	e_5	e_4	$-e_3$	$-e_2$	e_1	-1

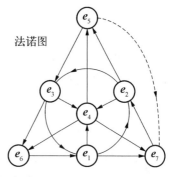

法诺图

图 3-27　八元数乘法表及其法诺图记忆法

(1) $a \overset{>}{\underset{<}{=}} b$ 三者有且仅有一个成立；

(2) 如果 $a \leqslant b$，那么 $a + c \leqslant b + c$；

(3) 如果 $a \leqslant b$ 且 $0 \leqslant c$，那么 $ac \leqslant bc$.

考察 i 与 0 的关系. 显然 $i \neq 0$. 如果 $i > 0$，那么 $-1 = i \cdot i > 0 \cdot i = 0$，即 $-1 > 0$，出现矛盾；如果 $i < 0$，即 $-i > 0$ 那么 $-1 = (-i) \cdot (-i) > 0 \cdot (-i) = 0$，仍然有 $-1 > 0$，也出现矛盾.

四元数作为复数的扩张,不仅也丧失了全序这种性质,而且还丧失了乘法交换律. 至于八元数,连乘法结合律也丧失了,如表 3-2 所示. 因此八元数之后,一般不再考虑更高维的数系,其直接原因就是已经没有"多余性质"供人"挥霍"了(当然有人仍然定义了十六元数,但作为与"魔鬼"交易的代价,丧失的则是一种被称为交错性的性质).

表 3-2　实数、复数、四元数和八元数的各项性质

性　　质	实　数	复　数	四元数	八元数
乘法逆元	√	√	√	√
结合律	√	√	√	×
交换律	√	√	×	×
序	√	×	×	×

3.3.2　尺规作图

1. 尺规三大难题

如前所述,为了在智力上也追求奥林匹克精神,古希腊人对作图工具加以限制,这种限制要求作图工具越简单可行越好,于是就想到了只使用最基本的作图工具即直尺与圆规,同时限定了一些使用方式,最终形成了尺规作图五大公法: ① 过两已知点可作一直线;② 已知圆心和半径可作一圆;③ 已知两直线相交可求其交点;④ 已知一直线与一圆相交,可求其交点;⑤ 已知两圆相交,可求其交点.

五大公法的关键在于后面三个,即需要确定"线与线、线与圆、圆与圆"的交点,而从代数上看,直线和圆可分别用二元一次方程及二元二次方程来表示,因此求交点坐标只会用到有限次的四则运算和开平方运算,即尺规作图相当于代数中的五则运算. 这些交点坐标都是可

用尺规作图方式作出的实数,可称为规矩数(又称可造数,constructible number). 显然所有有理数都是规矩数,规矩数的偶次方根仍然是规矩数,规矩数对五则运算是封闭的. 但是有的代数数不是规矩数,如 $\sqrt[3]{2}$.

至此,可知各数系存在如下包含关系:

$$\mathbb{N} \subset \mathbb{Z} \subset \mathbb{Q} \subset \{规矩数\} \subset \mathbb{A} \subset \mathbb{R} \subset \mathbb{C} \subset \mathbb{H} \subset \mathbb{O}$$

其中 $\mathbb{A}$ 表示代数数集, $\mathbb{H}$ 表示四元数集, $\mathbb{O}$ 表示八元数集. 另外可用 $(\mathbb{R} - \mathbb{A})$ 来表示超越数集,因为不为代数数的实数都是超越数.

早在古希腊时期,数学家们就发现了一些尺规作图难题,比如已经被高斯解决的正十七边形尺规作图问题. 但是有三大难题一直难以取得突破,它们就是:

(1) 三等分角问题,即把任意一个已知角三等分;

(2) 立方倍积问题,即求作一个立方体,使它的体积等于已知立方体体积的 2 倍;

(3) 化圆为方问题,即求作一个正方形,使它的面积等于一个已知圆的面积.

从历史上看,对三大难题的研究推动了数学的发展. 特别是到了 19 世纪,旺策尔(Pierre Wantzel, 1814—1848)在 1837 年用代数方法首先证明了三等分角和立方倍积无解,林德曼则在 1882 年证明了化圆为方也无解. 要理解三大难题的解答,不仅涉及代数数和超越数,还需要一点抽象代数中的伽罗瓦理论. 关于伽罗瓦的悲惨故事,限于篇幅,此处不再叙述,但强烈推荐有兴趣的读者去阅读《无法解出的方程》《对称的历史》《数学大师》等文献.

2. 二次扩域

小明知道抽象代数中最根本的概念就是抽象群的定义. 对非空集合 G 及其上定义的封闭二元运算 $\otimes$,若满足:

(1) 结合律: 对任意元素 $a, b, c \in G$, 有 $(a \otimes b) \otimes c = a \otimes (b \otimes c)$;

(2) 存在单位元(幺元): 存在 $e \in G$, 使得 $a \otimes e = e \otimes a = a$;

(3) 存在逆元: 对任意 $a \in G$, 存在逆元 $a^{-1} \in G$, 使得 $a \otimes a^{-1} = a^{-1} \otimes a = e$, 则称代数结构 $(G, \otimes)$ 为群. 若此群还满足交换律,则称为交换群或阿贝尔群.

例如, $(\mathbb{Z}, +)$ 是单位元为 0 的加法交换群, $(\mathbb{Q}, \times)$(去掉 0)是单位元为 1 的乘法交换群.

在抽象群的基础上,可以给出抽象域的定义. 对非空集合 F 及其上定义的两个封闭二元运算 $\oplus$ 和 $\otimes$(分别称为加法和乘法),若满足:

(1) $(F, \oplus)$ 是具有单位元(称为加法零元)的交换群;

(2) $(F, \otimes)$(去掉加法零元)是交换群;

(3) 分配律: 对任意元素 $a, b, c \in F$, 有 $a \otimes (b \oplus c) = a \otimes b \oplus a \otimes c$, 则称代数结构 $(F, \oplus, \otimes)$ 为域.

例如, $(\mathbb{Q}, +, \times)$ 是有理数域, $(\mathbb{R}, +, \times)$ 是实数域, $(\mathbb{C}, +, \times)$ 是复数域. 原来这些耳熟能详的数都构成了数域. 那么四元数是不是也是个数域呢? 有兴趣的读者不妨探索一下.

审视数系的扩张,不难发现有理数、无理数、复数、四元数乃至八元数,看起来无非就是不断地往旧集合里面添加新的基本元,将这种过程抽象出来,就是二次扩域的概念.

设 F 为实数集 $\mathbb{R}$ 上的一个域, $c \in F$ 但 $\sqrt{c} \notin F$, 则称数集

$$F(c) = \{a + b\sqrt{c}, \ a, b \in F\}$$

为 F 的一个二次扩张,并称数 $x = a + b\sqrt{c}$ 的共轭为 $\bar{x} = a - b\sqrt{c}$.

例如 $\mathbb{Q}(2)$ 就是有理数域 $\mathbb{Q}$ 的一个二次扩域,添加的新基本元就是无理数 $\sqrt{2}$;实数域 $\mathbb{R}$ 的一个二次扩域 $\mathbb{R}(-1)$ 就是复数域 $\mathbb{C}$,添加的新基本元就是纯虚数 $i = \sqrt{-1}$.

一般地,可以证明 $F(c)$ 也是一个数域,也就是将新数 $\sqrt{c}$ 作为新基本元添入数域 F 后所得的扩张数域,因此 $F(c)$ 可称为二次扩域.

直观上,$F(c)$ 还可以再继续二次扩张,得到新的二次扩域,由此可形成二次域塔的概念.

设 F_0,F_1,$\cdots$,F_n 都是 $\mathbb{R}$ 的子域,且 $F_0 = \mathbb{Q}$. 若对任意 $k = 1, 2, \cdots, n$,F_k 都是 F_{k-1} 的二次扩域,则称 F_n 为一个 n 阶的二次域,称 F_0,F_1,$\cdots$,F_n 为一个 n 阶的二次域塔.

称由数 0 和 1 经过有限次的五则运算(加减乘除以及正数的开方运算)所得的数称为二次不尽根,例如,形如 $x = \sqrt{6} + \sqrt{\sqrt{\sqrt{1 + \sqrt{2}} + \sqrt{3}} + 5}$ 这样的数. 直观上不难看出每个二次不尽根都属于有理数域 $\mathbb{Q}$ 的某个阶数的二次域,确切地说每个二次不尽根都是规矩数.

将二次扩域的结论应用到有理系数的多项式方程,则得下述定理.

定理 3.2　设有理系数的三次首一多项式

$$x^3 + a_2 x^2 + a_1 x + a_0 = 0 \tag{3.1}$$

在二次扩张 $\mathbb{Q}(c)$ 中有一个根,则它必有一个有理根.

这说明如果方程(3.1)没有有理根,则它在 $\mathbb{Q}(c)$ 不会有根,更不可能有二次不尽根.

证明: 设方程(3.1)的三个根分别为 x_1,x_2,x_3,若有 $x_1 = a + b\sqrt{c} \in \mathbb{Q}(c)$,则其共轭 $x_2 = \bar{x}_1 = a - b\sqrt{c}$ 也是方程(3.1)的根,且 $x_1 + x_2 = 2a \in \mathbb{Q}$. 由韦达定理,有 $x_1 + x_2 + x_3 = -a_2 \in \mathbb{Q}$,因此 $x_3 = -a_2 - (x_2 + x_3) \in \mathbb{Q}$. 证毕.

显然,有理系数的多项式方程两边乘以系数分母的最小公倍数,就可以转化为整系数的多项式方程,这就意味着可以通过后者来判断前者是否存在有理根.

定理 3.3　设整系数 n 次多项式

$$a_n x^n + \cdots + a_1 x + a_0 = 0 \tag{3.2}$$

有有理根 $\dfrac{a}{b}$,其中 a,b 互素,则 $a \mid a_0$ 且 $b \mid a_n$.

证明: 将有理根 $\dfrac{a}{b}$ 代入方程(3.2)并整理,可得

$$a(a_n a^{n-1} + a_{n-1} a^{n-2} b + \cdots + a_1 b^{n-1}) = -a_0 b^n$$

因为 a,b 互素,因此 a 是 a_0 的因数,即 $a \mid a_0$.

类似地,有 $b(a_{n-1} a^{n-1} + a_{n-1} a^{n-2} b + \cdots + a_0 b^{n-1}) = -a_n a^n$,因此 $b \mid a_n$. 证毕.

3. 三大尺规不能难题的证明

至此,材料已经齐全,可以开始享受"三大尺规不能难题"的证明过程了.

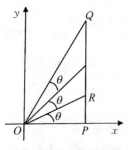

图 3-28　三等分角是
尺规不能的

(1) 三等分角是尺规不能的

如图 3-28 所示，设 $\angle QOP=60°$，$OP=1$，$\angle ROP=20°$，则根据三倍角公式 $\sin 3\theta=-4\sin^3\theta+3\sin\theta$，则有 $1/2=\cos 3\theta=4\cos^3\theta-3\cos\theta$，令 $x=\cos\theta$（易得 $x=\cos\theta=1/OR$），即

$$8x^3-6x-1=0 \tag{3.3}$$

假定三等分角是可能的，则点 R 的纵坐标一定是有理数或者二次不尽根（即可以通过尺规作图确定点 R），这是不可能的．否则设方程 (3.3) 有有理根 a/b，则根据定理 3.3，可知 a 是 1 的因子，b 是 8 的因子，因此方程 (3.3) 的有理根不外乎是 $\pm 1/c\,(c=1,2,4,8)$，而验算可知它们都不是，所以方程 (3.3) 没有有理根．再根据定理 3.2，可知方程 (3.3) 更没有二次不尽根．证毕．

(2) 立方倍积是尺规不能的

对于立方倍积问题，设原立方体为单位立方体，其倍立方体的边长为 x，则

$$x^3-2=0 \tag{3.4}$$

假定立方倍积是可能的，则方程 (3.4) 一定有有理根或者二次不尽根，但这是不可能的．反之，设方程 (3.4) 有有理根 a/b，则 a 是 2 的因子，b 是 1 的因子，因此方程 (3.4) 的有理根不外乎是 ± 1，± 2，而验算可知它们都不是，所以方程 (3.4) 没有有理根，更没有二次不尽根．证毕．

(3) 化圆为方是尺规不能的

对于化圆为方问题，考虑单位圆，并设正方形的边长为 x，则 $x^2=\pi$，$x=\sqrt{\pi}$，由于 π 是一个超越数，所以它不可能是二次不尽根，因此化圆为方问题也是尺规不能的．

尽管本章是围绕数系自身的发展历程展开叙述的，但这并不意味着它们仅仅具有数学意义．事实上，复数已在控制系统、信号分析、电路分析、流体力学、量子力学、相对论、分形等领域得到大量成熟应用，四元数在电动力学、广义相对论、机器人学、航空器控制、计算机图形学等领域中有广泛的应用，八元数在诸如弦理论、狭义相对论和量子逻辑中都有应用．至于群，已在量子力学、物理（原子、分子和晶体等分支）、化学（结构化学和量子化学等分支）、通信理论、自动机理论等学科得以大量应用．真是强大到可怕的数学！

参考文献

[1] 汪晓勤，栗小妮．数学史与初中数学教学：理论、实践与案例[M]．上海：华东师范大学出版社，2019．

[2] 梁宗巨，王青建，孙宏安．世界数学通史：全三册[M]．沈阳：辽宁教育出版社，2005．

[3] 博耶，梅兹巴赫．数学史：修订版[M]．秦传安，译．北京：中央编译出版社，2012．

[4] 张景中，彭翕成．数学哲学[M]．3 版．北京：北京师范大学出版社，2019．

[5] 马奥尔．无穷之旅：关于无穷大的文化史[M]．王前，武学民，金敬红，译．上海：上海教育出版社，2000．

[6] 哈维尔．无理数的那些事儿[M]．程晓亮，译．北京：机械工业出版社，2019．

[7] 蔡天新．数学传奇：那些难以企及的人物[M]．北京：商务印书馆，2016．

[8] 丹齐克．数：科学的语言[M]．苏仲湘，译．上海：上海教育出版社，2000．

[9] 塔巴克. 数：计算机、哲学家及对数的含义的探索[M]. 王献芬，王辉，张红艳，等译. 北京：商务印书馆，2008.

[10] 克莱因 M. 西方文化中的数学[M]. 张祖贵，译. 北京：商务印书馆，2020.

[11] 克莱因 M. 数学简史：确定性的消失[M]. 李宏魁，译. 北京：中信出版集团，2019.

[12] 欧几里得. 几何原本[M]. 燕晓东，译. 全新修订版. 南京：江苏人民出版社，2011.

[13] 纽曼. 数学的世界：Ⅱ[M]. 李文林，等译. 北京：高等教育出版社，2016.

[14] 卡兹. 简明数学史：第一卷 古代数学[M]. 董晓波，顾琴，邓海荣，等译. 北京：机械工业出版社，2016.

[15] 陈梅，陈仕达. 妙趣横生的数学常数[M]. 北京：人民邮电出版社，2016.

[16] 张景中. 从√2谈起：张景中院士献给中学生的礼物[M]. 典藏版. 北京：中国少年儿童出版社，2019.

[17] 余元希，田万海，毛宏德. 初等代数研究：上册[M]. 北京：高等教育出版社，2005.

[18] 张奠宙，张广祥. 中学代数研究[M]. 北京：高等教育出版社，2006.

[19] 朱尧辰. 无理数引论[M]. 合肥：中国科学技术大学出版社，2012.

[20] 冯贝叶. Gauss 的遗产：从等式到同余式[M]. 哈尔滨：哈尔滨工业大学出版社，2018.

[21] 冯贝叶. Euclid 的遗产：从整数到 Euclid 环[M]. 哈尔滨：哈尔滨工业大学出版社，2018.

[22] 冯承天. 从代数基本定理到超越数：一段经典的数学奇幻之旅[M]. 2 版. 上海：华东师范大学出版社，2019.

[23] 徐品方，张红. 数学符号史[M]. 北京：科学出版社，2006.

[24] 佛里伯格，汤马斯. 数的故事[M]. 徐雅，译. 太原：山西人民出版社，2018.

[25] 艾克塞尔. 神秘的阿列夫[M]. 左平，译. 上海：上海科学技术文献出版社，2011.

[26] 卢介景. 无穷统帅：康托尔[M]. 哈尔滨：哈尔滨工业大学出版社，2018.

[27] 赫尔曼. 数学恩仇录：数学家的十大论战[M]. 范伟，译. 上海：复旦大学出版社，2009.

[28] 卢米涅，拉雪茨. 从无穷开始：科学的困惑与疆界[M]. 孙展，译. 北京：人民邮电出版社，2018.

[29] 科唐索. 数学也荒唐：20 个脑洞大开的数学趣题[M]. 王烈，译. 北京：人民邮电出版社，2017.

[30] 伽莫夫. 从一到无穷大：科学中的事实和臆测[M]. 暴永宁，译. 北京：科学出版社，2019.

[31] 宾利. 万物皆数[M]. 马仲文，译. 广州：南方日报出版社，2012.

[32] 洛奈. 万物皆数：从史前时期到人工智能，跨越千年的数学之旅[M]. 孙佳雯，译. 北京：北京联合出版公司，2018.

[33] 柯朗，罗宾. 什么是数学：对思想和方法的基本研究[M]. 左平，张饴慈，译. 4 版. 上海：复旦大学出版社，2017.

[34] 休森. 数学桥：对高等数学的一次观赏之旅[M]. 邹建成，杨志辉，刘喜波，等译. 上海：上海科技教育出版社，2010.

[35] 张顺燕. 复数、复函数及其应用[M]. 大连：大连理工大学出版社，2011.

[36] 赵焕光. 数的家园[M]. 北京：科学出版社，2008.

[37] 相知政司. 漫画虚数和复数[M]. 高丕娟，译. 北京：科学出版社，2018.

[38] 堀场芳数. 虚数i的奥秘：从数的诞生到复数[M]. 丁树深，译. 北京：科学出版社，2000.

[39] 尼达姆. 复分析：可视化方法[M]. 齐民友，译. 北京：人民邮电出版社，2021.

[40] 纳欣. 虚数的故事[M]. 朱惠霖，译. 上海：上海教育出版社，2008.

[41] 孙庆华. 向量理论历史研究[D]. 西安：西北大学，2006.

[42] 赵瑶瑶. 复数的历史与教学[D]. 上海：华东师范大学，2007.

[43] 李忠. 复数的故事[M]. 北京：科学出版社，2011.

[44] 史迪威. 渴望不可能：数学的惊人真相[M]. 涂泓，译. 上海：上海科技教育出版社，2020.

[45] 史迪威. 数学及其历史[M]. 袁向东，冯绪宁，译. 2 版. 北京：高等教育出版社，2011.

[46] 克莱因 M. 古今数学思想：第一册[M]. 张理京，张锦炎，江泽涵，译. 上海：上海科学技术出版社，2002.

[47] 贝尔. 数学大师[M]. 徐源，译. 上海：上海科技教育出版社，2018.

[48] 德比希尔. 代数的历史：人类对未知量的不舍追踪[M]. 张浩, 译. 修订版. 北京：人民邮电出版社, 2021.

[49] 利维奥. 无法解出的方程：天才与对称[M]. 王志标, 译. 长沙：湖南科学技术出版社, 2008.

[50] 斯图尔特. 对称的历史[M]. 王天龙, 译. 上海：上海人民出版社, 2011.

[51] Rucker R. Infinity and the Mind[M]. 2nd. Princeton：Princeton University Press, 2005.

[52] 伊夫斯. 数学史概论：第六版[M]. 欧阳绛, 译. 哈尔滨：哈尔滨工业大学出版社, 2013.

[53] 曼凯维奇. 数学的故事[M]. 冯速, 译. 海口：海南出版社, 2019.

[54] 博塔兹尼. 尖叫的数学：令人惊叹的数学之美[M]. 余婷婷, 译. 长沙：湖南科学技术出版社, 2021.

第4章
微积分之旅(上)

4.1 极限的概念和运算

4.1.1 数列极限的定义和运算

小明踏上微积分之旅,一开始就遇到了极限:无论是微积分的计算法则还是思想核心,都依赖于极限理论.

例 4.1 对数列 $\{x_n\}$: $\frac{1}{2}$, $\frac{2}{3}$, $\frac{3}{4}$, $\cdots$, $\frac{n}{n+1}$, $\cdots$, 可以看出,随着下标 n 越来越大,通项 x_n 的值越来越接近常数 1.

一般地,可将数列极限定性描述如下:

定义 4.1(数列极限的定性) 给定数列 $\{x_n\}$, 当下标 n 无限增大时,通项 x_n 无限趋近于常数 a, 则称**数列 $\{x_n\}$ 收敛**于常数 a, 或称常数 a 为**数列 $\{x_n\}$ 的极限**, 记为 $\lim\limits_{n\to\infty} x_n = a$ 或 $x_n \to a$ $(n\to\infty)$. 否则称**数列 $\{x_n\}$ 不收敛**或**发散**.

数学符号 lim 源自英文单词 limit(意为极限), $n\to\infty$ 表示下标 n 的变化趋势,因此"合成"后的数学符号 $\lim\limits_{n\to\infty}$ 可视为对数列 $\{x_n\}$ 的一种操作(求数列极限),常数 a 就是这种操作所得到的结果. 如果视这种操作为一种机器的话,那数列求极限就是"数列进去数出来".

定性定义借助几何直观,显然极易理解,例如 $\lim\limits_{n\to\infty} c = c$ (常数列的极限仍是该常数),$\lim\limits_{n\to\infty} \frac{1}{n} = 0$, $\lim\limits_{n\to\infty} \frac{n}{n+1} = 1$. 但小明心中却满是问号,对例 4.1 而言,为什么这个数列一定存在极限? 就算存在极限,为什么极限就一定是 1,而不是 0.9 或其他的数?

轻松一刻 2

师:为什么学不好英语,因为你背的第一个单词就是 abandon.

生:为什么学不好高数,因为我刚学第一页就到极限了.

小明注意到上述定义的关键在于"两个无限",前者是条件,后者是结论. 通项 x_n 无限趋近于常数 1, 说明两者的距离 $|x_n - 1|$ 越来越小. 不妨假定 $|x_n - 1| < 0.1$, 即 $\left| \frac{n}{n+1} - 1 \right| < 0.1$, 解得 $n > 9$, 这说明从第 10 项开始,数列的每一项都满足结论

$|x_n-1|<0.1$. 如果 x_n 离常数 1 更近些,比如 $|x_n-1|<0.01$,即 $\left|\dfrac{n}{n+1}-1\right|<0.1$,解得 $n>99$,这说明从第 100 项开始,数列的每一项都满足结论 $|x_n-1|<0.01$. 可见关键是对于任意小的正数 ε,如果要求 $|x_n-1|<\varepsilon$,那么必定能找到像 9 或 99 这样的正整数下标,使得它们之后数列的每一项都满足结论 $|x_n-1|<\varepsilon$.

联想到成语故事"名落孙山",其中滑稽才子孙山对乡人的答复是:"解元尽处是孙山,贤郎更在孙山外."小明觉得像 9 或 99 这样的正整数下标就类似于"孙山". 将这种分析推而广之,就是数列极限的定量描述.

定义 4.2(数列极限的定量)　给定数列 $\{x_n\}$,如果对任意小的正数 ε,都存在正整数 N,使得当 $n>N$ 时,有

$$|x_n-a|<\varepsilon \tag{4.1}$$

则称数列 $\{x_n\}$ 是**收敛**的,称常数 a 为数列 $\{x_n\}$ 的**极限**,记为 $\lim\limits_{n\to\infty}x_n=a$ 或 $x_n\to a\ (n\to\infty)$. 否则称数列 $\{x_n\}$ **不收敛**或**发散**.

数列极限的定量定义用抽象的代数模型取代了建立在直观和运动基础上的定性定义,从而能从数量上精确地反映原型的本质. 但抽象带来的缺点是难以理解,因此经常需要借助几何直觉来辅助理解.

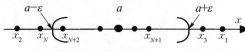

图 4-1　数列极限的几何意义

如图 4-1 所示,不等式 $|x_n-a|<\varepsilon$ 意味着 x_n 到中心 a 的距离不超过 ε,也就是 x_n 落在区间 $(a-\varepsilon,\ a+\varepsilon)$ 之内,因此数列极限的定量定义说的就是:一定存在某个正整数 N,当 $n>N$ 时,数列 $\{x_n\}$ 之后的每一项都落入这个长度为 2ε 的区间之内,**最多只有有限的 N 项,即 $x_1,x_2,\cdots,x_N$ 落在该区间之外.** 而且一般来说,ε 越小,则 N 越大;ε 越大,则 N 越小. 因此 ε 通过大小调节可以起到误差控制的效果,而 N 这个"孙山"则承担了相应的临界值的功能. 有意思的是,希腊字母 ε 对应第五个英文字母 e,而 e 是误差的英文 error 的首字母.

小明发现几何解释说明修改甚至去掉数列的前面有限项,所得新数列的敛散性以及极限值与原数列相同,即对任意非负整数 p,令 $y_n=x_{n+p}$,则数列 $\{x_n\}$ 收敛(或发散)于 a 等价于数列 $\{y_n\}$ 收敛(或发散)于 a.

同时,小明意识到 ε 具有**两重性**:一方面,它作为固定的常数,可以确定相应的临界值 N,因此 N 可视为 ε 的函数,即 $N=N(\varepsilon)$;另一方面,ε 可以任意小,这样才能反映出 x_n 无限趋近于 a 的变化趋势. 他还意识到同一个 ε 对应的 N 未必唯一. 例如在例 4.1 中,当误差 $\varepsilon=0.1$ 时,临界值 N 取 $10,20,50$ 都可以.

至此小明觉得极限**唯一性**的困惑可以得到解释了. 如果 0.9 和 1 都是数列 $\left\{\dfrac{n}{n+1}\right\}$ 的极限,那么只要取 $\varepsilon=0.01$,则在区间 $(0.99,1.01)$ 和区间 $(0.89,0.91)$ 中都包含了该数列自某项开始后的所有项,这显然是不可能的. 至于极限为什么是 1,现在可以通过定量定义来证明,过程如下:

对任意正数 ε,存在正整数 $N=[1/\varepsilon]+1$,当 $n>N$ 时,有

$$\left|\frac{n}{n+1}-1\right|=\frac{1}{n+1}\leqslant\frac{1}{N}=\frac{1}{[1/\varepsilon]+1}<\frac{1}{1/\varepsilon}=\varepsilon$$

即 $\left|\dfrac{n}{n+1}-1\right|<\varepsilon.$

其中使用的高斯函数 $[x]$ 表示不超过 x 的最大整数,例如 $[3.6]=3$,$[3]=3$. 对任意实数 x,显然有 $[x]\leqslant x<[x]+1$.

例 4.2(等比数列的极限) 用极限定义证明:当 $|q|<1$ 时,有 $\lim\limits_{n\to\infty}q^n=0$.

分析: 欲使 $|q_n-0|=|q_n|<\varepsilon$,小明发现要采用几个技巧. 首先是改写公比 q,然后应用二项式定理展开 $(1+p)^n$,最后适当放缩以便求出 N.

证明: 当 $q=0$ 时,$\lim\limits_{n\to\infty}q^n=\lim\limits_{n\to\infty}0^n=\lim\limits_{n\to\infty}0=0$;

当 $0<|q|<1$ 时,显然存在正数 $p>0$,使得 $q=(1+p)^{-1}$. 因此对任意正数 ε,存在正整数 $N=[(p\varepsilon)^{-1}]+1$,当 $n>N$ 时,有

$$|q^n-0|=\frac{1}{(1+p)^n}=\frac{1}{1+np+\cdots+p^n}<\frac{1}{np}<\frac{1}{Np}=\frac{1}{p([(p\varepsilon)^{-1}]+1)}<\frac{1}{p(p\varepsilon)^{-1}}=\varepsilon$$

即 $|q^n-0|<\varepsilon$. 综上,结论得证.

事实上,等比数列极限的一般情形为

$$\lim_{n\to\infty}q^n=\begin{cases}0, & |q|<1 \\ 1, & q=1 \\ 不存在, & q=-1 \\ \infty, & |q|>1\end{cases} \tag{4.2}$$

至于极限存在性的困惑,小明得知下面的收敛准则可以解决.

准则 1(单调有界准则) 单调有界数列必有极限.

按此准则,如果数列 $\{x_n\}$ 是单调递增数列,只要证明其有上界即可(因为首项 x_1 是下界);如果数列 $\{x_n\}$ 是单调递减数列,则改为证明其有下界即可(这是因为首项 x_1 显然是上界).

准则 2(三明治定理或夹逼定理) 若三个数列 $\{x_n\}$,$\{y_n\}$,$\{z_n\}$ 满足:

$$y_n\leqslant x_n\leqslant z_n,\ \lim_{n\to\infty}y_n=\lim_{n\to\infty}z_n=a$$

则 $\lim\limits_{n\to\infty}x_n=a.$

小明发现用极限定义和收敛准则求极限都对技巧要求很高,不过幸好他遇到了新工具:极限的运算法则.

定理 4.1(数列极限的四则运算) 设 $\lim\limits_{n\to\infty}x_n=a$,$\lim\limits_{n\to\infty}y_n=b$,则:

(1) $\lim\limits_{n\to\infty}(x_n\pm y_n)=\lim\limits_{n\to\infty}x_n\pm\lim\limits_{n\to\infty}y_n=a\pm b$;

(2) $\lim\limits_{n\to\infty}(x_n\cdot y_n)=\lim\limits_{n\to\infty}x_n\cdot\lim\limits_{n\to\infty}y_n=a\cdot b$,$\lim\limits_{n\to\infty}\dfrac{x_n}{y_n}=\dfrac{\lim\limits_{n\to\infty}x_n}{\lim\limits_{n\to\infty}y_n}=\dfrac{a}{b}$ $(b\neq 0)$

特别地,当 $\{y_n\}$ 为常数数列时,有 $\lim\limits_{n\to\infty}(c\cdot x_n)=c\lim\limits_{n\to\infty}x_n=ca$ $(c\in R)$,即**常数因子可外**

提；当两数列相同时,有 $\lim\limits_{n\to\infty}(x_n)^2=a^2$. 一般地,有

$$\lim_{n\to\infty}(x_n)^k=(\lim_{n\to\infty}x_n)^k=a^k$$

其中的常数 k 可取任意整数,当然 k 取负整数时还要求 $\lim\limits_{n\to\infty}x_n=a\neq 0$.

仔细琢磨这几个结论,小明发现它本质上说明**加减乘除幂都可以和 $\lim\limits_{n\to\infty}$ 交换次序**,即"和的极限等于极限的和""幂的极限等于极限的幂",以此类推.

思考：两个数列若一个收敛,另一个发散,则结论又是什么? 若两个数列都发散呢?

例 4.3   求下列极限：(1) $\lim\limits_{n\to\infty}\dfrac{2n^3+n+1}{5n^3-4}$;(2) $\lim\limits_{n\to\infty}\dfrac{2n^2+n+1}{5n^3-4}$.

分析：小明注意到不能直接使用"商的运算法则",因为分子和分母的极限都是∞,即它们都是无穷大,因此需要先对数列进行代数变形. 事实上,这类极限称为"$\dfrac{\infty}{\infty}$"型的**不定式**,因为极限不确定,因分子分母而异,常数、不存在乃至∞都有可能.

解：(1) $\lim\limits_{n\to\infty}\dfrac{2n^3+n+1}{5n^3-4}=\lim\limits_{n\to\infty}\dfrac{2+\left(\frac{1}{n}\right)^2+\left(\frac{1}{n}\right)^3}{5-4\times\left(\frac{1}{n}\right)^3}$ (上下同除以 n^3)

$$=\frac{\lim\limits_{n\to\infty}2+\left(\lim\limits_{n\to\infty}\frac{1}{n}\right)^2+\left(\lim\limits_{n\to\infty}\frac{1}{n}\right)^3}{\lim\limits_{n\to\infty}5-4\times\left(\lim\limits_{n\to\infty}\frac{1}{n}\right)^3}=\frac{2+0+0}{5-0}=\frac{2}{5}$$

(2) $\lim\limits_{n\to\infty}\dfrac{2n^2+n+1}{5n^3-4}=\lim\limits_{n\to\infty}\dfrac{\frac{2}{n}+\left(\frac{1}{n}\right)^2+\left(\frac{1}{n}\right)^3}{5-4\times\left(\frac{1}{n}\right)^3}=\dfrac{0+0+0}{5-0}=0$

小明发现这两个极限都有种"巅峰对决"的味道：**只涉及两个多项式的首项次数及系数**. 事实上,对于两个任意次数的多项式,存在公式(小明将之称为"**无穷大比武**")：

$$\lim_{n\to\infty}\frac{a_kn^k+\cdots+a_1n+a_0}{b_mn^m+\cdots+b_1n+b_0}=\lim_{n\to\infty}\frac{a_kn^k}{b_mn^m}=\begin{cases}\dfrac{a_k}{b_m}, & \text{当 }m=k\text{ 时,}\\ 0, & \text{当 }m>k\text{ 时,}\\ \infty, & \text{当 }m<k\text{ 时}\end{cases} \tag{4.3}$$

例 4.4   求极限 $\lim\limits_{n\to\infty}\dfrac{(n+1)(n+2)(n+3)}{5n^3}$.

分析：分子不必展开,而是直接忽略每个括号中的常数,即得分子的首项为 n^3.

解：$\lim\limits_{n\to\infty}\dfrac{(n+1)(n+2)(n+3)}{5n^3}=\lim\limits_{n\to\infty}\dfrac{n^3}{5n^3}=\dfrac{1}{5}$

例 4.5   求极限 $\lim\limits_{n\to\infty}\dfrac{3^n-2^n}{3^n+2^n}$.

分析：显然 $\lim\limits_{n\to\infty}2^n=\infty$,$\lim\limits_{n\to\infty}3^n=\infty$,但注意到 $3^n>2^n$,因此直觉上小明觉得分子和分母

的"首项"都是 3^n, 故极限为 1. 但因为"无穷大比武"公式暂时只涉及多项式, 因此需使用推导公式的方法, 即先对数列代数变形再使用四则运算.

$$\text{解:} \quad \text{原式} = \lim_{n\to\infty} \frac{1-\left(\frac{2}{3}\right)^n}{1+\left(\frac{2}{3}\right)^n} = \frac{1-\lim_{n\to\infty}\left(\frac{2}{3}\right)^n}{1+\lim_{n\to\infty}\left(\frac{2}{3}\right)^n} = \frac{1-0}{1+0} = 1$$

4.1.2　函数极限的定义和运算

1. 函数

小明知道, 数列可看成关于下标的函数, 因此若想将数列极限推广到函数极限, 绕不开函数知识. 他得知函数概念的产生和发展历经了 300 余年, 早在笛卡儿的《几何学》(1637)中, 就引入了函数的思想. 其结果, 正如恩格斯所指出的:"数学中的转折点是笛卡儿的变数. 有了变数, 运动进入了数学; 有了变数, 辩证法进入了数学; 有了变数, 微分和积分也就立刻成为必要的了."既然函数在微积分中如此重要, 那么他更应该复习(预习)一下函数知识, 以便"温故而知新".

定义 4.3(函数定义的变量说)　设在某个变化过程中有变量 x 和 y. 若当 x 发生变化时 y 也随之发生变化, 则称变量 y 是变量 x 的函数, 并称 x 为自变量, y 为因变量, x 的变化范围 D 称为该函数的定义域, y 的变化范围称为该函数的值域.

由欧拉给出的变量说比较通俗易懂, 可是它却存在致命的缺陷. 试问: 按此定义, $y=1$ 是不是函数? 如果说它里面没有自变量 x, 因此不是, 那么 $y=\cos^2 x + \sin^2 x$ 是不是函数呢?

定义 4.4(函数定义的对应说)　设 D 和 Y 是两个数集, f 是一个确定的对应法则. 对于 D 中的任意一个元素 x, 通过 f, 都有 Y 中唯一的元素 y 与之对应, 则称 f 为 D 到 Y 内的函数, 称 $f(x)$ 为 f 在 x 处的函数值. 并称 x 为自变量, y 为因变量, D 为该函数的定义域.

对应说是由黎曼和狄利克雷给出的, 后人进一步将其中的 D 和 Y 推广到数集以外的任意集合, 因此它极大地扩展了函数概念的应用范围, 比如有些表格也可以理解为函数.

更关键的是, 对应说指出, 对应法则才是函数三要素(定义域、对应法则和值域)中最重要的要素. 按对应说, $y=1$ 是函数, $y=\cos^2 x + \sin^2 x$ 也是函数, 而且它们是同一个函数. 所以到底什么是"对应法则", 需要对问题有深刻的认识. 这也意味着函数的变量具有**符号无关性**, 可以用其他字母来替换习惯上使用的 x 和 y. 所以 $y=f(x)$, $x \in D$ 和 $s=f(t)$, $t \in D$ 是同一个函数, 因为对应规则都是 f (来自函数的英文 function 的首字母), 而且定义域相同.

按照信息加工的观点, 可将函数理解成一种"机器". 事实上, 函数的英文 function 就有"(机器等)工作, 运行"的释义. 以 $f(x)=x^2$ 为例, 它无非就是一台"平方机", 进去的是 ± 5, 出来都是 25; 若进去的是□, 出来的则是□^{2}.

按照这种加工或变换的观点, 小明觉得"求极限"就是对函数的操作, 它"以函数为自变量", 可以看成一个"泛函"或"算子". 事实上, 微积分的三大运算(求极限、求导和积分)都是对函数的操作或变换, 也可以看成"泛函"或"算子".

中学阶段学习了五大基本初等函数, 即幂函数、指数函数、对数函数、三角函数和反三角函数, 加上四则运算, 可以生成很多函数. 为了生成更多的函数, 还需要深刻领会函数复合的思想.

定义 4.5(复合函数) 设有函数 $y=f(u)$，其中 $u\in U$，以及函数 $u=g(x)$，其中 $x\in D$，$u\in W$，并且有 $W\subset U$，则对于任意 $x\in D$，通过中间值 $u=g(x)$，都唯一地对应于一个确定的 y．这样变量 y 经过**中间变量** u 而成为变量 x 的函数，称为由 $y=f(u)$ 与 $u=g(x)$ 复合而成的**复合函数**，记为 $y=f(g(x))$，$x\in D$．

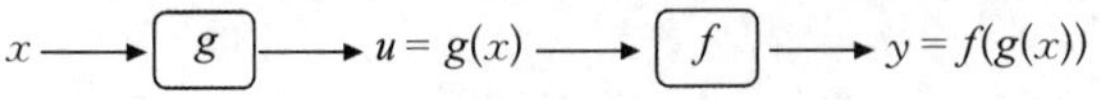

$$x \longrightarrow \boxed{g} \longrightarrow u=g(x) \longrightarrow \boxed{f} \longrightarrow y=f(g(x))$$

图 4-2 复合函数的变换示意图

按信息加工的观点，小明将复合函数中涉及的变换操作如图 4-2 所示。

求具体函数值时，采用"由内而外"的处理方式，即先处理内层函数 g，然后再处理外层函数 f．小明得知在微积分中，因为三大运算都是以函数为处理对象的"算子"，因此经常要"反其道而行之"，即采用"由外而内"的处理方式．

例 4.6 已知 $f(x)=\dfrac{x}{1-x}$ $(x\neq 1)$，$g(x)=\sqrt{x}$ $(x\geqslant 0)$．

求：(1) $f(g(x))$；(2) $g(f(x))$；(3) $f(f(x))$．

分析：小明知道变量 x 只是占位符，函数 f 的结构应理解为 $f(\square)=\dfrac{\square}{1-\square}$ $(\square\neq 1)$，类似地，则有 $g(\square)=\sqrt{\square}$ $(\square\geqslant 0)$．因此要注意保持 $f(\cdot)$ 或 $g(\cdot)$ 中、函数表达式中以及定义域中出现的 x 完全一致，他称其为要"**三位一体**"．

解：(1) 先将 $g(x)$ 视为函数 f 结构中的 $\square$，再代入 $g(x)$ 的具体表达式，得

$$f(g(x))=\frac{g(x)}{1-g(x)}\ (g(x)\neq 1)=\frac{\sqrt{x}}{1-\sqrt{x}}\ (\sqrt{x}\neq 1)=\frac{\sqrt{x}}{1-\sqrt{x}}\ (x\geqslant 0\ \text{且}\ x\neq 1)$$

(2) 先将 $f(x)$ 视为函数 g 结构中的 $\square$，再代入 $f(x)$ 的具体表达式，得

$$g(f(x))=\sqrt{f(x)}\ [f(x)\geqslant 0]=\sqrt{\frac{x}{1-x}}\ (0\leqslant x<1)$$

(3) 将内层的 $f(x)$ 视为特殊的 $g(x)$，然后按照 (1) 的方式，即得

$$f(f(x))=\frac{f(x)}{1-f(x)}[f(x)\neq 1]=\frac{\dfrac{x}{1-x}}{1-\dfrac{x}{1-x}}\left(\frac{x}{1-x}\neq 1\right)=\frac{x}{1-2x}\left(x\neq\frac{1}{2},1\right)$$

小明注意到 $f(g(x))\neq g(f(x))$，这是因为**函数的复合与函数顺序有关**．

例 4.7 已知 $f(x+1)=x^2+x$，求 $f(x)$．

分析：显然，条件 $f(x+1)$ 中的 $x+1$ 相当于 $f(x)$ 中的 x，但小明意识到必须改用不同的字母，以示区别．

解法一：变量替换法

令 $x+1=u$，则 $x=u-1$，因此

$$f(u)=f(x+1)=x^2+x=(u-1)^2+(u-1)=u^2-u$$

换成熟悉的自变量 x（注意对应规则没变），即得 $f(x)=x^2-x$．

解法二：凑配法

由于 $f(x+1)=x^2+x=x(x+1)=(x+1-1)(x+1)$，因此视 $x+1$ 为 x，即得

$$f(x)=(x-1)x=x^2-x$$

小明得知复合函数是高等数学中最重要的基础概念,因为除了利用有限次四则运算对基本初等函数进行扩充外,也可以通过复合运算对函数进行扩充. 经过这两种方式扩充而来的所有函数统称为**初等函数**. 事实上,微积分的主要研究对象就是初等函数. 有趣的是,所谓"高等"数学研究的却是"初等"函数!

2. 自变量 $x \to \infty$ 时的函数极限

做完了整套"函数操",小明开始学习函数极限. 既然数列 $\{x_n\}$ 可理解成 $x_n=f(n)$,那么若将 n 替换为 x,数列极限自然就变成了 $x \to +\infty$ 时的函数极限. 当然所谓"孙山"也由正整数 N 放宽到正数 X.

定义 4.6(函数极限Ⅰ)　当 x 沿数轴越来越远离原点时,函数值 $f(x)$ 越来越靠近常数 A,也就是对任意正数 ε,若存在正数 X,当 $|x|>X$ 时,有

$$|f(x)-A|<\varepsilon \tag{4.4}$$

则称**函数 $f(x)$ 当 $x \to \infty$ 时收敛**于常数 A,或称常数 A 为**函数 $f(x)$ 当 $x \to \infty$ 时的极限**,记为 $\lim\limits_{x \to \infty} f(x)=A$ 或 $f(x) \to A \ (x \to \infty)$.

特别地,当 x 在原点右侧沿数轴越来越远离原点时,函数值 $f(x)$ 越来越靠近常数 A,则称常数 A 为**函数 $f(x)$ 当 $x \to +\infty$ 时的极限**,记为 $f(+\infty)=\lim\limits_{x \to +\infty} f(x)=A$ 或 $f(x) \to A$ $(x \to +\infty)$;当 x 在原点左侧沿数轴越来越远离原点时,函数值 $f(x)$ 越来越靠近常数 A,则称常数 A 为**函数 $f(x)$ 当 $x \to -\infty$ 时的极限**,记为 $f(-\infty)=\lim\limits_{x \to -\infty} f(x)=A$ 或 $f(x) \to A$ $(x \to -\infty)$.

显然有 $\lim\limits_{x \to \infty} f(x)=A \Leftrightarrow \lim\limits_{x \to -\infty} f(x)=\lim\limits_{x \to +\infty} f(x)=A$.

如图 4-3 和图 4-4 所示,显然 $\lim\limits_{x \to +\infty} \arctan x=\dfrac{\pi}{2}$, $\lim\limits_{x \to -\infty} \arctan x=-\dfrac{\pi}{2}$, $\lim\limits_{x \to -\infty} e^x=0$.

同时,小明发现数列极限的四则运算法则都可以平行地迁移过来.

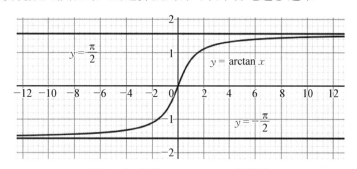

图 4-3　函数 $y=\arctan x$ 的图形

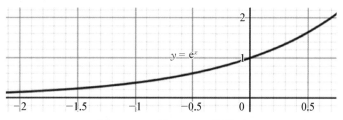

图 4-4　函数 $y=e^x$ 的图形

定理 4.2(函数极限的四则运算Ⅰ)　设 $\lim\limits_{x\to\infty}f(x)=A$，$\lim\limits_{x\to\infty}g(x)=B$，则

$$\lim_{x\to\infty}[f(x)\odot g(x)]=\lim_{x\to\infty}f(x)\odot\lim_{x\to\infty}g(x)=A\odot B;$$

其中的运算符 $\odot$ 代表四则运算加减乘除，也就是说**四则运算都可以和** $\lim$ **交换次序**.

对这种函数极限，同样也有：**常数因子可外提，幂的极限等于极限的幂**.

对于多项式函数，"无穷大比武"公式仍然成立，即

$$\lim_{x\to\infty}\frac{a_kx^k+\cdots+a_1x+a_0}{b_mx^m+\cdots+b_1x+b_0}=\lim_{x\to\infty}\frac{a_kx^k}{b_mx^m}=\begin{cases}\dfrac{a_k}{b_m}, & \text{当 } m=k \text{ 时,}\\[2mm] 0, & \text{当 } m>k \text{ 时,}\\[2mm] \infty, & \text{当 } m<k \text{ 时}\end{cases} \tag{4.5}$$

例 4.8　求极限 $\lim\limits_{x\to\infty}\dfrac{(2x+1)^4(3x-1)^6}{(6x+2)^{10}}$.

分析：直接忽略每个括号中的常数，即得分子的首项为 $2^4\times3^6x^{10}$，分母的首项为 $6^{10}x^{10}$.

解：$\lim\limits_{x\to\infty}\dfrac{(2x+1)^4(3x-1)^6}{(6x+2)^{10}}=\lim\limits_{x\to\infty}\dfrac{(2x)^4(3x)^6}{(6x)^{10}}=\dfrac{2^4\times3^6}{6^{10}}=\dfrac{1}{5\,184}$

3. 自变量 $x\to c$ 时的函数极限

考察函数 $f(x)=\dfrac{x^2-1}{x-1}$，虽然 $x\neq1$，但当 x 越来越靠近 1 时，小明通过分析数值趋势表及其图形(如表 4-1 和图 4-5 所示)，发现函数值 $f(x)$ 越来越靠近 2，写成极限形式，就是 $\lim\limits_{x\to1}f(x)=2$.

表 4-1　数值趋势表

x	$f(x)$	x	$f(x)$
0.9	1.9	1.1	2.1
0.99	1.99	1.01	2.01
0.999	1.999	1.001	2.001
0.999 9	1.999 9	1.000 1	2.000 1
0.999 99	1.999 99	1.000 01	2.000 01

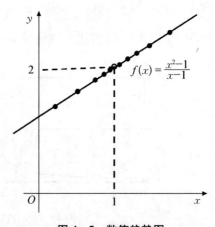

图 4-5　数值趋势图

一般地，仍用 $|f(x)-A|<\varepsilon$ 来刻画函数值 $f(x)$ 无限接近于 A，至于条件，要反映 x 充分接近点 c，这就意味着必定存在某个临界值 δ，使得 x 与 c 的距离大于 δ 时，不能保证结论一定成立，但是这个距离一旦小于 δ，必将触发结论 $|f(x)-A|<\varepsilon$ 成立，如图 4-6 所示.

定义 4.7(函数极限Ⅱ)　如果 x 沿数轴从点 c 两侧越来越接近点 c 时，函数值 $f(x)$ 越

来越靠近常数 A,也就是对任意正数 ε,若存在正数 δ,当

$$0<|x-c|<\delta \qquad (4.6)$$

时,有 $|f(x)-A|<\varepsilon$,则称**函数 $f(x)$ 当 $x\to c$ 时收敛于常数 A**,或称常数 A 为**函数在点 $x=c$ 的极限**,记为 $\lim\limits_{x\to c}f(x)=A$ 或 $f(x)\to A\ (x\to c)$.

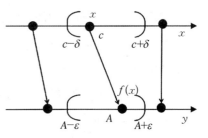

图 4-6　极限 $\lim\limits_{x\to c}f(x)=A$ 的变换示意图

特别地,如果 x 沿数轴从点 c 右侧越来越接近点 c 时,函数值 $f(x)$ 越来越靠近常数 A,则称 A 为函数 $f(x)$ 在点 $x=c$ 的**右极限**,记为 $f(c+0)=\lim\limits_{x\to c+0}f(x)=A$;如果 x 沿数轴从点 c 左侧越来越接近点 c 时,函数值 $f(x)$ 越来越靠近常数 A,则称 A 为函数 $f(x)$ 在点 $x=c$ 的**左极限**,记为 $f(c-0)=\lim\limits_{x\to c-0}f(x)=A$.

显然有 $\lim\limits_{x\to c}f(x)=A\Leftrightarrow\lim\limits_{x\to c-0}f(x)=\lim\limits_{x\to c+0}f(x)=A$,由此可推出一个判定函数在一点不存在极限的充分条件:**若函数在某点的左右极限不相等,那么在该点的极限不存在.**

观察定义 4.7,小明注意到条件(4.6)中去掉了中心点 $x=c$,这是因为此时函数极限反映的是 $x\to c$ 的过程中函数值 $f(x)$ 的变化趋势,与函数 $f(x)$ 在点 c 是否有定义无关. 也就是说,即使 $f(c)$ 无意义,极限 $\lim\limits_{x\to c}f(x)$ 也可能存在.

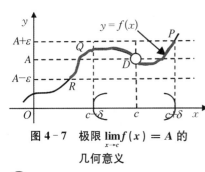

图 4-7　极限 $\lim\limits_{x\to c}f(x)=A$ 的几何意义

如图 4-7 所示,对任意小的正数 ε,曲线 $y=f(x)$ 夹在两条平行线 $y=A\pm\varepsilon$ 之间的部分是曲线段 $\overset{\frown}{PR}$ [图中加粗的部分,不含点 $D(c,A)$]. 显然图中曲线 $y=f(x)$ 与 $y=A+\varepsilon$ 的交点 P 离点 D 的水平距离比曲线 $y=f(x)$ 与 $y=A-\varepsilon$ 的交点 R 更近,这意味着过点 P 作垂线,与 x 轴的交点到点 $(c,0)$ 的距离即为 δ,这就确定了 c 的一个**去心邻域** $(c-\delta,c+\delta)\backslash c$ (斜杠表示不包括). 曲线 $y=f(x)$ 中与之对应的曲线段为 $\overset{\frown}{PQ}$ (不含点 D),显然仍夹在两条平行线 $y=A\pm\varepsilon$ 之间. 而且动态来看,一旦正数 ε 发生变动,这两条平行线 $y=A\pm\varepsilon$ 会等距地靠近或远离水平线 $y=A$,相应的 δ 也会随之变动,但相应的曲线段 $\overset{\frown}{PQ}$ (不含点 D)仍会夹在这两条平行线之间.

例 4.9　用极限定义证明 $\lim\limits_{x\to c}\sqrt{x}=\sqrt{c}\ (c\geqslant 0)$.

证明: 先考虑 $c>0$ 的情形. 对任意正数 ε,存在不超过 c 的正数 $\delta=\sqrt{c}\varepsilon$,当 $0<|x-c|<\delta$ 时,有

$$|\sqrt{x}-\sqrt{c}|=\frac{|x-c|}{\sqrt{x}+\sqrt{c}}<\frac{|x-c|}{\sqrt{c}}<\frac{\delta}{\sqrt{c}}=\frac{\sqrt{c}}{\sqrt{c}}\varepsilon=\varepsilon$$

即 $|\sqrt{x}-\sqrt{c}|<\varepsilon$. 至于 $c=0$ 的情形,类似可证.

$\sqrt{x}=x^{1/2}$,因此本题说明"幂的极限等于极限的幂"也可以推广到幂为一些分数的情形. 不过用极限定义来证难度太大,因此急需新的工具. 幸运的是,小明发现前述的四则运算法则也可以平行地迁移过来.

定理 4.3(函数极限的四则运算 II)　设 $\lim\limits_{x \to c} f(x) = A$，$\lim\limits_{x \to c} g(x) = B$，则

$$\lim_{x \to c}[f(x) \odot g(x)] = \lim_{x \to c} f(x) \odot \lim_{x \to c} g(x) = A \odot B$$

其中的运算符 $\odot$ 代表四则运算加减乘除，也就是说**四则运算都可以和 $\lim\limits_{x \to c}$ 交换次序**.

同样也有：**常数因子可外提，幂的极限等于极限的幂.**

思考：为什么这种函数极限没有"无穷大比武"公式？

例 4.10　令多项式函数 $P(x) = 2x^3 + x + 1$，求极限 $\lim\limits_{x \to 4} P(x)$.

解： $\lim\limits_{x \to 4} P(x) = 2(\lim\limits_{x \to 4} x)^3 + \lim\limits_{x \to 4} x + \lim\limits_{x \to 4} 1 = 2 \times 4^3 + 4 + 1 = 133$

极限值 $\lim\limits_{x \to 4} P(x)$ 就是相应的函数值 $P(4)$. 事实上，对任意多项式函数 $P(x)$，都有

$$\lim_{x \to c} P(x) = P(c) \tag{4.7}$$

推广到**有理分式函数** $R(x) = \dfrac{P(x)}{Q(x)}$，这里 $P(x)$ 和 $Q(x)$ 都是多项式函数，则当 $Q(c) \neq 0$ 时，有

$$\lim_{x \to c} R(x) = R(c) \tag{4.8}$$

例 4.11　求极限 $\lim\limits_{x \to 1} \dfrac{x^2 - 1}{x - 1}$.

分析：按照数学解题规范，前面给出的数值趋势图表分析不能被当作证明，但是本题又不能直接使用式(4.8)，因为分母的极限为零. 同时分子的极限也为零，即有 $\lim\limits_{x \to 1}(x^2 - 1) = 0$，因此这类极限被称为"$\dfrac{0}{0}$"型的不定式.

这里的分子可以**因式分解**，并且其中的**零因子** $x - 1 \to 0$. 只要消掉分母中的零因子(本质上是一种代数变形)，函数 $f(x) = \dfrac{x^2 - 1}{x - 1}$ 就变成了 $g(x) = x + 1$. 显然它们不是同一个函数，因为数 1 不在函数 $f(x)$ 的定义域中. 但是它们在 $x = 1$ 的极限却是相等的，因为按照定义 4.7，这种极限只涉及函数在 $x = 1$ 附近的值，而此时 $f(x) = g(x)(x \neq 1)$，因此问题转化为求 $\lim\limits_{x \to 1} g(x)$，而这个新极限正好可以用式(4.7)来处理.

解： $\lim\limits_{x \to 1} \dfrac{x^2 - 1}{x - 1} = \lim\limits_{x \to 1} \dfrac{(x - 1)(x + 1)}{x - 1} = \lim\limits_{x \to 1}(x + 1) = 2$

思考：对于有理分式函数，如果分子的极限为零，分母的极限不为零呢？ 如果分子的极限不为零，而分母的极限为零呢？

例 4.12　求极限 $\lim\limits_{x \to 1} \dfrac{\sqrt{x} - 1}{x - 1}$.

解法一：有理化

由于分子中要分离出零因子 $x - 1$，因此小明想到了有理化策略.

$$\lim_{x \to 1} \frac{\sqrt{x} - 1}{x - 1} = \lim_{x \to 1} \frac{(\sqrt{x} - 1)(\sqrt{x} + 1)}{(x - 1)(\sqrt{x} + 1)} = \lim_{x \to 1} \frac{x - 1}{(x - 1)(\sqrt{x} + 1)}$$

$$= \lim_{x \to 1} \frac{1}{\sqrt{x} + 1} = \frac{1}{\lim\limits_{x \to 1} \sqrt{x} + 1} = \frac{1}{1 + 1} = \frac{1}{2}$$

其中 $\lim\limits_{x \to 1}\sqrt{x}=1$ 利用了例 4.9 的结果.

解法二：换元法

既然问题出在根式上,而有理化只是析出了零因子,并没有化掉所有的根式. 小明想到如果将 $\sqrt{x}$ 平方,就可以实现去根号的想法.

令 $\sqrt{x}=u$,则 $x=u^2$,并且 $x \to 1$ 时 $u=\sqrt{x} \to \sqrt{1}=1$(思考为什么),则

$$\lim_{x \to 1}\frac{\sqrt{x}-1}{x-1}=\lim_{u \to 1}\frac{u-1}{u^2-1}=\lim_{u \to 1}\frac{1}{u+1}=\frac{1}{2}$$

这里通过换元得到了相同的结果,这说明换元法在理论上非常有可能是正确的,事实上也的确如此.

定理 4.4(换元法的理论依据)　设 $\lim\limits_{x \to c}g(x)=d$,且存在某个正数 δ,当 $x \in (c-\delta, c+\delta)\backslash c$ 时,有 $g(x) \neq d$. 又 $\lim\limits_{u \to d}f(u)=A$,则复合函数 $y=f(g(x))$ 在 $x=c$ 存在极限,且

$$\lim_{x \to c}f(g(x))=A \tag{4.9}$$

因为 $\lim\limits_{x \to c}f(g(x))=A=\lim\limits_{u \to d}f(u)$,即 $\lim\limits_{x \to c}f(g(x))=\lim\limits_{u \to d}f(u)$,因此如果做换元 $u=g(x)$,则关于 x 的极限 $\lim\limits_{x \to c}f(g(x))$ 就转化成了关于 u 的新极限 $\lim\limits_{u \to d}f(u)$,而且换元前后的两个极限还是相等的. 如果将 $g(x)$ 看成□,则 $\lim\limits_{x \to c}g(x)=d$ 即为 $x \to c$ 时 $□ \to d$,因此 $\lim\limits_{x \to c}f(g(x))=\lim\limits_{□ \to d}f(□)$,这说明直观上的"三位一体"完全适用于求极限.

例 4.13　求极限 $\lim\limits_{x \to 1}\dfrac{x^3-2x+1}{x^2-1}$.

解法一：因式分解

分子的因式分解看起来有点难度,但考虑到必须有零因子 $x-1$,小明通过凑配,得到

$$x^3-2x+1=(x^3-x^2)+(x^2-2x+1)=x^2(x-1)+(x-1)^2$$
$$=(x-1)(x^2+x-1)$$

从而有

$$原式=\lim_{x \to 1}\frac{(x-1)(x^2+x-1)}{(x-1)(x+1)}=\lim_{x \to 1}\frac{x^2+x-1}{x+1}=\frac{1}{2}$$

解法二：换元法

令 $x-1=u$,则 $x=u+1$,并且 $x \to 1$ 时 $u \to 0$,则

$$原式=\lim_{u \to 0}\frac{(u+1)^3-2(u+1)+1}{(u+1)^2-1}=\lim_{u \to 0}\frac{(u^3+3u^2+3u+1)-2(u+1)+1}{u(u+2)}$$
$$=\lim_{u \to 0}\frac{u^2+3u+1}{u+2}=\frac{1}{2}$$

通过换元,小明发现只需考虑分子展开式中 u 的一次项,那些二次项及三次项,在消去一个零因子 u 后仍然含有至少一个零因子 u,因此极限都为 0,可以直接被忽略.

4.2　特殊极限

本节从两个方面考察极限的特殊情形：其一是特殊的极限值，这引出了无穷小和函数的连续性；其二是特殊函数的极限，这引出了两个重要极限和幂指函数的极限.

4.2.1　无穷小

定义 4.8(无穷小)　若有 $\lim f(x)=0$，则称函数 $f(x)$ 为(相应趋限过程下的)**无穷小**.

当 $x\to 0$ 时，显然 $2x\to 0$，$x^2\to 0$，$\sqrt[3]{x}\to 0$，因此 $2x$，x^2，$\sqrt[3]{x}$ 都是 $x\to 0$ 时的无穷小.

对无穷小而言，尤其要注意以下几点：首先，一个函数是否为无穷小，与自变量的趋限过程有关；其次，将 0 理解为函数时，它是无穷小，因此 0 是唯一可被看作无穷小的数；最后，无穷小是函数，而且是绝对值无限变小的函数，因此不要把无穷小与很小的数或绝对值很小的数混为一谈.

既然无穷小是收敛的函数(收敛到特殊的数 0)，因此基本上可照搬前面的四则运算法则(商除外).

定理 4.5(无穷小的四则运算)　有限个无穷小的和及差仍是无穷小，有限个无穷小的乘积仍是无穷小，常数与无穷小的乘积仍然是无穷小，无穷小的幂(幂必须是非负数)仍然是无穷小.

注意这里的定语是"有限个"，因为无限个无穷小的和、差与积可能不再是无穷小.

定理 4.6(无穷小的特性)　有界函数与无穷小的乘积仍是无穷小.

例 4.14　求函数 $\dfrac{\sin x}{x}$ 的极限 $\lim\limits_{x\to\infty}\dfrac{\sin x}{x}$.

解：对函数 $\sin x$，虽然 $|\sin x|\leqslant 1$，但由直观可知极限 $\lim\limits_{x\to\infty}\sin x$ 不存在. 不过小明注意到 $\dfrac{\sin x}{x}=\dfrac{1}{x}\cdot\sin x$ 且 $\lim\limits_{x\to\infty}\dfrac{1}{x}=0$，因此由无穷小的特性可知 $\lim\limits_{x\to\infty}\dfrac{\sin x}{x}=0$.

本来两个收敛函数的乘积才收敛，现在因为其中一个是特殊的无穷小，居然可将另一个函数的条件放宽为有界函数. 小明觉得无穷小真有趣，于是他继续考察 $x\to 0$ 时的无穷小 $2x$，x^2，$\sqrt[3]{x}$，发现

$$\lim_{x\to 0}\frac{2x}{x}=2,\ \lim_{x\to 0}\frac{x^2}{x}=\lim_{x\to 0}x=0,\ \lim_{x\to 0}\frac{\sqrt[3]{x}}{x}=\lim_{x\to 0}\frac{1}{\sqrt[3]{x^2}}=\infty$$

可见它们趋近于零的速度存在明显差异，这说明对无穷小也必须要分出个"三六九等".

定义 4.9(无穷小的比较和阶)　设在某趋限过程下，函数 α，β 都是无穷小，即有 $\lim\alpha=0$，$\lim\beta=0$. 进一步地，还有如下几种情况：

(1) 若 $\lim\dfrac{\beta}{\alpha}=0$，则称 β 是 α 的**高阶无穷小**，或称 α 是 β 的**低阶无穷小**，记为 $\beta=o(\alpha)$.

(2) 若 $\lim\dfrac{\beta}{\alpha}=A\neq 0$，其中 A 为常数，则称 β 是 α 的**同阶无穷小**，记为 $\beta=O(\alpha)$ 或 $\alpha=$

$O(\beta)$. 特别地,如果 $A=1$,则称 β 与 α 是**等价无穷小**,记作 $\beta \sim \alpha$ 或 $\alpha \sim \beta$.

(3) 若 $\lim\limits_{x \to 0} \alpha = 0$,且存在正数 k,使得 $\alpha = o(x^k)$,则称 α 是 $x \to 0$ 时的 k 阶无穷小.

注意 $\beta = o(\alpha)$ 只表示 β 是 α 的高阶无穷小,并没有说明 β 比 α 高几阶. 例如,$x^3 = o(x^2)$ 和 $x^5 = o(x^2)$ 显然都成立,但不能由此得出 $x^3 = x^5$,这是因为 $o(x^2)$ 这个记号只能说明它们都是 x^2 的高阶无穷小(也就是比 x 的 2 阶无穷小高),至于具体阶数的信息已经被隐藏了. 好比昨天也是过去的一天,前天也是过去的一天,只说过去的一天,无法确定到底是哪一天. 更形象的则是小游戏《宇宙的刻度 2》,清晰直观地展示了无穷小与无穷大的尺度对比,从普朗克长度与量子泡沫到整个宇宙.

例 4.15(重要极限Ⅰ) 从函数图形上看,当 $x \to 0$ 时,显然 $\sin x \to 0$,问题是无穷小 $\sin x$ 与 x 之间存在什么关系呢?

如表 4-2 和图 4-8 所示,通过对函数 $\dfrac{\sin x}{x}$ 当 $x \to$ 0 时的数值趋势和图形分析,小明发现了**重要极限**

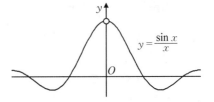

$$\lim_{x \to 0} \frac{\sin x}{x} = 1 \qquad (4.10)$$

这说明 $\sin x$ 是 x 的等价无穷小,也就是 $\sin x \sim x$ ($x \to 0$).

图 4-8 函数 $y = \sin x / x$ 的图形

表 4-2 函数 $\sin x / x$ 的数值趋势表

x	-1	-0.01	-0.0001	-0.000001	-0.00000001	0.000001	0.0001	0.01	1
$\sin x$	-0.8	-0.01	-0.0001	-0.000001	-0.00000001	0.000001	0.0001	0.01	0.8
$\dfrac{\sin x}{x}$	0.8	1.0	1.0	1.0	1.0	1.0	1.0	1.0	0.8

按照"三位一体"的思想,这个重要极限更应该被理解成

$$\lim_{\square \to 0} \frac{\sin \square}{\square} = 1 \qquad (4.11)$$

通过观察,小明注意到 $\lim\limits_{x \to 0} \cos x = 1$,因此

$$\lim_{x \to 0} \frac{\tan x}{x} = \lim_{x \to 0} \left(\frac{\sin x}{x} \cdot \frac{1}{\cos x} \right) = \lim_{x \to 0} \frac{\sin x}{x} \lim_{x \to 0} \frac{1}{\cos x} = 1 \times \frac{1}{1} = 1$$

$$\lim_{x \to 0} \frac{1 - \cos x}{x^2} = \lim_{x \to 0} \frac{(1 - \cos x)(1 + \cos x)}{x^2 (1 + \cos x)} = \lim_{x \to 0} \left(\frac{\sin x}{x} \right)^2 \lim_{x \to 0} \frac{1}{1 + \cos x} = \frac{1}{2}$$

例 4.16 求极限 $\lim\limits_{x \to 0} \dfrac{\sin 2x}{x}$.

解法一: 根据倍角公式 $\sin 2x = 2 \sin x \cos x$,有

$$\lim_{x \to 0} \frac{\sin 2x}{x} = \lim_{x \to 0} \frac{2 \sin x \cos x}{x} = 2 \lim_{x \to 0} \frac{\sin x}{x} \lim_{x \to 0} \cos x = 2$$

解法二： 按照公式(4.11)中"三位一体"的思想，可将 $\sin 2x$ 看成 $\sin\square$，这里 $\square = 2x$，注意到 $x \to 0$ 时也有 $2x \to 0$，因此 $\lim\limits_{x\to 0}\dfrac{\sin 2x}{x} = 2\lim\limits_{2x\to 0}\dfrac{\sin 2x}{2x} = 2 \times 1 = 2.$

解法三： 令 $u = 2x$，当 $x \to 0$ 时 $u \to 0$，则

$$\lim_{x\to 0}\frac{\sin 2x}{x} = 2\lim_{u\to 0}\frac{\sin u}{u} = 2 \times 1 = 2$$

更一般地，对任意常数 k，应该有 $\lim\limits_{x\to 0}\dfrac{\sin kx}{x} = k$. 这又该怎么计算呢？解法一显然不行，因为没有相应的倍角公式. 这说明，如果以前看到 $y = \sin 2x$，第一反应可以是倍角公式，那么现在，第一反应是应尽快调整为复合思维" $y = \sin u$，$u = 2x$ "，或者更抽象(难道不是更形象?!)一点儿调整为" $y = \sin\square$，$\square = 2x$ ". 这种"三位一体"的思想太重要了！

思考： 小明发现 $\lim\limits_{x\to 0}\dfrac{\sin 2x}{x} = 2$，而 $\lim\limits_{x\to 0}\dfrac{2x}{x} = 2$，因此 $\lim\limits_{x\to 0}\dfrac{\sin 2x}{x} = \lim\limits_{x\to 0}\dfrac{2x}{x}$，sin "凭空消失" 了！这也太神奇了，该怎么解释？

轻松一刻 3

打开电脑，搜索《宇宙的刻度 2》(*The Scale of the Universe 2*)小游戏，下载安装或者直接在线访问(在线网址为 https：//htwins. net/scale2/). 通过拖动下方的滚动条，你可以探索整个人类已知的和理论预测的时空范围，从最小小到 1.6×10^{-35} m 的普朗克长度，到最大大到 1×10^{27} m 的可观测宇宙. 其间你会遭遇夸克、高能微中子、足球烯、HIV 病毒、泰坦尼克号、天狼星、侏儒星云、蚂蚁星云、创生之柱、草帽星系、蝌蚪星系、史隆长城，甚至还有 Minecraft. Just Enjoy It!

例 4.17 下列无穷小中，哪一个是 x 的 2 阶无穷小？

(A) $2x - x^2$；　(B) $3x^2 - \sin 2x$；　(C) $\sin^2 x$；　(D) $x(1 - \cos x)$.

解： (A) $\lim\limits_{x\to 0}\dfrac{2x - x^2}{x} = 2 - \lim\limits_{x\to 0}x = 2$，(B) $\lim\limits_{x\to 0}\dfrac{3x^2 - \sin 2x}{x} = \lim\limits_{x\to 0}3x - \lim\limits_{x\to 0}\dfrac{\sin 2x}{x} = -2$，

(C) $\lim\limits_{x\to 0}\dfrac{\sin^2 x}{x^2} = 1$，(D) $\lim\limits_{x\to 0}\dfrac{x(1 - \cos x)}{x^3} = \lim\limits_{x\to 0}\dfrac{1 - \cos x}{x^2} = \dfrac{1}{2}$

因此选(C).

小明知道，$3x^2$ 是 x 的 2 阶无穷小，$\sin 2x$ 是 x 的 1 阶无穷小，而函数 $(3x^2 - \sin 2x)$ 则是 x 的 1 阶无穷小，可见两个无穷小相加或相减，其和或差的阶数**"就低不就高"**，即

$$O(x^k) \pm O(x^l) = O(x^{\min(k,\,l)}) \quad (k \neq l) \tag{4.12}$$

注意这里加上了条件 $k \neq l$. 为什么要加这个条件呢？

两个无穷小相乘时，其乘积的阶数显然等于两个无穷小阶数的和，即

$$O(x^k)O(x^l) = O(x^{k+l}) \tag{4.13}$$

通过查文献，小明得知式(4.12)和式(4.13)对高阶无穷小(大 O 换成小 o)也是成立的.

小明还得知前述的"sin 凭空消失"现象与表 4-3 的"八大神器"有关. 如表 4-3 所示，从每个等价无穷小符号"～"的左侧往右侧看，"凭空消失"(小明将之比喻为"去皮")的还有 tan、arctan 和 arcsin 等函数名；至于右侧的几个，可以比喻成"摘花"，比如 $e^x - 1$ 中的"花"就

是指数 x, 当然有的"花"摘完后还需要再简单"加工"一下, 比如 $1-\cos x$ 中的"花" x 就被加工成 $\frac{1}{2}x^2$(平方的一半), $1+x^\mu-1$ 中的"花" x 就被加工成 μx. 要特别注意的是, 按照"三位一体"的思想, 这里的"花" x 都要理解为□, 例如: 当 □→0 时, 有 $\sin□\sim□$, 其他同理.

表 4-3　 $x\to0$ 时的常用等价无穷小

$\sin x \sim x$	$\mathrm{e}^x-1\sim x$
$\tan x \sim x$	$\ln(1+x)\sim x$
$\arctan x \sim x$	$1-\cos x\sim\frac{1}{2}x^2$
$\arcsin x \sim x$	$1+x^\mu-1\sim\mu x$, μ 为任意实数

小明注意到: 通过"去皮""摘花"等操作, 各种无穷小都被转换成了 Ax^k 这种"标准"的形式, 这意味着无穷小的比较问题被化归成了比较"标准"无穷小的阶数 k.

定理 4.7(等价无穷小替换定理) 函数 α, β, α', β' 都是同一趋限过程下的无穷小. 如果 $\alpha\sim\alpha'$, $\beta\sim\beta'$, 且 $\lim\frac{\beta'}{\alpha'}=A$, 则 $\lim\frac{\beta}{\alpha}=A$, 即 $\lim\frac{\beta}{\alpha}=\lim\frac{\beta'}{\alpha'}$.

证明: $\lim\dfrac{\beta}{\alpha}=\lim\left(\dfrac{\beta}{\beta'}\cdot\dfrac{\beta'}{\alpha'}\cdot\dfrac{\alpha'}{\alpha}\right)=\lim\dfrac{\beta}{\beta'}\cdot\lim\dfrac{\beta'}{\alpha'}\cdot\lim\dfrac{\alpha'}{\alpha}=1\cdot\lim\dfrac{\beta'}{\alpha'}\cdot1=\lim\dfrac{\beta'}{\alpha'}$

从操作上看, 这个替换定理意味着分母中的无穷小 α 被换成了等价的 α', 分子中的无穷小 β 被换成了等价的 β'. 问题是只换分子行不行? 当然可以, 因为此时相当于 $\beta'=\beta$ 的特殊情形. 类似地, 也可以只换分母.

例 4.18　求下列极限: (1) $\lim\limits_{x\to0}\dfrac{\mathrm{e}^{4x}-1}{\sin2x}$; (2) $\lim\limits_{x\to0}\dfrac{\tan4x}{\ln(1-2x)}$; (3) $\lim\limits_{x\to0}\dfrac{\sqrt{1+x^2}-1}{\arctan(x^2)}$.

解: (1) 分子中视 $4x$ 为□, 当 $x\to0$ 时 $4x\to0$, "摘花"得 $\mathrm{e}^{4x}-1\sim4x$; 分母"去皮" $\sin$ 得 $\sin2x\sim2x$, 故

$$\lim_{x\to0}\frac{\mathrm{e}^{4x}-1}{\sin2x}=\lim_{x\to0}\frac{4x}{2x}=\lim_{x\to0}\frac{4}{2}=2$$

(2) 易知 $\tan4x\sim4x$; 视 $-2x$ 为□(注意负号), "摘花"得 $\ln(1-2x)\sim-2x$, 故

$$\lim_{x\to0}\frac{\tan4x}{\ln(1-2x)}=\lim_{x\to0}\frac{4x}{-2x}=-2$$

(3) 视 x^2 为□, "摘花"并加工, 得 $\sqrt{1+x^2}-1\sim x^2/2$(注意 $\mu=1/2$), 故

$$\lim_{x\to0}\frac{\sqrt{1+x^2}-1}{\arctan x^2}=\lim_{x\to0}\frac{x^2/2}{x^2}=\frac{1}{2}$$

例 4.19　求极限 $\lim\limits_{x\to1}\dfrac{x^2+x-2}{\tan(1-x^3)}$.

解: 视 $1-x^3$ 为□, 显然 $x\to1$ 时 □→0, 因此"去皮" $\tan$ 后, 有

$$\lim_{x \to 1} \frac{x^2 + x - 2}{\tan(1 - x^3)} = \lim_{x \to 1} \frac{x^2 + x - 2}{1 - x^3} = -\lim_{x \to 1} \frac{x + 2}{1 + x + x^2} = -1$$

例 4.20　求极限 $\lim\limits_{x \to 0} \dfrac{\tan x - \sin x}{x^3}$.

解法一：显然 $\tan x \sim x$，$\sin x \sim x$，因此

$$\lim_{x \to 0} \frac{\tan x - \sin x}{x^3} = \lim_{x \to 0} \frac{x - x}{x^3} = \lim_{x \to 0} \frac{0}{x^3} = \lim_{x \to 0} 0 = 0$$

解法二： $\lim\limits_{x \to 0} \dfrac{\tan x - \sin x}{x^3} = \lim\limits_{x \to 0} \dfrac{\tan x(1 - \cos x)}{x^3} = \lim\limits_{x \to 0} \dfrac{x \cdot \dfrac{1}{2} x^2}{x^3} = \dfrac{1}{2}$

出现了两种解法，哪种是正确的？答案是：解法二是正确的. 前面式(4.12)中之所以要加上条件 $k \neq l$，其道理就在这里. 因此，**等价无穷小替换适用于求乘积形式的极限，至于求加减形式的极限，一般要慎用.**

思考：对同一个函数 $\dfrac{\sin x}{x}$，$\lim\limits_{x \to 0} \dfrac{\sin x}{x} = 1$，$\lim\limits_{x \to \infty} \dfrac{\sin x}{x} = 0$，不同趋限过程下极限也不同，那么 $x \to \pi$ 或 $x \to \dfrac{\pi}{2}$ 时 $\dfrac{\sin x}{x}$ 的极限又分别是多少呢？

4.2.2　函数的连续性

小明回忆起式(4.7)以及式(4.8)所具有的特性：**极限值就是函数值.** 这使得求极限被化归为求函数值，特别方便. 以求多项式函数 $P(x)$ 的极限 $\lim\limits_{x \to c} P(x)$ 为例，其基本操作就是"**代入**"：将函数 $P(x)$ 中的 x 用 c 代入，即得极限值 $P(c)$，也就是函数值 $P(c)$. 他注意到这不是个别现象，例如还有 $\lim\limits_{x \to 0} \sin x = 0 = \sin 0$，$\lim\limits_{x \to 0} \cos x = 1 = \cos 0$.

定义 4.10(连续与间断)　如果 $\lim\limits_{x \to c} f(x) = f(c)$，则称函数 $f(x)$ 在**点 c 处连续**；否则称函数 $f(x)$ 在**点 c 处间断**. 如果 $\lim\limits_{x \to c - 0} f(x) = f(c)$，则称函数 $f(x)$ 在**点 c 处左连续**；如果 $\lim\limits_{x \to c + 0} f(x) = f(c)$，则称函数 $f(x)$ 在**点 c 处右连续**.

如果函数 $f(x)$ 在 (a, b) 内任意一点都连续，则称函数 $f(x)$ 在该**开区间 (a, b) 内连续**. 如果函数 $f(x)$ 在开区间 (a, b) 内连续，并且在左端点 a 处右连续，在右端点 b 处左连续，则称函数 $f(x)$ 在**闭区间 $[a, b]$ 上连续**. 在定义域内每一点都连续的函数称为**连续函数**.

显然函数 $f(x)$ 在点 c 处连续的充要条件是它在点 c 既是左连续的又是右连续的.

例 4.21　已知分段函数 $f(x) = \begin{cases} \dfrac{\sin(x - 1)}{1 - x^2}, & x > 1 \\ A, & x \leqslant 1 \end{cases}$ 在点 $x = 1$ 处连续，求常数 A.

解：因为 $f(x)$ 在点 $x = 1$ 处连续，则 $\lim\limits_{x \to 1 - 0} f(x) = f(1) = \lim\limits_{x \to 1 + 0} f(x)$，由于 $f(1) = A$，故

$$A = \lim_{x \to 1 + 0} \frac{\sin(x - 1)}{1 - x^2} = \lim_{x \to 1 + 0} \frac{x - 1}{1 - x^2} = -\lim_{x \to 1} \frac{1}{x + 1} = -\frac{1}{2}$$

既然连续意味着有极限(极限值特殊为函数值),自然也具有四则运算等法则.

定理 4.8(连续函数的四则运算法则)　两个连续函数的和差积商在它们的公共定义区域内仍然是连续函数.

定理 4.9(连续函数的复合运算法则)　两个连续函数的复合函数仍然是连续函数,即

若函数 $y=f(u)$ 在点 $u=d$ 处连续,而函数 $u=g(x)$ 在点 c 处连续,并且 $g(c)=d$,则复合函数 $y=f(g(x))$ 在点 c 处也连续,即 $\lim\limits_{x\to c}f(\varphi(x))=f(\varphi(c))$.

小明联想到某冰箱曾做过的系列广告:放进冰箱的是活鱼,隔段时间取出后还是活鱼(活鱼进去,活鱼出来). 显然这两个运算法则起到的就是这种**"保鲜"功能:进去的是连续函数,(经过四则运算或复合运算后)出来的仍然是连续函数!**

因为在一点连续意味着在该点必有定义,因此函数的连续区间充其量是它的定义域. 问题是哪些函数是连续函数呢?

定理 4.10　初等函数在其定义区间上都是连续函数.

例 4.22　求极限 $\lim\limits_{x\to 0}\ln\arctan\dfrac{1-x}{1+x}$.

分析: $y=\ln\arctan\dfrac{1-x}{1+x}$ 是由 $y=\ln u$,$u=\arctan v$,$v=\dfrac{1-x}{1+x}$ 复合而成的,因而是初等函数.

解: $\lim\limits_{x\to 0}\ln\arctan\dfrac{1-x}{1+x}=\ln\arctan\dfrac{1-0}{1+0}=\ln\dfrac{\pi}{4}$

小明注意到 $\lim\limits_{x\to c}f(x)=f(c)=f(\lim\limits_{x\to c}x)$,这说明连续函数都具有一种**"运算换序性":极限运算 lim 和函数运算 f 可以交换次序.**

对于复合函数的情形,显然可理解成极限运算 lim 和相应的函数运算不断交换运算次序,即

$$\lim f(g(x))=f(\lim g(x))=f(g(\lim x))$$

如果只是外层函数 f 连续呢?

定理 4.11(运算换序性)　若函数 $f(u)$ 在点 d 处连续,而 $\lim\limits_{x\to c}g(x)=d\neq g(c)$,则复合函数 $f(g(x))$ 在点 c 处有极限,并且

$$\lim\limits_{x\to c}f(g(x))=f(d)=f(\lim\limits_{x\to c}g(x))$$

更一般地,如果外层函数 f 也未必连续呢? 查阅资料可知换元法的理论依据,即定理 4.4 已经给出了结论.

例 4.23　求极限 $\lim\limits_{x\to 0}\ln\dfrac{\sin x}{x}$.

分析: 外层函数 $y=\ln u$ 是连续函数,内层函数 $u=\dfrac{\sin x}{x}$ 在 $x=0$ 无定义,因此不连续.

解: $\lim\limits_{x\to 0}\ln\dfrac{\sin x}{x}=\ln\lim\limits_{x\to 0}\dfrac{\sin x}{x}$(运算换序性)$=\ln 1=0$

连续在汉语里的语义是"一个接一个,连绵不断",那么用"连续"来命名的连续函数与之又有何联系呢? 小明注意到,从几何上看,函数在一点连续指的是函数曲线在该点没有断

开,连续函数的图形则是一条光滑曲线,能够用一笔画成,这意味着连续性是数学里用来表征直觉上的光滑性的一种工具.

若令自变量从初值 c 到终值 x 的改变量(称为**自变量的增量**,未必为正数)为 $\Delta x = x - c$ (这里符号 Δ 表示"在……之中的变化",因此 Δx 不是 Δ 与 x 的乘积),相应的**因变量的增量**(也未必为正数)为 $\Delta y = f(x) - f(c)$,那么对于连续函数 $f(x)$,当 $x \to c$ 即 $\Delta x \to 0$ 时,有

$$\lim_{\Delta x \to 0} \Delta y = \lim_{x \to c}[f(x) - f(c)] = \lim_{x \to c} f(x) - f(c) = 0, \quad 即 \lim_{\Delta x \to 0} \Delta y = 0 \qquad (4.14)$$

也就是说,当自变量的增量 Δx 无限趋向于零时,因变量的增量 Δy 也无限趋向于零. 粗略地来说,就是当 $x_1 \approx x_2$ 时必有 $f(x_1) \approx f(x_2)$. 例如,气温关于时间是连续变化的.借助于连续这个数学工具,就能精细刻画日常生活中的这种"渐变"过程.

4.2.3　幂指函数的极限

例 4.24(连续复利问题)　假定按年利率 r 存入本金 P,则一年后本金仍为 P,而利息则为 Pr,因此本利和为 $A_1 = P + Pr = P(1+r)$. 以 A_1 作为新的本金(按复利计息),则两年后的本利和为 $A_2 = A_1 + A_1 r = P(1+r)^2$. 一般地,$t$ 年后的本利和为 $A_t = P(1+r)^t$. 若令 $q = 1+r$,则 $A_t = Pq^t$,显然 $\{A_t\}$ 是个等比数列.

如果计息方式改为一年计复利 n 次,即 t 年的期数为 nt,因此第 t 年后的本利和为

$$A_t = P\left(1 + \frac{r}{n}\right)^{nt} \qquad (4.15)$$

问题是,这个金额是否会无限增大(估计不会,否则银行早就关门了)? 若不会无限增大,那么当 $n \to \infty$ 时,它的极限又是多少呢?

小明考察了最简单的情形,即 $P=1$, $r=t=1$,并重新记式(4.15)为 $x_n = \left(1 + \dfrac{1}{n}\right)^n$,接着他考察了数列 $\{x_n\}$ 的取值趋势表(表 4 - 4)和图形(图 4 - 9). 显然当 $n \to \infty$ 时,x_n 趋向于一个极限(记为 e),即**重要极限**

表 4 - 4　数列 $x_n = \left(1 + \dfrac{1}{n}\right)^n$ 的取值趋势

n	$x_n = \left(1 + \dfrac{1}{n}\right)^n$
1	2.000 000
2	2.250 000
3	2.370 370
4	2.441 406
10	2.593 742
30	2.674 319
50	2.691 588
1 000	2.716 924
100 000	2.718 268
1 000 000	2.718 280

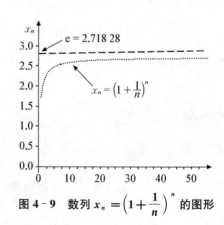

图 4 - 9　数列 $x_n = \left(1 + \dfrac{1}{n}\right)^n$ 的图形

$$\lim_{n\to\infty}\left(1+\frac{1}{n}\right)^n = \mathrm{e} \tag{4.16}$$

符号 e 是数学家欧拉命名的,其值是 e $=$ 2.718 281 828 459 045 235…,这个精确程度很高的数值,是他在 1748 年计算出来的(那时没有计算器,更没有计算机,而且他右眼已失明多年).

由于 $x_n = \left(1+\frac{1}{n}\right)^n$ 的底数 $1+\frac{1}{n}\to 1$,指数 $n\to\infty$,因此这类极限被为 1^∞ 型的不定式.将这个重要极限推广到函数极限的情形,即得

$$\lim_{x\to\infty}\left(1+\frac{1}{x}\right)^x = \mathrm{e} \tag{4.17}$$

进一步地,令 $u = \frac{1}{x}$,当 $x\to\infty$ 时,$u\to 0$,则 $\mathrm{e} = \lim\limits_{x\to\infty}\left(1+\frac{1}{x}\right)^x = \lim\limits_{u\to 0}(1+u)^{\frac{1}{u}}$.将自变量 u 换回成 x,即得

$$\lim_{x\to 0}(1+x)^{\frac{1}{x}} = \mathrm{e} \tag{4.18}$$

利用重要极限,并结合函数的连续性,可以轻松地补上两个等价无穷小的证明,具体如下.

例 4.25　证明:当 $x\to 0$ 时,$\ln(1+x)\sim x$,$\mathrm{e}^x - 1 \sim x$.

证明: $\lim\limits_{x\to 0}\dfrac{\ln(1+x)}{x} = \lim\limits_{x\to 0}\ln(1+x)^{\frac{1}{x}} = \ln\lim\limits_{x\to 0}(1+x)^{\frac{1}{x}}$ (运算换序性) $= \ln\mathrm{e} = 1$.

令 $u = \mathrm{e}^x - 1$,则 $x = \ln(1+u)$,且 $x\to 0$ 时 $u\to \mathrm{e}^0 - 1 = 0$,因此

$$\lim_{x\to 0}\frac{\mathrm{e}^x - 1}{x} = \lim_{u\to 0}\frac{u}{\ln(1+u)} = \lim_{u\to 0}\frac{u}{u} = 1$$

例 4.26　对任意实数 a,b,证明:

$$\lim_{n\to\infty}\left(1+\frac{a}{n}\right)^{bn} = \mathrm{e}^{ab} \tag{4.19}$$

解: 当 $a = 0$ 时,左边 $= \lim\limits_{n\to\infty}1 = 1$,右边 $= \mathrm{e}^0 = 1$,显然成立.当 $a\neq 0$ 时,令 $m = \frac{n}{a}$,则 $n\to\infty$ 时 $m\to\infty$,因此

$$\lim_{n\to\infty}\left(1+\frac{a}{n}\right)^{bn} = \lim_{m\to\infty}\left(1+\frac{1}{m}\right)^{abm} = \lim_{m\to\infty}\left[\left(1+\frac{1}{m}\right)^m\right]^{ab} = \left[\lim_{m\to\infty}\left(1+\frac{1}{m}\right)^m\right]^{ab} = \mathrm{e}^{ab}$$

如果将式(4.19)中的 a 看成变量并用 x 来表示,同时令 $b = 1$,即得

$$\mathrm{e}^x = \lim_{n\to\infty}\left(1+\frac{x}{n}\right)^n \tag{4.20}$$

原来指数函数 e^x 是这么定义的.

同前面一样,将式(4.19)推广到函数极限,则为

$$\lim_{x\to\infty}\left(1+\frac{a}{x}\right)^{bx}=\mathrm{e}^{ab}, \lim_{x\to0}(1+ax)^{\frac{b}{x}}=\mathrm{e}^{ab} \tag{4.21}$$

其中最后一个公式也使用了前面的 $u=\dfrac{1}{x}$ 换元技巧.

对于 1^∞ 型的**任意**不定式,可以探索一般性的公式,但对于式(4.19)和式(4.21)这种 1^∞ 型的**特殊**不定式,直接确定实数 a,b 后即可套用. 俗话说"杀鸡焉用宰牛刀",小明将之统称为"杀鸡刀"(例4.26).

那么有没有处理 1^∞ 型不定式更一般情形的"宰牛刀"呢?

设在某个趋限过程下,有 $\lim f(x)=1,\lim g(x)=\infty$,那么 $\lim[f(x)]^{g(x)}$ 就是最一般的 1^∞ 型不定式. 根据**对数恒等式** $x=\mathrm{e}^{\ln x}$,有 $[f(x)]^{g(x)}=\mathrm{e}^{\ln[f(x)]^{g(x)}}=\mathrm{e}^{g(x)\ln f(x)}$,注意到等价无穷小替换 $\ln f(x)=\ln[1+f(x)-1]\sim f(x)-1$,再结合运算换序性,即得

$$\lim[f(x)]^{g(x)}=\lim_{x\to c}\mathrm{e}^{g(x)\ln f(x)}=\mathrm{e}^{\lim_{x\to c}g(x)\ln f(x)} \text{(运算换序性)}=\mathrm{e}^{\lim g(x)[f(x)-1]}$$

也就是

$$\lim[f(x)]^{g(x)}(1^\infty)=\mathrm{e}^{\lim g(x)[f(x)-1]} \tag{4.22}$$

"宰牛刀"终于露出"庐山真面目". 对于 1^∞ 型不定式中的各种"疑难杂症",一律能做到"一刀见效".

事实上,1^∞ 型不定式处理的仍然是**幂指函数**的特殊情形. 所谓幂指函数,指的是函数 $f(x)$ 和 $g(x)$ 通过**幂指运算**形成的函数 $[f(x)]^{g(x)}$,它是幂函数和指数函数的联合推广. 当底数 $f(x)$ 特殊为常数时,它退化为指数函数;当指数 $g(x)$ 特殊为常数时,它退化为幂函数.

对于幂指函数 $[f(x)]^{g(x)}$,当 $\lim\limits_{x\to c}f(x)=A>0$ 且 $\lim\limits_{x\to c}g(x)=B$ 时,仿前可知

$$\lim_{x\to c}[f(x)]^{g(x)}=\mathrm{e}^{\lim_{x\to c}g(x)\ln f(x)}=\mathrm{e}^{\lim_{x\to c}g(x)\cdot\lim_{x\to c}\ln f(x)}=\mathrm{e}^{B\ln\lim_{x\to c}f(x)} \text{(运算换序性)}$$

$$=\mathrm{e}^{B\ln A}=\mathrm{e}^{\ln A^B}=A^B=\left[\lim_{x\to c}f(x)\right]^{\lim_{x\to c}g(x)}$$

即

$$\lim_{x\to c}[f(x)]^{g(x)}=\left[\lim_{x\to c}f(x)\right]^{\lim_{x\to c}g(x)} \tag{4.23}$$

此即**幂指的极限等于极限的幂指**. 特别地,幂指运算也是"保鲜"的,即连续函数经过幂指运算后所得仍然是连续函数,即当 $\lim\limits_{x\to c}f(x)=f(c)$ 且 $\lim\limits_{x\to c}g(x)=g(c)$ 时,有

$$\lim_{x\to c}[f(x)]^{g(x)}=[f(c)]^{g(c)} \tag{4.24}$$

例 4.27 求下列极限: $(1) \lim\limits_{x\to0}\left(\dfrac{1}{1+3x}\right)^{1/x}$; $(2) \lim\limits_{x\to\infty}\left(\dfrac{x-3}{x+1}\right)^x$; $(3) \lim\limits_{x\to0}(1-\sin3x)^{1/x}$.

(1) **解法一**:"杀鸡刀".

注意到 $\dfrac{1}{1+3x}=(1+3x)^{-1}$,取 $a=3,b=-1$,则

$$原式=\lim_{x\to0}(1+3x)^{-\frac{1}{x}}=\mathrm{e}^{-3}$$

解法二："宰牛刀"。

其中的 $\exp(u)$ 表示 e^u，下同。

$$原式 = \exp\left[\lim_{x \to 0} \frac{1}{x}\left(\frac{1}{1+3x}-1\right)\right] = e^{\lim_{x \to 0}\frac{-3}{1+3x}} = e^{-3}$$

(2) **解：** $原式 = \exp\left[\lim_{x \to \infty}x\left(\frac{x-3}{x+1}-1\right)\right] = e^{\lim_{x \to \infty}\frac{-4x}{x+1}} = e^{-4}$

(3) **解：** $原式 = \exp\left[\lim_{x \to 0}\frac{1}{x}(1-\sin 3x-1)\right] = e^{-\lim_{x \to 0}\frac{\sin 3x}{x}} = e^{-\lim_{x \to 0}\frac{3x}{x}} = e^{-3}$

事实上，第(2)小题也可以使用"杀鸡刀"，但需要辅以精湛的手法。而此处"宰牛刀"一刀制胜。毕竟"杀鸡刀"面对的是特定类型，"宰牛刀"针对的则是一般情形。

4.3 微分学

4.3.1 导数的定义和求导公式

经过近 200 年的文艺复兴，神学的教条式权威被逐渐摧毁，封建社会开始解体，生产力得到了极大的解放。资本主义经济的蓬勃发展，更是要求人们解决各种古老和新颖的问题，这对科学和数学都提出了极大的挑战。到了 17 世纪，以力学为中心，产生了四类问题，对它们的研究导致了微积分学的诞生。第一类是**运动学问题**，如已知物体的移动距离，求物体在任意时刻的速度和加速度。牛顿就是在对这类问题的研究基础之上发明了微积分。第二类问题就是**切线问题**。

古老的切线问题之所以会重新成为研究的热点，是因为它可以解决光学问题(比如如何设计透镜)、运动学问题(运动物体的运动方向)和几何学自身的问题。众所周知，圆的切线是"与圆有唯一交点的直线"。此定义可推广到椭圆。问题是它适用于抛物线吗？更一般地，怎么定义任意曲线的切线呢？这实际上是两个相互关联的问题：① 如何定义切线；② 如何求出切线斜率。当时的数学家们给出的解决办法是极限，即将切线看成割线的极限位置。

定义 4.11(切线的一般定义)　如图 4 - 10 所示，点 $P(a, f(a))$ 为曲线 $y = f(x)$ 上一定点，过点 P 作割线 PQ 交曲线于另一点 Q，当点 Q 沿曲线趋向于点 P 时，即当 $x \to a$ 时[此时相应地有 $y \to f(a)$]，如果割线 PQ 的斜率存在极限，则称此极限为曲线在点 P 的**切线的斜率**，即

$$k_{切} = \lim_{x \to a}\frac{f(x)-f(a)}{x-a} \tag{4.25}$$

从而，曲线 $y = f(x)$ 在切点 $(a, f(a))$ 处的**切线**即直线 PT 的方程为

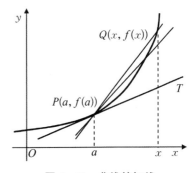

图 4 - 10　曲线的切线

$$y - f(a) = k_{切}(x-a) \tag{4.26}$$

后来，数学家们从式(4.25)中看出了更一般的**变化率问题**，即式(4.25)本质上是函数 $y = f(x)$ 两个增量 $\Delta x = x - a$ 与 $\Delta y = f(x) - f(a)$ 比值的极限，也就是两个无穷小比值

的极限. 事实上,这种 $\frac{0}{0}$ 型的极限我们在前两节中已多次遇到. 对于函数 $y = f(x)$ 在点 a 的

局部平均变化率 $m = \frac{\Delta y}{\Delta x}$, x 每增加 1 个单位(即 $\Delta x = 1$), y 会相应地增加 $\Delta y = m \Delta x = m$

(个)单位. 而上述极限则是局部平均变化率的极限(比如运动学里物体的瞬时速度),因此迫切需要从数学上进行深入研究.

　　事实上,正是由于对变化率问题的研究或者对各种"变化之谜"的揭示,才使得微积分在解决传统的切线问题和运动问题之后,在更广泛的领域里释放出巨大能量. 例如,寻找微积分可用于人口增长、流行病传播和动脉中血液流动的定律,描述电信号沿神经纤维的传导方式,预测公路上的交通流量,等等.

　　定义 4.12(导数)　对于函数 $y = f(x)$ 在点 a 处的增量 Δx 和 $\Delta y = f(a + \Delta x) - f(a)$,如果**局部平均变化率** $m = \frac{\Delta y}{\Delta x}$ 存在极限,则称函数 $f(x)$ 在**点 a 处可导**,称此极限为

函数 $f(x)$ 在**点 a 处的导数**,记为 $f'(a)$,或 $y'(a)$ 及 $\frac{\mathrm{d}y}{\mathrm{d}x}\Big|_{x=a}$;否则称 $f(x)$ 在**点 a 处不可导**.

　　根据导数的定义,可知

$$f'(a) = \lim_{\Delta x \to 0} \frac{\Delta y}{\Delta x} = \lim_{\Delta x \to 0} \frac{f(a + \Delta x) - f(a)}{\Delta x} \tag{4.27}$$

　　令 $x = a + \Delta x$,显然 $\Delta x \to 0$ 时 $x \to a$,故得上述定义的等价形式

$$f'(a) = \lim_{x \to a} \frac{f(x) - f(a)}{x - a} \tag{4.28}$$

这两种表达式分别被小明称为"**千斤顶式**"和"**对称式**".

　　如果"对称式"中的 a 变动,$f'(a)$ 也自然随之变动,这显然已经具有函数的特征了.

　　定义 4.13(导数的函数视角)　如果函数 $y = f(x)$ 在开区间 I 内的每一点都可导(**处处可导**),则称函数 $f(x)$ 在 **I 内可导**. 此时,对任意 $x \in I$,都有唯一确定的导数

$$f'(x) = \lim_{\Delta x \to 0} \frac{\Delta y}{\Delta x} = \lim_{\Delta x \to 0} \frac{f(x + \Delta x) - f(x)}{\Delta x} \tag{4.29}$$

与之相对应,即 $f'(x)$ 是 x 的函数,称为 $f(x)$ 的**导函数**(简称**导数**). 此时,导数值 $f'(a)$ 即为导函数 $f'(x)$ 在 $x = a$ 处的函数值,即 $f'(a) = f'(x)|_{x=a}$. 在定义域内都可导的函数称为**可导函数**.

　　要特别注意结合上下文理解 $f'(x)$,即可以看成一个仍然叫导数的函数(导函数),也可以看成函数 $f(x)$ 点 x 处的导数值(仍然简称为导数). 事实上,这也是我们对函数 $f(x)$ 的理解.

　　函数 $y = f(x)$ 的导数 $f'(x)$ 还可记为 y',$\frac{\mathrm{d}y}{\mathrm{d}x}$ 及 $\frac{\mathrm{d}f}{\mathrm{d}x}$,也可记为 Dy 或 $Df(x)$,后者表

示通过"**微分算子**" $D = \frac{\mathrm{d}}{\mathrm{d}x}$ 将函数 $f(x)$ 变换为导函数 $f'(x)$,即 $D: f(x) \mapsto f'(x)$,也就

是 $Df(x) = f'(x)$.

定义 4.14(高阶导数)　对于区间 I 内的可导函数 $y = f(x)$,如果其导函数 $f'(x)$ 在点 $x \in I$ 的导数仍然存在,则称之为函数 $f(x)$ 的**二阶导数**,记作 $f''(x)$.

一般地,如果函数 $y = f(x)$ 的 $(n-1)$ 阶导数 $f^{(n-1)}(x)$ 在点 $x \in I$ 的导数仍然存在,则称之为函数 $y = f(x)$ 的 n **阶导数**,记作 $f^{(n)}(x)$.

函数 $y = f(x)$ 的 2 阶导数 $f''(x)$ 还可记为 y'', $\dfrac{\mathrm{d}^2 y}{\mathrm{d}x^2}$ 以及 $\dfrac{\mathrm{d}^2 f(x)}{\mathrm{d}x^2}$;函数 $y = f(x)$ 的 n 阶导数 $f^{(n)}(x)$ 还可记为 $y^{(n)}$, $\dfrac{\mathrm{d}^n y}{\mathrm{d}x^n}$ 或 $\dfrac{\mathrm{d}^n f(x)}{\mathrm{d}x^n}$. 显然有 $y'' = (y')'$, $y^{(n)} = (y^{(n-1)})'$.

思考: 为什么会有这么多种符号?

例 4.28(导数的几何意义)　已知 $f(x) = kx + b$,对任意实数 a,求 $f'(a)$.

解: $f'(a) = \lim\limits_{h \to 0} \dfrac{f(a+h) - f(a)}{h} = \lim\limits_{h \to 0} \dfrac{k(a+h) + b - (ka+b)}{h} = \lim\limits_{h \to 0} \dfrac{kh}{h} = k$

这说明 $(kx + b)' = k$,特别地 $(b)' = 0$,也就是说**常数的导数为零.**

从几何上看,这说明直线 $y = kx + b$ 上任意一点的导数恒为此直线的斜率,也就是说**直线的切线就是它本身.**

一般地,对曲线 $y = f(x)$ 而言,导数 $f'(a)$ 即为它在切点 $P(a, f(a))$ 处的切线斜率,即 $k_{切} = f'(a)$.

因此导数的几何意义就是**斜率即导数.** 相应地,曲线 $y = f(x)$ 在切点 $P(a, f(a))$ 处的切线方程和法线方程分别为

$$y - f(a) = f'(a)(x-a), \quad y - f(a) = -\frac{1}{f'(a)}(x-a) \tag{4.30}$$

思考: 当 $f'(a) = 0$ 或 $f'(a) = \infty$ 时切线和法线分别是什么? 它们的方程呢?

例 4.29(连续未必可导)　考察**绝对值函数** $y = |x| =$ $\begin{cases} x, & x \geqslant 0, \\ -x, & x < 0, \end{cases}$ 如图 4-11 所示. 几何上看折线没有断开,

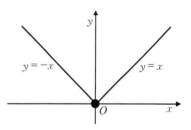

图 4-11　$y = |x|$ 的图像

可以一笔画出,因此绝对值函数是连续函数. 但折线在原点处出现尖角,这意味着什么呢? 考察折线在原点处的切线斜率,从左半支看,由于直线的切线是其本身,故切线仍然是 $y = -x$,斜率为 -1;从右半支看,切线是 $y = x$,斜率为 1. 同一个点不可能有两条切线,因此斜率不存在,即绝对值函数在 $x = 0$ 处不可导. 这说明**连续未必可导**,但反之,可以证明**可导必连续**,因此可导函数是特殊的连续函数,即可导函数的图形不仅没有断开,而且不会出现尖角(图 4-11).

如果将 $y = |x|$ 的图形右移一个单位,可知所得函数 $y = |x-1|$ 仍然处处连续,但在 $x = 1$ 处不可导,因为尖角平移到了 $x = 1$ 处. 如果想得到两个不可导点呢? 小明猜想,$y = |x(x-1)|$ 应该满足要求,画图可知它的图形中的确有两个尖角. 那么三个不可导点呢? 无数个呢? 有没有这样的连续函数,它在每一点都有一个尖角,也就是说它处处连续但处处不可导? 至此小明恍然大悟:所谓魏尔斯特拉斯函数没有"曲"的概念,指的是它没有可导点,即曲线处处是尖点,处处没有切线.

例 4.30　用导数定义证明：$(x^n)' = nx^{n-1}$.

证明： 以 $f(x) = x^3$ 为例，当 $h \to 0$ 时，注意展开式 $(x+h)^3 = x^3 + 3hx^2 + 3h^2x + h^3$ 中含有因子 h^2 的项 $(3h^2x + h^3)$ 是 h 的高阶无穷小，可记为 $o(h)$，即有 $(x+h)^3 = x^3 + 3hx^2 + o(h)$. 则

$$f'(x) = \lim_{h \to 0} \frac{(x+h)^3 - x^3}{h} = \lim_{h \to 0} \frac{3hx^2 + o(h)}{h} = \lim_{h \to 0} 3x^2 + \lim_{h \to 0} \frac{o(h)}{h} = 3x^2 + 0 = 3x^2$$

即 $(x^3)' = 3x^2$. 仿此思路可以证明 $(x^n)' = nx^{n-1}$，n 为任意正整数.

例 4.31　用导数定义证明：$(\sin x)' = \cos x$.

证明： 令 $f(x) = \sin x$，根据和角公式 $\sin(A+B) = \sin A \cos B + \cos A \sin B$，有

$$f'(x) = \lim_{h \to 0} \frac{\sin(x+h) - \sin x}{h} = \lim_{h \to 0} \frac{\sin x \cos h + \cos x \sin h - \sin x}{h}$$

$$= \sin x \lim_{h \to 0} \frac{\cos h - 1}{h} + \cos x \lim_{h \to 0} \frac{\sin h}{h} = \sin x \cdot 0 + \cos x \cdot 1 = \cos x$$

即 $(\sin x)' = \cos x$. 类似地，可以证明 $(\cos x)' = -\sin x$.

例 4.32　求曲线 $y = \cos x$ 在点 $\left(\frac{\pi}{4}, \frac{\sqrt{2}}{2} \right)$ 处的法线方程.

解： 因为 $y' = (\cos x)' = -\sin x$，则

$$k_{切} = y'\left(\frac{\pi}{4} \right) = -\sin \frac{\pi}{4} = -\frac{\sqrt{2}}{2}, \quad k_{法} = -\frac{1}{k_{切}} = \sqrt{2}$$

从而所求为

$$y - \frac{\sqrt{2}}{2} = \sqrt{2}\left(x - \frac{\pi}{4} \right)$$

通过查阅资料，小明注意到五大基本初等函数使用了不同的求导公式，具体如表 4 - 5 所示：

表 4 - 5　五大基本初等函数求导公式：$Df(x) = f'(x)$

(1) $(x^\mu)' = \mu x^{\mu-1}$，特别地，$(x^n)' = nx^{n-1}$，$(C)' = 0$
(2) $(a^x)' = a^x \ln a$，特别地，$(e^x)' = e^x$
(3) $(\log_a x)' = \dfrac{1}{x \ln a}$，特别地，$(\ln x)' = \dfrac{1}{x}$
(4) $(\sin x)' = \cos x$，$(\cos x)' = -\sin x$
(5) $(\arctan x)' = \dfrac{1}{1+x^2}$，$(\arcsin x)' = \dfrac{1}{\sqrt{1-x^2}}$

显然当 $\mu = \dfrac{1}{2}$ 及 $\mu = -1$ 时，幂函数求导公式分别变成了（注意其中的**化幂技巧**）：

$$(\sqrt{x})' = \left(x^{\frac{1}{2}} \right)' = \frac{1}{2} x^{-\frac{1}{2}} = \frac{1}{2\sqrt{x}}, \quad \left(\frac{1}{x} \right)' = (x^{-1})' = -x^{-2} = \frac{1}{x^2}$$

由于自变量 x 仅仅是占位符,可换成其他字母(比如 u),此时求导公式要理解成对 u 求导,例如 $(\sin u)' = \cos u$,可通过添加角标来避免混淆,例如 $(\sin u)'_u = \cos u$.

通过反复揣摩这张表,小明发现了两类有趣的现象:

其一是"**肥水只落自家田**"(简称"**肥自家田**"):**函数的导函数仍然是本类函数**,即幂函数求导后仍然是幂函数,指数函数求导后仍然是指数函数,三角函数求导后仍然是三角函数.说得再具体点,就是:幂函数 x^μ 的求导效果是**降次**,即将 μ 次降低为 $(\mu-1)$ 次(再乘上系数 μ);指数函数 a^x 的求导效果就是**倍乘**,即乘上系数 $\ln a$,其中最特别的是 e^x,求导前后完全一样;三角函数 $\sin x$ 和 $\cos x$ 的求导效果都是曲线**前移 90°**,即 $(\sin x)' = \sin\left(x+\dfrac{\pi}{2}\right)$,$(\cos x)' = \cos\left(x+\dfrac{\pi}{2}\right)$,因为如果将三角函数 $\sin x$,$\cos x$ 以及 $-\sin x$ 绘制在一张图里,观察可知,将 $\sin x$ 曲线前移 90°即得 $\cos x$ 曲线,将 $\cos x$ 曲线前移 90°即得 $-\sin x$ 曲线.

其二则是"**为他人做嫁衣裳**"(简称"**他人嫁衣**"):**函数的导函数不再是本类函数**,即对数函数求导后变成了幂函数,反三角函数求导后变成了有理分式函数.

他的这个发现其实很重要,因为函数求导最终都会化归为基本初等函数的求导,因此函数求导的要点在于**分清函数的类型和结构**,弄清楚了五大基本初等函数各自的求导特征,就不会出现诸如 $(x^x)' = x \cdot x^{x-1}$ 这样的错误.

例 4.33　已知 $y = \sin x$,求 $y^{(n)}$.

解:$y' = \cos x$,$y'' = -\sin x$,$y''' = -\cos x$,$y^{(4)} = \sin x$

求导 4 次后回到原来的函数,即每求导 4 次为一循环,联想到三角函数的求导特征是曲线前移 90°,即 $(\sin x)' = \sin\left(x+\dfrac{\pi}{2}\right)$,$(\cos x)' = \cos\left(x+\dfrac{\pi}{2}\right)$,故所求为 $y^{(n)} = \sin\left(x+n\dfrac{\pi}{2}\right)$.

4.3.2　微分的概念

设有一块正方形金属薄片,由于受热胀冷缩的影响,边长由 x 变到 $x+\Delta x$,则其面积增加了 $\Delta y = (x+\Delta x)^2 - x^2 = 2x\Delta x + (\Delta x)^2$.例如,当 $x = 100\,\text{cm}$,$\Delta x = 1\,\text{cm}$ 时,$\Delta y = 2 \times 100 \times 1 + 1^2 = 200 + 1 = 201(\text{cm}^2)$.小明注意到这里面 200 与 1 相差了 200 倍,省掉 1 这个零头,即 $\Delta y \approx 200\,\text{cm}^2$.

显然,Δy 中包含 $2x\Delta x$ 和 $(\Delta x)^2$ 两部分.当 $\Delta x \to 0$ 时,易知 $(\Delta x)^2 = o(\Delta x)$.因此当 Δx 很微小时,第二部分可以忽略不计,只用第一部分近似地表示 Δy,即 $\Delta y \approx 2x\Delta x$.注意到若固定 x 时,$2x\Delta x$ 是 Δx 的线性函数,是比面积函数 $y = x^2$ 更简单的一次函数(线性函数).那么问题来了:在误差可以接受的前提下,任意函数 $y = f(x)$ 的增量 Δy 何时能近似地表示为这样的一次函数?

定义 4.15(微分)　对于函数 $y = f(x)$,如果存在与增量 Δx 无关的常数 A,使得增量 Δy 满足

$$\Delta y = f(x+\Delta x) - f(x) = A\Delta x + o(\Delta x) \tag{4.31}$$

则称函数 $y = f(x)$ 在点 x 处**可微**,并称线性部分 $A\Delta x$ 为此函数在点 x 处的**微分**,记为 $\mathrm{d}y$

或 $\mathrm{d}f(x)$. 定义域内每一点都可微的函数称为**可微函数**.

由定义可知,微分 $\mathrm{d}y = A\Delta x$ 是增量 Δx 的线性函数,这也是引入这个定义的初衷. 那么这里的"A"到底是什么呢?

由式(4.31)可知,$\dfrac{\Delta y}{\Delta x} = A + \dfrac{o(\Delta x)}{\Delta x}$,两边取极限,即得

$$f'(x) = \lim_{\Delta x \to 0} \frac{\Delta y}{\Delta x} = A + \lim_{\Delta x \to 0} \frac{o(\Delta x)}{\Delta x} = A + 0 = A$$

原来 $A = f'(x)$ ——可微即可导.

定理 4.12(可微即可导)　函数 $y = f(x)$ 在点 x 处可微的充要条件是函数 $y = f(x)$ 在点 x 处可导,并且 $f'(x) = A$.

如果取 $y = x$,则 $f'(x) = 1$,从而 $\mathrm{d}y = 1 \cdot \Delta x = \Delta x$,即 $\mathrm{d}x = \Delta x$. 再结合 $\mathrm{d}y = A\Delta x$ 以及 $A = f'(x)$,即得**微分的计算公式**:

$$\mathrm{d}y = f'(x)\mathrm{d}x = y'\mathrm{d}x \tag{4.32}$$

也就是说微分的计算可以转化为导数的计算.

计算时要注意,$\mathrm{d}y$ 必须伴随着 $\mathrm{d}x$,也就是说不要犯 $\mathrm{d}y = y'$ 这种错误. 另外将式(4.32)变形即得 $y' = \dfrac{\mathrm{d}y}{\mathrm{d}x}$,所以导数又被称为**微商**.

再回到前面的思路,在式(4.31)中,如果略去 Δy 中的第二部分,即高阶无穷小项 $o(\Delta x)$,即得 $\Delta y \approx \mathrm{d}y$,也就是 $f(x + \Delta x) - f(x) \approx f'(x)\Delta x$,以 a 代替 x,此即

$$f(a + \Delta x) \approx f(a) + f'(a)\Delta x \tag{4.33}$$

再令 $a + \Delta x = x$,即 $\Delta x = x - a$,并记 $p(x) = f(a) + f'(a)(x - a)$,则上式就变成了

$$f(x) \approx p(x) = f(a) + f'(a)(x - a) \tag{4.34}$$

这说明 $f(x)$ 可以用 $p(x)$ 来近似计算,也就是说函数 $y = f(x)$ 在点 a 附近的值,可以用一次函数 $y = p(x)$ 的值来近似代替.

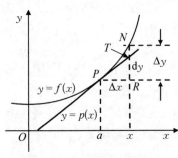

图 4-12　微分的几何意义

如图 4-12 所示,曲线 $y = f(x)$ 在点 a 处的因变量增量 Δy 就是线段 RN,而切线 $y = p(x)$ 在点 a 处的因变量增量 $RT = PR\tan\angle TPR = k_切 \Delta x = f'(a)\mathrm{d}x = \mathrm{d}y$,也就是函数 $y = f(x)$ 在点 a 处的微分 $\mathrm{d}y$. 当 Δx 很小时,用切线增量 $RT = \mathrm{d}y$ 代替曲线增量 $RN = \Delta y$,也就意味着忽略高阶无穷小 $NT = RN - RT = \Delta y - \mathrm{d}y = o(\Delta x)$ 的大小,从而用切线段 PT 代替了曲线段 $\overset{\frown}{PN}$. 也就是说在切点 P 附近,当 Δx 很小时可以用切线代替原来的曲线.**"忽略高阶无穷小,局部以直代曲(局部线性化)",这就是微分的本质.**

显然,越远离切点 P,切线越远离曲线,误差也越来越大,能否尽量延缓出现这种远离?小明注意到图中的曲线类似于抛物线,而抛物线是二次函数,这说明用经过点 P 且夹在曲线与切线之间的抛物线逼近曲线,即用二次函数 $p(x) = a_2 x^2 + a_1 x + a_0$ 近似代替函数 $y =$

$f(x)$，效果会更好些. 如果二次的逼近效果仍然难以接受呢?

定理 4.13(泰勒公式)　　如果函数 $y = f(x)$ 在点 $x = a$ 处存在直到 n 阶的导数,则对 a 的某个**邻域** $(a - \delta, a + \delta)$ 中的任意一点 x,都有 n 阶**泰勒公式**:

$$f(x) = f(a) + f'(a)(x - a) + \cdots + \frac{f^{(n)}(a)}{n!}(x - a)^n + o((x - a)^n) \quad (4.35)$$

如果去掉讨厌的"小尾巴" $o((x - a)^n)$,即得近似公式:

$$f(x) \approx p(x) = f(a) + f'(a)(x - a) + \cdots + \frac{f^{(n)}(a)}{n!}(x - a)^n \quad (4.36)$$

以 $f(x) = \sin x$ 在 $x = 0$ 处为例,如图 4-13 所示,依次存在多项式函数 $p_i(x)$,使得 $\sin x \approx p_i(x)$. 而且 $p_i(x)$ 的阶数越高,近似的效果看起来越好.

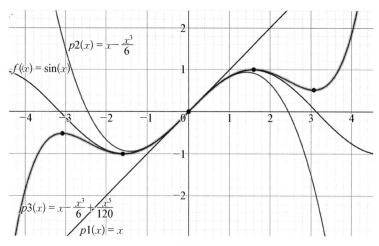

图 4-13　泰勒公式示意图

这是由于 $f^{(n)}(x) = \sin\left(x + \frac{n\pi}{2}\right)$,因此(注意偶阶导数全为 0,这是因为 $\sin x$ 是奇函数)

$$f'(0) = 1, \ f''(0) = 0, \ f'''(0) = -1, \ f^{(4)}(0) = 0, \ f^{(5)}(0) = 1$$

再加上 $f(0) = 0$,代入式(4.35),即得 $f(x) = \sin x$ 的 1 阶、3 阶和 5 阶泰勒公式分别为

$$\sin x = x + o(x), \ \sin x = x - \frac{1}{6}x^3 + o(x^3), \ \sin x = x - \frac{1}{6}x^3 + \frac{1}{120}x^5 + o(x^5)$$

看起来似乎可以用任意阶数的多项式函数来近似替代已知函数. 那么问题来了,什么时候可以去掉那些讨厌的"小尾巴"呢?

"小尾巴"的问题暂且搁置一边,通过查阅资料,小明终于解开了"为什么会有这么多种符号"的困惑. 微积分如今被公认为是牛顿和莱布尼茨共同发明的. 但当初因为微积分优先权之争,牛顿坚持使用类似于 $\dot{y}$(即 y 上加一点)这样的符号来表示 y 的"流数"(导数),因易混淆,后辈数学家拉格朗日将其更改为 y' 或 $f'(x)$,后人称牛顿的符号体系为"点主义". 至于莱布尼茨,他首先是一位哲学家,这就意味着他更关注数学符号,因为好的数学符号能"大大节省思维劳动",对他寻找"思维的规律"(他是数理逻辑的创始人)能起到巨大的促进作用. 经过反复修改以及与人协商后,他取拉丁文"differentia"(微分)的首字母 d(对应的大写希腊字母是 Δ,小写希腊字母是 δ),引入了微分符号 d 和差分符号 Δ,后人称他的符号体系为"d 主义". 而微积分优先权之争,则被后人诙谐地称为"d 主义"与"点主义"的对抗.

事实上,按莱布尼茨的记号,Δx 和 $\mathrm{d}x$ 都表示 x 的差,区别在于莱布尼茨将 $\mathrm{d}x$ 看作无穷小. 以此视角,先写出割线斜率 $\dfrac{\Delta y}{\Delta x}$ 中,再让 $\Delta x \to 0$,相应地有 $\Delta y \to 0$,这样割线斜率就变成了切线斜率 $\dfrac{\mathrm{d}y}{\mathrm{d}x}$,用后人引入的极限符号来表示,就是 $\dfrac{\mathrm{d}y}{\mathrm{d}x} = \lim\limits_{\Delta x \to 0} \dfrac{\Delta y}{\Delta x}$. 因此这个符号可以不断地提醒我们: 切线斜率就是割线斜率的极限.

4.3.3　导数的运算法则

小明注意到同求极限的情形一样,用定义求导数也不方便. 他觉得导数作为一种特殊的极限即差商的极限,显然也应该存在四则运算法则和复合运算法则.

定理 4.14(导数的四则运算法则)　如果函数 $f=f(x)$,$g=g(x)$ 都可导,则它们的和差积商都可导,并且

$$(f \pm g)' = f' \pm g', \quad (fg)' = f'g + fg', \quad \left(\frac{f}{g}\right)' = \frac{f'g - fg'}{g^2} \ (g \neq 0)$$

特别地,注意到常数的导数为零,可得

(1) 常数因子外提: $(kf)' = kf'$;(2) **倒法则**: $\left(\dfrac{1}{g}\right)' = -\dfrac{1}{g^2}g' \ (g \neq 0)$.

四则运算可视为操作函数的算子,因此为了凸显它们的特征,上述表达式中只写出了函数名. 要特别注意,$(f \cdot g)' \neq f' \cdot g'$ 或 $\left(\dfrac{f}{g}\right)' \neq \dfrac{f'}{g'}$. 对于商法则,由于除法可变为乘法,因此令 $F = \dfrac{f}{g}$,此即 $Fg = f$,两边求导,得 $F'g + Fg' = f'$,变形后即得商法则;也可以这样理解:$\left(\dfrac{f}{g}\right)' = \left(f\dfrac{1}{g}\right)' = f'\dfrac{1}{g} + f\left(\dfrac{1}{g}\right)' = f'\dfrac{1}{g} - f\dfrac{1}{g^2}g' = \dfrac{f'g - fg'}{g^2}$. 至于如何记忆其中的 $f'g - fg'$:可注意"**先子后母**"现象,即先对分子 f 求导,后对分母 g 求导;也可以看成只是把积法则结果 $f'g + fg'$ 中的"+"改成了"−".

按照四则运算法则,小明很快算出了下列导数公式$\left(\text{其中} \sec x = \dfrac{1}{\cos x}, \csc x = \dfrac{1}{\sin x}\right)$:

$$(\tan x)' = \left(\frac{\sin x}{\cos x}\right)' = \frac{\cos x \cdot \cos x - \sin x \cdot (-\sin x)}{\cos^2 x} = \frac{1}{\cos^2 x} = \sec^2 x, \ (\cot x)' = -\csc^2 x$$

$$(\sec x)' = \left(\frac{1}{\cos x}\right)' = -\frac{1}{\cos^2 x}(\cos x)' = \frac{\sin x}{\cos^2 x} = \sec x \tan x, \ (\csc x)' = -\csc x \cot x$$

例 4.34　设 $y = x^2 \ln x - 3\sqrt[3]{x} + 2^x \sin x + \ln 2\,021$,求 $y'(1)$.

分析: 用化幂技巧将根式 $\sqrt[3]{x}$ 化成分数指数幂. 另外,$\ln 2\,021$ 是常数. 注意:对求导运算而言,四则运算之间的次序是"先加减,再乘除",与数或式的运算次序正好相反.

解：$y' = (x^2\ln x)' - 3(x^{\frac{1}{3}})' + (2^x\sin x)' + (\ln 2\,021)'$

$= (x^2)'\ln x + x^2(\ln x)' - 3 \cdot \frac{1}{3}x^{-\frac{2}{3}} + (2^x)'\sin x + 2^x(\sin x)' + 0$

$= 2x\ln x + x - x^{-\frac{2}{3}} + 2^x\ln 2 \cdot \sin x + 2^x\cos x$

所以　　　　　　　　　　　$y'(1) = 2\ln 2 \cdot \sin 1 + 2\cos 1$

定理 4.15(导数的复合运算法则,即链式法则)　如果函数 $u = g(x)$ 在点 x 处可导,而函数 $y = f(u)$ 在对应的点 $u = g(x)$ 处可导,则复合函数 $y = f(g(x))$ 在点 x 处也可导,并且

$$\frac{\mathrm{d}y}{\mathrm{d}x} = \frac{\mathrm{d}y}{\mathrm{d}u}\frac{\mathrm{d}u}{\mathrm{d}x} \quad 或 \quad (f(g(x)))' = f'(u)g'(x) = f'(g(x))g'(x) \quad (4.37)$$

$(f(g(x)))'$ 的含义是"**先代后导**":先将内层函数 g 代入 $f(u)$,再对得到的复合函数 $f(g)$ 求导;而 $f'(g(x))$ 的含义是"**先导后代**":先求导外层函数 f 得到 $f'(u)$(这里的自变量是 u),再代入内层函数 g 得到 $f'(g)$. 总之,小明明白 $(f(g))' \neq f'(g)$,例如 $(f(-x))' \neq f'(-x)$.

与复合函数求极限显著不同的是,链式法则中内层函数和外层函数都要求导,如果把求导时的自变量加到角标上,那么 $y = f(g(x))$ 的链式法则也可以写成 $y'_x = f'_u g'_x$.

例 4.35　已知 $y = \sin x^2$,求 y'.

解：设 $y = \sin u$, $u = x^2$,则 $y' = \frac{\mathrm{d}y}{\mathrm{d}u}\frac{\mathrm{d}u}{\mathrm{d}x} = \cos u \cdot 2x = 2x\cos x^2$.

由于 $y' = (\sin x^2)' = \cos x^2 \cdot 2x = \cos x^2 (x^2)'$,按"三位一体"的思想,视 x^2 为□,即得

$$(\sin□)' = \cos□ \cdot (□)'$$

换成符号 x,小明发现这意味着公式 $(\sin x)' = \cos x$ 被推广为 $(\sin x)' = \cos x \cdot x'$. 当变量 x 对自身求导时,显然 $x' = 1$,退回到推广前的形式.

这种推广是否有理论依据? 仔细分析链式法则,他发现可以将之简写为

$$Df(g) = (f(g))' = f'(g)g' \quad (4.38)$$

如果进一步用□表示内层函数 g,即得

$$D(f(□)) = (f(□))' = f'(□) \cdot □' \quad (4.39)$$

显然在 $(\sin□)' = \cos□ \cdot (□)'$ 中,算子 f 为 sin, f' 为 cos.

鉴于导数计算涉及的都是基本初等函数,他重新列出了推广后的求导公式表(表 4-6),按"三位一体"的思想,其中的 x 都是占位符,都可以视为□:

表 4-6　求导公式的推广形式: $Df(□) = f'(□) \cdot (□)'$

(1) $(x^\mu)' = \mu x^{\mu-1} \cdot x'$,特别地,$(x^n)' = nx^{n-1} \cdot x'$
(2) $(a^x)' = a^x\ln a \cdot x'$,特别地,$(\mathrm{e}^x)' = \mathrm{e}^x \cdot x'$
(3) $(\log_a x)' = \frac{1}{x\ln a} \cdot x'$,特别地,$(\ln x)' = \frac{1}{x} \cdot x'$

(4) $(\sin x)' = \cos x \cdot x'$, $(\cos x)' = -\sin x \cdot x'$
(5) $(\arcsin x)' = \dfrac{1}{\sqrt{1-x^2}} \cdot x'$, $(\arctan x)' = \dfrac{1}{1+x^2} \cdot x'$

按照推广公式，视 kx 为□，并注意到 $(kx)' = k$，他轻松地得到了下列公式：

$$(\sin kx)' = k\cos kx, \ (\cos kx)' = -k\sin kx, \ (\mathrm{e}^{kx})' = k\mathrm{e}^{kx}$$

对于对数函数，分别视 $x+a$ 和 $-x$ 为□，则有下列公式：

$$(\ln(x+a))' = \frac{1}{x+a}, \ (\ln|x|)' = \frac{1}{x},$$

其中后者当 $x>0$ 时显然成立，当 $x<0$ 时依据的推理是 $(\ln(-x))' = \dfrac{1}{-x}(-x)' = \dfrac{1}{x}$.

根据对数恒等式 $a = \mathrm{e}^{\ln a}$，以及推广公式 $(\mathrm{e}^x)' = \mathrm{e}^x \cdot x'$，他发现

$$(x^\mu)' = (\mathrm{e}^{\mu\ln x})' = \mathrm{e}^{\mu\ln x}(\mu\ln x)' (\text{视 } \mu\ln x \text{ 为□}) = x^\mu \frac{\mu}{x} = \mu x^{\mu-1}$$

这就补上了幂函数求导公式的证明.

进一步将上述技巧应用于幂指函数 x^x，可知 $x^x = \mathrm{e}^{\ln x^x} = \mathrm{e}^{x\ln x}$，因此

$$(x^x)' = (\mathrm{e}^{x\ln x})' = \mathrm{e}^{x\ln x}(x\ln x)' = x^x(\ln x + 1)$$

例 4.36　求下列函数的导数：(1) $y = \arctan x^2$；(2) $y = \ln\tan\dfrac{x}{2}$.

解：(1) 根据推广公式 $(\arctan\square)' = \dfrac{1}{1+\square^2} \cdot \square'$，视 x^2 为□，则有

$$y' = (\arctan x^2)' = \frac{1}{1+(x^2)^2}(x^2)' = \frac{2x}{1+x^4}$$

(2) 根据推广公式 $(\ln\square)' = \dfrac{1}{\square} \cdot \square'$ 和 $(\tan\square)' = \sec^2\square \cdot \square'$，依次将□看成 $\tan\dfrac{x}{2}$ 和 $\dfrac{x}{2}$，则有

$$y' = \frac{1}{\tan\dfrac{x}{2}}\left(\tan\frac{x}{2}\right)' = \frac{\cos\dfrac{x}{2}}{\sin\dfrac{x}{2}} \cdot \frac{1}{\cos^2\dfrac{x}{2}}\left(\frac{x}{2}\right)' = \frac{1}{2\sin\dfrac{x}{2}\cos\dfrac{x}{2}} = \frac{1}{\sin x} = \csc x$$

小明注意到其中使用的始终是"**两层模型法**"，比如第(2)小题中依次将□看成 $\tan\dfrac{x}{2}$ 和 $\dfrac{x}{2}$. 这也可以理解成"**层层剥竹笋**"，越剥当然越简单！

例 4.37　已知 $y = \sin^2 x$，求 y''.

分析： 注意 $\sin^2 x = (\sin x)^2$，即外层函数是平方而不是 $\sin$ 函数，因此需使用的推广公式是 $(\square^2)' = 2\square \cdot \square'$.

解： $y' = 2(\sin x)(\sin x)' = 2\sin x \cos x = \sin 2x$，$y'' = (\sin 2x)' = 2\cos 2x$

题中利用倍角公式 $\sin 2x = 2\sin x \cos x$ 化简了 y' 的结果，显然方便了 y'' 的计算.

例 4.38 已知函数 $y = x\sqrt{1-x^2} + \arcsin x$，求 y''.

分析： 对求导运算而言，四则运算和复合运算之间的次序是"先四则，再复合"，结合四则运算内的求导次序，最终的求导次序是"**先加减，再乘除，最后复合**"，与数或式的运算次序正好完全相反.

解： 根据推广公式 $(\sqrt{\square})' = \dfrac{1}{2\sqrt{\square}} \cdot \square'$，可知

$$(\sqrt{1-x^2})' = \frac{1}{2\sqrt{1-x^2}}(1-x^2)' = \frac{-2x}{2\sqrt{1-x^2}} = -\frac{x}{\sqrt{1-x^2}}$$

因此

$$y' = \sqrt{1-x^2} + x(\sqrt{1-x^2})' + \frac{1}{\sqrt{1-x^2}} = \sqrt{1-x^2} - \frac{x^2}{\sqrt{1-x^2}} + \frac{1}{\sqrt{1-x^2}}$$

$$= \sqrt{1-x^2} + \frac{1-x^2}{\sqrt{1-x^2}} = \sqrt{1-x^2} + \sqrt{1-x^2} = 2\sqrt{1-x^2}$$

$$y'' = (2\sqrt{1-x^2})' = -\frac{2x}{\sqrt{1-x^2}}$$

本题中将 y' 的结果化到最简，这样后面的求导就方便了很多.

例 4.39 已知函数 $y = \ln(x + \sqrt{x^2-1})$，求 y''.

解： $y' = \dfrac{1}{x+\sqrt{x^2-1}}(x+\sqrt{x^2-1})' = \dfrac{1}{x+\sqrt{x^2-1}}\left[1 + (\sqrt{x^2-1})'\right]$

$$= \frac{1}{x+\sqrt{x^2-1}}\left(1 + \frac{x}{\sqrt{x^2-1}}\right) = \frac{1}{x+\sqrt{x^2-1}}\frac{\sqrt{x^2-1}+x}{\sqrt{x^2-1}} = \frac{1}{\sqrt{x^2-1}}$$

$$y'' = \left[(x^2-1)^{-\frac{1}{2}}\right]' = -x(x^2-1)^{-\frac{3}{2}}$$

本题中 y' 的结果如果不化简，显然计算 y'' 将非常困难. 另外 y'' 的计算不是直接使用倒法则，而是将 y' 改写为幂函数的形式，这也是需要注意的技巧.

例 4.40 已知多项式函数 $P(x) = a_n x^n + \cdots + a_3 x^3 + a_2 x^2 + a_1 x + a_0$，求 $P^{(n+1)}(x)$.

解： $P'(x) = na_n x^{n-1} + \cdots + 3a_3 x^2 + 2a_2 x + a_1$

$P''(x) = n(n-1)a_n x^{n-2} + \cdots + 6a_3 x + 2a_2$

············

$P^{(n)}(x) = n(n-1)\cdots 1 \cdot a_n = n!\, a_n$

$P^{(n+1)}(x) = 0$

轻松一刻 4

多项式函数 $P(x)$ 和指数函数 e^x 走在路上，远远看到微分算子，$P(x)$ 吓得慌忙躲藏：
"快跑，它会让我归零的！"e^x 则不慌不忙："不怕，它对我不起作用！"很快，e^x 走到了微分算子面前，并自我介绍道："你好，我是 e^x！"没想到微分算子微微一笑道："你好，我是 $\dfrac{\mathrm{d}}{\mathrm{d}y}$！"

4.4 微分学的应用

4.4.1 洛必达法则

既然导数定义本身处理的是 $\dfrac{0}{0}$ 型的不定式，那么前述如此丰富的导数结果能否用于"反哺"求极限呢？

定理 4.16（洛必达法则 I ）   若函数 $f(x)$ 和 $g(x)$ 满足：(1) 在点 a 的某去心邻域内处处可导，并且 $g'(x)\neq 0$；(2) $\lim\limits_{x\to a}f(x)=0$，$\lim\limits_{x\to a}g(x)=0$；(3) 极限 $\lim\limits_{x\to a}\dfrac{f'(x)}{g'(x)}=A$ 或 ∞，则

$$\lim\limits_{x\to a}\frac{f(x)}{g(x)}=\lim\limits_{x\to a}\frac{f'(x)}{g'(x)}$$

显然洛必达法则通过求导这种高级运算，将求极限 $\lim\limits_{x\to a}\dfrac{f(x)}{g(x)}$ 转化为求 $\lim\limits_{x\to a}\dfrac{f'(x)}{g'(x)}$.

洛必达法则中自变量的趋限过程也可以修改为以下情形：

$$x\to a+0,\ x\to a-0,\ x\to +\infty,\ x\to -\infty,\ x\to \infty$$

当然，法则的条件也要相应地适当修改.

思考： 当 $n\to\infty$ 时为什么不能直接使用洛必达法则？

例 4.41   求极限 $\lim\limits_{x\to 1}\dfrac{x^3-2x+1}{x^2-1}$.

解： 原式 $\overset{\text{洛}}{=}\lim\limits_{x\to 1}\dfrac{3x^2-2}{2x}=\dfrac{1}{2}$

本题即前述的例 4.13，那里使用初等解法还需要一定的技巧，这里居然直接使用洛必达法则就可求得，十分简便.

例 4.42   求极限 $\lim\limits_{x\to 1}\dfrac{1-x+\ln x}{x^3-1}$.

解： 原式 $\overset{\text{洛}}{=}\lim\limits_{x\to 1}\dfrac{-1+1/x}{3x^2}=\dfrac{-1+1}{3}=0$

本题也可用换元法＋等价无穷小替换来解决，但计算烦琐.

例 4.43   求极限 $\lim\limits_{x\to \pi}\dfrac{\pi^x-x^\pi}{x^x-\pi^\pi}$.

解： $\lim\limits_{x\to \pi}\dfrac{\pi^x-x^\pi}{x^x-\pi^\pi}\overset{\text{洛}}{=}\lim\limits_{x\to \pi}\dfrac{\pi^x\ln\pi-\pi x^{\pi-1}}{x^x(1+\ln x)}=\dfrac{\ln\pi-1}{1+\ln\pi}$

本题以之前的初等方法求解无能为力,但洛必达法则却十分好用.

例 4.44　求极限 $\lim\limits_{x\to 0}\dfrac{\cos mx-\cos nx}{x^2}$.

解法一:

原式 $\overset{洛}{=}\lim\limits_{x\to 0}\dfrac{-m\sin mx+n\sin nx}{2x}\overset{洛}{=}\lim\limits_{x\to 0}\dfrac{-m^2\cos mx+n^2\cos nx}{2}=\dfrac{1}{2}(n^2-m^2)$

解法二:

原式 $\overset{拆}{=}\lim\limits_{x\to 0}\dfrac{1-\cos nx}{x^2}-\lim\limits_{x\to 0}\dfrac{1-\cos mx}{x^2}\overset{替换}{=}\lim\limits_{x\to 0}\dfrac{\frac{1}{2}(nx)^2}{x^2}-\lim\limits_{x\to 0}\dfrac{\frac{1}{2}(mx)^2}{x^2}=\dfrac{1}{2}(n^2-m^2)$

解法一虽然使用了两次洛必达法则,但比起解法二的“组合拳”来,“技术要领”仍然简单得多.

例 4.45　求极限 $\lim\limits_{x\to 0}\dfrac{x-\sin x}{x-\tan x}$.

解法一:

$\lim\limits_{x\to 0}\dfrac{x-\sin x}{x-\tan x}\overset{洛}{=}\lim\limits_{x\to 0}\dfrac{1-\cos x}{1-\sec^2 x}=\lim\limits_{x\to 0}\dfrac{\cos^2 x(1-\cos x)}{\cos^2 x-1}\overset{化简}{=}\lim\limits_{x\to 0}\dfrac{-\cos^2 x}{1+\cos x}=-\dfrac{1}{2}$

本题中运用一次洛必达法则后,尽管分母变复杂了,但还可以再次使用洛必达法则. 不过这里通过变形消去零因子 $1-\cos x$,显然更简单. 因此,**使用洛必达法则前后要注意化简.**

注意到三角恒等式 $\sec^2 x-1=\dfrac{1}{\cos^2 x}-1=\dfrac{1-\cos^2 x}{\cos^2 x}=\dfrac{\sin^2 x}{\cos^2 x}=\tan^2 x$,则得新解法如下,其中使用了等价无穷小替换 $\tan x\sim x$.

解法二:

原式 $\overset{洛}{=}\lim\limits_{x\to 0}\dfrac{1-\cos x}{1-\sec^2 x}\overset{化简}{=}\lim\limits_{x\to 0}\dfrac{1-\cos x}{-\tan^2 x}\overset{替换}{=}\lim\limits_{x\to 0}\dfrac{\frac{1}{2}x^2}{-x^2}=-\dfrac{1}{2}$

洛必达法则虽然是超级好用的“重器”,但并不是求极限的万能方法. 洛必达法则不适用时,初等方法和技巧(主要是等价无穷小替换和四则运算法则)仍有用武之地. 事实上,求导仅仅是“手段”,求出极限才是最终的“目的”,因此求极限时不能“炫耀武力”,一味求导,而是要综合应用各种方法和技巧,尽可能给出问题的最简步骤,特别是使用洛必达法则前后都要注意“化简”函数表达式.

其他类型的不定式能不能使用洛必达法则呢? 小明首先注意到无穷小与无穷大的下述关系.

定理 4.17(无穷大与无穷小的反演关系)　在同一趋限过程中,(1) 若 $f(x)$ 无穷大,则 $\dfrac{1}{f(x)}$ 无穷小;(2) 若 $f(x)$ 无穷小且 $f(x)\neq 0$, 则 $\dfrac{1}{f(x)}$ 无穷大.

按照反演关系,将 $\dfrac{0}{0}$ 型不定式变形,即得 $\dfrac{\infty}{\infty}$ 型不定式,相应地也有如下的洛必达法则.

定理 4.18(洛必达法则Ⅱ)　若函数 $f(x)$ 和 $g(x)$ 满足:(1) 在点 a 的某去心邻域内处处可导,并且 $g'(x)\neq 0$;(2) $\lim\limits_{x\to a}f(x)=\infty$, $\lim\limits_{x\to a}g(x)=\infty$;(3) 极限 $\lim\limits_{x\to a}\dfrac{f'(x)}{g'(x)}=A$ 或 ∞,则

$$\lim_{x \to a} \frac{f(x)}{g(x)} = \lim_{x \to a} \frac{f'(x)}{g'(x)}$$

法则中自变量的趋限过程仍然可以修改为以下情形：

$$x \to a+0, \; x \to a-0, \; x \to +\infty, \; x \to -\infty, \; x \to \infty$$

当然条件也要相应地适当修改. 同时 $n \to \infty$ 时仍然不能直接使用此洛必达法则.

还有，既然 $\frac{0}{0}$ 型不定式关联了无穷小的比较，那么 $\frac{\infty}{\infty}$ 型不定式自然关联无穷大的比较.

定义 4.16(无穷大的比较)　设在某趋限过程下，函数 f, g 都是无穷大，即有 $\lim f = \infty$, $\lim g = \infty$. 进一步地，有如下两种情况：

(1) 若 $\lim \frac{f}{g} = 0$，则称 g 是 f 的**高阶无穷大**，或称 f 是 g 的**低阶无穷大**；

(2) 若 $\lim \frac{f}{g} = A \neq 0$，其中 A 为常数，则称 f 与 g 是**同阶无穷大**，仍然引入"大 O 表示法"，记作 $f = O(g)$ 或 $g = O(f)$.

例 4.46　求极限 $\lim\limits_{x \to +\infty} \dfrac{\ln(1+x^2)}{\ln(1+x^4)}$.

解：原式 $\overset{洛}{=} \lim\limits_{x \to +\infty} \dfrac{\dfrac{2x}{1+x^2}}{\dfrac{4x^3}{1+x^4}} \overset{化简}{=} \lim\limits_{x \to +\infty} \dfrac{1+x^4}{2x^2(1+x^2)} \overset{"无穷大比武"}{=} \lim\limits_{x \to +\infty} \dfrac{x^4}{2x^2 \cdot x^2} = \dfrac{1}{2}$

例 4.47(无穷大"大佬")　求极限 $\lim\limits_{x \to +\infty} \dfrac{\ln x}{x^2}$ 和 $\lim\limits_{x \to +\infty} \dfrac{x^2}{e^x}$.

解：$\lim\limits_{x \to +\infty} \dfrac{\ln x}{x^2} \overset{洛}{=} \lim\limits_{x \to +\infty} \dfrac{1}{2x^2} = 0$，$\lim\limits_{x \to +\infty} \dfrac{x^2}{e^x} \overset{洛}{=} \lim\limits_{x \to +\infty} \dfrac{2x}{e^x} \overset{洛}{=} \lim\limits_{x \to +\infty} \dfrac{2}{e^x} = 0$

按无穷大的比较，从离开原点的速度看，幂函数比对数函数"跑得快"，指数函数又比幂函数"跑得快"，难怪我们要用"指数爆炸"来形容知识的增长. 由此例可知，基本初等函数中，指数函数才是"大佬".

思考：如何求极限 $\lim\limits_{x \to +\infty} \dfrac{\sqrt[3]{x^3+1}}{x}$？用洛必达法则行不行？

4.4.2　函数的单调性和极值

对第三类问题即最值问题的研究也促进了微积分的诞生，于是小明继续踏上了微积分之旅.

观察图 4-14，在左图中，单调递增函数 $y = f(x)$ 在点 P 和 Q 处的切线斜率都是正数，即有 $f'(x_1) > 0$ 且 $f'(x_2) > 0$，放宽到区间内的任意点 x，这说明应有 $f'(x) > 0$；类似地，在右图中，对于单调递减函数 $y = f(x)$，应有 $f'(x) < 0$. 反之，利用导数的正负可以确定函数的单调性.

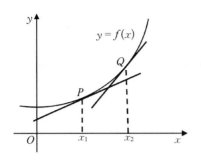 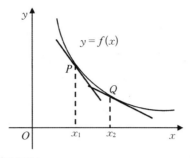

图 4-14 单调性判别法

定理 4.19(单调性判别法) 若函数 $f(x)$ 在开区间 (a, b) 内可导,且对任意 $x \in (a, b)$:
(1) 若总有 $f'(x) > 0$,则函数 $f(x)$ 在开区间 (a, b) 内严格单调增加,记为 $f(x) \uparrow$;
(2) 若总有 $f'(x) < 0$,则函数 $f(x)$ 在开区间 (a, b) 内严格单调递减,记为 $f(x) \downarrow$.
注意这里的开区间 (a, b) 也包括无穷区间,如 $(-\infty, 0)$. 另外,条件中的 "$f'(x) > 0$" 若改成 "$f'(x) \geqslant 0$",则结论就改成 "$f(x)$ 在开区间 (a, b) 内单调增加",这意味着当 $x_1 > x_2$ 时,可能会有 $f(x_1) \geqslant f(x_2)$. 单调递减的情形可类似处理.

定义 4.17(函数的极值) 若对 a 的某个**邻域** $(a - \delta, a + \delta)$ 内任意一点 x,都有 $f(x) \geqslant f(a)$,则称 $x = a$ 为函数 $f(x)$ 的极大值点,称函数值 $f(a)$ 为函数 $f(x)$ 的极大值;若对 a 的某个邻域 $(a - \delta, a + \delta)$ 内任意一点 x,都有 $f(x) \leqslant f(a)$,则称 $x = a$ 为函数 $f(x)$ 的极小值点,称函数值 $f(a)$ 为函数 $f(x)$ 的极小值.

如果 $x = a$ 是函数 $f(x)$ 的极大值点,且导数 $f'(a)$ 存在. 若 $f'(a) > 0$,由于 $f'(a) = \lim\limits_{x \to a} \dfrac{f(x) - f(a)}{x - a}$,因此对很接近 a 的 x,都有 $\dfrac{f(x) - f(a)}{x - a} > 0$,如此,当 $x > a$ 时必有 $f(x) > f(a)$,这与 $f(a)$ 为极大值矛盾;若 $f'(a) < 0$,可得出类似的矛盾. 这说明此时只能有 $f'(a) = 0$. 类似地,如果 $x = a$ 是函数 $f(x)$ 的可导极小值点,也只能有 $f'(a) = 0$. 导数为零的点称为**驻点**.

定理 4.20(极值的必要条件,即费马小定理) 可导的极值点必是驻点.

按极值的必要条件,极值点可分为两类:可导的极值点,那它一定是驻点;不可导的极值点. 如图 4-15 所示,图中 x_1, x_2, x_3, x_4 都是极值点,但前三个点 $x_1 \sim x_3$ 都有水平切线,点 x_4 则无切线. 这说明驻点和不可导点都是可能的极值点,而导数不为零的点肯定不是极值点,因为根据函数的单调性,直观上函数值此时仍处于上升或下降之中. 同时,小明还从图中发现:极值点肯定不会是端点;极小值未必小于极大值,极大值也未必大于极小值.

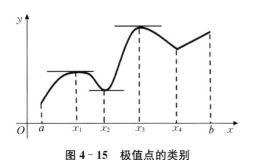 

图 4-15 极值点的类别 　　　　图 4-16 三种点的关系图

小明绘制了三种点(驻点、不可导点与极值点)的关系图(如图 4-16 所示),图中虚线左侧矩形表示可导点,右侧矩形表示不可导点,半圆表示驻点,菱形则表示极值点. 对于驻点和不可导点这些可能的极值点是否是极值点,则需要使用判别方法.

定理 4.21(极值的一阶判别法)　**两侧导函数异号的可能的极值点必是极值点.** 即若函数 $f(x)$ 在 a 的某个**去心邻域** $(a-\delta,\ a+\delta)/a$ 内处处可导,并且 $f'(a)=0$ 或函数 $f(x)$ 在点 a 处不可导但连续,那么

(1) 若 $x<a$ 时 $f'(x)>0$, $x>a$ 时 $f'(x)<0$,即曲线 $y=f(x)$ 在点 $x=a$ 两侧"左升右降",故点 $x=a$ 为函数 $f(x)$ 的极大值点;

(2) 若 $x<a$ 时 $f'(x)<0$, $x>a$ 时 $f'(x)>0$,即曲线 $y=f(x)$ 在点 $x=a$ 两侧"左降右升",故点 $x=a$ 为函数 $f(x)$ 的极小值点.

例 4.48　求函数 $f(x)=2x^3-9x^2+12x-6$ 的单调区间和极值.

解: $f'(x)=6x^2-18x+12=6(x^2-3x+2)=6(x-1)(x-2)$,解得驻点为 $x=1$, 2. 函数没有不可导点,因此可能的极值点为 $x=1$, 2. 直观起见,列表函数的单调性如下:

x	$(-\infty, 1)$	1	$(1, 2)$	2	$(2, +\infty)$
$f'(x)$	$+$	0	$-$	0	$+$
$f(x)$	↑	极大值	↓	极小值	↑

因此函数 $f(x)$ 在区间 $(-\infty, 1)$ 和 $(2, +\infty)$ 内单调增加,在区间 $(1, 2)$ 内单调递减,极大值为 $f(1)=-1$,极小值为 $f(2)=-2$.

借助软件可绘制出此函数的图形,如图 4-17 所示. 一般地,三次多项式函数的图形都是与之类似的 S 形曲线.

一阶判别法有时比较麻烦. 能不能从可能的极值点本身再获得一些信息,来判别它的真伪? 因为这些点的一阶导数已被使用,接下来自然是二阶导数.

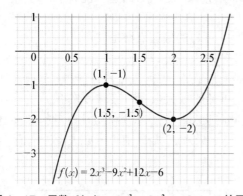
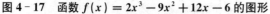
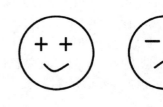

图 4-17　函数 $f(x)=2x^3-9x^2+12x-6$ 的图形　　　图 4-18　笑脸判别法

定理 4.22(极值的二阶判别法)　**二阶导数值不为零的驻点必是极值点**,即若函数 $f(x)$ 在点 a 存在二阶导数,并且 $f'(a)=0$, $f''(a)\neq 0$,则

(1) 当 $f''(a)>0$ 时,点 $x=a$ 为函数 $f(x)$ 的极小值点;

(2) 当 $f''(a)<0$ 时,点 $x=a$ 为函数 $f(x)$ 的极大值点.

二阶判别法又被形象地称为笑脸判别法. 如图 4-18 所示,图中的笑脸中,"+"号对应 $f''(a)>0$ 为正,两个则对应二阶导数,左降右升的嘴巴形状则对应极小值. 对哭脸可作类似

的解释.

例 4.49　求函数 $f(x)=\cos 2x-2\sin x$ 在 $(0,\pi)$ 内的极值.

分析：函数的二阶导数比较容易求，而且没有不可导点，故使用二阶判别法.

解：$f(x)=-2\sin 2x+2\cos x=-2\cos x(2\sin x-1)$，解得驻点为 $x=\dfrac{\pi}{6},\dfrac{\pi}{2},\dfrac{5\pi}{6}$.

由于

$$f''(x)=-4\cos 2x-2\sin x,\ f''\left(\frac{\pi}{6}\right)=f''\left(\frac{5\pi}{6}\right)=-3<0,\ f''\left(\frac{\pi}{2}\right)=2>0$$

因此极大值为 $f\left(\dfrac{\pi}{6}\right)=f\left(\dfrac{5\pi}{6}\right)=\dfrac{3}{2}$，极小值为 $f\left(\dfrac{\pi}{2}\right)=1$.

例 4.50　求函数 $f(x)=(x^2-1)^3$ 的极值.

分析：$f''(x)=6(x^2-1)(5x^2-1)$，因此 $f''(\pm 1)=0$. 虽然二阶导数很容易求，但却无法使用二阶判别法，因为驻点的二阶导数为零. 故本题只能使用一阶判别法.

解：$f'(x)=6x(x^2-1)^2$，解得驻点为 $x=0,\pm 1$. 列表函数的单调性如下：

x	$(-\infty,-1)$	-1	$(-1,0)$	0	$(0,1)$	1	$(1,+\infty)$
$f'(x)$	$-$	0	$-$	0	$+$	0	$+$
$f(x)$	↓	不是极值	↓	极小值	↑	不是极值	↑

由表可知，函数的极小值 $f(0)=-1$，没有极大值.

借助软件可绘制出此函数的图形，如图 4-19 所示. 事实上，小明获悉，利用极限和导数等纯代数形式的分析工具，可以获得函数的几何性态(比如单调性和凸凹性)，进而可以手工作出函数的草图. 比如例题中利用一阶导数的信息即可确定函数的单调性及极值. 总之，从函数的代数表达式出发获得几何信息，是笛卡儿解析几何将几何问题代数化思想的延续. 一句话，函数的几何形态是用分析工具算出来的.

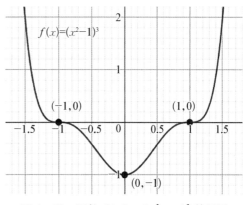

图 4-19　函数 $f(x)=(x^2-1)^3$ 的图形

4.4.3　函数的最值

在实践中，常常需要求一些函数的最值，比如用料最省、容量最大、利润最大、成本最小、效率最高等问题. 在数学上此类问题往往可归结为求某个函数(通常称为**目标函数**)的最大值或最小值，统称为**最值问题**. 小明知道，费马等人对最值问题的研究，促进了微积分的诞生.

如果函数 $f(x)$ 在闭区间 $[a,b]$ 上连续，则函数 $f(x)$ 具有**最值定理**，即函数 $f(x)$ 在该区间上必能取到最大值和最小值. 当然，最值点也可能是端点. 如果最值点在区间内部，显然由定义可知，该点也是函数的极值点. 这就是说最值是整体概念，而极值则是局部概念. 因此反过来说,极值点只是可能的最值点,最终是否一定是最值点,还需要甄别.那么,该如何甄别呢?

对于闭区间 $[a,b]$ 上的连续函数 $f(x)$ 来说,这个问题相当简单.但在实际问题中,"连续函数"这个条件极易满足,可是闭区间这个条件有时却无法满足,那么将区间放宽到开区间,情况又如何呢?

遗憾的是连续函数在开区间上可能既有最大值,又有最小值;也可能只有最大值或只有最小值;还可能既没有最大值也没有最小值.所以如果再对函数加上一些限定,情况会改观吗?

定理 4.23(最值问题的理论依据)　如果开区间 (a,b) 内的连续函数 $f(x)$ 在此区间内没有不可导点,但有唯一的驻点,并且函数 $f(x)$ 在区间 (a,b) 内存在最值点,则此唯一驻点必是函数 $f(x)$ 在区间 (a,b) 内的最值点.

例 4.51(容积最大)　如图 4-20 所示,将边长为 a 的正三角形铁皮剪去三个全等的四边形,并沿虚线折起,做成一个无盖的正三棱柱盒子.问 x 取何值时该盒子的容积最大?求出此最大值.

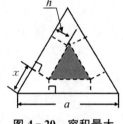

图 4-20　容积最大

解: 设盒子的容积为 V,高为 h,底面三角形面积为 S,则 $h = \dfrac{\sqrt{3}}{3}x$,于是

$$S = \frac{1}{2}(a-2x)^2 \sin\frac{\pi}{3} = \frac{\sqrt{3}}{4}(a-2x)^2$$

从而

$$V = S \cdot h = \frac{1}{4}x(a-2x)^2 \left(0 < x < \frac{a}{2}\right)$$

令 $V'(x) = \dfrac{1}{4}(a-2x)(a-6x)$,解得驻点 $x = \dfrac{a}{6}$ 或 $x = \dfrac{a}{2}$(舍去).

根据问题的实际意义,函数 $V(x)$ 在区间 $\left(0, \dfrac{a}{2}\right)$ 内存在最大值,所以当 $x = \dfrac{a}{6}$ 时,盒子的容积最大,为 $V_{\max} = V\left(\dfrac{a}{6}\right) = \dfrac{1}{54}a^3$.

显然,解最值问题的关键是将之转化为相应的数学问题,也就是如何将**现实问题数学化**.这首先需要运用相关专业知识,得到问题的数学模型或目标函数,然后利用导数知识进行研究分析.

参考文献

[1] 李继根. 大学文科数学[M]. 上海:华东理工大学出版社,2012.

[2] 神永正博. 简单微积分[M]. 李慧慧,译. 北京:人民邮电出版社,2018.

[3] 班纳. 普林斯顿微积分读本[M]. 杨爽,赵晓婷,高璞,译. 修订版. 北京:人民邮电出版社,2016.

[4] 芬尼,韦尔,焦尔当诺. 托马斯微积分:第 10 版[M]. 叶其孝,王耀东,唐兢,译. 北京:高等教育出版社,2003.

[5] 龚昇. 简明微积分[M]. 4 版. 北京:高等教育出版社,2006.

[6] 项武义. 微积分大意[M]. 北京: 高等教育出版社, 2014.

[7] 张景中. 直来直去的微积分[M]. 北京: 科学出版社, 2010.

[8] 林群. 微积分快餐[M]. 3 版. 北京: 科学出版社, 2019.

[9] 柯朗, 约翰. 微积分和数学分析引论[M]. 张鸿林, 周民强, 林建祥, 等译. 北京: 科学出版社, 2001.

[10] 卓永鸿. 轻松学点微积分[M]. 北京: 科学出版社, 2020.

[11] 蔡聪明. 微积分的历史步道[M]. 2 版. 台北: 三民书局, 2013.

[12] Berlinski D. A tour of the calculus[M]. New York: Random House, 1995.

第5章
微积分之旅(下)

5.1.1 不定积分的概念和公式

对第四类问题即**求积**(面积和体积等)**问题**,小明知道正是牛顿和莱布尼茨天才地将之看成切线问题的反问题,才最终创立了微积分. 从逻辑上讲,微分与积分这种逆向思维极易理解,例如,当初是"已知曲线 $y=x^2$,求任意点的斜率",而现在无非是"已知斜率 $k=2x$,求曲线 $y=f(x)$ 的表达式".那么问题来了: 为什么这种思想如此重要? 小明踏进了微积分之旅的下一站——积分王国.

定义 5.1(原函数和不定积分) 对于区间 I 上的函数 $f(x)$,若存在函数 $F(x)$,使得

$$F'(x)=f(x) \tag{5.1}$$

则称函数 $F(x)$ 是函数 $f(x)$ 在区间 I 上的一个**原函数**,或者称 $F(x)$ 为函数 $f(x)$ 的一个**不定积分**,记为 $\int f(x)\mathrm{d}x$,其中 x 称为**积分变量**,$f(x)$ 称为**被积函数**,$f(x)\mathrm{d}x$ 称为**积分表达式**.

例如有 $(x^2)'=2x$,同时也有 $(x^2+2\,021)'=2x$,一般地,对任意常数 C,都有 $(x^2+C)'=2x$,因此 x^2,$x^2+2\,021$ 和 x^2+C 都是 $2x$ 的原函数. 这说明如果 $F(x)$ 和 $G(x)$ 都是函数 $f(x)$ 的原函数,那么它们之间只相差一个常数 C,即 $G(x)=F(x)+C$. 因此函数 $f(x)$ 的**任意一个不定积分**可表示为

$$\int f(x)\mathrm{d}x=F(x)+C \tag{5.2}$$

其中的不定项 C 可为任意常数,而 $F(x)$ 可以是 $f(x)$ 的**任意一个原函数**(当然实际选择时会尽可能选最简单的).

上式两边对 x 求导,则有

$$\left[\int f(x)\mathrm{d}x\right]'=F'(x)=f(x) \tag{5.3}$$

如果进一步视 $\int f(x)\mathrm{d}x$ 为 y,根据微分计算公式 $\mathrm{d}y = y'\mathrm{d}x$,即得

$$\mathrm{d}\left[\int f(x)\mathrm{d}x\right] = \left[\int f(x)\mathrm{d}x\right]'\mathrm{d}x = f(x)\mathrm{d}x \tag{5.4}$$

从操作上看,将 $\mathrm{d}\left[\int f(x)\mathrm{d}x\right]$ 左边的微分算子"d"与积分算子"$\int$"互相抵消,即得 $f(x)\mathrm{d}x$.

将式(5.1)代入式(5.2),即得 $\int F'(x)\mathrm{d}x = F(x) + C$,将 $F(x)$ 换成习惯上用来表示任意函数的 $f(x)$,则有

$$\int f'(x)\mathrm{d}x = f(x) + C \tag{5.5}$$

注意到 $\mathrm{d}f(x) = f'(x)\mathrm{d}x$,即得

$$\int \mathrm{d}f(x) = f(x) + C \tag{5.6}$$

从操作上看,就是将 $\int \mathrm{d}f(x)$ 左边的积分算子"$\int$"与微分算子"d"互相抵消,即得 $f(x) + C$.

定理 5.1(微分与积分的互逆关系)　对函数 $f(x)$ 的微分与积分运算是互逆的,具体就是

(1) **先积后微**:$\left[\int f(x)\mathrm{d}x\right]' = f(x)$ 或 $\mathrm{d}\left[\int f(x)\mathrm{d}x\right] = f(x)\mathrm{d}x$;

(2) **先微后积**:$\int f'(x)\mathrm{d}x = f(x) + C$ 或 $\int \mathrm{d}f(x) = f(x) + C$.

积分算子"$\int$"与微分算子"d"的确是互逆运算,它们的作用"基本上"可以互相抵消,正如莱布尼茨指出来的那样,"就像数学中的正与负、乘与除、乘方与开方一样,不仅彼此相反,而且是一种互逆的运算过程."当然,这里"C"的问题除外!

例 5.1　设 $\int f(x)\mathrm{d}x = \cos 2x + C$,求 $f(x)$.

分析:既然 $f(x)$ 在积分号内,通过逆运算去掉即可.

解:两边对 x 求导,得 $f(x) = \left[\int f(x)\mathrm{d}x\right]' = (\cos 2x + C)' = -2\sin 2x$.

例 5.2　设 $\int f(x)\mathrm{e}^{x^2}\mathrm{d}x = \mathrm{e}^{x^2} + C$,求 $f(x)$.

分析:先将 $f(x)\mathrm{e}^{x^2}$ 看成一个整体,通过逆运算去掉积分号.

解:两边对 x 求导,得 $f(x)\mathrm{e}^{x^2} = \left[\int f(x)\mathrm{e}^{x^2}\mathrm{d}x\right]' = (\mathrm{e}^{x^2} + C)' = \mathrm{e}^{x^2}(x^2)' = 2x\mathrm{e}^{x^2}$,解得 $f(x) = 2x$.

既然不定积分与微分互为逆运算,那么将求导公式"反转",就得到了积分公式.例如由 $(\sin x)' = \cos x$ 可知 $\int \cos x\,\mathrm{d}x = \sin x + C$. 小明将这些基本积分公式汇总,如表 5-1 所示.

特别地,当 $\mu = -\dfrac{1}{2}$ 及 $\mu = -2$ 时,结合**化幂技巧**,有

$$\int \frac{1}{\sqrt{x}} \mathrm{d}x = \int x^{-\frac{1}{2}} \mathrm{d}x = 2x^{\frac{1}{2}} + C = 2\sqrt{x} + C, \int \frac{1}{x^2} \mathrm{d}x = \int x^{-2} \mathrm{d}x = -x^{-1} + C = \frac{1}{x} + C$$

表 5 - 1　基本积分公式表

$(1) \int x^{\mu} \mathrm{d}x = \dfrac{1}{\mu+1} x^{\mu+1} + C \ (\mu \neq -1),$ 特别地,$\int x^n \mathrm{d}x = \dfrac{1}{n+1} x^{n+1} + C$
$(2) \int a^x \mathrm{d}x = \dfrac{1}{\ln a} a^x + C,$ 特别地,$\int \mathrm{e}^x \mathrm{d}x = \mathrm{e}^x + C;$
$(3) \int \dfrac{1}{x} \mathrm{d}x = \ln|x| + C;$
$(4) \int \sin x \mathrm{d}x = -\cos x + C, \int \cos x \mathrm{d}x = \sin x + C;$
$(5) \int \dfrac{1}{\sqrt{1-x^2}} \mathrm{d}x = \arcsin x + C, \int \dfrac{1}{1+x^2} \mathrm{d}x = \arctan x + C$

小明注意到求导公式中的"**肥自家田**"现象,在积分公式中仍然得以保留,但是具体特征则出现了"反转":幂函数 x^{μ} 的积分效果是**升次**,即将 μ 次升高为 $\mu+1$ 次(再乘上它的倒数);指数函数 a^x 的求导效果是**倍除**,即除以系数 $\ln a$,其中最特别的是 e^x,积分前后仍然完全一样(想想也应该如此);三角函数 $\sin x$ 和 $\cos x$ 的积分效果都是**后移** $90°$,例如 $\int \cos x \mathrm{d}x = \cos\left(x - \dfrac{\pi}{2}\right) + C$,也就是将求导结果取反,例如 $(\cos x)' = -\sin x$,相应地,$\int \cos x \mathrm{d}x = -(-\sin x) + C = \sin x + C$. 至于"**他人嫁衣**"现象在积分中的情形,小明一时半会儿没想明白.

小明知道积分变量具有**符号无关性**,例如若换积分变量为 u,则公式 $\int \sin x \mathrm{d}x = -\cos x + C$ 就变成了 $\int \sin u \mathrm{d}u = -\cos u + C$. 同时他知道这些公式更要按照"**三位一体**"的思想来理解,即积分变量 x 要看成占位符,例如公式 $\int \sin x \mathrm{d}x = -\cos x + C$ 要理解成 $\int \sin \square \mathrm{d}\square = -\cos \square + C$.

另外,小明注意到微分算子具有可加性(和差的微分等于微分的和差)和齐次性(常数因子外提),统称为**线性性**. 那么积分算子呢?

定理 5.2(不定积分的线性运算)　若函数 $f(x)$ 和 $g(x)$ 都有原函数,则有

(1) **可加性**:$\int [f(x) \pm g(x)] \mathrm{d}x = \int f(x) \mathrm{d}x \pm \int g(x) \mathrm{d}x$;

(2) **齐次性**:$\int [kf(x)] \mathrm{d}x = k \int f(x) \mathrm{d}x$.

例 5.3　求不定积分:$(1) \int \left(\dfrac{1}{\sqrt{x^3}} + \sin 2\right) \mathrm{d}x$;$(2) \int \dfrac{1}{\sqrt{1-u^2}} \mathrm{d}u$.

解:(1) 小明注意到**化幂技巧**,还有 $\sin 2$ 是常数,则

$$原式 = \int (x^{-\frac{3}{2}} + \sin 2)\,dx = -2x^{-\frac{1}{2}} + x\sin 2 + C = -\frac{2}{\sqrt{x}} + x\sin 2 + C;$$

(2) 注意到积分变量的**符号无关性**,则 $\int \dfrac{1}{\sqrt{1-u^2}}\,du = \arcsin u + C.$

例 5.4　求不定积分 $\displaystyle\int \dfrac{x^4}{1+x^2}\,dx.$

解: $\dfrac{x^4}{1+x^2} = \dfrac{(x^4-1)+1}{1+x^2} = \dfrac{(x^2+1)(x^2-1)+1}{1+x^2} = x^2+1+\dfrac{1}{1+x^2},$

$$原式 = \int \left(x^2 - 1 + \frac{1}{1+x^2}\right) dx = \frac{1}{3}x^3 - x + \arctan x + C$$

例 5.5　已知 $f(x) = (\sqrt[3]{x} - 1)^2$, 求 $\displaystyle\int f(x)\,dx.$

解: $f(x) = (\sqrt[3]{x})^2 - 2\sqrt[3]{x} + 1 = x^{\frac{2}{3}} - 2x^{\frac{1}{3}} + 1,$

$$原式 = \int (x^{\frac{2}{3}} - 2x^{\frac{1}{3}} + 1)\,dx = \frac{3}{5}x^{\frac{5}{3}} - \frac{3}{2}x^{\frac{4}{3}} + x + C$$

求解上述积分时,或者直接使用基本积分公式,或者对被积函数进行恒等变形后再使用基本积分公式,这类方法统称为**直接积分法**.

5.1.2　定积分的概念和性质

到底积分与面积有何联系? 小明转而开始研究面积问题. 他知道面积问题都是以长方形为基础来思考的: $S_{长方形} = ab$, 平行四边形可以拼接成长方形, 因此 $S_{\square} = ah$ (也就是同底等高), 两个相同的梯形可以拼接成一个平行四边形, 于是有了梯形面积公式, 而将平行四边形沿对角线一分为二, 即得三角形面积公式, 至于多边形, 可以用共一个顶点的对角线分割成多个三角形. 那么圆呢? 如图 5-1 所示, 这里分割出的各个小曲边三角形都被近似看成了小直角三角形, 于是最终拼接出的平行四边形, 其底以圆的半周长为近似值, 其高以半径为近似值. 当分割出的曲边三角形的数目越来越多时, 直观上显然就可看出: 圆的面积 $S = \frac{1}{2}Cr = \pi r^2$, 其中 $C = 2\pi r$ 为圆周长. 小明注意到其中的近似显然就是微分的思想.

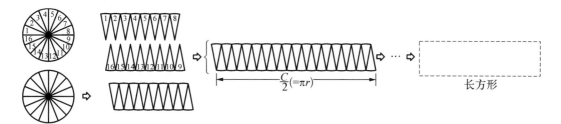

图 5-1　圆面积公式的直观推导

问题是这种直观朴素的“割圆术”, 面对更一般图形的求积问题就无能为力了. 因此到了17 世纪, 当大量求积问题如潮涌般出现时, 从希腊时期流传下来的, 只剩下了这个观念: 分割,分割,还是分割! 到了 1636 年,费马在给朋友的信中声称,他能够计算任何高次抛物线 $y = px^k$ 下的区域的面积,并进一步指出:"我不得不遵循一条与阿基米德求抛物线面积所用方法不同的路线,如果用后者的方法我将永远解决不了问题."那么费马的方法又是什么呢?

例 5.6(曲边三角形的面积) 　求抛物线 $y = x^2$ 与直线 $x = 1$ 及 x 轴所围平面图形的面积.

如图 5-2 所示,费马首先将底部区间 $[0, 1]$ 等分为 n 个子区间,然后在每个子区间上作高为右端点函数值的矩形. 这些外接矩形的面积之和(大和)为

$$C = \left(\frac{1}{n}\right)\frac{1}{n} + \left(\frac{2}{n}\right)^2 \frac{1}{n} + \cdots + \left(\frac{n}{n}\right)^2 \frac{1}{n} = \frac{1^2 + 2^2 + \cdots + n^2}{n^3}$$

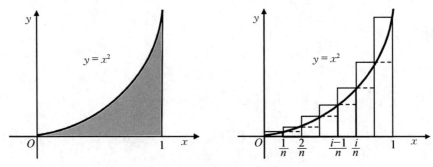

图 5-2 　按费马方法求面积

同样地,在每个子区间上作高为左端点的内接矩形,它们的面积之和(小和)为

$$B = \frac{1^2 + 2^2 + \cdots + (n-1)^2}{n^3}$$

所求面积 A 满足不等式 $B < A < C$,故用"三明治定理"就可以"夹挤"出最终结果为 $A = \frac{1}{3}$.

问题是目前不清楚费马是怎么得出幂和公式 $1^2 + 2^2 + \cdots + n^2 = \frac{1}{6}n(n+1)(2n+1)$ 的,特别是他讨论的高次抛物线 $y = px^k$ 更涉及高次幂和 $1^k + 2^k + \cdots + n^k$. 可能他仅仅验算了 $k = 1, 2$ 的情形后就将结论推广到了任意正整数,即 $y = px^k$ 在区间 $[0, 1]$ 上的区域的面积为 $A = \frac{p}{k+1}$.

费马求积法的主要贡献在于他"不同的路线",即他"回到初心",仍然考虑了矩形分割(以及微分学的思想萌芽).后人将函数推广到任意函数,将区间等分方式推广到任意划分,将高取左右端点的函数值推广到取小区间内任意一点的函数值,就抽象出了"史上最重要"的数学定义.

定义 5.2(定积分) 　设 $f(x)$ 是定义在区间 $[a, b]$ 上的函数. 先将区间 $[a, b]$ 任意划分成 n 个小区间,分点依次为 $a = x_0 < x_1 < x_2 < \cdots < x_{n-1} < x_n = b$. 然后在每个小区间上任取一点 $\xi_i \in [x_{i-1}, x_i]$,记 $\Delta x_i = x_i - x_{i-1}$,作黎曼和 $I_n = \sum_{i=1}^{n} f(\xi_i)\Delta x_i$. 记最长的小区

间的长度为 $\lambda = \max\limits_{i}\{\Delta x_i\}$. 如果对 $[a, b]$ 的任意分法和 ξ_i 的任意取法, 当 $\lambda \to 0$ 时黎曼和 I_n 的极限都存在, 则称函数 $f(x)$ **在区间 $[a, b]$ 上可积**, 并称此极限为函数 $f(x)$ **在区间 $[a, b]$ 上的定积分**, 记为

$$\int_a^b f(x)\mathrm{d}x = \lim_{\lambda \to 0} \sum_{i=1}^n f(\xi_i)\Delta x_i \tag{5.7}$$

在记号 $\int_a^b f(x)\mathrm{d}x$ 中, x 称为**积分变量**, $f(x)$ 称为**被积函数**, a 称为**积分下限**, b 称为**积分上限**, $[a, b]$ 称为**积分区间**, $f(x)\mathrm{d}x$ 称为**积分表达式**.

通过反复揣摩这个定义, 小明注意到以下几点:

(1) 定积分是一个极限, 因而是一个实数, 它只与被积函数和积分区间有关, 即"**两个有关**".

(2) 定积分与区间 $[a, b]$ 的划分方式及点 ξ_i 的选取方式无关, 即"**两个无关**". 这说明一旦确定 $f(x)$ 在区间 $[a, b]$ 上可积, 则可以采取特殊的划分方式, 并选取特殊的点 ξ_i, 这正是费马所做的选择.

(3) 定积分的积分变量也具有**符号无关性**, 即下面表示的是同一个定积分:

$$\int_a^b f(x)\mathrm{d}x = \int_a^b f(t)\mathrm{d}t = \int_a^b f(u)\mathrm{d}u = \int_a^b f(\square)\mathrm{d}\square$$

(4) 为便于应用, 规定: $\int_a^b f(x)\mathrm{d}x = -\int_b^a f(x)\mathrm{d}x$, $\int_a^a f(x)\mathrm{d}x = 0$. 因此**定积分的上限未必一定大于下限**, 同时也暗示定积分是有方向的.

(5) 如同微分与导数概念上完全不同, 但有密切关系一样, 定积分与不定积分虽然是两个不同的概念, 但它们之间也有重要联系.

(6) 定积分是一个**和式(黎曼和)的极限**, 但从费马的方法看, 这类极限的计算明显非常困难, 因此迫切需要革命性的计算方法.

什么样的函数一定可积呢? 小明注意到存在如下的可积准则.

定理 5.3(可积准则)　闭区间 $[a, b]$ 上的连续函数或分段连续函数一定是可积函数.

同时, 他汇总了定积分的几个性质如下.

定理 5.4(定积分的性质)　若函数 $f(x), g(x)$ 在 $[a, b]$ 上都可积, k 为任意常数, c 为区间内任意一点, 则

(1) **线性**: $\int_a^b [f(x) \pm g(x)]\mathrm{d}x = \int_a^b f(x)\mathrm{d}x \pm \int_a^b g(x)\mathrm{d}x$, $\int_a^b kf(x)\mathrm{d}x = k\int_a^b f(x)\mathrm{d}x$, 特别地, 当 $f(x) \equiv 1$ 时, 有 $\int_a^b k\mathrm{d}x = k(b-a)$;

(2) **积分区间的可分性**: $\int_a^b f(x)\mathrm{d}x = \int_a^c f(x)\mathrm{d}x + \int_c^b f(x)\mathrm{d}x$;

(3) **保序性**: 若在区间 $[a, b]$ 恒成立 $f(x) \geqslant g(x)$, 则 $\int_a^b f(x)\mathrm{d}x \geqslant \int_a^b g(x)\mathrm{d}x$, 特别地, $f(x)$ 具有**保号性**, 即当 $f(x) \geqslant 0$ 时, 有 $\int_a^b f(x)\mathrm{d}x \geqslant 0$;

(4) **中值定理**: 存在点 $\xi \in [a, b]$, 使得 $\int_a^b f(x)\mathrm{d}x = f(\xi)(b-a)$.

特别要注意的是,当 $c < a$ 或 $c > b$ 时,区间可分性也是成立的.

5.1.3　微元法及其几何应用

为了进一步探究面积问题与定积分的联系,小明将眼光投向了**曲边梯形**:平行于 y 轴的两条直线 $x = a$, $x = b$ 与连续曲线 $y = f(x)$ [假定 $f(x) \geqslant 0$]以及 x 轴所围成的图形,如图 5-3 所示. 显然当 $f(a) = 0$ 或 $f(b) = 0$ 时,曲边梯形退化为曲边三角形.因此曲边梯形可看成曲边三角形的推广形式.

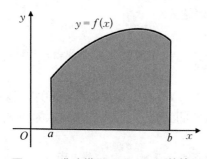

图 5-3　曲边梯形: $f(x) > 0$ 的情形

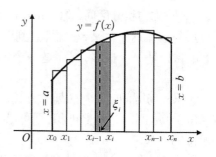

图 5-4　定积分四"步"曲

按照定积分定义中所蕴含的内容,他列出了如下四"步"曲(如图 5-4 所示):

(1) **分割**,即将区间 $[a, b]$ 任意划分成 n 个小区间,从而将曲边梯形分割成了 n 个宽为 Δx_i 的小曲边梯形(其面积记为 ΔA_i),这样曲边梯形的总面积 $A = \sum_{i=1}^{n} \Delta A_i$;

(2) **近似**,用矩形的面积近似代替小曲边梯形的面积,即 $\Delta A_i \approx f(\xi_i) \Delta x_i$,其中 ξ_i 为区间 $[x_{i-1}, x_i]$ 内任意一点;

(3) **求和**,即将这些小矩形面积汇总,得黎曼和 $I_n = \sum_{i=1}^{n} f(\xi_i) \Delta x_i$;

(4) **取极限**,当最长的小区间的长度 $\lambda = \max\limits_{i} \{\Delta x_i\} \to 0$ 时,曲边梯形的面积即为

$$A = \lim_{\lambda \to 0} \sum_{i=1}^{n} f(\xi_i) \Delta x_i$$

仔细揣摩四"步"曲,小明意识到:**用矩形代替小曲边梯形,也就是用规则的图形代替不规则图形!** 直观上,区间划分得越细,小曲边梯形就越密,这种近似代替就越精确. 这显然与微分的"以直代曲"有异曲同工之妙. 特别地,因为 $f(x)$ 是连续函数,因此区间 $[x_{i-1}, x_i]$ 内各点的函数值近似相等,也就是说可以用左端点的函数值 $f(x_{i-1})$ 来近似代替 $f(\xi_i)$.

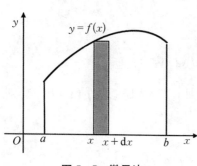

图 5-5　微元法

事实上,正是莱布尼茨天才地意识到这一点:如图 5-5 所示,如果不断地分割区间 $[a, b]$ 以致每个小曲边梯形都变得越来越细(**无限细分**),他改用微分 $\mathrm{d}x$ 表示小区间的长 Δx_i,相应地,区间 $[x_{i-1}, x_i]$ 变成了 $[x, x + \mathrm{d}x]$,这样以 $[x, x + \mathrm{d}x]$ 为底的小曲边梯形的面积,就可用图中的小矩形面积 $f(x)\mathrm{d}x$ 来代替. 按照微分的思想,这意味着前两步得到的是函数 $f(x)$ 的

(面积)微元 $f(x)\mathrm{d}x$，接下来的两步就是**无限累加**，也就是对微元 $f(x)\mathrm{d}x$ 从 a 到 b 求一个
"超级和"，因此他选取了和的拉丁文单词 summa 的首字母 s 并拉长，即用积分算子"$\int$"表
示这种无限累加过程(有限累加则是"$\sum$")。

　　从宏观上看，四"步"曲压缩成了两"步"曲：无限细分(微分)和无限累加(积分)，由此，
他给出了更具一般性的标准程序和算法，即所谓的**微元法**。如果要用微元法计算区间 $[a,b]$
上与函数 $f(x)$ 有关的某个具有可加性的总量 Q，那么基本步骤为：

　　首先，选取 $[a,b]$ 内任意小的代表性区间 $[x,x+\mathrm{d}x]\subset[a,b]$，求出总量 Q 在此区间
上的微小增量 ΔQ 的近似量即**微元** $\mathrm{d}Q=f(x)\mathrm{d}x$ (几何上就是小矩形的面积)。

　　其次，在区间 $[a,b]$ 上对总量 Q 的微元 $\mathrm{d}Q=f(x)\mathrm{d}x$ 从 a 到 b 无限累加，从而得到定
积分，也就是所求的总量 $Q=\int_a^b\mathrm{d}Q=\int_a^b f(x)\mathrm{d}x$。

　　将上述步骤概括为口诀，就是"**先微后积**"。

　　微积分中汇聚了各种矛盾，但正如微积分这个名称所指出的，最根本的矛盾就是"微分
与积分"，前者"无限细分"，后者则"无限累加"。恩格斯早已深刻地指出，微积分使用的就是
辩证的哲学思想，"变数的数学，其中最重要的部分是微积分，本质上不外是辩证法在数学方
面的运用"。因此他才感慨道："在一切理论成就中，未必再有什么像 17 世纪下半叶微积分的
发明那样被看作人类精神的最高胜利了。"正如坊间流传的箴言："物理的尽头是数学，数学
的尽头是哲学。"

　　四"步"曲变成两"步"曲，图 5-5 显然也比图 5-4
简洁了很多，那么问题来了：能不能用更加形象的方式
来记忆微元法呢？注意到图 5-5 中的小矩形的面积微
元 $\mathrm{d}A=f(x)\mathrm{d}x$ 应该很小很小，而且它的宽度始终是微
元 $\mathrm{d}x$，因此小明突发奇想：如图 5-6 所示，如果这个小
矩形"瘦"成"一条线" PQ，那么理解和表达起来岂不是
更简洁？要确定 PQ，只需在曲边梯形的底上任取一点
$P(x,0)$，然后作平行于 y 轴的直线，与顶曲线 $y=$
$f(x)$ 的交点就是点 Q。这样就可以想象一条两端分别

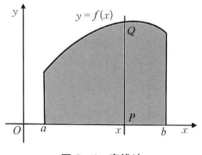

图 5-6　穿线法

在 x 轴与顶曲线 $y=f(x)$ 上的"变长线段" PQ，沿与 y 轴平行的方向，从左向右自 $x=a$ 平
移至 $x=b$，"线运动成面"，PQ 扫过的区域就是曲边梯形。当然线本身是没有面积的，但只要
将其高度 $f(x)$ 乘上微元 $\mathrm{d}x$，就得到了面积微元 $\mathrm{d}A=f(x)\mathrm{d}x$。因此曲边梯形的面积公式为

$$A=\int_a^b\mathrm{d}A=\int_a^b f(x)\mathrm{d}x \tag{5.8}$$

反过来，$\int_a^b f(x)\mathrm{d}x=A$，说明此时定积分 $\int_a^b f(x)\mathrm{d}x$ 的几何意义是图 5-3 中所示曲边梯形
的面积。按几何意义，显然积分中值定理说的就是：肯定存在一点 $\xi\in[a,b]$，使得此曲边
梯形的面积等于以 $f(\xi)$ 为高、宽为 $b-a$ 的矩形的面积。

　　考虑另一种曲边梯形：平行于 y 轴的两条直线 $x=a$，$x=b$ 与连续曲线 $y=f(x)$ [假

定 $f(x)<0$] 以及 x 轴所围成的图形,如图 5-7 所示.同样地,在曲边梯形的底上任取一点 $P(x,0)$,然后作平行于 y 轴的直线,与顶曲线 $y=f(x)$ 的交点就是点 Q. 由于 $f(x)<0$,按照"穿线法"所得"变长线段" PQ 的长应为 $-f(x)$,所得面积微元应为 $\mathrm{d}A=-f(x)\mathrm{d}x$,因此这个曲边梯形的面积公式为

$$A=\int_a^b \mathrm{d}A=-\int_a^b f(x)\mathrm{d}x \qquad (5.9)$$

反过来,$\int_a^b f(x)\mathrm{d}x=-A$,这说明此时定积分 $\int_a^b f(x)\mathrm{d}x$ 的几何意义就是图 5-7 中所示曲边梯形的面积的**相反数**,即所谓"**负面积**".

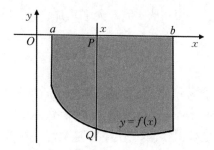

图 5-7　曲边梯形:$f(x)<0$ 的情形

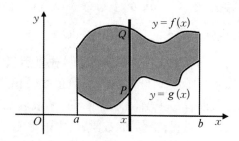

图 5-8　X 型区域

考虑更一般的 **X 型区域**:由连续曲线 $y=f(x)$,$y=g(x)$ 与直线 $x=a$,$x=b$ 所围而成的平面区域,如图 5-8 所示. 显然,$y=g(x)$ 特殊为 $y=0$ 时 X 型区域退化为曲边梯形.

过 x 轴任意一点 $(x,0)$ $(a\leqslant x\leqslant b)$ 沿与 y 轴平行的方向**从下往上**作直线,"穿入"X 型区域时交**穿入曲线** $y=g(x)$ 于点 P,"穿出"X 型区域时交**穿出曲线** $y=f(x)$ 于点 Q,"变长线段" PQ 的长为 $f(x)-g(x)$,故所得面积微元应为 $\mathrm{d}A=[f(x)-g(x)]\mathrm{d}x$,因此 X 型区域的面积公式为

$$A=\int_a^b \mathrm{d}A=\int_a^b [f(x)-g(x)]\mathrm{d}x \qquad (5.10)$$

由于穿出曲线始终在穿入曲线上方,即始终有 $PQ=f(x)-g(x)\geqslant 0$,因此上下平移 x 轴不影响这个公式的使用. 这同时也意味着,在凭目测能确定穿入曲线和穿出曲线的简单情形中,直线 PQ 也可以略去.

在坐标轴保持不动的情形下,将图 5-8 中的 X 型区域旋转 90°,即得所谓 **Y 型区域**:曲线 $x=L(y)$,$x=R(y)$ 与直线 $y=c$,$y=d$ 所围的平面图形,如图 5-9 所示. 过 y 轴任意一点 $(0,y)$ $(c\leqslant y\leqslant d)$ 沿与 x 轴平行的方向**从左往右**作直线,"穿入"Y 型区域时交**穿入曲线** $x=L(y)$ 于点 P,"穿出"Y 型区域时交**穿出曲线** $x=R(y)$ 于点 Q,"变长线段" PQ 的长为 $R(y)-L(y)$,故所得面积微元应为 $\mathrm{d}A=[R(y)-L(y)]\mathrm{d}y$,因此 Y 型区域的面积公式为

$$A=\int_c^d \mathrm{d}A=\int_c^d [R(y)-L(y)]\mathrm{d}y \qquad (5.11)$$

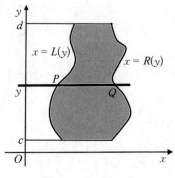

图 5-9　Y 型区域

当然,要特别注意的是,这里的穿入曲线与穿出曲线都是以 y 为自变量的.

思考: "X 型区域"和"Y 型区域"这两个名称的由来是什么?

例 5.7　根据定积分的几何意义计算定积分 $I = \int_{-2}^{2} (3 + \sqrt{4 - x^2})\mathrm{d}x$.

分析: 小明注意到首先可用可加性进行分拆,对于拆出的第二个定积分 $\int_{-2}^{2} \sqrt{4 - x^2}\,\mathrm{d}x$,若令 $y = \sqrt{4 - x^2}$,则有 $x^2 + y^2 = 4\ (y \geqslant 0)$,因此它表示的是以原点为圆心、半径为 2 的上半圆的面积.

解: $I = \int_{-2}^{2} 3\mathrm{d}x + \int_{-2}^{2} \sqrt{4 - x^2}\,\mathrm{d}x = 3[2 - (-2)] + \dfrac{1}{2}\pi \times 2^2 = 12 + 2\pi$

本题中利用定积分的几何意义求出了定积分,但所用的面积公式是特殊图形的. 至于按定积分的定义即和式的极限求定积分则明显更加困难. 因此无论是使用定义法还是借助于几何意义,显然都不是计算定积分的良策. 因此问题来了:计算定积分的简便方法到底是什么?

5.2　微积分基本定理

5.2.1　变上限定积分和微积分基本定理

积分与微分之间的互逆关系是如何得出的? 定积分与不定积分之间又存在怎样的关系? 如何简便计算定积分? 小明带着一肚子困惑,继续踏上了微积分之旅.

微分即求导,需要有函数. 既然定积分是一个实数,与积分函数和上下限有关,因此,给定被积函数和下限后,定积分的值就仅由上限来确定了,此时定积分就是关于上限的函数,称为**变上限定积分**.

例如,在图 5 - 3 所示的曲边梯形中,任取区间 $[a, b]$ 内一点 x,过该点作平行于 y 轴的直线,则可唯一确定一个曲边梯形(如图 5 - 10 所示的阴影部分),它的面积为

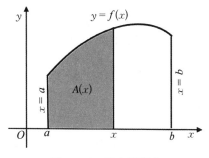

$$A(x) = \int_{a}^{x} f(x)\mathrm{d}x = \int_{a}^{x} f(t)\mathrm{d}t$$

面积 $A(x)$ 是一个变上限定积分,按映射的观点,它实际上是关于积分上限 x 的函数,因此变量 x 可称为**函数变量**. 这里还有一个积分函数 $f(t)$, 它是关于**积分变量** t 的函数. 为了区别这两个变量,这里根据函数的符号无关性,将积分变量改成了 t.

图 5 - 10　变上限积分

此前小明见过的函数一般都是用解析式和表格等形式来表示的,而面积函数 $A(x)$ 与它们完全不同,这大大拓展了小明对函数的感性认识.

从函数的视角看,显然有 $A(b) = \int_{a}^{b} f(x)\mathrm{d}x$ 和 $A(a) = \int_{a}^{a} f(x)\mathrm{d}x = 0$. 因此一旦确定面积函数 $A(x)$,那么所求定积分就是它的一个函数值 $A(b)$.

那么如何求函数 $A(x)$ 呢? 牛顿和莱布尼茨的天才想法就在于研究了它的导数.

定理 5.5(微积分基本定理)　　若函数 $f(x)$ 在区间 $[a, b]$ 上连续,构造变上限积分 $A(x) = \int_a^x f(t)\mathrm{d}t \ (a \leqslant x \leqslant b)$,则 $A(x)$ 在区间 $[a, b]$ 上可导,并且

$$\frac{\mathrm{d}A(x)}{\mathrm{d}x} = A'(x) = f(x) \tag{5.12}$$

微积分基本定理说明 $A(x)$ 是函数 $f(x)$ 的一个原函数,也就是说**连续函数必有原函数**. 对给定的连续函数 $f(x)$,都可以构造出一个变上限积分 $A(x)$,它就是被积函数的一个原函数,因此欲求定积分 $\int_a^b f(x)\mathrm{d}x$,只需先求出**某个特定**的原函数 $A(x)$,它的"边值条件"为 $A(a) = 0$. 这样积分与微分就被联系起来,定积分与不定积分也被联系起来了.

让我们隐忍住想要高声赞叹的冲动,先来修补一个小"bug". 在不定积分 $\int f(x)\mathrm{d}x = F(x) + C$ 中,$F(x)$ 是 $f(x)$ 的**任意一个**原函数,它未必正好就是 $A(x)$(虽然实际中会尽可能按最简形式选取). 好在既然它们都是 $f(x)$ 的原函数,那么必存在常数 C,使得 $A(x) = F(x) + C$. 代入边值条件,得 $0 = A(a) = F(a) + C$,即得 $C = -F(a)$,因此 $A(x) = F(x) - F(a)$,从而所求的定积分值就是 $A(b) = F(b) - F(a)$.

定理 5.6(牛顿-莱布尼茨公式,简称"牛莱公式")　　已知函数 $f(x)$ 在区间 $[a, b]$ 上连续,$F(x)$ 是函数 $f(x)$ 在区间 $[a, b]$ 上的任意一个原函数,则有牛莱公式

$$\int_a^b f(x)\mathrm{d}x = F(b) - F(a) \tag{5.13}$$

为实现定积分与不定积分的"无缝连接",记 $F(b) - F(a)$ 为 $F(x)\Big|_a^b$,则牛莱公式变形为

$$\int_a^b f(x)\mathrm{d}x = F(x)\Big|_a^b = F(b) - F(a) \tag{5.14}$$

既然变上限积分 $A(x) = \int_a^x f(t)\mathrm{d}t$ 是可导函数,接下来看看能不能解决"先微后积"中出现的"C"的问题. 显然 $\left[\int_a^x f(t)\mathrm{d}t\right]' = f(x)$,即 **"先积后微"** 仍然成立;取 $F(x) = \int_a^x f(t)\mathrm{d}t$,则 $F'(x) = f(x)$ 且 $F(a) = 0$,因此 $\int_a^x F'(t)\mathrm{d}t = F(t)\Big|_a^x = F(x) - F(a) = F(x)$,如果仍然将 $F(x)$ 换成习惯上用来表示任意函数的 $f(x)$,则有 $\int_a^x f'(t)\mathrm{d}t = f(x)$,即对函数 $f(x)$ 而言,**"先微后积"** 也成立,"C"的问题彻底消失! 事实上,如果仍然用 x 表示积分变量,那么 $\frac{\mathrm{d}}{\mathrm{d}x}\int_a^x f(x)\mathrm{d}x = f(x)$ 从操作上可以理解为:消掉分子分母中的微元 $\mathrm{d}x$ 后,只要微分算子 d 与积分算子 $\int_a^x$ 能互相抵消,那么剩下的就是右边的 $f(x)$. 先微后积的 $\int_a^x \left[\frac{\mathrm{d}}{\mathrm{d}x} f(x)\right]\mathrm{d}x = f(x)$ 显然也可按这种操作来类似地理解,原来这才是微分算子与积分算子互逆的根源!

如果将函数变量 x 推广为 $u=g(x)$，则 $A(u)=\int_a^u f(t)\mathrm{d}t$，$\dfrac{\mathrm{d}A(u)}{\mathrm{d}u}=f(u)$，故 $\dfrac{\mathrm{d}A(u)}{\mathrm{d}x}=$
$\dfrac{\mathrm{d}A(u)}{\mathrm{d}u}\dfrac{\mathrm{d}u}{\mathrm{d}x}=f(u)u'$，即 $\dfrac{\mathrm{d}}{\mathrm{d}x}\int_a^u f(t)\mathrm{d}t=f(u)u'$，因此有**复合变上限积分求导公式**，即

$$\frac{\mathrm{d}}{\mathrm{d}x}\int_a^{g(x)} f(t)\mathrm{d}t=f[g(x)]g'(x) \tag{5.15}$$

从操作上看，就是用上限 $g(x)$ 代换 $f(t)$ 中的 t，再乘以上限的导数 $g'(x)$，即得所求．例如：

$$\frac{\mathrm{d}}{\mathrm{d}x}\int_a^{x^2} \mathrm{e}^{-t^2}\mathrm{d}t=\mathrm{e}^{-(x^2)^2}(x^2)'=2x\,\mathrm{e}^{-x^4}$$

定理 5.7(奇零偶倍)　设 $f(x)$ 在 $[-a,a]$ 上连续，则

$$\int_{-a}^a f(x)\mathrm{d}x=\begin{cases} 0, & f(x) \text{ 为奇函数}, \\ 2\displaystyle\int_{-a}^a f(x)\mathrm{d}x, & f(x) \text{ 为偶函数} \end{cases}$$

借助于定积分的几何意义，如图 5-11 所示，这个结论显然非常容易理解．图中的"＋"和"－"表示正面积和负面积，即函数 $f(x)$ 在相应区间上的定积分为正还是为负．

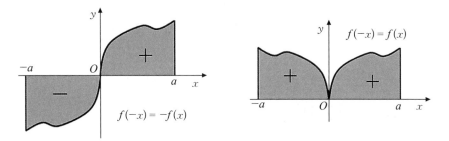

图 5-11　奇零偶倍示意图

进一步地，将定积分的区间推广到无穷区间，就有了无穷积分和相应的牛莱公式．

定义 5.3(无穷积分)　已知函数 $f(x)$ 在无穷区间 $[a,+\infty)$ 上连续，则称 $\int_a^{+\infty} f(x)\mathrm{d}x=\lim\limits_{b\to+\infty}\int_a^b f(x)\mathrm{d}x$ 为函数 $f(x)$ 在区间 $[a,+\infty)$ 上的**无穷积分**．类似地，可定义下列形式的无穷积分：

$$\int_{-\infty}^b f(x)\mathrm{d}x=\lim_{a\to-\infty}\int_a^b f(x)\mathrm{d}x,\quad \int_{-\infty}^{+\infty} f(x)\mathrm{d}x=\int_{-\infty}^c f(x)\mathrm{d}x+\int_c^{+\infty} f(x)\mathrm{d}x$$

其中，c 为任意实数．

定理 5.8(广义积分的牛莱公式)　已知函数 $f(x)$ 在区间 $[a,+\infty)$ 上连续，$F(x)$ 是函数 $f(x)$ 在区间 $[a,+\infty)$ 上的任意一个原函数，则有**牛莱公式**：

$$\int_a^{+\infty} f(x)\mathrm{d}x=F(x)\Big|_a^{+\infty}=F(+\infty)-F(a)$$

类似地，有下列**牛莱公式**：

$$\int_{-\infty}^{b} f(x)\mathrm{d}x = F(x)\Big|_{-\infty}^{b} = F(b) - F(-\infty)$$

$$\int_{-\infty}^{+\infty} f(x)\mathrm{d}x = F(x)\Big|_{-\infty}^{+\infty} = F(+\infty) - F(-\infty)$$

其中，$F(+\infty) = \lim\limits_{x \to +\infty} F(x)$，$F(-\infty) = \lim\limits_{x \to -\infty} F(x)$.

5.2.2　定积分的直接积分法

例 5.8　计算下列定积分：(1) $\int_0^1 x^2 \mathrm{d}x$ ；(2) $\int_{-\pi}^{\pi} \sin x \,\mathrm{d}x$ ；(3) $\int_{-\pi}^{\pi} |\sin x| \,\mathrm{d}x$.

解：(1) $\int_0^1 x^2 \mathrm{d}x = \dfrac{1}{3} x^3 \Big|_0^1 = \dfrac{1}{3}(1^3 - 0^3) = \dfrac{1}{3}$ ；

(2) 注意到 $\sin x$ 是奇函数，根据奇零偶倍性，可知 $\int_{-\pi}^{\pi} \sin x \,\mathrm{d}x = 0$；

(3) 注意到 $|\sin x|$ 是偶函数，根据奇零偶倍性，可知 $\int_{-\pi}^{\pi} |\sin x| \,\mathrm{d}x = 2\int_0^{\pi} \sin x \,\mathrm{d}x =$
$-2\cos x \Big|_0^{\pi} = -2(\cos \pi - \cos 0) = 4$.

例 5.9　计算下列定积分：(1) $\int_0^1 \dfrac{x^2}{1+x^2}\mathrm{d}x$ ；(2) $\int_1^8 \dfrac{(\sqrt[3]{x}-1)^2}{x}\mathrm{d}x$.

解：(1) $\int_0^1 \dfrac{x^2}{1+x^2}\mathrm{d}x = \int_0^1 \dfrac{(x^2+1)-1}{1+x^2}\mathrm{d}x = \int_0^1 \left(1 - \dfrac{1}{1+x^2}\right)\mathrm{d}x$

$$= (x - \arctan x)\Big|_0^1 = (1 - \arctan 1) - (0 - \arctan 0) = 1 - \dfrac{\pi}{4}$$

(2) **按化幂技巧**，$\dfrac{(\sqrt[3]{x}-1)^2}{x} = x^{-1}(x^{\frac{2}{3}} - 2x^{\frac{1}{3}} + 1) = x^{-\frac{1}{3}} - 2x^{-\frac{2}{3}} + x^{-1}$，故

$$原式 = \int_1^8 (x^{-\frac{1}{3}} - 2x^{-\frac{2}{3}} + x^{-1})\mathrm{d}x = \left(\dfrac{3}{2}x^{\frac{2}{3}} - 6x^{\frac{1}{3}} + \ln|x|\right)\Big|_1^8$$

$$= (6 - 12 + \ln 8) - \left(\dfrac{3}{2} - 6 + \ln 1\right) = 3\ln 2 - \dfrac{3}{2}$$

显然，掩藏在这些定积分的外观形式下的，仍然是求不定积分的**直接积分法**.

例 5.10　计算下列无穷积分：(1) $\int_1^{+\infty} \dfrac{1}{x^2}\mathrm{d}x$ ；(2) $\int_{-\infty}^0 \mathrm{e}^x \mathrm{d}x$.

分析：注意 $\lim\limits_{x \to -\infty} \mathrm{e}^x = 0$.

解：(1) 原式 $= -\dfrac{1}{x}\Big|_1^{+\infty} = -\left(\lim\limits_{x \to +\infty}\dfrac{1}{x} - 1\right) = -(0 - 1) = 1$；

(2) 原式 $= \mathrm{e}^x \Big|_{-\infty}^0 = 1 - \lim\limits_{x \to -\infty}\mathrm{e}^x = 1 - 0 = 0$.

例 5.11 (e 的几何意义)　求常数 $b > 1$，使得双曲线 $xy = 1$ 与直线 $x = 1$，$x = b$ 以及 x 轴所围成的曲边梯形的面积 $A = 1$.

解：由题可知，题中曲边梯形的面积为

$$A = \int_1^b \frac{1}{x} \mathrm{d}x = \ln x \Big|_1^b = \ln b - \ln 1 = \ln b$$

又因为 $A = 1$, 故 $\ln b = 1$, $b = \mathrm{e}$. 如图 5−12 所示,这说明 e 是使得图中双曲线 $xy = 1$ 下面积(图中阴影部分的面积)为 1 的线段加上 1 个单位后的长度. 与之对比,常数 π 则是单位圆的面积,非常浅显易懂.

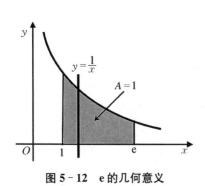

图 5−12　e 的几何意义

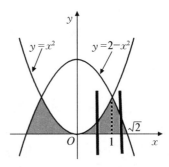

图 5−13　按 X 型区域处理

例 5.12　求曲线 $y = x^2$, $y = 2 - x^2$ 与 x 轴所围成的平面图形的面积 A.

分析: 如图 5−13 所示,所求为灰色区域的面积,根据对称性,它是第一象限中灰色大曲边三角形区域面积 A_1 的两倍. 按 X 型区域,这块灰色大曲边三角形区域又被直线 $x = 1$ 分割为两块灰色小曲边三角形:区间 $[0, 1]$ 上的穿出曲线是 $y = x^2$, 区间 $[1, \sqrt{2}]$ 上的穿出曲线则是 $y = 2 - x^2$.

解:
$$A = 2A_1 = 2\left[\int_0^1 x^2 \mathrm{d}x + \int_1^{\sqrt{2}} (2 - x^2) \mathrm{d}x \right]$$
$$= \frac{2}{3}x^3 \Big|_0^1 + 2\left(2x - \frac{1}{3}x^3\right)\Big|_1^{\sqrt{2}} = \frac{8}{3}(\sqrt{2} - 1)$$

例 5.13　求曲线 $y = \ln x$ 与直线 $x + y = 1$ 及 $y = 1$ 所围成的平面图形的面积 A.

分析: 先按 X 型区域处理. 如图 5−14 左图所示, $y = 1$ 交于点 $(\mathrm{e}, 1)$, 直线 $x = 1$ 将灰色曲边三角形分割为两部分,易知

$$A = \int_0^1 [1 - (1 - x)] \mathrm{d}x + \int_0^{\mathrm{e}} (1 - \ln x) \mathrm{d}x = \int_0^1 x \mathrm{d}x + \int_0^{\mathrm{e}} \mathrm{d}x - \int_0^{\mathrm{e}} \ln x \mathrm{d}x$$

其中,最后一个定积分暂时无法计算.

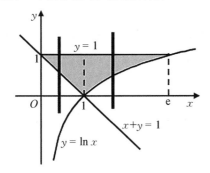

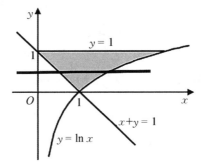

图 5−14　曲边三角形

再按 Y 型区域处理. 如图 5 - 14 右图所示,用平行于 x 轴的直线自左而右穿过此区域,可知穿入曲线(现在退化成了直线)为 $L(y)=1-y$, 而穿出曲线为 $R(y)=e^y$. 两种处理高下立判,原因在于这个灰色曲边三角形是一个典型的 Y 型区域.

$$\mathbf{解：} A =\int_0^1 [e^y-(1-y)] \mathrm{d}y =\left(e^y-y+\frac{1}{2}y^2\right)\Big|_0^1 =e-\frac{3}{2}$$

5.3　积分的计算

5.3.1　分部积分法

将求导四则运算中的和差法则"反转"就是积分的可加性,那么求导的积商法则会反转出什么呢? 设 $u=u(x)$, $v=v(x)$ 是可导函数,则有积法则 $(uv)'=u'v+uv'$, 两边积分,并注意到 $\mathrm{d}u=u'\mathrm{d}x$, $\mathrm{d}v=v'\mathrm{d}x$, 则有 $uv=\int (uv)'\mathrm{d}x =\int u\mathrm{d}v+\int v\mathrm{d}u$.

定理 5.9(分部积分公式)　已知函数 $u=u(x)$, $v=v(x)$ 在区间 $[a, b]$ 上分别有连续导数 $u'(x)$ 和 $v'(x)$, 则有

$$\int u\mathrm{d}v =uv-\int v\mathrm{d}u \tag{5.16}$$

以及

$$\int_a^b u\mathrm{d}v =(uv)\Big|_a^b-\int_a^b v\mathrm{d}u \tag{5.17}$$

从操作上看分部积分公式,就是微分算子 d 左右的函数 u 与 v 交换位置,所得新积分再与它们的乘积作差.

商法则可按积法则来理解,即 $\left(\dfrac{u}{v}\right)' =\left(u\,\dfrac{1}{v}\right)' =u'\dfrac{1}{v}+u\left(\dfrac{1}{v}\right)'$, 两边积分并注意到 $\mathrm{d}\dfrac{1}{v}=\left(\dfrac{1}{v}\right)'\mathrm{d}v$, 再变形,即得 $\int u\mathrm{d}\dfrac{1}{v} =u\dfrac{1}{v}-\int \dfrac{1}{v}\mathrm{d}u$, 也就是视 $\dfrac{1}{v}$ 为分部积分公式中的 v 即可.

在积法则中 u 与 v 的地位是平等的,即 u 与 v 可互换,这是因为乘法满足交换律. 但分部积分公式则是将原积分 $\int u\mathrm{d}v =\int uv'\mathrm{d}x$ 转化成了新积分 $\int v\mathrm{d}u =\int vu'\mathrm{d}x$, 同时"**分出去的部分**" uv 不必再积分,因此它本质上要求**新积分必须比原积分"更易计算"**, 这也意味着现在函数 u 与 v 的地位是不平等的. 那么问题来了: 使用分部积分法时,如何确定函数 u?

例 5.14　求不定积分 $\int x\cos x\,\mathrm{d}x$.

分析: 按 $\int u\mathrm{d}v =\int uv'\mathrm{d}x$ 的形式,这里 $uv'=x\cos x$, 故可令 $u=x$, $v'=\cos x$ (原函数可取为 $v=\sin x$).

解: $\int x\cos x\,\mathrm{d}x =\int x\mathrm{d}\sin x =x\sin x-\int \sin x\,\mathrm{d}x =x\sin x+\cos x+C$

同时,由于 $uv'=x\cos x=\cos x\cdot x$,若令 $u=\cos x$,$v'=x$ $\left(\text{可取 }v=\dfrac{1}{2}x^2\right)$,则有

$$\int x\cos x\,\mathrm{d}x=\int\cos x\,\mathrm{d}\left(\frac{1}{2}x^2\right)=\frac{1}{2}x^2\cos x-\frac{1}{2}\int x^2\,\mathrm{d}\cos x=\frac{1}{2}x^2\cos x+\frac{1}{2}\int x^2\sin x\,\mathrm{d}x$$

新积分比原积分复杂,可见此路不通.

原因何在? 小明注意到这里"竞争"u 的两类函数是幂函数与三角函数,尽管它们都满足"肥自家田"现象,但是幂函数的积分效果是升次,三角函数的积分效果只是后移 $90°$,两相比较可见幂函数胜出.

例 5.15　求不定积分 $\int x\arctan x\,\mathrm{d}x$.

分析: 由题可知 $x\arctan x=uv'$. 如果令 $u=x$,$v'=\arctan x$,那么 v 等于多少? 显然很难求出;如果令 $u=\arctan x$,$v'=x$,则可取 $v=\dfrac{1}{2}x^2$. 后者显然是正确方向,因此幂函数与反三角函数"竞争"u 时,反三角函数"胜出".

解: 原式 $=\int\arctan x\,\mathrm{d}\left(\dfrac{1}{2}x^2\right)=\dfrac{1}{2}x^2\arctan x-\dfrac{1}{2}\int x^2\,\mathrm{d}\arctan x$

$\qquad=\dfrac{1}{2}x^2\arctan x-\dfrac{1}{2}\int x^2\dfrac{1}{1+x^2}\mathrm{d}x=\dfrac{1}{2}x^2\arctan x-\dfrac{1}{2}\int\left(1-\dfrac{1}{1+x^2}\right)\mathrm{d}x$

$\qquad=\dfrac{1}{2}x^2\arctan x-\dfrac{1}{2}x+\dfrac{1}{2}\arctan x+C$

本题中反三角函数 $\arctan x$ 目前没有积分公式,原函数难以直接给出,但其求导效果是"他人嫁衣",故选之为 u 之后,在新积分 $\int v\,\mathrm{d}u$ 中就转化为先求其微分 $\mathrm{d}u=u'\mathrm{d}x$,从而将求反三角函数的积分转化为求其微分,这显然充分利用了这类函数"难积易导"的特性.

例 5.16　求不定积分 $\int x^2\ln x\,\mathrm{d}x$.

分析: 本题系幂函数与对数函数"竞争"u,对数函数 $\ln x$ 因"难积易导",最终胜出.

解: $\int x^2\ln x\,\mathrm{d}x=\int\ln x\,\mathrm{d}\left(\dfrac{1}{3}x^3\right)=\dfrac{1}{3}x^3\ln x-\dfrac{1}{3}\int x^3\,\mathrm{d}\ln x$

$\qquad=\dfrac{1}{3}x^3\ln x-\dfrac{1}{3}\int x^3\dfrac{1}{x}\mathrm{d}x=\dfrac{1}{3}x^3\ln x-\dfrac{1}{3}\int x^2\,\mathrm{d}x$

$\qquad=\dfrac{1}{3}x^3\ln x-\dfrac{1}{9}x^3+C$

可见使用分部积分法时,"难积易导"的反三角函数和对数函数是首选的 u. 进一步地,若按选择 u 的优先级将五大基本初等函数从高到低排序,一般有**经验口诀:"反对幂三指"**,即反三角函数、对数函数、幂函数、三角函数、指数函数.

例 5.17　求定积分 $I=\int_0^1 x\mathrm{e}^x\,\mathrm{d}x$.

解: $I=\int_0^1 x\,\mathrm{d}\mathrm{e}^x=x\mathrm{e}^x\Big|_0^1-\int_0^1\mathrm{e}^x\,\mathrm{d}x=\mathrm{e}-\mathrm{e}^x\Big|_0^1=\mathrm{e}-(\mathrm{e}-1)=1$

例 5.18 已知 $f(x)$ 的一个原函数为 $x\mathrm{e}^{x^2}$，求 $\int xf'(x)\mathrm{d}x$.

分析：本题的一个自然思路是先求出 $f'(x)$（通过两次求导），再将结果代入被积函数表达式后求积分. 但因为求导和积分存在互逆关系，因此似乎可以抵消一对求导运算和求积运算. 这意味着要将 $f'(x)$ 变成 $f(x)$，观察分部积分公式可知取 $v=f(x)$ 即可.

解：令 $F(x)=x\mathrm{e}^{x^2}$，则 $f(x)=F'(x)=\mathrm{e}^{x^2}+x(\mathrm{e}^{x^2})'=(1+2x^2)\mathrm{e}^{x^2}$，因此

$$\int xf'(x)\mathrm{d}x=\int x\mathrm{d}f(x)=xf(x)-\int f(x)\mathrm{d}x=xf(x)-F(x)+C$$

$$=(1+2x^2)\mathrm{e}^{x^2}+x\mathrm{e}^{x^2}+C=(1+x+2x^2)\mathrm{e}^{x^2}+C$$

例 5.19 证明 $\displaystyle\int_0^{\frac{\pi}{2}}\sin^n x\cdot\mathrm{d}x=\begin{cases}\dfrac{n-1}{n}\cdot\dfrac{n-3}{n-2}\cdot\cdots\cdot\dfrac{1}{2}\cdot\dfrac{\pi}{2}, & n\text{ 为偶数}；\\[2mm]\dfrac{n-1}{n}\cdot\dfrac{n-3}{n-2}\cdot\cdots\cdot\dfrac{2}{3}, & n\text{ 为奇数}.\end{cases}$

解：令 $I_n=\displaystyle\int_0^{\frac{\pi}{2}}\sin^n x\,\mathrm{d}x$，则

$$I_n=\int_0^{\frac{\pi}{2}}\sin^{n-1}x\sin x\,\mathrm{d}x=\int_0^{\frac{\pi}{2}}\sin^{n-1}x\,\mathrm{d}(-\cos x)$$

$$=-\sin^{n-1}x\cos x\Big|_0^{\frac{\pi}{2}}+\int_0^{\frac{\pi}{2}}\cos x\,\mathrm{d}\sin^{n-1}x=(n-1)\int_0^{\frac{\pi}{2}}\sin^{n-2}x\cos^2 x\,\mathrm{d}x$$

$$=(n-1)\int_0^{\frac{\pi}{2}}\sin^{n-2}x(1-\sin^2 x)\mathrm{d}x=(n-1)I_{n-2}-(n-1)I_n$$

即

$$I_n=\frac{n-1}{n}I_{n-2}$$

又由于 $I_0=\displaystyle\int_0^{\frac{\pi}{2}}1\mathrm{d}x=\frac{\pi}{2}$，$I_1=\displaystyle\int_0^{\frac{\pi}{2}}\sin x\,\mathrm{d}x=1$，所以：

当 n 为偶数时，有

$$I_n=\frac{n-1}{n}I_{n-2}=\frac{n-1}{n}\frac{n-3}{n-2}I_{n-4}=\cdots=\frac{n-1}{n}\frac{n-3}{n-2}\cdots\frac{1}{2}\times\frac{\pi}{2}$$

当 n 为奇数时，有

$$I_n=\frac{n-1}{n}I_{n-2}=\frac{n-1}{n}\frac{n-3}{n-2}I_{n-4}=\cdots=\frac{n-1}{n}\frac{n-3}{n-2}\cdots\frac{1}{2}\times1$$

上面的结论被称为**沃利斯公式**，它由微积分的先驱者之一的沃利斯发现. 沃利斯的一些成果，给牛顿创立微积分学很大的启发.

5.3.2 不定积分的换元积分法

接下来小明考虑如何"反转"链式法则.

例 5.20 求不定积分 $\displaystyle\int\sin 7x\,\mathrm{d}x$.

分析: 小明对函数 $\sin 7x$ 的第一反应是" $y=\sin\square,\square=7x$ ",他知道链式法则的关键是"三位一体"思想,因此只要将原积分变形成 $\int \sin 7x\, \mathrm{d}(7x)$,就可以使用积分公式 $\int \sin\square\, \mathrm{d}\square=-\cos\square+C$. 如此,问题就转换成了 $\mathrm{d}(7x)$ 与 $\mathrm{d}x$ 的关系问题,因为将 $\mathrm{d}(7x)=(7x)'\mathrm{d}x=7\mathrm{d}x$ "反转一下",即得 $\mathrm{d}x=\dfrac{1}{7}\mathrm{d}(7x)$.

解: $\int \sin 7x\, \mathrm{d}x=\int \sin 7x \cdot \dfrac{1}{7}\mathrm{d}(7x)=\dfrac{1}{7}\int \sin 7x\, \mathrm{d}(7x)=-\dfrac{1}{7}\cos 7x+C$

一般地,将上述推理过程中的 7 换成任意非零实数 k,可得**积分公式**,即

$$\int \sin kx\, \mathrm{d}x=-\frac{1}{k}\cos kx+C$$

进一步地,分别利用 $\int \cos\square\, \mathrm{d}\square=\sin\square+C$ 和 $\int \mathrm{e}^{\square}\mathrm{d}\square=\mathrm{e}^{\square}+C$,则有**积分公式**:

$$\int \cos kx\, \mathrm{d}x=\frac{1}{k}\sin kx+C,\ \int \mathrm{e}^{kx}\mathrm{d}x=\frac{1}{k}\mathrm{e}^{kx}+C$$

例 5.21 求不定积分 $\int x\sin x^2\, \mathrm{d}x$.

分析: 小明自然又想到积分公式 $\int \sin\square\, \mathrm{d}\square=-\cos\square+C$. 若令 $u=x^2$,则需要把原积分转变为 $\int \sin u\, \mathrm{d}u$,也就是说要把微分 $x\mathrm{d}x$ "凑成"微分 $\mathrm{d}x^2$. 由于 $\mathrm{d}x^2=(x^2)'\mathrm{d}x=2x\mathrm{d}x$,再次使用"反转"的想法,即得 $x\mathrm{d}x=\dfrac{1}{2}\mathrm{d}(x^2)$.

解: 原式 $=\int \sin x^2 \cdot x\, \mathrm{d}x=\int \sin x^2 \cdot \dfrac{1}{2}\mathrm{d}x^2=\dfrac{1}{2}\int \sin x^2\, \mathrm{d}x^2$

$=\dfrac{1}{2}\int \sin u\, \mathrm{d}u=-\dfrac{1}{2}\cos u+C=-\dfrac{1}{2}\cos x^2+C$

上述两例积分计算过程的核心显然都是"**凑微分**",即把积分表达式中部分函数"凑进"微分算子 d 后面,形成新的积分变量,从而将问题转化为利用已有积分公式. 这种方法被形象地称为"**凑微分法**",也叫作**第一换元法**.

以下是这种方法的理论依据.

定理 5.10(不定积分的凑微分法) 已知 $\int f(u)\mathrm{d}u=F(u)+C$,且 $u=g(x)$ 为可微函数,则

$$\int f[g(x)]g'(x)\mathrm{d}x=\int f[g(x)]\mathrm{d}[g(x)]=F[g(x)]+C \tag{5.18}$$

证明: 显然 $F'(u)=f(u)$,由于 $u=g(x)$ 也为可微函数,因此复合函数 $F[g(x)]$ 也可导,并且

$$\{F[g(x)]\}'=F'[g(x)]g'(x)=f[g(x)]g'(x)$$

这说明 $F[g(x)]$ 是 $f[g(x)]g'(x)$ 的一个原函数,因此式(5.18)成立. 证毕.

例 5.22 求不定积分 $\displaystyle\int x\,\mathrm{e}^{1-x^2}\,\mathrm{d}x$.

分析: 凑微分法的关键是确定 $u=g(x)$. 题中函数 e^{1-x^2} 明显由 $y=\mathrm{e}^u$ 和 $u=1-x^2$ 复合而成,小明联想到外层函数的积分公式 $\displaystyle\int \mathrm{e}^{\square}\mathrm{d}\square=\mathrm{e}^{\square}+C$,然后他得到的 $u=g(x)$ 就是复合函数的内层函数 $u=1-x^2$. 事实上,$\mathrm{d}(1-x^2)=(1-x^2)'\mathrm{d}x=(-2)x\,\mathrm{d}x$,与 $x\,\mathrm{d}x$ 仅相差常数倍.

解: 原式 $=\displaystyle\int \mathrm{e}^{1-x^2}x\,\mathrm{d}x=\int \mathrm{e}^{1-x^2}\left(-\frac{1}{2}\right)\mathrm{d}(1-x^2)=-\frac{1}{2}\int \mathrm{e}^{1-x^2}\mathrm{d}(1-x^2)$

$$=-\frac{1}{2}\int \mathrm{e}^u\,\mathrm{d}u=-\frac{1}{2}\mathrm{e}^u+C=-\frac{1}{2}\mathrm{e}^{1-x^2}+C$$

例 5.23 求不定积分 $\displaystyle\int x\sqrt{x^2-1}\,\mathrm{d}x$.

解: 复合函数 $\sqrt{x^2-1}$ 的内层函数为 $u=x^2-1$,并且 $\mathrm{d}u=(x^2-1)'\mathrm{d}x=2x\,\mathrm{d}x$,因此

$$原式=\int \sqrt{x^2-1}\cdot\frac{1}{2}\mathrm{d}(x^2-1)=\frac{1}{2}\int \sqrt{u}\,\mathrm{d}u=\frac{1}{3}u^{\frac{3}{2}}+C=\frac{1}{3}(x^2-1)^{\frac{3}{2}}+C$$

归纳总结上述例题,小明发现按照凑微分法求积分 $\displaystyle\int h(x)\mathrm{d}x$ 时,如果 $h(x)\mathrm{d}x$ 可变形为 $f[g(x)]p(x)\mathrm{d}x$,那么首先要识别出其中的复合函数 $f[g(x)]$,进而确定好 $u=g(x)$ 及 $f(u)$,其中 $f(u)$ 必须是可积函数,**最后还要确保剩下的 $p(x)\mathrm{d}x$ 能通过"凑微分"变形成 $\mathrm{d}u$**,如此一来"正合适". 否则一旦"不合适",那后果就严重了. 既然是"配对",那么能否存在一些常用的可以参考呢? 结合五大基本初等函数的求导特征,小明发现凑微分存在下列常用配对(使用时一般需要进行系数调整):

$1,\ x;\ x,\ x^2;\ x^{\mu},\ x^{\mu+1}\ (\mu\neq-1);\ \sin x,\ \cos x;\ \cos x,\ \sin x;\ \mathrm{e}^x,\ \mathrm{e}^x;\ \dfrac{1}{x},\ \ln x;$

$\dfrac{1}{1+x^2},\ \arctan x;\ \dfrac{1}{\sqrt{1-x^2}},\ \arcsin x;$ 等等.

例 5.24 求不定积分 $\displaystyle\int \frac{\arctan^2 x}{1+x^2}\mathrm{d}x$.

分析: 被积函数即为 $(\arctan x)^2\dfrac{1}{1+x^2}$. 按常用配对,选择 $u=\arctan x$ 即可.

解: 原式 $=\displaystyle\int (\arctan x)^2\mathrm{d}\arctan x=\int u^2\mathrm{d}u=\frac{1}{3}u^3+C=\frac{1}{3}\arctan^3 x+C$

例 5.25 求下列不定积分:$(1)\displaystyle\int \frac{\ln^2 x}{x}\mathrm{d}x$;$(2)\displaystyle\int \frac{\mathrm{d}x}{x(1+\ln^2 x)}$.

分析: 小明首先注意到被积函数中有 $\ln x$,又发现其"搭档" $\dfrac{1}{x}$,故选择 $u=\ln x$ 即可.

解：(1) 原式 $=\displaystyle\int \ln^2 x \cdot \frac{1}{x}\mathrm{d}x = \int (\ln x)^2 \mathrm{d}(\ln x) = \int u^2 \mathrm{d}u = \frac{1}{3}u^3 + C$

$\qquad\qquad = \dfrac{1}{3}\ln^3 x + C$

(2) 原式 $=\displaystyle\int \frac{1}{1+(\ln x)^2}\mathrm{d}(\ln x) = \int \frac{1}{1+u^2}\mathrm{d}u = \arctan u + C = \arctan(\ln x) + C$

例 5.26　求不定积分 $\displaystyle\int (2x+1)^{2\,021}\mathrm{d}x$.

分析：小明首先想到展开 $(2x+1)^{2\,021}$ 后再用直接积分法,但发现展开式过于庞大,进一步分析,他注意到要点在于幂,而幂函数 $u^{2\,021}$ 可积,故取 $u=2x+1$,再结合 $\mathrm{d}(2x+1)=2\mathrm{d}x$ 即可.

解：原式 $=\dfrac{1}{2}\displaystyle\int u^{2\,021}\mathrm{d}u = \frac{1}{4\,044}u^{2\,022} + C = \frac{1}{4\,044}(2x+1)^{2\,022} + C$

例 5.27　求不定积分 $\displaystyle\int \frac{\mathrm{d}x}{2x+1}$.

解：同上例一样,设 $u=2x+1$,则

$\quad$原式 $=\dfrac{1}{2}\displaystyle\int \frac{1}{2x+1}\mathrm{d}(2x+1) = \frac{1}{2}\int \frac{1}{u}\mathrm{d}u = \frac{1}{2}\ln|u| + C = \frac{1}{2}\ln|2x+1| + C$

$\quad$一般地,显然可得**积分公式** $\displaystyle\int \frac{\mathrm{d}x}{ax+b} = \frac{1}{a}\ln|ax+b| + C$,$a$,$b$ 为任意常数,且 $a\neq 0$.

例 5.28　求不定积分 $\displaystyle\int \frac{x}{1+x^2}\mathrm{d}x$.

分析：小明首先注意到其中出现常用配对"x,x^2",稍加调整,取 $u=1+x^2$ 即可.

解：原式 $=\dfrac{1}{2}\displaystyle\int \frac{1}{1+x^2}\mathrm{d}(1+x^2) = \frac{1}{2}\int \frac{1}{u}\mathrm{d}u = \frac{1}{2}\ln|u| + C = \frac{1}{2}\ln(1+x^2) + C$

例 5.29　求不定积分 $\displaystyle\int \frac{\mathrm{e}^x}{1+\mathrm{e}^x}\mathrm{d}x$.

分析：出现常用配对"e^x,e^x",稍加调整,取 $u=1+\mathrm{e}^x$ 即可.

解：原式 $=\displaystyle\int \frac{1}{1+\mathrm{e}^x}\mathrm{d}(1+\mathrm{e}^x) = \int \frac{1}{u}\mathrm{d}u = \ln|u| + C = \frac{1}{2}\ln(1+\mathrm{e}^x) + C$

例 5.30　求不定积分 $\displaystyle\int \tan x\,\mathrm{d}x$.

分析：小明注意到 $\tan x = \dfrac{\sin x}{\cos x} = \dfrac{1}{\cos x}\sin x$,出现配对"$\sin x$,$\cos x$",取 $u=\cos x$ 即可.

解：$\displaystyle\int \tan x\,\mathrm{d}x = -\int \frac{1}{\cos x}\mathrm{d}\cos x = -\int \frac{1}{u}\mathrm{d}u = -\ln|u| + C = -\ln|\cos x| + C$

即有**积分公式** $\displaystyle\int \tan x\,\mathrm{d}x = -\ln|\cos x| + C$. 类似地,可得**积分公式** $\displaystyle\int \cot x\,\mathrm{d}x = \ln|\sin x| + C$.

例 5.31　求不定积分 $\int \dfrac{x^3}{x+1}\mathrm{d}x$.

分析：小明注意到利用**加减项技巧**，可得 $\dfrac{x^3}{x^2+1}=\dfrac{(x^3+x)-x}{x^2+1}=x-\dfrac{x}{x^2+1}$.

解：原式 $=\displaystyle\int\left(x-\dfrac{x}{x^2+1}\right)\mathrm{d}x=\int x\,\mathrm{d}x-\int\dfrac{x}{x^2+1}\mathrm{d}x=\dfrac{1}{2}x^2-\dfrac{1}{2}\ln(1+x^2)+C$

例 5.32　求不定积分 $\int \dfrac{1}{x^2+3x+2}\mathrm{d}x$.

分析：小明先取 $u=x^2+3x+2$，发现没有其"搭档" $u'=2x+3$. 注意到因式分解 $x^2+3x+2=(x+1)(x+2)$，于是他利用**加减项技巧**，进一步得到下列**拆项技巧**：

$$\dfrac{1}{(x+1)(x+2)}=\dfrac{(x+2)-(x+1)}{(x+1)(x+2)}=\dfrac{1}{x+1}-\dfrac{1}{x+2}$$

解：原式 $=\displaystyle\int\dfrac{1}{(x+1)(x+2)}\mathrm{d}x=\int\left(\dfrac{1}{x+1}-\dfrac{1}{x+2}\right)\mathrm{d}x=\int\dfrac{1}{x+1}\mathrm{d}x-\int\dfrac{1}{x+2}\mathrm{d}x$

$=\ln|x+1|-\ln|x+2|+C=\ln\left|\dfrac{x+1}{x+2}\right|+C$

将这里的拆项技巧进一步应用到分母为 $(x+a)(x+b)$ 的情形，可得**积分公式**

$$\int\dfrac{1}{(x+a)(x+b)}\mathrm{d}x=\dfrac{1}{b-a}\ln\left|\dfrac{x+a}{x+b}\right|+C$$

例 5.33　求不定积分 $\int \sin^3 x\,\mathrm{d}x$.

分析：小明注意到 $\sin^3 x=\sin^2 x\,\sin x$，但 $\sin x$ 的"搭档" $\cos x$ 没有直接出现，进一步联想到三角恒等式 $\sin^2 x=1-\cos^2 x$，之后则"一路绿灯".

解：原式 $=\displaystyle\int\sin^2 x\,\sin x\,\mathrm{d}x=\int(\cos^2 x-1)\mathrm{d}\cos x$

$=\displaystyle\int(u^2-1)\mathrm{d}u=\dfrac{1}{3}u^3-u+C=\dfrac{1}{3}\cos^3 x-\cos x+C$

凑微分法通过引入中间变量 u，将被积表达式凑成某个已知函数 $f(u)$ 的微分形式，这样原积分一般就转化成了基本积分表中的积分. 其计算过程，可概括为四"步"曲：**凑微分、换元、计算新积分、回代**，即**"凑换算代"**. 熟练以后可去掉其中的"换元"和"回代"，从而将四"步"曲缩减为两"步"曲，这实际上就是求导运算中的"两层模型法"的倒推形式. 例如对复合函数求导

$$[\arctan(x^2)]'=\dfrac{1}{1+(x^2)^2}(x^2)'=\dfrac{2x}{1+x^4}$$

倒过来就是用凑微分法求积分：

$$\int\dfrac{2x}{1+x^4}\mathrm{d}x=\int\dfrac{1}{1+(x^2)^2}\mathrm{d}(x^2)=\arctan(x^2)+C$$

在四"步"曲中,"凑微分"是为"换元"做准备的,最终将原积分化成已知积分,也是应用凑微分法的瓶颈所在. 如果能够绕开这个瓶颈,直接通过换元将原积分化成新积分,那岂不是更加简便?

观察式(5.19),凑微分法实际上是通过令 $g(t)=x$,将左端的积分转变为右端的积分:

$$\int f[g(t)]g'(t)\mathrm{d}t \xrightleftharpoons[x=g(t)]{g(t)=x} \int f(x)\mathrm{d}x \tag{5.19}$$

现在如果沿着与凑微分法相反的路线,即先通过变量替换 $x=g(t)$,右端的积分就转化为左端的积分,如果能计算出这个新积分,那么再通过反代换 $t=g^{-1}(x)$ 即可求出原积分. 这种新方法称为**变量替换法**,也被称为**第二换元法**. 当然,无论是哪一种换元,最基本的要求仍然是新积分必须要比原积分简单.

变量替换法牵涉到反代换,因此条件比凑微分法强,其理论依据如下.

定理 5.11(不定积分的变量替换法)　已知函数 $x=g(t)$ 有连续的导数,且 $g'(t)\neq 0$. 如果已知 $\int f[g(t)]\cdot g'(t)\mathrm{d}t=F(t)+C$,那么令 $x=g(t)$,则

$$\int f(x)\cdot \mathrm{d}x = \int f[g(t)]\cdot g'(t)\mathrm{d}t = F(t)+C = F[g^{-1}(x)]+C \tag{5.20}$$

例 5.34　求不定积分 $\int \dfrac{1}{1+\sqrt{x}}\mathrm{d}x$.

解: 小明注意到 $\sqrt{x}$,于是引入**无理代换** $\sqrt{x}=t$,即 $x=t^2 (t\geqslant 0)$,则有 $\mathrm{d}x=2t\,\mathrm{d}t$,故

原式 $=\int \dfrac{1}{1+t}\cdot 2t\,\mathrm{d}t = 2\int\left(1-\dfrac{1}{1+t}\right)\mathrm{d}t = 2t-2\ln(1+t)+C = 2\sqrt{x}-2\ln(1+\sqrt{x})+C$

小明注意到经过无理代换后,被积函数变成了有理函数,后者明显比前者简单得多. 同时他也发现,为方便表达,这里给出的是变换 $x=g(t)$ 的逆变换 $t=g^{-1}(x)$.

例 5.35　求不定积分 $\int \dfrac{\mathrm{d}x}{a^2+x^2} (a>0)$.

分析: 由被积函数 $\dfrac{1}{a^2+x^2}$,小明联想到 $\dfrac{1}{1+t^2}$,但须将 a^2 变成 1,于是他引入换元 $x=at$.

解: 设 $x=at$,则 $\mathrm{d}x=a\,\mathrm{d}t$,从而

$$原式=\int\dfrac{a\,\mathrm{d}t}{a^2+(at)^2}=\dfrac{1}{a}\int\dfrac{\mathrm{d}t}{1+t^2}=\dfrac{1}{a}\arctan t+C=\dfrac{1}{a}\arctan\dfrac{x}{a}+C$$

例 5.36　求不定积分 $\int \dfrac{\mathrm{d}x}{\sqrt{a^2-x^2}} (a>0)$.

分析: 由被积函数小明联想到 $\dfrac{1}{\sqrt{1-t^2}}$,同上例,引入换元 $x=at$.

解: 原式 $=\int\dfrac{a\,\mathrm{d}t}{\sqrt{a^2-(at)^2}}=\int\dfrac{\mathrm{d}t}{\sqrt{1-t^2}}=\arcsin t+C=\arcsin\dfrac{x}{a}+C$

5.3.3　定积分的换元积分法

小明知道,按照牛莱公式,定积分的计算本质上就是不定积分的求原函数,因此他一开始觉得似乎没有必要再单独讨论定积分的换元法.但通过深入的学习,他发现尽管定积分的换元法完全可以与不定积分的换元法"无缝连接",但也有自己的特色.这意味着学习时既要注意两者的共性之处,也要明确两者的差异.

定理 5.12(定积分的凑微分法)　已知函数 $u=g(x)$ 的导函数在区间 $[a,b]$ 上连续,函数 $f(u)$ 在 $g(x)$ 的值域区间上连续,且 $\int f(u)\mathrm{d}u=F(u)+C$, 则

$$\int_a^b f[g(x)]g'(x)\mathrm{d}x=\int_a^b f[g(x)]\mathrm{d}g(x)=\int_{g(a)}^{g(b)} f(u)\mathrm{d}u=F(u)\Big|_{g(a)}^{g(b)} \tag{5.21}$$

例 5.37　求定积分 $I=\int_0^{\frac{\pi}{2}} \sin x \cos^4 x \,\mathrm{d}x$.

解法一: 小明注意到题中出现常用配对 "$\sin x$, $\cos x$", 故令 $\cos x=u$, 则当 $x=0$ 时, $u=\cos 0=1$;当 $x=\frac{\pi}{2}$ 时, $u=\cos\frac{\pi}{2}=0$, 从而有

$$I=-\int_0^{\frac{\pi}{2}} (\cos x)^4 \mathrm{d}\cos x=-\int_1^0 u^4 \mathrm{d}u=\int_0^1 u^4 \mathrm{d}u=\frac{1}{5}u^5\Big|_0^1=\frac{1}{5}$$

解法二: 同解法一,先凑微分,再按"三位一体"思想,由积分公式 $\int \square^4 \mathrm{d}\square=\frac{1}{5}\square^5+C$, 有

$$I=-\int_0^{\frac{\pi}{2}} (\cos x)^4 \mathrm{d}\cos x=-\frac{1}{5}\cos^5 x\Big|_0^{\frac{\pi}{2}}=\frac{1}{5}$$

小明发现定积分与不定积分使用的换元完全相同.定积分与不定积分的区别在于定积分多了个上下限的问题,即经过变换 $u=g(x)$, 原积分变量 x 的下限 a 和上限 b 分别转换为新积分变量 u 的下限 $g(a)$ 和上限 $g(b)$. 这里的"不合理之处"就是 $g(b)$ 未必一定大于 $g(a)$, 因为 $u=g(x)$ 可能是单调递减函数.不过好在定积分的上限未必一定要大于下限.因此,换元时特别要注意的就是"**对号入座**",即"**下限对下限,上限对上限**",先换元,再调整.

另外,对比两种解法,小明发现"**换元必换限,不换元必不换限**",因此是否换元可根据计算的复杂程度来判断.他发现还有一个区别就是不定积分的换元法最终必须"回代",而这是定积分换元法不必考虑的事情.当然,有 C 无 C 也算得上是一个"重大"区别.

例 5.38　求定积分 $I=\int_1^{\mathrm{e}} \frac{\sqrt{\ln x}}{x}\mathrm{d}x$.

解: $I=\int_1^{\mathrm{e}} \sqrt{\ln x}\,\mathrm{d}\ln x=\int_0^1 \sqrt{u}\,\mathrm{d}u=\frac{2}{3}u^{\frac{3}{2}}\Big|_0^1=\frac{2}{3}$

例 5.39　求定积分 $I=\int_{\ln 2}^{2\ln 2} \frac{1}{\mathrm{e}^x-1}\mathrm{d}x$.

分析: 若取 $u=\mathrm{e}^x-1$, 发现缺少"搭档" $u'=\mathrm{e}^x$, 为了补上"搭档",小明利用**加减项技**

巧,得到变形 $\dfrac{1}{e^x-1}=\dfrac{(1-e^x)+e^x}{e^x-1}=\dfrac{e^x}{e^x-1}-1$.

解： 令 $u=e^x-1$，则当 $x=\ln 2$ 时,利用对数恒等式 $a=e^{\ln a}$，有 $u=e^{\ln 2}-1=2-1=1$；当 $x=2\ln 2$ 时, $u=e^{2\ln 2}-1=e^{\ln 4}-1=3$. 因此

$$I=\int_{\ln 2}^{2\ln 2}\left(\frac{e^x}{e^x-1}-1\right)dx=\int_{\ln 2}^{2\ln 2}\frac{e^x}{e^x-1}dx-\int_{\ln 2}^{2\ln 2}dx$$

$$=\int_{\ln 2}^{2\ln 2}\frac{1}{e^x-1}d(e^x-1)-x\Big|_{\ln 2}^{2\ln 2}=\int_1^3\frac{1}{u}du-\ln 2=\ln u\Big|_1^3-\ln 2=\ln 3-\ln 2$$

定理 5.13(定积分的变量替换法) 已知函数 $f(x)$ 在区间 $[a,b]$ 上连续,变换 $x=g(t)$ 满足：(1) 在闭区间 $[\alpha,\beta]$ 或 $[\beta,\alpha]$ 上有连续的导函数 $g'(t)$；(2) $t\in[\alpha,\beta]$ 或 $[\beta,\alpha]$ 时 $g(t)\in[a,b]$；(3) $g(\alpha)=a$, $g(\beta)=b$. 则

$$\int_a^b f(x)dx=\int_\alpha^\beta f[g(t)]dg(t)=\int_\alpha^\beta f[g(t)]g'(t)dt \tag{5.22}$$

定积分的变量替换法必须要使用变换 $x=g(t)$,因此"换元必换限",新的上、下限分别是 $\alpha=g^{-1}(a)$ 和 $\beta=g^{-1}(b)$ (同样要特别注意"对号入座"). 当然有时为方便表达,给出的是变换 $x=g(t)$ 的逆变换 $t=g^{-1}(x)$.

例 5.40 求定积分 $I=\displaystyle\int_1^8\frac{dx}{x+\sqrt[3]{x}}$.

解： 令 $\sqrt[3]{x}=t$,则 $x=t^3$, 即 $dx=2tdt$. 当 $x=1$ 时, $t=1$；当 $x=8$ 时, $t=2$. 故

$$I=\int_1^2\frac{1}{t^3+t}\cdot 3t^2 dt=3\int_1^2\frac{t}{t^2+1}dt=\frac{3}{2}\ln(t^2+1)\Big|_1^2=\frac{3}{2}(\ln 5-\ln 2)$$

例 5.41 求定积分 $I=\displaystyle\int_{\ln 2}^{2\ln 2}\frac{1}{e^x-1}dx$.

解： 令 $t=e^x-1$,则 $x=\ln(t+1)$, $dx=\dfrac{1}{t+1}dt$, 且当 $x=\ln 2$ 时, $t=1$；当 $x=2\ln 2$ 时, $t=3$. 故

$$I=\int_1^3\frac{1}{t}\cdot\frac{1}{t+1}dt=\left(\ln\frac{t}{t+1}\right)\Big|_1^3=\ln\frac{3}{4}-\ln\frac{1}{2}=\ln\frac{3}{2}$$

注意体会本例的解法与例 5.39 的异同,两相比较,哪种解法的思路更合理呢？

例 5.42 已知 $f(x)$ 在 $[-a,a]$ 上连续,试证：$\displaystyle\int_{-a}^a f(x)dx=\int_0^a[f(x)+f(-x)]dx$.

分析： 左边可分解为 $\displaystyle\int_{-a}^0 f(x)dx+\int_0^a f(x)dx$, 右边则可拆分为 $\displaystyle\int_0^a f(x)dx+\int_0^a f(-x)dx$,两边消去共同项后,问题转化为证明 $\displaystyle\int_0^a f(-x)dx=\int_{-a}^0 f(x)dx$.

证明： 令 $x=-t$,则 $dx=-dt$, 且当 $x=0$ 时, $t=0$；当 $x=a$ 时, $t=-a$. 因此

$$\int_0^a f(-x)dx=\int_0^{-a}f(t)(-dt)=\int_{-a}^0 f(t)dt=\int_{-a}^0 f(x)dx$$

于是

$$左边 = \int_{-a}^{0} f(x)\mathrm{d}x + \int_{0}^{a} f(x)\mathrm{d}x = \int_{0}^{a} f(-x)\mathrm{d}x + \int_{0}^{a} f(x)\mathrm{d}x = 右边$$

得证.

显然,当 $f(x)$ 特殊为奇函数或偶函数时,即得定积分的奇零偶倍性.

例 5.43 求定积分 $I = \int_{0}^{1} \arcsin x\, \mathrm{d}x$.

解：令 $\arcsin x = t$, 则 $x = \sin t$, $\mathrm{d}x = \cos t\,\mathrm{d}t$, 且 $x = 0$ 时 $t = 0$; $x = 1$ 时 $t = \arcsin 1 = \pi/2$. 故

$$I = \int_{0}^{\frac{\pi}{2}} t\cos t\,\mathrm{d}t = \int_{0}^{\frac{\pi}{2}} t\,\mathrm{d}\sin t = t\sin t \Big|_{0}^{\frac{\pi}{2}} - \int_{0}^{\frac{\pi}{2}} \sin t\,\mathrm{d}t = \frac{\pi}{2} + \cos t \Big|_{0}^{\frac{\pi}{2}} = \frac{\pi}{2} - 1$$

例 5.44 求定积分 $I = \int_{0}^{2} f(x)\mathrm{d}x$, 这里 $f(x) = \begin{cases} x^2, & 0 \leqslant x \leqslant 1 \\ 2x, & 1 < x < 2 \end{cases}$.

分析：被积函数 $f(x)$ 是分段连续函数,因此根据分段点拆分积分区间即可.

解：$I = \int_{0}^{1} x^2\,\mathrm{d}x + \int_{1}^{2} 2x\,\mathrm{d}x = \frac{1}{3}x^3 \Big|_{0}^{1} + x^2 \Big|_{1}^{2} = \frac{1}{3} + 3 = \frac{10}{3}$

有趣的是,虽然初等函数的导数仍然是初等函数,但是许多初等函数的原函数(尽管存在原函数)却不是初等函数,这也就是说我们无法用熟悉的(初等)函数的形式来表示它们的原函数. 这种函数被称为**积不出函数**. 例如 $\dfrac{\sin x}{x}$ 和 e^{-x^2} 就是典型的积不出函数.

轻松一刻 5

曾经有个高数老师[①]出了这道题：求 $I = \int_{0}^{1} (1-x)^3\,\mathrm{d}x$. 改卷时他"惊恐"地发现同学们全都是这样做的：

$$I = \int_{0}^{1} (1 - 3x + 3x^2 - x^3)\,\mathrm{d}x = \left(x - \frac{3}{2}x^2 + x^3 - \frac{1}{4}x^4\right) \Big|_{0}^{1} = 1 - \frac{3}{2} + 1 - \frac{1}{4} = \frac{1}{4}$$

正当他觉得这简直是"世界末日"时,眼前突然一亮：

$$I = \int_{0}^{1} (1-x)^3\,\mathrm{d}x = -\int_{0}^{1} (1-x)^3\,\mathrm{d}(1-x) = -\frac{1}{4}(1-x)^4 \Big|_{0}^{1}$$

果然这位同学是位极有天赋的高手! 然后他接着往下看：

$$\cdots\cdots = -\frac{1}{4}(1 - 4x + 6x^2 - 4x^3 + x^4) \Big|_{0}^{1} = \cdots\cdots$$

5.4 级数和微分方程初步

小明本打算进一步探究牛顿的微积分思想,但注意到其中涉及幂级数和微分方程,因此

[①] 这位高数老师应该是北大数学学院杨家忠教授.

决定先去这两个"王国"一探究竟.

5.4.1 级数初步

在级数王国,他首先遇到了"一尺之棰"问题.战国时期,惠施在与庄子辩论时曾言:"一尺之捶(通"棰"),日取其半,万世不竭."如果列出逐日取下的棰长,即得等比数列 $\left\{\left(\frac{1}{2}\right)^{n-1}\right\}$,显然它收敛到 0.如果记其所有项的和为 S,即 $S=\frac{1}{2}+\frac{1}{4}+\frac{1}{8}+\cdots$,则 $\frac{1}{2}S=\frac{1}{4}+\frac{1}{8}+\frac{1}{16}+\cdots$.两式相减,得

$$S-\frac{1}{2}S=\left(\frac{1}{2}+\frac{1}{4}+\frac{1}{8}+\cdots\right)-\left(\frac{1}{4}+\frac{1}{8}+\frac{1}{16}+\cdots\right)=\frac{1}{2}$$

整理后,即得 $S=1$."万世"后所取棰长总长为一尺,看起来"万世可竭"啊!

小明进一步考查任意的等比数列 $\{q^{n-1}\}$,仍然记其所有项的和为 S,则

$$S-qS=(1+q+q^2+\cdots)-(q+q^2+q^3+\cdots)=1$$

因此 $S=\frac{1}{1-q}$,即 $1+q+q^2+\cdots=\frac{1}{1-q}$.他发现这个结果好像有点问题:当 $q=2$ 时,有

$$1+2+4+8+\cdots=\frac{1}{1-2}=-1$$

2 的各次幂相加,结果明显应该是正无穷,怎么总和反而是负数呢? 此推理过程看起来没问题呀?

小明继续考查 $q=1$ 的情形,即数列 $\{(-1)^{n-1}\}$.如果仍然记其所有项的和为 S,他得知意大利数学家格兰迪(Guido Grandi, 1671—1742)在 1703 年给出了大致如下的推理过程:

$$S=(1-1)+(1-1)+(1-1)+\cdots=0+0+0+\cdots=0,$$
$$S=1-1+1-1+1-1+\cdots=1-(1-1+1-1+1-\cdots)=1-S,\ S=\frac{1}{2}$$

无穷多个整数相加,结果居然是分数? 要命的是,格兰迪指出:因为这里从总和 $S=0$ 中产生出了总和 $S=\frac{1}{2}$,这表明宇宙(1)是从虚无(0)中产生的(对于这种结论当然可以一笑置之).

小明发现以此为基础,有人求出了所有自然数的和,推理过程如下:

令 $S_1=1+2+3+4+\cdots$,$S_2=1-2+3-4+\cdots$,则

$$\begin{array}{r}S_2=1-2+3-4+5-\cdots\\+)S_2=0+1-2+3-4+\cdots\\\hline 2S_2=1-1+1-1+1-\cdots\end{array}$$

显然 $2S_2=S=\frac{1}{2}$,即 $S_2=\frac{1}{4}$,从而有

$$S_1 - S_2 = (1 + 2 + 3 + 4 + \cdots) - (1 - 2 + 3 - 4 + \cdots)$$

$$= 4 + 8 + 12 + \cdots = 4(1 + 2 + 3 + \cdots) = 4S_1, \ S_1 = -\frac{1}{3}S_2 = -\frac{1}{12}$$

结果居然是 $-\dfrac{1}{12}$,而且这个结果居然还被写进了量子力学教科书里!

至此,小明总算领会到了阿贝尔(Niels Abel, 1802—1829)的那句抱怨:"发散级数是捏造出来的概念,非常邪恶,以此为基础的任何证明都是可耻的."在 1913 年写给哈代的回信中,拉马努金也写道:"如果我说 $1 + 2 + 3 + 4 + \cdots = -\dfrac{1}{12}$,那么我有可能被直接送到精神病院."不管是不是"邪恶",看来必须要给数列所有项的和一个严格的数学定义了.

定义 5.4(数项级数) 已知数列 $\{a_n\}$,则称 $\displaystyle\sum_{n=1}^{\infty} a_n = a_1 + a_2 + \cdots + a_n + \cdots$ 为**数项级数**.

进一步地,如果数列 $\{a_n\}$ 的前 n 项和数列 $\{S_n\}$ 收敛于 S,其中 $S_n = \displaystyle\sum_{k=1}^{n} a_k$,则称数项级数 $\displaystyle\sum_{n=1}^{\infty} a_n$ **收敛**,并称极限 S 为此级数的**和**,即 $\displaystyle\sum_{n=1}^{\infty} a_n = S$;如果前 n 项和数列 $\{S_n\}$ 发散,则称数项级数 $\displaystyle\sum_{n=1}^{\infty} a_n$ **发散**,此时此级数没有和.

显然上述定义中涉及的两个数列满足关系式:$S_n = \displaystyle\sum_{k=1}^{n} a_k$,$a_n = S_n - S_{n-1}$. 因此当数项级数 $\displaystyle\sum_{n=1}^{\infty} a_n$ 收敛时,必有

$$\lim_{n \to \infty} a_n = \lim_{n \to \infty}(S_n - S_{n-1}) = \lim_{n \to \infty} S_n - \lim_{n \to \infty} S_{n-1} = S - S = 0$$

例 5.45 证明**等比级数** $\displaystyle\sum_{n=0}^{\infty} q^n$ 的敛散性.

证明: 当 $q \neq 1$,有 $S_n = \displaystyle\sum_{k=0}^{n-1} q^k = \frac{1 - q^n}{1 - q}$;当 $q = 1$ 时,则有 $S_n = n$.

(1) 当 $|q| < 1$ 时,有 $\displaystyle\lim_{n \to \infty} q^n = 0$,从而 $S = \displaystyle\lim_{n \to \infty} S_n = \frac{1}{1 - q}$,即 $\displaystyle\sum_{n=0}^{\infty} q^n$ 收敛于 $\dfrac{1}{1 - q}$;

(2) 当 $|q| > 1$ 时,有 $\displaystyle\lim_{n \to \infty} q^n = \infty$,从而 $S = \displaystyle\lim_{n \to \infty} S_n = \infty$;

(3) 当 $q = 1$ 时,同样有 $S = \displaystyle\lim_{n \to \infty} S_n = \infty$;

(4) 当 $q = -1$ 时,等比数特殊为发散的**格兰迪级数** $\displaystyle\sum_{n=0}^{\infty} (-1)^n$. 证毕.

另外,小明得知所有正整数的倒数之和不存在,即**调和级数** $\displaystyle\sum_{n=1}^{\infty} \frac{1}{n}$ 发散到正无穷,这个著名的"病态反例"说明通项极限为零的数项级数未必是收敛的. 进一步地,他得知 **p 级数** $\displaystyle\sum_{n=1}^{\infty} \frac{1}{n^p}$ 的敛散性为:当 $p > 1$ 时,$\displaystyle\sum_{n=1}^{\infty} \frac{1}{n^p}$ 收敛;当 $p \leqslant 1$ 时,$\displaystyle\sum_{n=1}^{\infty} \frac{1}{n^p}$ 发散.

定义 5.5(绝对收敛和条件收敛) 如果数项级数 $\displaystyle\sum_{n=1}^{\infty} |a_n|$ 收敛,则称数项级数 $\displaystyle\sum_{n=1}^{\infty} a_n$

绝对收敛;如果 $\sum\limits_{n=1}^{\infty} |a_n|$ 发散但 $\sum\limits_{n=1}^{\infty} a_n$ 收敛,则称数项级数 $\sum\limits_{n=1}^{\infty} a_n$ **条件收敛**.

定理 5.14 如果数项级数 $\sum\limits_{n=1}^{\infty} a_n$ 绝对收敛,则 $\sum\limits_{n=1}^{\infty} a_n$ 收敛,即**绝对收敛必收敛**.

以函数眼光看,小明注意到如果将等比级数 $\sum\limits_{n=0}^{\infty} q^n$ 中的 q 换为 x,则有

$$\frac{1}{1-x} = \sum_{n=0}^{\infty} x^n = 1 + x + x^2 + \cdots \ (|x| < 1) \tag{5.23}$$

这显然可以看成函数 $f(x) = \dfrac{1}{1-x}$ 在点 $x = 0$ 处的"无穷阶泰勒公式",而且最关键的是,泰勒公式中那些讨厌的"小尾巴"已经没有了(更形象地说,就是换成了最后的省略号"$\cdots$").

定义 5.6(幂级数及和函数) 对任意实数 x 和某个实数 a,称表达式

$$\sum_{n=0}^{\infty} a_n (x-a)^n = a_0 + a_1 (x-a) + \cdots + a_n (x-a)^n + \cdots$$

为**幂级数**,其中点 $x = a$ 称为幂级数的**基点**,常数 $a_0, a_1, \cdots, a_n, \cdots$ 称为幂级数的**系数**.

如果对区间 I 内任意一点 x,幂级数 $\sum\limits_{n=0}^{\infty} a_n (x-a)^n$ 都有和 S,则称 $S = S(x)$ 为此幂级数的**和函数**,称 I 为**收敛域**,或者称函数 $S(x)$ 有**幂级数展开式** $S(x) = \sum\limits_{n=0}^{\infty} a_n (x-a)^n$, $x \in I$.

显然式(5.23)就是函数 $S(x) = \dfrac{1}{1-x}$ ($-1 < x < 1$) 在基点 $x = 0$ 处的幂级数展开式.

在微积分中引入幂级数,自然要考虑求极限、求导(微分)和积分等分析运算对它的影响. 小明知道,三大分析运算都具有有限可加性:和的极限等于极限的和,和的导数等于导数的和,和的积分等于积分的和. 既然幂级数是无限项求和,那么一个自然的心理预期就是:**幂级数的三大分析运算也具有无限可加性,即对幂级数而言,无限求和与三大分析运算可以交换次序**.

定理 5.15 设幂级数 $\sum\limits_{n=0}^{\infty} a_n x^n$ 的和函数为 $S(x)$,收敛域为区间 I. 则有下列性质:

(1) **逐项求极限**:和函数 $S(x)$ 是连续函数,且对任意 $a \in I$,有

$$\lim_{x \to a} \left(\sum_{n=0}^{\infty} a_n x^n \right) = \sum_{n=0}^{\infty} \left(\lim_{x \to a} a_n x^n \right) = \sum_{n=0}^{\infty} a_n a^n$$

(2) **逐项求导**:和函数 $S(x)$ 是可导函数,且对任意 $x \in I$,有

$$S'(x) = \left(\sum_{n=0}^{\infty} a_n x^n \right)' = \sum_{n=0}^{\infty} (a_n x^n)' = \sum_{n=1}^{\infty} n a_n x^{n-1}$$

(3) **逐项积分**:和函数 $S(x)$ 是可积函数,且对任意 $x \in I$,有

$$\int_0^x S(x) \, \mathrm{d}x = \int_0^x \left(\sum_{n=0}^{\infty} a_n x^n \right) \mathrm{d}x = \sum_{n=0}^{\infty} \left(\int_0^x a_n x^n \, \mathrm{d}x \right) = \sum_{n=0}^{\infty} \frac{a_n}{n+1} x^{n+1}$$

对于存在幂级数展开式的函数 $f(x)$，接下来的问题就是如何确定幂级数的系数，也就是如何用函数 $f(x)$ 的信息来表达这些系数？

定理 5.16　如果函数 $f(x)$ 在 a 的某邻域 I 内可被展开成幂级数 $\sum_{n=0}^{\infty} a_n(x-a)^n$，则 $a_n = \dfrac{f^{(n)}(a)}{n!}$，也就是说函数 $f(x)$ 在点 a 处的幂级数展开式为

$$f(x) = \sum_{n=0}^{\infty} \frac{f^{(n)}(a)}{n!}(x-a)^n, \ x \in I \tag{5.24}$$

形如式(5.24)的展开式称为函数 $f(x)$ 的**泰勒级数**，其中基点为 0 的泰勒级数又被称为**麦克劳林级数**.

考察 $f(x) = e^x$，显然 $f^{(n)}(x) = e^x$，$f^{(n)}(0) = 1$，因此函数 e^x 的麦克劳林级数为

$$e^x = \sum_{n=0}^{\infty} \frac{1}{n!}x^n = 1 + x + \frac{x^2}{2!} + \frac{x^3}{3!} + \cdots, \ x \in (-\infty, +\infty) \tag{5.25}$$

类似地，有

$$\sin x = \sum_{n=0}^{\infty} \frac{(-1)^n}{(2n+1)!}x^{2n+1} = x - \frac{x^3}{3!} + \frac{x^5}{5!} - \cdots, \ x \in (-\infty, +\infty) \tag{5.26}$$

$$\cos x = \sum_{n=0}^{\infty} \frac{(-1)^n}{(2n)!}x^{2n} = 1 - \frac{x^2}{2!} + \frac{x^4}{4!} - \cdots, \ x \in (-\infty, +\infty) \tag{5.27}$$

以 $-x$ 代换式(5.23)中的 x，则有 $\dfrac{1}{1+x} = \sum_{n=0}^{\infty}(-x)^n$，两边积分，得

$$\ln(1+x) = \int_0^x \frac{1}{1+x}dx = \int_0^x \sum_{n=0}^{\infty}(-1)^n x^n dx = \sum_{n=0}^{\infty} \int_0^x (-1)^n x^n dx = \sum_{n=0}^{\infty} \frac{(-1)^n}{n+1}x^{n+1}$$

即

$$\ln(1+x) = \sum_{n=0}^{\infty} \frac{(-1)^n}{n+1}x^{n+1} = x - \frac{x^2}{2} + \frac{x^3}{3} - \frac{x^4}{4} + \cdots, \ x \in (-1, 1] \tag{5.28}$$

以 $-x^2$ 代换式(5.23)中的 x，则有 $\dfrac{1}{1+x^2} = \sum_{n=0}^{\infty}(-x^2)^n$，两边积分，得

$$\arctan x = \int_0^x \frac{1}{1+x^2}dx = \int_0^x \sum_{n=0}^{\infty}(-1)^n x^{2n}dx = \sum_{n=0}^{\infty} \int_0^x (-1)^n x^{2n}dx = \sum_{n=0}^{\infty} \frac{(-1)^n}{2n+1}x^{2n+1}$$

即

$$\arctan x = x - \frac{x^3}{3} + \frac{x^5}{5} - \frac{x^7}{7} + \cdots \tag{5.29}$$

e^x 幂级数展开式的奇次幂项和偶次幂项分别出现在 $\sin x$ 和 $\cos x$ 的幂级数展开式中，说明三者之间肯定存在联系，问题是如何处理各项前面的正负号呢？进一步分析，小明发现正负号按幂次反复出现了"＋、＋、－、－……"的规律，联想到虚数 i 的幂也是周期为 4，他灵机一动，以 ix 代换式(5.25)中的 x，得到

$$e^{ix} = 1 + ix + \frac{(ix)^2}{2!} + \frac{(ix)^3}{3!} + \frac{(ix)^4}{4!} + \frac{(ix)^5}{!} + \cdots = 1 + ix - \frac{x^2}{2!} - \frac{ix^3}{3!} + \frac{x^4}{4!} + \frac{ix^5}{!} + \cdots$$

$$= \left(1 - \frac{x^2}{2!} + \frac{x^4}{4!} - \cdots\right) + i\left(x - \frac{x^3}{3!} + \frac{x^5}{5!} - \cdots\right) = \cos x + i\sin x$$

后来他得知,这就是著名的欧拉公式:

$$e^{ix} = \cos x + i\sin x, \ x \in (-\infty, +\infty) \tag{5.30}$$

5.4.2 微分方程初步

如果 $y' = f(x)$,则 $y = \int f(x)\mathrm{d}x$. 比如 $y' = 2x$ 时有 $y = \int 2x\mathrm{d}x = x^2 + C$. 可是如果 $y' = 2xy$,那么 $y = ?$ 初入微分方程王国,小明就发现它是积分的"血脉延续".

微分方程 $y' = 2xy$ 可变形为 $\frac{1}{y}\mathrm{d}y = 2x\mathrm{d}x$. 此时方程两边可分别看成微元,因此对两边分别积分,即得 $\int \frac{1}{y}\mathrm{d}y = \int 2x\mathrm{d}x + C$,从而求得微分方程的**通解** $\ln|y| = x^2 + C$.

为了方便表述,一般都将任意常数 C 单独列出. 另外由于 $x^2 + C = \ln e^{x^2+C}$,因此通解可变形为 $y = \pm e^{x^2+C} = \pm e^C e^{x^2}$. 若仍记 $\pm e^C$ 为 C,则微分方程的通解就简化为 $y = Ce^{x^2}$ ($C \neq 0$). 由于 $y = 0$ 也是微分方程的解,这样通解最终就简化为 $y = Ce^{x^2}$,C 为任意常数.

上述解法的关键在于积分变量 x,y 的"**分离**". 将这种思想一般化,小明得知形如 $y' = f(x)g(y)$ 的微分方程被为**变量可分离方程**,因为它可以分离为 $\frac{1}{g(y)}\mathrm{d}y = f(x)\mathrm{d}x$,接下来两边积分,即得通解 $\int \frac{1}{g(y)}\mathrm{d}y = \int f(x)\mathrm{d}x + C$.

例 5.46 求微分方程 $y' = e^{2x+y}$ 的通解.

解: $y' = e^{2x+y} = e^{2x}e^y$,即 $e^{-y}\mathrm{d}y = e^{2x}\mathrm{d}x$,两边积分,得 $\int e^{-y}\mathrm{d}y = \int e^{2x}\mathrm{d}x + C$,因此通解为 $-e^{-y} = \frac{1}{2}e^{2x} + C$.

如果再假定 $y(0) = 0$,即给出微分方程的一个**初始条件**,则 $-1 = \frac{1}{2} + C$,解得 $C = -\frac{3}{2}$,则通解就特殊为**特解** $e^{2x} + 2e^{-y} - 3 = 0$. 当然,无论通解还是特解,**都是函数!**

"忽如一夜春风来,千树万树梨花开",在微积分中丰富的宏观辩证思想以及可操作的微元分析法这个一般性的算法的指引下,人们可以非常方便地建立各种微分方程. 正因为如此,微积分也才能在被发明后的百余年里,从专家学者的"秘技"变成数学分析的基础工具,在许多领域,其中甚至包括一些难以想象的领域,飞速地树立起难以撼动的地位,同时也促进了科学、社会和人类思想的飞速发展.

参考文献

[1] 李继根. 大学文科数学[M]. 上海:华东理工大学出版社,2012.

［2］神永正博.简单微积分[M].李慧慧,译.北京：人民邮电出版社,2018.

［3］班纳.普林斯顿微积分读本[M].杨爽,赵晓婷,高璞,译.修订版.北京：人民邮电出版社,2016.

［4］芬尼韦尔,焦尔当诺.托马斯微积分：第 10 版[M].叶其孝,王耀东,唐兢,译.北京：高等教育出版社,2003.

［5］龚昇.简明微积分[M].4 版.北京：高等教育出版社,2006.

［6］项武义.微积分大意[M].北京：高等教育出版社,2014.

［7］张景中.直来直去的微积分[M].北京：科学出版社,2010.

［8］林群.微积分快餐[M].3 版.北京：科学出版社,2019.

［9］柯朗,约翰.微积分和数学分析引论[M].张鸿林,周民强,林建祥,等译.北京：科学出版社,2001.

［10］卓永鸿.轻松学点微积分[M].北京：科学出版社,2020.

［11］蔡聪明.微积分的历史步道[M].2 版.台北：三民书局,2013.

［12］Berlinski D. A tour of the calculus[M]. New York：Random House, 1995.

第6章 驯服无穷

被认为"完全是天才"的诺贝尔物理奖得主费曼(Richard Feynman, 1918—1988)指出：微积分是上帝的语言.但吊诡的是,正如莫里斯·克莱因指出的那样,微积分这门学科有着"不合逻辑的发展"：先有积分,后有微分,最后才有极限.

6.1 微积分的先驱

6.1.1 言必称希腊

1. 万物皆数与芝诺悖论

在微积分的历史发展上,古希腊哲学和数学的辉煌成就是绕不过去的思想源泉.无独有偶,数学科普名家蔡天新教授在《数学与艺术》(2021)一书中也提出相同观点："每种学问,无论自然科学还是社会科学,最后都能追溯到古希腊."

特定的社会历史条件、丰富的文化背景以及独特的地理位置,使得古希腊成为西方哲学的源头.泰勒斯是西方哲学第一人,据说只留下两句著名的话,其一是"大地浮在水上",即"水"是万物的本原,另一句则是"宇宙充满了灵魂".泰勒斯的"水"是一个哲学概念,之所以选择"水",一方面是因为当时没有抽象概念,只能使用日常生活中的感性事物来表示某种普遍性的东西；另一方面则是因为水具有流动性、易变性、可塑性和生命原则等基本特征,而这些正是化生万物的本原应该具有的.对本原的追问,铸就了古希腊人化繁为简的思维方式,即用简单和基本的东西作为复杂和纷繁问题的基础.

在数学上,泰勒斯极力主张命题证明,也就是对几何命题不能仅凭直觉就予以接受,而必须要经过严密的逻辑证明,因此,他被公认为"论证数学之父".据说泰勒斯首先证明了"对顶角相等"和"三角形内角和等于两个直角之和"等几何命题,还利用相似三角形原理测量出了金字塔的高度.

众所周知,在数学上继承泰勒斯衣钵的是毕达哥拉斯学派.一方面,他们坚持发展几何时必须先指定公理或公设,然后从基本公理和公设开始,一步步推导出一些非常复杂的几何命题.这催生了尺规作图,因为仅限尺规分别能作出完美而统一的一维图形(直线)和二维图形(圆).以此为基础,可以作出许多复杂的几何图形,但同时也受到制约,比如尺规就作不出抛物线.另一方面,他们宣称"万物皆数",即数是万物的本原,它为宇宙提供了一个概念模型,数学是宇宙的实体和形式,是理解宇宙奥秘的钥匙.他们眼中的数是"形数",不但有量的多少,而且有几何形状,因此他们把数视为不同几何形体的元素或点,即不可分割的"终极元素"(单子),而不同几何形体则是由这些点(单子)构成的.

早期希腊哲学对本原的探索,以数学家德谟克利特(Democritus,约公元前 460—约公元前 370)的原子论为最高成就. 他认为:万物的本原是原子和虚空;原子的本意是"不可分的",因此原子是构成万物的最小单位;原子是由无空隙的、坚硬的物质组成的;原子的数目是无穷的,它们之间没有质的区别,只有形状、体积、位置、次序的不同;运动是原子的固有属性;"虚空"并不是空无所有,而是原子运动的场所,因此像原子一样也是实在的;原子在虚空中的碰撞造成了它们的分解与组合,从而形成了万事万物.

作为数学家,德谟克利特自然会用原子论来研究和解释几何学,由此创立了几何原子论. 他认为线、面和体分别由有限多个原子组成,将它们的体积加起来就可以计算相应立体的体积. 据说他还用这种思想方法计算出了圆锥体体积是同底同高的圆柱体体积的 1/3. 对于几何原子,以面积为例,后世学者有的认为是同维的(如莱布尼茨的面积微元),有的则认为要低一维(如卡瓦列里的不可分量线段).

古希腊哲学家赫拉克利特(Herakleitus,约公元前 544—公元前 483)宣称"万物皆流"或"万物皆动",认为万事万物是不断运动变化的,唯有"变"是永恒不变的,而这种变动是按照一定的尺度和规律进行的,这就是他的逻各斯(logos)学说. "人不可能两次踏进同一条河流"是他的名言,因为河里的水是不断流动的,第二次踏进时的河水,已经不是第一次踏进时的了,这就好比"今日非昨日,明日异今日". 与他针锋相对的则是古希腊哲学家巴门尼德(Parmenides of Elea,约公元前 515 年—公元前 5 世纪中叶以后),主张"万物皆静". 他认为世界上只有唯一的"存在"(being),存在是永恒的,是"一",连续不可分;存在是不动的、真实的,因此世界是静止的、不变的、永恒的,变化与运动只是幻觉.

芝诺是巴门尼德的学生,他明确反对毕达哥拉斯学派的单子说,因为如果单子有长度,那么无限多个单子连接起来就是无限长;如果单子没有长度,那么无限多个单子连接起来同样也没有长度. 为了捍卫老师的观点,他进一步提出了著名的四个悖论:

(1) 二分法悖论,即一物从 A 到 B,需先抵达 AB 的中点 C,而要从 A 到 C,又必须要抵达 AC 的中点 D……如此类推至无穷,此物被 AB 的无限可分性所阻碍,根本无法前进一步,将永远停留在初始位置 A 处,因此运动不存在. 显然,类似的说法就是我国战国时期惠施提出的"一尺之棰,日取其半,万世不竭".

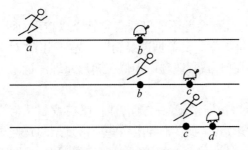

图 6-1　阿基里斯追龟悖论

(2) 阿基里斯追龟悖论,即"'神行太保'阿基里斯追不上乌龟". 如图 6-1 所示,假设开始时阿基里斯位于 a 点,乌龟位于他前方的 b 点,当阿基里斯跑到 b 点时,乌龟已经爬到了 c 点,仍在他的前方,当阿基里斯跑到 c 点时,乌龟又爬到了 d 点,仍在他的前方……如此类推至无穷,由于时间的无限可分性,乌龟总在阿基里斯的前方.

(3) 飞矢不动悖论,即如果时间和空间是无限不可分的,那么飞矢在飞行过程的每一个时间瞬间,总会停留在一个确定的空间位置上,因此它是不动的.

(4) 游行队伍悖论,即如果时间和空间是无限不可分的,那么如图 6-2 所示,假设在一瞬间(最小时间单位)里,队列 B 和 C 相对于观众席分别向右和左各自移动一个距离单位,而此时对 B 而言,C 移动了两个距离单位,也就是必有使 C 向 B 的左方移动一个距离单位的更小的时间单位,否则半个时间单位将等于一个时间单位.

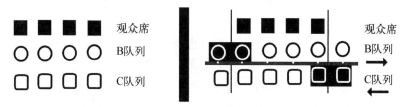

图 6 - 2　游戏队伍悖论

亚里士多德明确地将无穷分为潜无穷与实无穷,芝诺悖论就记载在他的著作中. 芝诺的前两个悖论针对的是时空是无限可分的潜无穷观,在这种观点下运动是连续而又平滑的;后两个悖论的矛头则指向时空是由无限不可分的小段组成的实无穷观,在这种观点下运动将是离散的一连串跳动. 不难发现,芝诺用的是"归谬法"(反证法),因此也被视为反证法的发明人. "大哉芝诺,鼓舌如簧;无论你说什么,他总认为荒唐." 芝诺就是以这种非数学语言的形式,把人们在早期探索离散与连续以及有限与无限之间的关系中遇到的困难惹人注目地摆了出来. 芝诺悖论的提出,对数学特别是微积分的发展带来了深远的影响,正如美国著名数学史家卡约里(Florian Cajori, 1859—1930)所说的那样:"芝诺悖论的历史,大体上也就是连续性、无限大和无限小这些概念的历史."

2. 欧多克斯的穷竭法

欧多克斯是柏拉图学院初创时期培养的数学家之一. 因为贫困,他每天要走 10 英里①,往返于学院与雅典郊区的住所. 他基于观察和理性分析,而不是神化或神秘的解释,对月球和行星运动提出了自己的学说,是那个时代"真正的科学家"(希思语). 第 3 章已经提到,他通过比例论巧妙地避开了无理数的不可公度问题. 他还对穷竭法(principle of exhaustion)这个微积分的前身进行了严格化改造,"避开了(实)无穷这个陷阱",将穷竭法建立在无限分割潜在可能性的基础之上,因此也可以说他是严格意义上的穷竭法的创造者,这使他在微积分的发明中享有很高的声誉. 例如,他用穷竭法证明了棱锥体积是同底同高的棱柱体积的 1/3,以及圆锥体积是同底同高的圆柱体积的 1/3.

穷竭法的思想源于几何三大难题中的"化圆为方"问题. 诡辩学派的代表人物安提丰(Antiphon,公元前 480—公元前 411)首次提出用圆内接正多边形逼近圆来解决这个问题. 至于"穷竭法"这个名称,则是比利时数学家圣文森特的格雷戈里(Gregory of Saint-Vincent, 1584—1667)在其 1647 年的著作中最先使用的,其依据是《几何原本》中的命题 X-1(竭尽性原则):对给定的两不等量,在较大量中减去比其一半还大的量,再从剩余的量中减去比这余量的一半大的量,不断重复这个过程,则必有某个余量小于较小量. 也就是说,对满足 $0<b<a$ 的两个量 a, b 和实数 $\lambda>1/2$,必存在正整数 n,使得 $(1-\lambda)^n a<b$. 这个命题后来演化成"阿基米德公理":对满足 $0<b<a$ 的两个量 a, b,必存在正整数 n,使得 $na>b$.

---

① 　1 英里(in)＝1.6 千米(km).

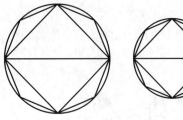

图 6-3　欧多克斯的穷竭法

欧多克斯是如何用"归谬法＋穷竭法"来证明几何命题的呢？以《几何原本》中的命题XII-2（圆与圆之比等于直径上的正方形之比）为例，其大致思路如左。

如图 6-3 所示，假设两圆的面积比大于直径之比，即 $S_1 : S_2 > d_1^2 : d_2^2$，则在第一个圆中，可以通过用边数不断增加的内接正多边形来"穷竭"此圆，使得其面积与圆面积之差小于任意给定的数，也就是说，可以找到一个内接正多边形，其面积 P_1 与 S_1 之差如此之小，使得

$$P_1 : S_2 > d_1^2 : d_2^2 \tag{6.1}$$

在第二个圆中，同样用"穷竭法"可找到一个圆内接正多边形，它与第一个圆中的内接正多边形相似. 根据已有的相似形命题XII-1，其面积 P_2 满足 $P_1 : P_2 = d_1^2 : d_2^2$，故由式(6.1)可知 $P_1 : S_2 > P_1 : P_2$，此即 $P_2 > S_2$，这显然是不可能的，故 $S_1 : S_2 > d_1^2 : d_2^2$ 不成立.

类似地，若假设 $S_1 : S_2 < d_1^2 : d_2^2$ 也会导致矛盾，故 $S_1 : S_2 = d_1^2 : d_2^2$. 证毕.

以上面的面积问题为例（对体积问题也可类似处理），不难看出穷竭法的具体步骤为：① "化曲为直"，即将求曲边形面积问题"化归"为求一系列内接或外切正多边形的面积问题；② 求和，即求出一系列内接或外切正多边形的面积之和；③ "以直代曲"，即用一系列内接或外切正多边形的面积之和"穷竭"或"逼近"所求曲边形的面积，使两者之差小于任意给定的值. 这显然是数学方法论中"化归法"的典型运用，而且其中也蕴含了积分学思想的萌芽.

3. 叙拉古的阿基米德

众所周知，阿基米德是"力学之父"和"数学之神"，关于他流传着许多传说和故事：王冠与尤里卡（Eureka，意为"我找到了"），巨型抛石机和起重机，镜子聚光，"别碰我的圆"，墓碑上刻着"圆柱内切球"的几何图形，螺旋提水器，等等. 阿基米德既可以脚踏实地地研究实际问题，又能够在最抽象、最微妙的领域中探索奥秘. 但与他发明的美妙定理相比，这些杠杆、滑轮和石弩都不过是雕虫小技. 他的主要著作有《圆的度量》《论球与圆柱》《抛物线求积法》《论螺线》《论杠杆》《方法论》等.

"演绎的穷竭法并不很适合新结果的发现，不过阿基米德将它与德谟克利特和柏拉图学派曾经探索过的无穷小量的观念结合起来."具体来说就是，他改进了穷竭法，转而采用了"平衡法发现＋归谬穷竭法证明". 他用于发现定理的"平衡法"，其中心思想就是将要计算的量分成许多微小的量，再用另一组微小的量来比较. 通常，他利用杠杆原理来平衡这两组量，而后者的总和比较容易计算，这实际上就是近代积分的基本思想. 在《方法论》中，他利用平衡法得到许多计算面积和体积的公式，并详细描述了发现它们的思想和方法. 但正如波耶所认为的那样：尽管从广泛的意义上，阿基米德的演算可以看作是"实际上的积分"，或者在一般意义下代表"积分过程"，但是要把它们中的任何一个说成是"真正的积分"或者"等同于真正的积分"，那就是大谬误了. 因为其中缺少积分的特征——和式的形成，以及当 $n \to \infty$，$\Delta x \to 0$ 时，从该和式中获得的无穷序列的极限概念的运用.

在《圆的度量》中，阿基米德用"归谬法＋穷竭法"证明了圆的面积公式，即命题 1：圆面积等于半径乘半周长. 他的大致思路如下：如图 6-4 所示，假设圆的面积 S 大于直角三角形

的面积 K，即 $S > K$，则在圆内，通过用边数不断增加的内接多边形来"穷竭"此圆，使得其面积与圆面积之差小于任意给定的数，如此可找到一个面积为 P 的内接正多边形，使得 $S - P < S - K$，即 $P > K$.

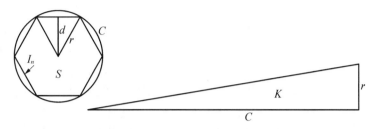

图 6-4　圆面积公式的阿基米德证法

然而，由于上述正多边形的边心距 $d < r$，因此其周长小于圆的周长 C，故应有 $P < K$. 这显然与前面的结论矛盾，故 $S > K$ 不成立.

同样地，通过作外切正多边形，可证 $S < K$ 也不成立，因此 $S = K$. 证毕.

接着在《抛物线求积法》中，阿基米德用"归谬法＋穷竭法"证明了抛物弓形的面积公式，即命题 24：抛物弓形的面积是同底等高三角形面积的 4/3. 关于他是如何发现这个结论的，之前一直是个谜，费马和笛卡儿等人也有过种种猜测. 传奇的是 1906 年阿基米德《方法论》的手稿重写本被发现，其写在羊皮纸上的原稿被擦去重写了经文，但幸运的是没有被完全擦除，后经科技手段得以恢复. 这篇著作是以书信的形式写的，收信人是他的老师埃拉托色尼（Eratosthenes，公元前 276—公元前 194），以寻找素数的"埃拉托色尼筛法"而闻名. 埃拉托色尼还是欧几里得的学生，并被奉为"地理学之父". 在《方法论》中，阿基米德叙述了用平衡法发现抛物弓形面积公式（文中的命题 1）的思路，大致如下：

如图 6-5 所示，图中 D 为 AC 的中点，K 为 CH 的中点，也是 AF 的中点. 应用欧几里得已经指出的抛物线的两个性质，即 $EB = BD$ 和 $MO : PO = CA : AO$，可得 $MO : PO = CK : KN = HK : KN$. 如果把与 PO 相等的线段 TG 放在其中心 H 点，则有 $MO : TG = HK : KN$. 由于 N 是 MO 的重心，根据杠杆原理可知，MO 与 TG（PO）以 K 为支点保持平衡.

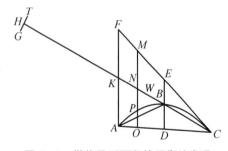

图 6-5　抛物弓形面积的平衡法发现

由于 $\triangle CFA$ 由所有像 MO 这样的平行线段组成，抛物弓形 CBA 则由所有像 PO 这种含于曲线内部的平行线段组成，因此 $\triangle CFA$ 与重心放在点 H 的抛物弓形关于支点 K 保持平衡.

在此之前，阿基米德已经证明 $\triangle CFA$ 的重心 W 在 CK 上，且 $KW = CK / 3$，因此有

$$\frac{\triangle CFA \text{ 的面积}}{\text{抛物弓形} ABC \text{ 的面积}} = \frac{HK}{KW} = \frac{3}{1}$$

由于 $\triangle CFA$ 的面积是 $\triangle ABC$ 的面积的 4 倍，因此他得到了

$$\text{抛物弓形} ABC \text{ 的面积} = \frac{4}{3} \triangle ABC \text{ 的面积}$$

这种平衡法的发现，巧妙地把数学与物理融为一体，把理想与现实合二为一，正如阿基米德

指出的"这种观点暗示了结论的正确性",并希望"在现在和未来的几个世代中,有人会利用这种方法,找到我们尚未掌握的其他定理".而且更大胆的是,阿基米德公然把外接三角形描述为由其内部的"所有平行线段组成的形状",这显然是实无穷的观点,犯了希腊数学的大忌.阿基米德当然知道这种发现过程不会被视为严格证明,所以他接下来仍然"求助于几何学上的证明",在《抛物线求积法》中他给出了这个公式的严格证明,思路大致如下:

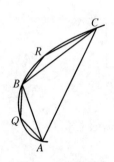

如图 6 - 6 所示, B 为抛物弓形 ABC 的顶点,通过取弓形的顶点 Q 和 R,继续穷竭两个小抛物弓形 AQB 和 BRC,易知图中新作出的 $\triangle AQB$ 和 $\triangle BRC$ 的面积都是三角形 $\triangle ABC$ 的面积(记为 a)的 $1/8$,因此它们的面积之和为 $a/4$,不断重复上述的穷竭法,可知抛物弓形的面积(记为 S)等于下列级数的和(注意:当时没有表达无穷的符号"…"),即

$$S = a + \frac{1}{4}a + \cdots + \left(\frac{1}{4}\right)^n a$$

图 6 - 6　抛物弓形面积的穷竭法证明

阿基米德巧妙地求出了这个级数.因为他注意到 $\left(\frac{1}{4}\right)^n a + \frac{1}{3}\left(\frac{1}{4}\right)^n a = \frac{1}{3}\left(\frac{1}{4}\right)^{n-1} a$,因此

$$a + \frac{1}{4}a + \cdots + \left(\frac{1}{4}\right)^n a + \frac{1}{3}\left[\frac{1}{4}a + \cdots + \left(\frac{1}{4}\right)^n a\right]$$

$$= a + \left(\frac{1}{4}a + \frac{1}{3}\cdot\frac{1}{4}a\right) + \cdots + \left[\left(\frac{1}{4}\right)^n a + \frac{1}{3}\left(\frac{1}{4}\right)^n a\right] = a + \frac{1}{3}a + \cdots + \frac{1}{3}\left(\frac{1}{4}\right)^{n-1} a$$

$$= a + \frac{1}{3}a + \frac{1}{3}\left[\frac{1}{4}a + \cdots + \left(\frac{1}{4}\right)^{n-1} a\right]$$

消掉中括号里的重复项,即得

$$S + \frac{1}{3}\left(\frac{1}{4}\right)^n a = a + \frac{1}{4}a + \cdots + \left(\frac{1}{4}\right)^n a + \frac{1}{3}\left(\frac{1}{4}\right)^n a = \frac{4}{3}a \tag{6.2}$$

因此在无穷意义上,有 $S = \frac{4}{3}a$.

按照归谬法,假设弓形面积 $S > K$,其中 $K = \frac{4}{3}a$,则在弓形内可作一系列内接三角形(按图 6 - 6 所示的"穷竭"方式),使得这些内接三角形的总面积 T 满足 $S - T < S - K$,即 $T > K$.然而由式(6.2),可知 $T + \frac{1}{3}\left(\frac{1}{4}\right)^n a = K$,因此 $T < K$,出现矛盾.所以 $S > K$ 不成立.

如果假设弓形面积 $S < K$,则按照穷竭法的思想,可以确定 n,使得新作出的内接三角形的面积 $\left(\frac{1}{4}\right)^n a < K - S$.然而由式(6.2),可知 $K - T = \frac{1}{3}\left(\frac{1}{4}\right)^n a < \left(\frac{1}{4}\right)^n a$,因此 $K - T < K - S$,即 $S < T$,显然这是不可能的.所以 $S < K$ 也不成立.综上, $S = K = \frac{4}{3}\triangle ABC$ 的面积.证毕.

　　小明注意到,在阿基米德的证法中,$S-K$ 或 $K-S$ 就是极限的 $\varepsilon-\delta$ 现代语言中的 ε.

　　阿基米德还用穷竭法证明了阿基米德螺线(如第 7 章的图 7-22 所示)一转的面积等于第一个圆的 $1/3$. 他的想法是首先把螺线的一段弧 $\overset{\frown}{APB}$ 和两根径矢 OA 及 OB 所围的面积夹在两组扇形之中,如图 6-7 所示. 这里的新颖之处在于他选取愈来愈小的扇形,使螺线弧下面的面积与有限个"内接"扇形之和及"外接"扇形之和的差比任意给定的量还要小.

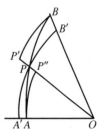

图 6-7　阿基米德螺线的穷竭法证明

6.1.2　积分的酝酿

　　14 世纪欧洲资本主义经济的巨大变化以及随后两个世纪的文艺复兴运动带来了许多史无前例的实际问题,对数学产生了很大的冲击. 首先是以方程论为代表的代数学的复兴,进而是"代数学之父"韦达的符号系统和斯蒂文的十进制小数. 代数上的进展促成了费马和笛卡儿将之与几何学相联系,开创了解析几何,而这个数学上的巨大成就中所蕴含的运动变化的思想,最终又启动了微积分的开创之旅.

　　1. 开普勒的"酒桶几何"

　　开普勒在《测量酒桶体积的新立体几何》(1615) 中,借鉴阿基米德的思想方法,摆脱穷竭法的严密性束缚,像韦达一样将圆看成一个由无穷多条边组成的正多边形,也就是将圆的面积看成是由无穷多个顶点在圆心的微小三角形的面积组成的,它们的总和就是周长与边心距(或者半径)乘积的一半,从而求出了圆的面积. 类似地,通过将球看成是由无穷多个顶点在球心的无限小锥体组成的,他得出球的体积是球面表面积与半径乘积的 $1/3$. 至于圆锥,可看成是由无穷多个圆薄片组成的,或者看成是由无穷多个从轴线发射出来的无限小楔体组成的,或者看成是由无穷多个具有其他形状的垂直截面或斜截面组成的.

　　利用这种"同维无穷小法",开普勒主要研究了各种旋转体(有 90 多种)的体积,包括圆环、球、苹果形、柠檬形、圆锥等立体的体积. 也就是说,他发现了可以用面积旋转的方法来求旋转体的体积,完全可以避开穷竭法.

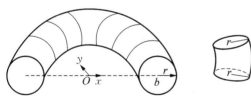

图 6-8　用同维无穷小法计算圆环体积

　　例如,如图 6-8 所示就是开普勒用同维无穷小法计算圆环体积的方法. 他用数目众多的通过旋转轴的平面把圆环分成许多弯曲的圆柱体,每个圆柱体的上下底都是半径为 r 的圆. 然后开普勒用底面半径为 r 的直圆柱代替每个弯圆柱,其高为相应弯圆柱上下底所夹的弧长,此弧属于圆心在原点、半径为 b 的圆. 因此直圆柱的高之和为 $2\pi b$,从而求得圆环的体积为 $V_{环}=(\pi r^2)(2\pi b)=2\pi^2 r^2 b$.

　　在微积分上,开普勒的贡献在于冲破了古希腊穷竭法的思想束缚,引进了"无穷多个"的想法,并用无穷多个同维的有宽度的无穷小元素(如微小三角形、极薄圆片等)之和取代了穷竭法的一系列(有限且足够)内接正多边形的求和.

　　2. 卡瓦列里的不可分量原理

　　意大利数学家卡瓦列里(Bonaventura Cavalieri, 1598—1647)在老师伽利略的大力推荐下,从 1629 年起开始任教于波伦亚大学. 他的工作是开普勒和伽利略工作的延续,除了"几种立体的名称",他断然否认自己借鉴了开普勒的著作.伽利略使用过不可分量方法,其中将给定几何体视为由比它低一维的物体构成.在伽利略的影响和指导下,卡瓦列里致力于寻找具有一定普遍性的几何求积(面积与体积)方法,由此创立了"不可分量法".

在《不可分量几何学》(1635)和《六道几何练习题》(1647)中,卡瓦列里首次引入了几何形态的"不可分量"概念,并提出了"不可分量原理"(也称卡瓦列里原理).他认为:线段是由数量大得无法确定的点构成的,就像链是由珠子穿成的一样;面是由等距的平行线段构成的,就像布是由线织成的一样;立体是由等距的平行平面构成的,就像书是由书页组成的一样,这些元素(点、线、面)就是相应的线、面、体的"不可分量".

卡瓦列里原理说的是:如果两个立体有相等的高,而且它们与底面等高处的平行截面面积恒成定比,则这两个立体的体积之间也有这个比.与之相同的则是祖暅原理:幂势既同,则积不容异.不过祖暅原理是中国古代数学家祖冲之(428—500)的儿子祖暅(456—536)提出的,比卡瓦列里早了 1 100 多年.

事实上,卡瓦列里原理中隐含着极限过程,而且对平面图形也适用,只要把体积改成面积,把截面面积改成直线长.卡瓦列里利用这个原理,用几何方法巧妙地求出了若干曲边梯形的面积,特别地,他实际上推导出了积分公式 $\int_0^a x^n \mathrm{d}x = \dfrac{1}{n+1}a^{n+1}$. 同一时期的费马、帕斯卡、沃利斯、法国数学家罗伯瓦(Gilles Roberval, 1602—1675)和意大利数学家托里拆利(Evangelista Torricelli, 1608—1647)也发现了这个结果.

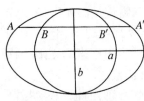

图 6 - 9　用卡瓦列里原理 计算椭圆面积

按照卡瓦列里原理,还可以得到椭圆面积公式.如图 6 - 9 所示,过椭圆短轴上任意一点引平行于长轴的直线,分别交椭圆和圆于 A, B, B', A',则线段 AA' 和 BB' 分别是椭圆和圆的不可分量.可以证明 $\dfrac{AA'}{BB'} = \dfrac{a}{b}$,因此 $\dfrac{\sum AA'}{\sum BB'} = \dfrac{a}{b}$,即 $\dfrac{S_{椭}}{S_{圆}} = \dfrac{a}{b}$,从而有 $S_{椭} = \dfrac{a}{b}S_{圆} = \dfrac{a}{b}\pi b^2 = \pi a b$.

卡瓦列里的不可分量法简化了许多面积和体积公式的推导过程,是对穷竭法的重大突破,但同时也存在晦涩难懂的问题,比如不可分量究竟是什么? 无数个不可分量究竟是如何构成一个有限图形的? 当时注重逻辑严密性的欧氏几何已经占据数学主导地位长达 2 000 年,而卡瓦列里的不可分量法是对欧氏几何的直接挑战,因此还引发了一场关于不可分量法的论战,有兴趣的读者可参阅阿米尔·亚历山大的《无穷小》一书.

提起托里拆利,首先想到的应是他的气压试验以及水银气压计.事实上,托里拆利也是微积分的先驱之一,按照莱布尼茨的评价:"几何学中的卓越人物、完成了这一领域中义勇军任务的开拓者和倡导者是卡瓦列里和托里拆利,后来别人的进一步发展都得益于他们的工作."托里拆利与卡瓦列里是朋友,还在伽利略在世的最后三个月里担任了他的秘书,并继伽利略之后担任了佛罗伦萨宫廷数学家.他的《抛物线的维数》一书,提供了抛物线求积的 21 种证明方法,其中 10 种是古人的方法,剩下的 11 种则都使用了新的不可分量法.有趣的是,这 11 种证明中有一个几乎与阿基米德在《方法论》中给出的证明完全相同,要知道前面已经提到过,《方法论》在 1906 年才重新面世.

托里拆利追随卡瓦列里,但他在使用不可分量法上比卡瓦列里更灵活和大胆,因此发现的新成果也更多,其中最著名的就是他使用圆柱不可分量证明了"等边双曲线的一部分围绕其渐近线旋转所得的无限长的立体图形,具有有限的体积",这就是著名的"托里拆利小号"(又名"加百利号角"),它具有有限的体积和无限的表面积,如图 6-10 左图所示. 通俗地说,填满整个小号只需要有限的油漆,但把小号的表面刷一遍,却需要无限多的油漆! 这是因为体积是三维的,而表面积是二维的,如果将这些油漆平铺地面,无视厚度,则可以铺成厚度无限接近于 0 的无限面积. 事实上,更本质的解释是面积与体积是不同的测度,这一点与皮亚诺曲线很像.

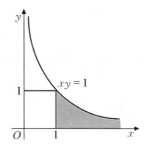

图 6-10　托里拆利小号

按照现在的微积分知识,托里拆利小号的性质可证明如下:如图 6-10 右图所示,将曲线 $xy=1$ 第一象限中 $x>1$ 的部分(图中阴影部分)绕 x 轴旋转,则根据旋转体体积公式和侧面积公式以及定积分的单调性,有

$$V=\int_1^{+\infty}\pi y^2\mathrm{d}x=\int_1^{+\infty}\pi x^{-2}\mathrm{d}x=-\frac{\pi}{x}\Big|_1^{+\infty}=\pi$$

$$S_{\text{表}}=\int_1^{+\infty}2\pi y\sqrt{1+(y')^2}\,\mathrm{d}x\geqslant\int_1^{+\infty}2\pi y\mathrm{d}x=2\pi\int_1^{+\infty}\frac{1}{x}\mathrm{d}x=2\pi\ln x\Big|_1^{+\infty}=+\infty$$

由于无穷小学说越来越危及基督教教义,导致耶稣会于 1632 年颁布命令,即"立即停止传授、持有,甚至以消遣为目的而使用该学说的行为". 之后,随着伽利略被软禁直至去世,以及 1647 年卡瓦列里和托里拆利英年早逝,无穷小学说在意大利彻底被禁绝,从斐波那契开始并在文艺复兴时期风光无限的意大利数学研究开始沉寂.

3. 费马的算术积分法

众所周知,数学是费马的业余爱好,但他因在解析几何、微积分、数论和概率论等学科的杰出贡献,被誉为"业余数学家之王". 他和笛卡儿当时各自独立地创立解析几何,初衷就是希望用当时已经比较成熟的代数工具来处理几何问题. 正如费马在 1636 年写给罗伯瓦的信中所声称的那样,他已经解决任何高次抛物线 $y=px^k$ 的求积问题,但使用的是有别于阿基米德的方法,因为"如果用后者的方法我将永远解决不了问题". 他的结论是 $\dfrac{px_0^{k+1}}{k+1}=\dfrac{x_0y_0}{k+1}$,并且给出了证明. 事实上,费马采用的方法不是用直的线段这种不可分量,而是如今微积分教材中的方法,即用无限多个窄长条(小矩形)之和去逼近所求图形的面积,并且使用了幂和公式 $\displaystyle\sum_{i=1}^n i^k$(有资料说他推导出了直至 $k=17$ 的幂和公式).

对于高次双曲线 $x^ky=p$ 的求积问题,费马通过使用不等分区间的技巧,巧妙地解决了这一难题,时间大约是 17 世纪 40 年代(发表于 1658 年的《求积论》中). 他的求解思路大致如下:如图 6 - 11 所示,将 x 轴分成无限多个长度成等比级数的区间,公比记为 q,再用这种级数已知的求和公式求出这无限多个矩形的面积之和,即图中所有外接矩形的面积之和

$$R = R_1 + R_2 + R_3 + \cdots = R_1 + r^{k-1}R_1 + r^{2(k-1)}R_1 + \cdots$$

$$= \frac{1}{1 - r^{k-1}}R_1 = \frac{1}{r + r^2 + \cdots + r^{k-1}} \cdot \frac{p}{x_0^{k-1}}$$

其中 $r = \dfrac{1}{q}$.

费马令第一个矩形的面积"趋于零",即让公比 $q \to 1$,也就是 $r \to 1$,这样就得到了面积和 R 的极限,即高次双曲线 $x^k y = p$ 在 $x = x_0$ 以右的面积为 $A = \dfrac{1}{k-1} \dfrac{p}{x_0^{k-1}} = \dfrac{1}{k-1}x_0 y_0$.

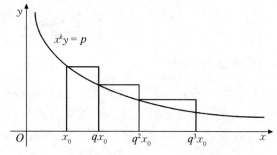

图 6 - 11　费马确定 $x^k y = p$ 下面积的方法　　　　图 6 - 12　帕斯卡的纵坐标线之和

稍加修改,费马接着证明了高次双曲线 $x^k y^m = p$(当时尚未引入分数指数幂的记号)在 $x = x_0$ 以右的面积为 $\dfrac{m}{k-m}x_0 y_0$,而高次抛物线 $y^m = px^k$ 从 $x = 0$ 到 $x = x_0$ 的面积为 $\dfrac{m}{k+m}x_0 y_0$.

帕斯卡是法国天才数学家,被誉为"欧洲的神童",13 岁时就独立发现了帕斯卡三角形. 无独有偶,在他眼里面积也应该是无数个小矩形的面积之和. 如图 6 - 12 所示,按照卡瓦列里的不可分量法,半圆面积应该是无数个不可分量线段 ZM 之和. 但帕斯卡认为,图中这些"纵坐标线"实质上是细小的矩形,因此半圆面积应该是"纵坐标线之和",也就是"无限多个小矩形之和,其中每个小矩形都是由每条纵坐标线与每个很小的直径等分所组成的",而且它们的和与"半圆面积之差线小于任何给定的数". 在 1659 年的《论四分之一圆的正弦》一文中,他还初步规范与统一了应用不可分量法求图形面积的程序:① 分割;② 求和;③ 穷竭或逼近. 遗憾的是他强调不可分量的几何与古典的希腊几何是一致的,并且用神秘主义的态度对待无穷大和无穷小,认为大自然把它们提供给人们,不是为了让人们理解,而是让人们赞赏,因此对于反对的声音,他经常求助于自己最爱的口头禅,即"只可意会不可言传".

4. 沃利斯的无穷算术

英国数学家沃利斯(John Wallis, 1616—1703)从 1649 年起就开始担任牛津大学首任萨维里几何教授,直至逝世. 他通过认真钻研笛卡儿、卡瓦列里等人的著作,自学成才. 他在 1655 年出版的《无穷算术》一书中,把以往的几何求积中的极限概念算术化,使有穷的算术

变成了无穷的算术,从而从算术的途径大大扩展了卡瓦列里的不可分量原理. 在《论圆锥曲线》(1655)中,他还突破了古希腊将圆锥曲线视为圆锥面截线的传统观念,把圆锥曲线定义为相应的含 x 和 y 的二次方程的曲线.

沃利斯还首次引入符号"∞"来表示当时尚未明晰的无穷大概念,并将之视为"数",直接参与算术运算. 同时他还用 $\dfrac{1}{\infty}$ 表示无穷小概念,并将作为面积的不可分量的"线段"视为"高为 $\dfrac{1}{\infty}$ 的平行四边形".

沃利斯通过研究四分之一单位圆的面积问题,得出了 π 的无穷乘积表达式(详情请参阅第 7 章). 他的这份工作直接引导牛顿发现了有理次幂的二项式定理.

沃利斯确定曲线 $y=x^{p/q}$ 下面积的思路大致如下: 对于曲线 $y=x^2$ 下从 0 到 x_0 之间的面积与外接矩形面积 $x_0 y_0$ 之比,按不可分量原理,需要计算无穷多前项的和与无穷多后项的和之比,用现在的语言,即需计算极限

$$\lim_{n\to\infty} \frac{0^2+1^2+\cdots+n^2}{n^3} = \lim_{n\to\infty} \frac{0^2+1^2+\cdots+n^2}{n^2+n^2+\cdots+n^2}$$

沃利斯注意到

$$\frac{0+1}{1+1}=\frac{1}{2}=\frac{1}{3}+\frac{1}{6},\ \frac{0+1+4}{4+4+4}=\frac{1}{3}+\frac{1}{12},\ \frac{0+1+4+9}{9+9+9+9}=\frac{1}{3}+\frac{1}{18}$$

一般地,有 $\dfrac{0^2+1^2+\cdots+n^2}{n^2+n^2+\cdots+n^2}=\dfrac{1}{3}+\dfrac{1}{6n}$. 因此当项数无限多时,即作为不可分量的线段"充满"了所求的面积时,这个比值就是 $\dfrac{1}{3}$. 对立方的情形,他计算出了相应的比值为 $\dfrac{1}{4}$.

接下来,他做出了他所谓"归纳"(实际上是类比法)的跳跃,即对任意正整数 k,有

$$\lim_{n\to\infty} \frac{0^k+1^k+\cdots+n^k}{n^k+n^k+\cdots+n^k}=\frac{1}{k+1}$$

基于对"归纳"巨大力量的坚定信仰,在《无穷算术》中,他还首先给出了负数次幂和分数次幂的运算,将正整数次幂的运算律拓展到了有理次幂,并将卡瓦列里等人发现的幂函数积分公式(幂为整数的情形)拓展到了分数幂的情形,并猜想了相应的积分公式 $\displaystyle\int_0^1 x^{p/q}\,\mathrm{d}x = \dfrac{1}{p/q+1}$. 遗憾的是在负数次幂的情形下这个结论是错误的,因为 $\displaystyle\int_0^1 x^{-2}\,\mathrm{d}x = \dfrac{1}{-2+1} = -1$ 显然是荒谬的.

6.1.3　微分的酝酿

1. 笛卡儿的法线法

笛卡儿在数学上最著名的成就是创立了解析几何. 它的诞生日被认定为 1619 年 11 月 10 日,因为按笛卡儿自己的记载,当晚他做了三个生动的梦,第二天醒来以后就领悟到了解析几何的基本思想——尽管它被公之于世还需要再等 18 年. 另一种更传奇的说法是笛卡儿

躺在旅馆的床上进行"晨思"时,通过盯着天花板上的蜘蛛织网或苍蝇爬行,领悟到了坐标及方程的思想. 要注意的是,当时他只给出了单轴即 x 轴,还没有给出 y 轴.

事实上,笛卡儿是"近代哲学之父",创立解析几何是他在哲学上长期思索的结果. 这首先是基于他"我思故我在"的怀疑精神. 世界上最先需要怀疑的就是"我在怀疑",因为它证明"我在思考",说明"我确实存在",因此"我思故我在"成了笛卡儿所探求哲学的第一原则. 这显然触犯了当时的神学世界观,因此他的作品当时被列为禁书. 其次就是基于他寻找所谓"普遍数学"即发现真理的最普遍方法的想法. 笛卡儿审视与比较了当时的两大主要数学分支,发现古希腊的几何学过于抽象,而且过多地依赖于图形,而文艺复兴以后发展起来的字母表示数的符号化代数方法,尽管"充满混杂与晦暗",但优点是可以脱离图形,而且推理方法与过程更易于机械化与程序化. 因此他决心去寻求一种"新几何",它包含这两门学科的优点而没有它们的缺点. 这样笛卡儿就通过解析几何统一了"数"与"形",并在数学中引入了"变量"思想. 正如恩格斯所指出的:"数学中的转折点是笛卡儿的变数,有了变数,运动进入了数学,有了变数,辩证法进入了数学,有了变数,微分和积分也就立刻成为必要的了." 当然,笛卡儿和费马是从不同角度研究解析几何的. 费马总是从方程开始,然后再绘出曲线;笛卡儿则更关心几何,因此他总是先对曲线进行几何描述,然后再得到方程.

笛卡儿还改进了韦达的字母系统,用字母表前面的字母 a,b,c 等表示已知量,后面的 x,y,z 等则表示未知量,并首创了指数表示法,例如 x^3,而且还突破了 a^2 与 a^3 分别表示面积和体积的齐次性约束. 至于数轴的想法,即将数视同于一条直线上所有点的连续体,更是对古希腊数学离经叛道的存在.

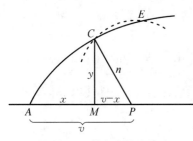

图 6 - 13　笛卡儿的法线法

在微分学上,笛卡儿意识到圆的半径总是圆的法线,而且在给定点同曲线相切的圆的半径必然也是该曲线的法线. 如图 6 - 13 所示,设 A 为原点,则圆的方程为 $n^2 = y^2 + (v - x)^2$,如果图中以 P 为圆心的圆的确与曲线 ACE 相切,那么在给定点 C 附近,圆与曲线的两个交点 C 和 E 将变成一个. 因为点 P 是相切圆的圆心,因此该圆与曲线 $y = f(x)$ 的交点满足方程 $[f(x)]^2 + (v - x)^2 - n^2 = 0$,该方程必有重根,即点 P 的横坐标 v,因此令 $[f(x)]^2 + (v - x)^2 - n^2 = (x - x_0)^2 q(x)$,这样就可以用 x_0 表达出 v.

例如,对于 $y = x^2$ 在点 $P(1,\ 1)$ 的切线问题,可设 $(x^2)^2 + (v - x)^2 - n^2 = (x - 1)^2 (x + ax + b)$,展开并比较系数,可得 $a = 2$,$b = 4$,$v = 3$,因此点 P 的水平坐标为 $v = 3$,由此可确定法线 PC 和切线.

笛卡儿"法线法"本质上是代数方法,但弊端在于它只适用于代数曲线,而且在计算重根时一般会存在复杂的代数运算.

2. 费马的等同法

费马是从透镜设计和光学研究入手开始探究曲线的切线问题的. 他的具体方法设计于 1629 年,发现于 1637 年的手稿《求最大值和最小值的方法》之中,本质上就是我们现在的方法. 用现代符号表示,他的思路大致如下:如图 6 - 14 所示,设 PT 是曲线 $y = f(x)$ 在 P 处的切线,QQ' 是 TQ 的增量,

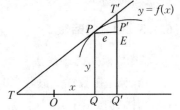

图 6 - 14　费马的等同法

长度记为 e，显然 $TQ : PQ = e : T'E$. 但费马说，当 e 很小时 $T'E$ "等同于" $P'E$，因此

$$TQ : PQ = e : (P'Q' - EQ')$$

即 $TQ : f(x) = e : [f(x+e) - f(x)]$，从而得次切线长

$$TQ = \frac{ef(x)}{f(x+e) - f(x)} \tag{6.3}$$

接着费马未作任何说明，先用 e 上下同除式(6.3)右端，再令 $e = 0$，就得到次切线长 TQ. 确定了点 T，也就确定了切线 PT.

切线是几何对象，但切线问题的核心是斜率这个代数对象，显然将式(6.3)变形即得切线斜率

$$k = \frac{f(x)}{TQ} = \frac{f(x+e) - f(x)}{e}$$

但是费马却没有踢出这"临门一脚"！

下面通过两个例子来具体看看费马的方法. 其一，求笛卡儿叶线 $f(x, y) = x^3 + y^3 - 6xy = 0$(如图 6 - 15 所示)的切线. 1637 年底，关于解析几何与光学，笛卡儿与费马之间爆发了学术冲突，次年笛卡儿向费马提出了这个挑战. 笛卡儿用自己笨拙的法线法没解决这个问题，所以他认为费马也办不到. 没想到费马通过等同法，完美地解决了这个问题，思路大致如下：

让 x 与 y 分别变动微小量 e 与 a，再由 $f(x+e, y+a) \sim f(x, y)$，这里"$\sim$"表示等同，可得

$$(x+e)^3 + (y+a)^3 - 6(x+e)(y+a) \sim x^3 + y^3 - 6xy$$

两边展开并化简，然后消去 e 与 a 的二次项及更高次项，可得 $(x^2 - 2y)e + (y^2 - 2x)a = 0$，故斜率 $k = \dfrac{a}{e} = \dfrac{2y - x^2}{y^2 - 2x}$，因此过点$(3, 3)$的切线方程为 $y - 3 = (-1)(x - 3)$，即 $x + y = 6$.

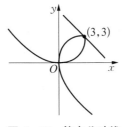

图 6 - 15　笛卡儿叶线

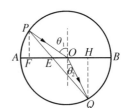

图 6 - 16　费马最短时间原理

其二，费马最短时间原理(光传播的路径是需时最少的路径)及光的折射定律. 如图 6 - 16 所示，单位圆的直径 AB 分隔了上下两种介质，它们的折射率分别为 α 和 β，光速分别为 v_1 和 v_2，为处理方便，费马假定光速 $v_1 = 1/\alpha$，$v_2 = 1/\beta$，则光走路径 POQ 所花的时间为

$$T_1 = \frac{PO}{v_1} + \frac{OQ}{v_2} = \frac{1}{v_1} + \frac{1}{v_2} = \alpha + \beta$$

记 $OH=a$，$OF=b$，$OE=e$（想象点 E 非常接近点 O），则光走路径 PEQ 所花的时间为

$$T_2=\alpha PE+\beta EQ=\alpha\sqrt{1+e^2-2be}+\beta\sqrt{1+e^2+2ae}$$

费马按等同法，仍然令 $T_1\sim T_2$，代入后先平方化简，再消去 e 的二次项及更高次项，得到

$$\alpha\beta+\alpha^2be-\beta^2ae\sim\alpha\beta\sqrt{1+e^2-2be}\sqrt{1+e^2+2ae}$$

再次平方化简，得到 $\alpha^2be-\beta^2ae=\alpha\beta ae-\alpha\beta be$，两边同除以 e，再整理，即得 $\dfrac{a}{b}=\dfrac{\alpha}{\beta}$．注意到 $\sin\theta_1=\dfrac{OF}{PO}=b$，$\sin\theta_2=\dfrac{OH}{QO}=a$，因此就得到了斯涅耳折射定律 $\dfrac{\sin\theta_1}{v_1}=\dfrac{\sin\theta_2}{v_2}$．

斯涅耳折射定律最早是荷兰数学家斯涅耳（Willebrord Snell，1580—1626）在 1621 年发现的，但他的优先权直到 1703 年才通过惠更斯当年出版的著作为人所知．此前笛卡儿已在 1637 年出版的《光学》一书中，公布了这个定律，并用数学方法进行了推导．

费马首次引入 e 表示微元（相当于无穷小量 $\mathrm{d}x$），而且"等同法"已经触及微分学的本质，即"局部线性化"或"以直代曲"，因此是微分学诞生之前最接近导数或微商的代数方法．同时结合费马在切线问题、求积问题与极值问题上的贡献，法国数学家拉普拉斯、拉格朗日和傅里叶（Joseph Fourier，1768—1830）都曾称费马是"微积分的真正发明者"．但为什么费马不是微积分的创始人呢？原因正如法国数学家泊松（Siméon-Denis Poisson，1781—1840）所指出的那样：费马没有真正意识到两个问题之间的互逆关系，即求积是求切线的逆运算这个要害问题，而是仅仅致力于寻找与创新求切线与求积的代数方法．另外费马也没有认识到他的 e 即 $\mathrm{d}x$ 的重要性，没有发展出系统的演算工具，更没有牛顿提出的反微分即不定积分的概念．

3. 巴罗的微分三角形

巴罗（Isaac Barrow，1630—1677）是牛顿的老师，著有《几何讲义》（1670）一书．

在《几何讲义》中，他触及了微积分的基本定理，同时也给出了解析式的论述，这可能是由于他经常把曲线看成是由运动的点生成的，但它们淹没在大量有关切线和面积的几何结果中．他似乎并没有意识到它们的本质，因为他从未说过它们特别重要．

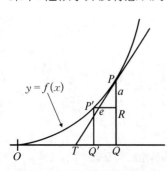

图 6 - 17　巴罗的微分三角形

在《几何讲义》中，他采纳了牛顿的劝告，完善和扩展了费马的方法，从而提出了一种以微分三角形为基础的计算切线的代数方法．如图 6 - 17 所示，设曲线 $y=f(x)$ 在点 P 处的切线为 PT，横坐标上的微小增量为 $QQ'=P'R=e$，纵坐标上的相应微小增量为 $PR=a$，则当 $P'R$ 足够小时，巴罗认为可以用切线 PT 上无限小的一段替代无穷小的弧段 PP'，从而微分三角形 $\triangle PP'R$ 与 $\triangle PTQ$ 应趋于相似，因此有 $\dfrac{a}{e}=\dfrac{PR}{P'R}=\dfrac{PQ}{QT}=\dfrac{y}{t}$，即次切线长 $QT=t=\dfrac{e}{a}y$．这样一旦解出 $\dfrac{e}{a}$，就可以求出 QT 的长，进而作出切线 PT．例如，对曲线 $f(x,y)=y^2-x^3=0$，由于 P，P' 都在曲线上，故有 $f(x+e,y+a)=f(x,y)=0$，同费马一样，他展开并剔掉"没有价值"的一切包含 a 或 e 的幂或二者之积的项，得到 $2ay=3x^2e$，因此 $\dfrac{y}{t}=\dfrac{a}{e}=\dfrac{3x^2}{2y}$，故得 $t=\dfrac{2}{3}x$．

　　显然巴罗的微小增量 e 和 a 就是 Δx 和 Δy，经过"替代"处理后就是微元 $\mathrm{d}x$ 和 $\mathrm{d}y$. 因此，他的方法相当于让 a 和 e 趋向于零时求出比值 a/e 的极限，即把切线 PT 定义为割线 PP' 的极限位置.

　　在《几何讲义》中，他触及了微分与积分的互逆性，但表述形式则采用非常复杂的几何形式. 如图 6 - 18 所示，图中 $f(x)$ 是递增函数，任意曲线 $g(x)$ 满足 $I \cdot PQ$ 等于截取的曲边梯形 $AQRB$ 的面积，其中 I 为常数，据此显然可确定点 P. 再令 $QR:QP=I:QT$，则据此可进一步确定点 T.

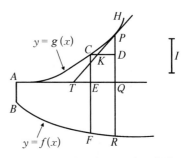

图 6 - 18　微分与积分的互逆性

　　巴罗首先证明了 PT 就是 $g(x)$ 的切线. 因为对弧 AP 上任取的点 C，有 $\dfrac{DP}{DK}=\dfrac{QP}{QT}=\dfrac{QR}{I}$，结合 $I \cdot CE=S_{AEFB}$ 和 $I \cdot PQ=S_{AQRB}$，可知 $I \cdot DP=S_{EQRF}$，同时注意到 $f(x)$ 单调递增，因此

$$DK \cdot QR = I \cdot DP = S_{EQRF} < QE \cdot QR$$

即

$$DK < QE = DC$$

这说明切线在点 C 处位于曲线 $g(x)$ 以下. 对点 P 右侧曲线弧 PH 的点也是如此. 因此 PT 与曲线 $f(x)$ 只相交于一点 P，即 PT 为其切线.

　　接下来，令点 A 和点 Q 的坐标分别为 a 和 x. 至于截取的曲边梯形 $AQRB$ 的面积等于 $I \cdot PQ$，用现在的符号表示，即为 $I \cdot g(x)=\displaystyle\int_a^x f(t)\mathrm{d}t$，两边微分，即得

$$I \cdot g'(x) = \frac{\mathrm{d}}{\mathrm{d}x}\int_a^x f(t)\mathrm{d}t \tag{6.4}$$

　　巴罗证明了次切距的长度 $t(x)=QT=\dfrac{I \cdot QP}{QR}=\dfrac{I \cdot g(x)}{f(x)}$，因此切线斜率 $k=g'(x)=\dfrac{g(x)}{t(x)}=\dfrac{f(x)}{I}$，再结合式(6.4)，即得微积分基本定理

$$f(x) = I \cdot k = I \cdot g'(x) = \frac{\mathrm{d}}{\mathrm{d}x}\int_a^x f(t)\mathrm{d}t$$

　　行文至此，不难看出微积分的先驱们已经作出了以下贡献：首先，终结了欧几里得及其公理化思想长达 2 000 多年的支配地位，开始将注重实用但忽视严密化的科学数学化思想作为新的数学发展主流思想，从而提升了代数学在数学中的地位. 其次，突破了常量数学那种静止的"空间形式"和不变的"数量关系"，将变量和运动引入数学，并成为数学的主要研究对象. 再次，引入了被刻意忽略 2 000 多年的"无穷小量"（几何上的不可分量和代数上的微小增量），发展出无穷小方法的雏形（不可分量法和微元法），并把有限的代数运算拓展到了无限. 最后，费马和巴罗等人在某些特殊场合下已经触及求切线与求积的互逆关系.

　　但他们毕竟只是先驱，因为他们也存在如下不足：首先，没有揭示出微分与积分的互逆关系，没有认识到这种关系具有超越几何、代数与力学的普遍性，更缺乏对其意义的深刻洞察. 其

次,没有看出微分法是解决一切求微与求积问题的关键,缺乏反微分的思想. 最后,缺少适当的记号以及系统的演算来统合涉及求微与求积问题的各种演算,包括各种已有的无穷小方法.

时代呼唤具有洞察力的天才来高屋建瓴地创立微积分,他们就是牛顿和莱布尼茨. 正是因为站在了前面这些巨人的肩膀之上,牛顿和莱布尼茨才能看到微分和积分之间的互逆关系,从而从哲学的高度指出了微分与积分是一对矛盾体,并最终建立了微积分.

6.2　微积分的创立

6.2.1　牛顿的流数术

1. 微积分思想

至于牛顿的伟大成就多完成于 1665—1667 年间,当时剑桥大学因伦敦鼠疫被迫关闭,牛顿因此避居家乡乌尔索普村(Woolstorpe). 正是在这段黄金岁月里,牛顿得以全身心思考和整理各种问题,从而基本完成了他一生的三大发现: 流数术、万有引力和光学.

在创立微积分上,牛顿的思想主要体现在以下几篇著作中,其中前面四篇著作在正式出版前都已经以手稿的形式在英国数学界传播,显示了牛顿"新分析法"的巨大威力:

(1) 1666 年 10 月的手稿《流数简论》(1967 年才正式出版),概括总结了他在家乡避疫期间的微积分研究;

(2)《运用无穷多项方程的分析学》(写于 1669 年,出版于 1711 年),简称为《分析学》;

(3)《流数术和无穷级数》(写于 1671 年,出版于 1736 年),简称为《流数术》;

(4)《曲线求积术》(写于 1691 年,出版于 1704 年);

(5) 1676 年写给莱布尼茨的两封书信,简称为"前信"(写于 6 月 13 日,长达 11 页)及"后信"(写于 11 月 3 日,长达 19 页);

(6)《自然哲学的数学原理》(1687),简称为《原理》.

2. 幂级数及广义二项式定理

因为德国数学家墨卡托(Nicolaus Mercator, 1620—1687)在 1668 年抢在牛顿之前公开了 $\ln(1+x)$ 的幂级数展开式,牛顿为了维护优先权,在仓促之际撰写了《分析学》一文,并将副本提交给了老师巴罗,巴罗看后大为震惊,转交给了好友柯林斯(John Collins, 1624—1683,其被巴罗誉为"法国的梅森"),柯林斯读后也激动不已,更是背着牛顿私自留下副本,并在小圈子里传播. 两年后牛顿撰写了更为详尽的《流数术》一文,文中指出算术运算与变量运算非常相似,因此可将算术中的无穷小数"类比"为如今称为幂级数的无穷次"多项式",从而"后者的加减乘除和开方运算都可以借鉴前者的运算". 由于小数的优点是某种程度上呈现出了整数的性质,因此牛顿认为可以像处理普通多项式那样处理这种广义多项式.

例如,按照长除法,有 $\dfrac{1}{1+x}=1-x+x^2-x^3+\cdots$,而按照求平方根算法,则有

$$\sqrt{1+x^2}=1+\frac{1}{2}x^2-\frac{1}{8}x^4+\frac{1}{16}x^6-\frac{5}{128}x^8+\cdots$$

对于方程 $f(y)=0$ 的求解,牛顿采用了著名的"牛顿法". 以 $y^3-2y-5=0$ 为例,牛顿设 $y=2+p$,代入后得新方程 $p^3+6p^2+10p-1=0$. 因为 p 很小,他忽略掉 p 的高次项,

得 $10p-1=0$，即 $p=0.1$. 接下来，他再设 $p=0.1+q$，类似可得 $q=-0.0054$，即得 y 的新近似值 $y=2.0946$. 这个算法显然可不断迭代至指定精度.

将牛顿法推广到多项式，牛顿得到类似的级数反演方法. 对隐函数 $\frac{y^5}{5}-\frac{y^4}{4}+\frac{y^3}{3}-\frac{y^2}{2}+y-z=0$，牛顿采用这种方法得到

$$y=z+\frac{1}{2}z^2+\frac{1}{6}z^3+\frac{1}{24}z^4+\frac{1}{120}z^5+\cdots$$

牛顿的幂级数思想来源于沃利斯的工作. 在《无穷算术》中，沃利斯使用插值法研究了积分 $\int_0^1(1-x^{1/p})^n\mathrm{d}x$（具体请参阅第 7 章），牛顿将之应用到曲线 $y=(1-x^2)^n$ 中，他发现

$$\int_0^x(1-t^2)^0\mathrm{d}t=x$$

$$\int_0^x(1-t^2)^1\mathrm{d}t=x-\frac{1}{3}x^3$$

$$\int_0^x(1-t^2)^2\mathrm{d}t=x-\frac{2}{3}x^3+\frac{1}{5}x^5$$

$$\int_0^x(1-t^2)^3\mathrm{d}t=x-\frac{3}{3}x^3+\frac{3}{5}x^5-\frac{1}{7}x^7$$

$$\int_0^x(1-t^2)^4\mathrm{d}t=x-\frac{4}{3}x^3+\frac{6}{5}x^5-\frac{4}{7}x^7+\frac{1}{9}x^9$$

…………

牛顿将右侧的幂级数制作成了关于 x 的不同幂次的系数表（如表 6-1 所示），同沃利斯一样，他意识到其中存在帕斯卡三角形（如表中圈出的三个数据），因此也试图进行插值. 这就意味着在组合数公式 $C_n^k=\frac{n(n-1)\cdots(n-k+1)}{k!}$（其中阶乘符号是后人于 1808 年发明的）中，$n$ 的取值可以推广到分数，例如 $C_{1/2}^3=\frac{\frac{1}{2}\times(\frac{1}{2}-1)\times(\frac{1}{2}-2)}{3!}=\frac{1}{16}$，这样牛顿通过对积分 $\int_0^x(1-t^2)^n\mathrm{d}t$ 进行分数插值（如表 6-2 所示，仍然存在帕斯卡三角形，如表中圈出的三个数据），计算出了曲线 $y=(1-x^2)^n$ 下的面积.

表 6-1　积分 $\int_0^x(1-t^2)^n\mathrm{d}t$ 中的帕斯卡三角形

$n=0$	$n=1$	$n=2$	$n=3$	$n=4$	$\cdots$	乘以
1	1	1	1	1	$\cdots$	x
0	1	2	3	4	$\cdots$	$-\frac{x^3}{3}$
0	0	1	③	6	$\cdots$	$\frac{x^5}{5}$
0	0	0	①	④	$\cdots$	$-\frac{x^7}{7}$
0	0	0	0	1	$\cdots$	$\frac{x^9}{9}$

表 6-2　牛顿对积分 $\int_0^x (1-t^2)^n \, dt$ 进行分数插值

$n=-1$	$n=-\dfrac{1}{2}$	$n=0$	$n=\dfrac{1}{2}$	$n=1$	$n=\dfrac{3}{2}$	$n=2$	$n=\dfrac{5}{2}$	$\cdots$	乘以
1	1	1	1	1	1	1	1	$\cdots$	x
-1	$-\dfrac{1}{2}$	0	$\dfrac{1}{2}$	1	$\dfrac{3}{2}$	2	$\dfrac{5}{2}$	$\cdots$	$-\dfrac{x^3}{3}$
1	$\dfrac{3}{8}$	0	$\left(-\dfrac{1}{8}\right)$	0	$\dfrac{3}{8}$	1	$\dfrac{15}{8}$	$\cdots$	$\dfrac{x^5}{5}$
-1	$-\dfrac{5}{16}$	0	$\left(\dfrac{3}{48}\right)$	0	$\left(-\dfrac{1}{16}\right)$	0	$\dfrac{5}{16}$	$\cdots$	$-\dfrac{x^7}{7}$
1	$\dfrac{35}{128}$	0	$-\dfrac{15}{384}$	0	$\dfrac{3}{128}$	0	$-\dfrac{5}{128}$	$\cdots$	$\dfrac{x^9}{9}$
$\vdots$	$\vdots$	$\vdots$	$\vdots$	$\vdots$	$\vdots$	$\vdots$	$\vdots$	$\ddots$	$\vdots$

牛顿很快意识到二项展开式 $(1+x)^n$ 中的指数 n,也可以推广到分数乃至负数,从而发现了广义二项式定理. 他在"后信"中给出的表达式为

$$(1+Q)^{m/n}=1+\frac{m}{n}Q+\frac{\frac{m}{n}\left(\frac{m}{n}-1\right)}{2!}Q^2+\frac{\frac{m}{n}\left(\frac{m}{n}-1\right)\left(\frac{m}{n}-2\right)}{3!}Q^3+\cdots$$

牛顿完全相信它的正确性,因为好几个公式都符合这个定理. 例如,按照广义二项式定理,下述结果与长除法一致:

$$(1+x)^{-1}=1+(-1)x+\frac{(-1)\times(-2)}{2!}x^2+\frac{(-1)\times(-2)\times(-3)}{3!}x^3+\cdots$$

$$=1-x+x^2-x^3+\cdots$$

在"前信"中,牛顿才正式追述了对这个定理的原始推导及思路,并自称是在"1664 年和 1665 年间的冬天"发现的.

这里再补充介绍一下牛顿法,其思路为:对于多项式方程 $f(x)=\sum_{i=0}^{k}a_i x^i=0$,给定近似值为 x_n,设真值 $x_*=x_n+p$,代入得

$$0=\sum_{i=0}^{k}a_i x_*^i=\sum_{i=0}^{k}a_i x_n^i+p\sum_{i=0}^{k}ia_i x_n^{i-1}+A=f(x_n)+pf'(x_n)+A$$

略去 p 的非线性项 A,则 $p=-\dfrac{f(x_n)}{f'(x_n)}$,因此 $x_*\approx x_{n+1}=x_n-\dfrac{f(x_n)}{f'(x_n)}$. [曾钟钢等人在科普公众号"返朴"上撰文(2021 年 6 月 26 日)指出,牛顿法是"张冠李戴的命名",它真正意义上的发明人应该是牛顿之后的英国数学家辛普森(Thomas Simpson, 1710—1761),因为牛顿法的关键是迭代和微分表达式,而牛顿只给出了三步计算演示,根本没有使用微分,因此牛顿提出的方法只能用于多项式,不是一个通用算法.]

3. 正流数术的创立

在《流数简论》中,牛顿通过速度的形式,提出了两个基本问题,事实上引入了"流数"的

概念. 在《流数术》中, 他更是明确地提出:"我从时间的流动性出发, 把所有其他变动的量称为流量, 量的增长速度称为流数."他提出的两个基本问题如下:

问题 I: 设物体 A, B, … 在同一时刻描画线段 x, y, … 表示这些线段关系的方程已知, 求它们的速度 p, q, … 之间的关系. 这显然就是给定距离(流量)之间的关系, 求速度(流数)之间的关系, 属于微分问题.

问题 II: 已知表示线段 x 和运动速度 p, q 之比 p/q 的关系方程式, 求另一线段 y. 这显然就是给定速度(流数)之间的关系, 求距离(流量)之间的关系, 属于积分问题.

牛顿给出了解决问题 I 的办法和解答, 并在证明时引入了流量(关于时间的函数)的无穷小瞬(流量在无穷小的时间间隔 o 中增加的无穷小量, 即无穷小增量)这个基本概念和符号. 例如, 流量 x 的无穷小瞬就是流量的速度与所谓"无穷小时间间隔" o 的乘积 $\dot{x}o$ (相当于 x 的无穷小增量 Δx, 也就是费马的微小增量 e).

牛顿以 $x^3 - ax^2 + axy - y^3 = 0$ 为例, 详细说明了他的方法, 具体如下(转引自李文林《数学珍宝》, 下同):

先乘按 x 排列的各项, 然后乘按 y 排列的各项, 即

$$x^3 - ax^2 + axy - y^3 \quad \Big| \quad -y^3 + axy + (x^3 - ax^2) = 0$$

依次乘 $\dfrac{3\dot{x}}{x}$, $\dfrac{2\dot{x}}{x}$, $\dfrac{\dot{x}}{x}$, 0 　依次乘 $\dfrac{3\dot{y}}{y}$, $\dfrac{\dot{y}}{y}$, 0

得 $3\dot{x}x^2 - 2\dot{x}ax + \dot{x}ay$ 　 $\Big| \quad -3\dot{y}y^2 + a\dot{y}x$

两乘积之和为 $3\dot{x}x^2 - 2\dot{x}ax + \dot{x}ay - 3\dot{y}y^2 + a\dot{y}x = 0$, 则方程就给出了 $\dot{x}$ 与 $\dot{y}$ 之间的关系……流数关系就将是

$$\dot{x} : \dot{y} = (3y^2 - ax) : (3x^2 - 2ax + ay)$$

接着他给出了详细的证明, 具体思路如下:

分别以 $x + \dot{x}o$ 和 $y + \dot{y}o$ 代换 x 和 y, 将得出

$(x^3 + 3x^2\dot{x}o + 3x\dot{x}^2o^2 + \dot{x}^3o^3) - (ax^2 + 2ax\dot{x}o + a\dot{x}^2o^2)$
$+ (axy + ay\dot{x}o + ax\dot{y}o + a\dot{x}\dot{y}o^2) - (y^3 + 3y^2\dot{y}o + 3y\dot{y}^2o^2 + \dot{y}^3o^3) = 0$

由假设 $x^3 - ax^2 + axy - y^3 = 0$, 删除这些项, 并用 o 除余下的项, 将得到

$3x^2\dot{x} + 3x\dot{x}^2o + \dot{x}^3o^2 - 2ax\dot{x} - a\dot{x}^2o + ay\dot{x} + ax\dot{y} + a\dot{x}\dot{y}o - 3y^2\dot{y} - 3y\dot{y}^2o - \dot{y}^3o^2 = 0$

但进一步地, 因为 o 是无穷小, 它可以表示量的瞬, 那些包含它作为因子的项相对于其他项而言将等于 0, 因此把它们舍弃, 这样还剩下

$$3x^2\dot{x} - 2ax\dot{x} + ay\dot{x} + ax\dot{y} - 3y^2\dot{y} = 0$$

可以看到, 那些未被 o 乘的项总是被消去, 同时那些含 o 的高于一次方的项也将被

舍弃；而剩余项在被 o 除后将取得按法则应有的形式.

这个"应有的形式"，就是之前他按流数法则得出的流数关系.

按上述示例，牛顿"想展示的"的流数术的一般步骤为：

若在某一瞬间已描画的流量是 x，y，则下一瞬间它们将变成 $x+po$，$y+qo$，其中 p，q 分别为 x，y 的流数，即 $p=\dot{x}$，$q=\dot{y}$，这里点记号最早出现在《曲线求积术》中. 那么对于多项式函数 $f(x,y)=\sum a_{ij}x^iy^j=0$，有 $f(x+po,y+qo)=0$. 应用二项式定理展开并整理，然后两边再除以 o，并消去一切含 o 的高次项，可得 $\sum a_{ij}(ix^{i-1}y^jp+jx^iy^{j-1}q)=0$，因此问题 I 的解答为

$$\sum\left(\frac{ip}{x}+\frac{jq}{y}\right)a_{ij}x^iy^j=0$$

事实上，按现在的符号，由于 $f(x,y)=0$，即 $\dot{x}\dfrac{\partial f}{\partial x}+\dot{y}\dfrac{\partial f}{\partial y}=0$，也就是 $\dfrac{\dot{y}}{\dot{x}}=-\dfrac{\partial f/\partial x}{\partial f/\partial y}$.

牛顿还使用了相当于复合函数链式法则的技巧来求分式及根式的流量关系，例如，求隐函数的流数：$x^3-ay^2+\dfrac{by^3}{a+y}-x^2\sqrt{ay+x^2}=0$. 牛顿通过引入中间变量 z 和 u，将之化为 $x^3-ay^2+z-u=0$，求得 $3x^2\dot{x}-2ay\dot{y}+\dot{z}-\dot{u}=0$，其中 $\dot{z}$，$\dot{u}$ 分别由下式确定：

$$az+yz-by^3=0,\ x^2\sqrt{ay+x^2}-u=0$$

显然牛顿将"已知距离求速度"的力学问题提升为了"已知流量求流数"的数学问题，并在科学数学化的过程中创立了"流数术"这个具有普遍性的数学方法. 尽管牛顿没有明晰什么是无穷小增量，但他的流数术已经超越了力学、几何与代数形式的无穷小方法，成为具有普遍性的微积分方法.

牛顿还将"流数术"用于求曲线的切线、曲率、拐点、极值、曲线长，以及求引力与引力中心等问题，从而充分展示了"流数术"这个普遍性微积分方法的强大威力.

4. 反流数术及积分法则

对问题 II，即我们现在所谓的积分问题 $\dfrac{\dot{y}}{\dot{x}}=\dfrac{q}{p}=f(x)$，牛顿天才地指出：这个问题是问题 I 的逆问题，因此应该用相反的方式来解决. 他只用了他前面的示例进行说明. 当然，如果用这种简单的"反流数术"不能解决问题，牛顿通常会使用幂级数.

牛顿也意识到求积问题是问题 I 的逆问题："我在很早以前已经发明了通过无穷项多项式来计算曲线之下面积的方法."在《分析学》中他讨论了如何借助这种反流数术来计算"简单曲线的面积"的几个法则，建立了"微积分基本定理"，同时给出了一份积分表. 他的求积三法则具体如下：

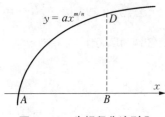

图 6-19　牛顿积分法则 I

法则 I：如图 6-19 所示，如果 $y=ax^{m/n}$ 是曲线 AD 的函数，则区域 ABD 的面积为 $\dfrac{an}{m+n}x^{(m+n)/n}$. 写成现在的积分

形式,就是 $\int_0^x at^{m/n}\mathrm{d}t=\dfrac{an}{m+n}x^{(m+n)/n}$.

法则 I 意味着牛顿发现并使用了微积分基本定理. 事实上,牛顿在《流数简论》中已经给出了基于运动学的证明思路:如图 6 - 20 所示,把曲边三角形 ABC 的面积,即 $z=\int_a^x f(t)\mathrm{d}t$ 看成是线段 BC 以速度 $\dot{z}=q=f(x)$ 向右移动时扫过的面积. 若线段 CBE 平行移动,则面积 x 和 z 随时间而增加的速度分别是 $BE=p=1$ 和 $BC=q=f(x)$,因此 $\dfrac{\dot{z}}{\dot{x}}=\dfrac{q}{p}=q=f(x)$,用现在的记号,这就是微积分基本定理,即

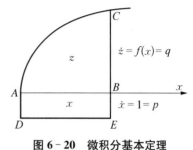

图 6 - 20　微积分基本定理

$$\frac{\mathrm{d}}{\mathrm{d}x}\int_a^x f(t)\mathrm{d}t=f(x)$$

在《分析学》的最后,通过特例 $z=\dfrac{2}{3}x^{3/2}$,牛顿用流数术再次证明了微积分基本定理,过程大致如下:将函数变形为 $z^2=\dfrac{4}{9}x^3$,然后分别以 $z+qo$ 和 $x+o$ 代换 z 和 x,可得 $(z+qo)^2=\dfrac{4}{9}(x+o)^3$,展开后等式两边分别消去 z^2 和 $\dfrac{4}{9}x^3$,接着两边除以 o 后再略去含 o 的项,可得 $2zq=\dfrac{4}{3}x^2$,即 $y=f(x)=q=x^{1/2}$. 因此反过来,若有 $y=f(x)=x^{1/2}$,则将有 $z=\dfrac{2}{3}x^{3/2}$.

牛顿指出,一般地,纵坐标为 $y=nax^{n-1}$ 的曲线下的面积是 $z=ax^n$;反之,面积 $z=ax^n$ 的流数为 $y=nax^{n-1}$.

法则 II:如果 y 由若干项构成,那么它的面积等于其中每一项的面积之和. 按现在的术语,此即有限项和的积分等于各积分的和.

法则 III:如果 y 的值或者它的任意项比上述曲线更复杂,那么必须把它分解为更简单的项……然后应用前面两条法则. 按现在的术语,这项法则说的是幂级数的积分等于积分的幂级数,也就是幂级数的逐项积分法,即当 $f(x)=\sum\limits_{n=0}^{\infty}a_nx^n$ 时,有

$$\int_0^x f(t)\mathrm{d}t=\int_0^x\left(\sum_{n=0}^{\infty}a_nt^n\right)\mathrm{d}t=\sum_{n=0}^{\infty}\left(\int_0^x a_nt^n\mathrm{d}t\right)$$

在《流数术》中,牛顿还提供了一份积分表,并且还涉及了积分换元法技巧、分部积分法以及求弧长的方法,可以说它实际上已经包含了任何现代微积分课本前几章中的许多重要思想,当然极限思想和微分中值定理除外.

牛顿的"反流数术"(求积法)是以曲线的"正流数术"(求切法)为基础的,其表述也是几何的,基本法则是:面积对横坐标的流数是相应纵坐标值,反之亦然. 它首次揭示了求切问题与求积问题是互逆的,即牛顿揭示了微积分基本定理:

$$\frac{\mathrm{d}}{\mathrm{d}x}\int_a^x f(t)\mathrm{d}t = f(x),\quad \int_a^x F'(t)\mathrm{d}t = F(x) - F(a)$$

牛顿将前人关于这两类问题的各种特殊技巧统一为具有普遍性的流数术,并且将积分定义为"反流数",从而标志着以流数术为基础的微积分学的正式诞生. 唯其如此,牛顿才能和莱布尼茨并称为微积分的创始人.

5. 函数的幂级数展开

牛顿于 1669 年撰写的《分析学》,后来被柯林斯通报给了英国数学家詹姆斯·格雷戈里 (James Gregory, 1638—1675),后者在 1671 年回信说他早在 1668 年就发表了 $\arctan x$ 的幂级数展开式,同时得到的还有 $\tan x$ 和 $\sec x$ 等函数的幂级数展开式. 因为格雷戈里在意大利留学期间就获悉曲线 $y = \dfrac{1}{1+x^2}$ 介于 0 与 x 之间的面积为 $\arctan x$,结合长除法,可得 $\dfrac{1}{1+x^2} = 1 - x^2 + x^4 + \cdots$,两边使用卡瓦列里的公式,即得

$$\arctan x = \int_0^x \frac{1}{1+t^2}\mathrm{d}t = \int_0^x (1 - t^2 + t^4 + \cdots)\mathrm{d}t = x - \frac{1}{3}x^3 + \frac{1}{5}x^5 + \cdots$$

但事实上牛顿早在 1665 年就已经得到了 $\sin x$,$\cos x$,$\arcsin x$,$\arctan x$,$\ln(1+x)$,e^x 等函数的幂级数展开式. 那么他是如何得到这些级数展开式的呢?

在《分析学》中,牛顿首先按照广义二项式定理,得到

$$\frac{1}{\sqrt{1-x^2}} = (1-x^2)^{-\frac{1}{2}} = 1 + \mathrm{C}_\alpha^1(-x^2) + \mathrm{C}_\alpha^2(-x^2)^2 + \cdots = 1 + \frac{1}{2}x^2 + \frac{3}{8}x^4 + \cdots$$

其中 $\alpha = -1/2$

然后他开始考察四分之一单位圆. 如图 6-21 所示,当增量 $BC = \mathrm{d}x \to 0$ 时,微分三角形 $\triangle PQR$ 与 $\triangle PBT$ 以及 $\triangle ABP$ 相似,因此 $\dfrac{QR}{PR} = \dfrac{BT}{PT} = \dfrac{BP}{AP}$,即 $\dfrac{\mathrm{d}x}{\mathrm{d}z} = \dfrac{y}{1}$,所以圆弧长 $z = z(x)$ 的增量

$$PR = \mathrm{d}z = \frac{\mathrm{d}x}{y} = \frac{\mathrm{d}x}{\sqrt{1-x^2}}$$
$$= \left(1 + \frac{1}{2}x^2 + \frac{3}{8}x^4 + \cdots\right)\mathrm{d}x$$

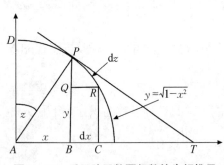

图 6-21　反正弦函数幂级数的牛顿推导

再结合逐项积分法,牛顿得到了

$$\arcsin x = z = \int_0^x \mathrm{d}z = \int_0^x \left(1 + \frac{1}{2}t^2 + \frac{3}{8}t^4 + \cdots\right)\mathrm{d}t = x + \frac{1}{6}x^3 + \frac{3}{40}x^5 + \cdots$$

接着利用级数反演方法,他求得

$$\sin z = z - \frac{1}{6}z^3 + \frac{1}{120}z^5 + \cdots$$

类似地,他推得

$$\cos z = 1 - \frac{1}{2}z^2 + \frac{1}{24}z^4 + \cdots$$

按照牛顿数学论文集主编的说法,至此,"关于正弦和余弦的这些级数第一次出现在欧洲人的手稿中".

利用曲线 $y=(1+x)^{-1}$ 下的面积被定义为 $\ln(1+x)$,以及积分法则 I,牛顿 1665 年还得到了

$$\ln(1+x) = \int_0^x (1+t)^{-1}\mathrm{d}t = \int_0^x (1-t+t^2-t^3+\cdots)\mathrm{d}t = x - \frac{1}{2}x^2 + \frac{1}{3}x^3 - \frac{1}{4}x^4 + \cdots$$

同样地,借助于级数反演方法,对 $z=\ln(1+x)$,他得到了

$$e^z = 1 + x = 1 + z + \frac{1}{2}z^2 + \frac{1}{6}z^3 + \frac{1}{24}z^4 + \frac{1}{120}z^5 + \cdots$$

牛顿是如此陶醉于幂级数赋予他的力量,以致他曾经将 $\ln(1.1)$ 手工计算到小数点后 50 位! 对此,他难为情地解释道:"那是我没有其他事情可做,而且我实在太喜欢幂级数了."事实上,不难发现,对于牛顿而言,幂级数就像一把瑞士军刀,被他用于求积分、求代数方程的根以及计算非代数方程的值,就像他在"前信"中所说的那样:"在它们的帮助下,几乎所有问题都得到了解决."

6. 首末比思想

牛顿最初的基本概念"瞬 o"是随时间变化而变化的"无穷小时间间隔",之后在《分析学》中则是 $\dot{x}o,\dot{y}o,\cdots$(无穷小增量 $\Delta x,\Delta y,\cdots$ 相当于费马微分法中的微小增量 e). 到了《原理》和《求积术》中,为了排除过去随意舍弃无穷小"瞬 o"的做法以及卡瓦列里不可分量法的烦琐,牛顿完全回避了无穷小概念,而是遵循伽利略的动力学观点,引入"最初比"和"最终比"的概念,将流数(导数)确认为流量的增量,从而明显地转变为极限的思想.

在《求积术》中,他指出:

> 流数可以任意地接近于在尽可能小的等间隔时段中产生的流量的增量,确切地说,它们是最初增量的最初比,但也能用和它们成比例的任何线段来表示.

牛顿考虑了函数 $y=x^n$ 的流数问题. 根据无穷级数,两增量的最初比为

$$\frac{(x+o)-x}{(x+o)^n - x^n} = \frac{1}{nx^{n-1} + \frac{n(n-1)}{2}x^{n-1}\cdot o + \cdots}$$

然后牛顿断言道:"设增量 o 消失,它们(指两增量)的最终比就是 $1/nx^{n-1}$."因此 x^n 的流数与 x 的流数之比为 nx^{n-1}.

在《原理》中,牛顿声称已放弃了不可分的无穷小量,改为采用"趋于零的可分量",并进一步指出:"将消失量的最终比可以理解为既不是这些量消失之前的比,也不是之后的比,而是它消失那一瞬间的比……消失量的最终比并不真的是最终量之比,而是这些无限减少的

量之比值所趋向的极限,尽管它们可以无限接近这个极限,其差可以小于任何给定的数,但在这些量无限减少之前,它们既不能超过也不能达到这个极限."这里他触及了"极限"这个重要概念,但并没有(当时也不可能)抓住它.

6.2.2　莱布尼茨的无穷小算法

1. 莱布尼茨:样样皆通的大师

公允地说,莱布尼茨的微积分方法对数学史的贡献要大于牛顿. 在小明看来,尽管莱布尼茨已经逝去了 300 年,但对他的思想研究还远未达到应有的深度,他是世上少有的通才,一生涉猎了哲学、数学、政治学、法学、语言学、逻辑学、神学、历史学、力学、光学、地质学、拓扑学等 40 多个领域,被誉为"十七世纪的亚里士多德". 他还对中国文化尤其是八卦和易经特别感兴趣,是最早接触和传播中国文化的近代欧洲人之一. 另外,他在 1700 年创立了柏林科学院,并担任首任院长. 事实上,正如普鲁士的腓特烈二世(Friedrich Ⅱ, 1712—1786)所说:"他(指莱布尼茨)本人就是一所科学院."尽管涉猎领域如此广泛,但按贝尔在《数学大师》中的评论,他却是"样样皆通的大师","可以说莱布尼茨不止活了一生,而是活了好几世".

莱布尼茨出身于书香世家,主要靠不断阅读父亲的藏书自学. 15 岁就进入莱比锡大学学习法律,20 岁时撰写出《组合术》一文,指出:一切的推理和发现,不管是否用语言表达,都能归结为诸如数、字、声、色这些元素的有序组合. 他以此文向莱比锡大学申请博士学位被拒后,转而凭此文申请到了另一所大学的法学博士学位,从此开始投身政治,成为第一流的外交官.

作为外交官,莱布尼茨经常要乘着破马车在当时欧洲的崎岖小路上奔波. 但正如贝尔描述的那样,"他具有在任何时候、任何地点、任何条件下工作的能力. 他不停地读着、写着、思考着. 他的大部分数学著作……都是在既颠簸又四处透风的破马车里写出来的."自 1673 年起,他开始写下近百页的《数学笔记》,用的是各种尺寸和颜色的纸张,这些手稿如今仍然保存在皇家汉诺威图书馆里.

莱布尼茨的微积分思想,主要体现在以下成果中:①《组合术》(1666);② 旅居巴黎期间的数学笔记、文章和信件,初创微积分(1672—1676,其间 1673 年 1—3 月伦敦之行);③《一种求极大值与极小值和求切线的新方法》(1684 年发表在莱布尼茨自创的《教师学报》上,是数学史上第一篇正式发表的微积分文献),简称《新方法》;④《深奥的几何与不可分量及无限的分析》(出版于 1686 年,是莱布尼茨的第一篇积分学文章),简称《分析》;⑤《微积分的历史和起源》(写于 1714 年,未完成,19 世纪才公布于世).

2. 差和分学

在《组合术》中,莱布尼茨考虑了数列及其各阶阶差. 例如,对于平方数列 0, 1, 4, 9, 16, 25, 36, …,其第一阶差数列为 1, 3, 5, 7, 9, 11, …,第二阶差数列为 2, 2, 2, 2, 2, …,而且第一阶差的和为原平方数列的最后一项,即 $1+3+5+7+9+11=36$,这说明"不管它们的数有多大,相邻项的差的和总等于最前项与最末项的差",也就是说他的第一个数学成就是发现了"减法可以通过加法来实现".

作为数学领域的新人,他后来进一步独立发现了帕斯卡三角形及其中的规律. 初到巴黎后的 1672 年秋,他解决了惠更斯为了考查他的数学水平而给他出的级数问题(三角形数的倒数之和)之后,进一步用 $1/1$, $1/2$, $1/3$, $\cdots$ 除以帕斯卡三角形的每一列,建立了他所谓的 "调和三角形",如图 6-22 所示. 例如,调和三角形中第 2 列中第 2 个数 $1/6$ 就是用 $1/2$ 除以帕斯卡三角形相应位置的 3 得来的.

$$
\begin{array}{lllll}
1 & & & & \\
1 & 2 & & & \\
1 & 3 & 6 & & \\
1 & 4 & 10 & 20 & \\
1 & 5 & 15 & 35 & 70
\end{array}
\longrightarrow
\begin{array}{lllll}
\boxed{1/1} & & & & \\
1/2 & 1/2 & & & \\
1/3 & 1/6 & 1/3 & & \\
\boxed{1/4} & 1/12 & 1/12 & 1/4 & \\
1/5 & 1/20 & 1/30 & 1/20 & 1/5
\end{array}
$$

图 6-22　莱布尼茨的调和三角形

在调和三角形中,莱布尼茨结合自己的第一个数学成就,发现每一列中到任意位置的元素之和是其前一列中该元素左侧的元素与第一个元素的差,例如,图中框出的数字说明 $\frac{1}{2}+\frac{1}{6}+\frac{1}{12}=\frac{1}{1}-\frac{1}{4}$. 由此他一口气解决了许多无穷级数求和问题,例如:

$$\frac{1}{2}+\frac{1}{6}+\frac{1}{12}+\cdots=1,\text{两边乘以}2,\text{得}\ \frac{1}{1}+\frac{1}{3}+\frac{1}{6}+\cdots=2;$$

$$\frac{1}{3}+\frac{1}{12}+\frac{1}{30}+\cdots=\frac{1}{2},\text{两边乘以}3,\text{得}\ \frac{1}{1}+\frac{1}{4}+\frac{1}{10}+\cdots=\frac{3}{2}.$$

实际上,莱布尼茨触及了两个数列及其关系:对于数列 $\{v_n\}$,若令 $u_n=\Delta v_n=v_{n+1}-v_n$, 即得其差分数列 $\{u_n\}$,且两者之间满足差和分基本定理,即 $\sum_{k=1}^{n}u_n=v_{n+1}-v_1$. 如果称 Δ(小写为 δ)为差分算子,Σ 为和分算子,那么差和分基本定理就引出了两个基本问题:

Ⅰ. 差分演算: 求已知数列 $\{v_n\}$ 的差分数列 $\{u_n\}$;

Ⅱ. 反差分(和分)演算: 求和分数列 $\{v_n\}$,使得其差分数列 $\{u_n\}$ 为已知数列.

接下来莱布尼茨借助于自己提出的连续性原理(没有任何东西是突然发生的,自然不作飞跃),将曲线看成无穷边多边形,顶点的坐标依次记为 (x_i,y_i),这样对离散情形的差和分学进行类推,即得纵坐标数列 $\{y_i\}$ 的差分数列 $\{\delta y_i\}$ 的和为 $\sum_i \delta y_i=y_n-y_0$(规则 1),而且和分数列 $\{\sum_i y_i\}$ 的差分数列 $\{\delta\sum_i y_i\}$ 就是原来的纵坐标数列 $\{y_i\}$(规则 2). 莱布尼茨通过对这两个规则进行外插来处理有无穷多纵坐标的情形. 在 1675 年的手稿中,他用 $\mathrm{d}y$ 表示纵坐标的无穷小差,用 $\int y$ 表示无穷多纵坐标的和,那么规则 1 和规则 2 可分别表示为 $\int \mathrm{d}y=y$ 和 $\mathrm{d}\int y=y$. 从几何上看,前者的意思就是一条线段的微分(无穷小差)的和就等于线段(莱布尼茨假定初始纵坐标为 0),后者没有明确的几何解释. 莱布尼茨改用无穷小面积 $y\mathrm{d}x$ 代替有限纵坐标 y(他指出 $\frac{\mathrm{d}x}{x}$ 和 $\frac{\mathrm{d}y}{y}$ 可以小于任意指定的量),即得 $\mathrm{d}\int y\mathrm{d}x=y\mathrm{d}x$(规则 3). 由于 $\int y\mathrm{d}x$ 可被理解为曲线下的面积,因此规则 3 意味着面积 $\int y\mathrm{d}x$ 的差分是 $y\mathrm{d}x$.

3. 微分学思想

至 1676 年,莱布尼茨构建了他的全部微分学思想,但直到 1684 年才首次将其公开发表在《新方法》中,该文仅 6 页,被伯努利兄弟抱怨为 "与其说是解释,不如说是谜".

在《新方法》中,莱布尼茨很不情愿地将微分 $\mathrm{d}x$ 定义为无穷小量,同时他将 $\mathrm{d}y$ 定义为满足 $\mathrm{d}y:\mathrm{d}x=y:t$ 的直线,这里 t 是次切距. 然后他陈述了函数的四则微分法则、幂法则、根法

则以及链式法则,甚至还有高阶微分的莱布尼茨法则,具体如下:

(1) 四则运算法则: $\mathrm{d}a=0$, $\mathrm{d}(x\pm y)=\mathrm{d}x\pm\mathrm{d}y$, $\mathrm{d}(xy)=x\mathrm{d}y+y\mathrm{d}x$, $\mathrm{d}\left(\dfrac{x}{y}\right)=\dfrac{x\mathrm{d}y-y\mathrm{d}x}{y^2}$;

(2) 幂法则和根法则: $\mathrm{d}(x^n)=nx^{n-1}\mathrm{d}x$, $\mathrm{d}\sqrt[b]{x^a}=\dfrac{b}{a}\sqrt[b]{x^{a-b}}\mathrm{d}x$;

(3) 链式法则: $z=\sqrt{r}$, $r=g^2+y^2\Rightarrow\mathrm{d}z=\dfrac{\mathrm{d}r}{2\sqrt{r}}=\dfrac{2y\mathrm{d}y}{2z}=\dfrac{y\mathrm{d}y}{z}$.

作为应用,莱布尼茨在《新方法》中还讨论了极值、凹凸性、拐点和函数作图,在两年后的《分析》中他还给出了曲率公式.他注意到当 y 增加时 $\mathrm{d}y$ 为正,当 y 减少时 $\mathrm{d}y$ 为负,由于切线的斜率等于 $\mathrm{d}y:\mathrm{d}x$,因此当 y 不增不减处于静止状态时必有 $\mathrm{d}y=0$.他进一步注意到:当 y 增加时,如果它的增量 $\mathrm{d}y$ 也增加,即 $\mathrm{d}y$ 为正时 $\mathrm{dd}y$ 也为正,则曲线是上凹的;如果它的增量 $\mathrm{d}y$ 反而减少,则曲线是下凹的.因此,当增量取最大值或者最小值,或增量从减少变为增大或相反的情况时,就有一个拐点,即 $\mathrm{dd}y=0$.

莱布尼茨在《新方法》的最后,还解决了一个笛卡儿未解问题:求次切距为给定常数 a 的曲线.他视 a 和 $\mathrm{d}x$ 为常量,则由 $\mathrm{d}y:\mathrm{d}x=y:t=y:a$ 可知 $y=(a/\mathrm{d}x)\mathrm{d}y=k\mathrm{d}y$,因此所求为对数曲线 $x=\log y$(指数曲线 $y=b^x$),且有 $\mathrm{d}(\log y)=a\mathrm{d}y/y$.

以上就是《新方法》中的主要内容,短短 6 页的文章,实际上已经包含了任何现代微积分课本中一元微分学部分的许多重要思想,而且许多结论都是未加证明的(当时也无法证明),可见伯努利兄弟的抱怨并非小题大做.

对于幂指函数 $z=y^x$,1694 年他采用取对数技巧,得到:

$$\log z=x\log y,\quad a\,\frac{\mathrm{d}z}{z}=xa\,\frac{\mathrm{d}y}{y}+(\log y)\mathrm{d}x,\quad \mathrm{d}z=\frac{xz}{y}\mathrm{d}y+\frac{z\log y}{a}\mathrm{d}x$$

由此得出 $\mathrm{d}(y^x)=xy^{x-1}\mathrm{d}y+\dfrac{y^x\log y}{a}\mathrm{d}x$.这实际上就是微分学中的对数求导法.

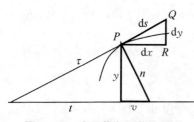

图 6-23　应用莱布尼茨的微分三角形求切线

最后,我们来看看如何应用微分三角形求切线.其实微分三角形早就在帕斯卡等人的著作中出现过,但遗憾的是帕斯卡没有意识到它的重要性,所以莱布尼茨评论说,"帕斯卡有时候似乎是蒙着眼睛研究数学".受帕斯卡和巴罗的影响,莱布尼茨从 1673 年起就建立了自己的微分三角形 $\triangle PQR$(直角边分别为 $\mathrm{d}x$ 和 $\mathrm{d}y$,斜边为 $\mathrm{d}s$,如图 6-23 所示),切线就是连接曲线上无限接近的两个点 P,Q 的直线 PQ,弦 PQ 就是弧 $\overset{\frown}{PQ}$,弧长 $\mathrm{d}s$ 就是斜边 PQ 的长.到了 1677 年,他意识到求切线的最好方法是求微商.因为微分三角形与由纵坐标 y、法线 n 和次法线 v 组成的三角形相似(图中用粗线标出),故有 $\dfrac{\mathrm{d}y}{\mathrm{d}x}=\dfrac{v}{y}$,即 $v=y\dfrac{\mathrm{d}y}{\mathrm{d}x}$,这就意味着有了微商 $\dfrac{\mathrm{d}y}{\mathrm{d}x}$ 和纵坐标 y 就可以确定次法线 v 的长,从而确定法线 n 的位置,进

而确定切线 τ 的位置.

4. 积分学思想

如前所述,莱布尼茨是从差和分互逆的思想类推开展微积分研究的,因此微积分基本定理是显而易见的.

在 1675 年 10 月 29 日的手稿中,莱布尼茨指出:从已知的 y,总能求出 $\mathrm{d}y$;反之,如果已知 $\mathrm{d}y$,则可求得 $y=\int \mathrm{d}y$. 因此,"$\int$"和"d"就像数学中的正与负、乘与除、乘方与开方一样,不仅彼此相反,而且是一种互逆的运算过程.

在 1675 年 11 月 11 日的手稿中,莱布尼茨给出了反切线求积法. 在图 6 - 23 中,若曲线的 v 与 y 的长度成反比,即有 $vy=b$(常数),则结合 $v\mathrm{d}x=y\mathrm{d}y$ 可知 $\mathrm{d}x=\dfrac{y^2}{b}\mathrm{d}y$. 由于差是相反于和的,因此通过两边求和,他得到 $\int \mathrm{d}x=\int \dfrac{y^2}{b}\mathrm{d}y$,即 $x=\dfrac{y^3}{3b}$. 因此他坚信切线问题的反问题等价于求积问题,并首次断言"作为求和过程的积分是微分的逆".

在 1677 年的一篇手稿中,莱布尼茨则明晰地阐述了微积分基本定理:设 z 是曲线 y 与坐标轴所围的面积,且 $\dfrac{\mathrm{d}z}{\mathrm{d}x}=y$ 或 $y\mathrm{d}x=\mathrm{d}z$,则根据他的反切线求积法,有 $z=\int \mathrm{d}z=\int y\mathrm{d}x$;反之,若有 $z=\int y\mathrm{d}x$,则应用求切线的方法,可得其斜率 $\dfrac{\mathrm{d}z}{\mathrm{d}x}=y$. 如果所求曲线的自变量 $x\in[a,b]$,则面积 z 就是 $[0,b]$ 上的面积减去 $[0,a]$ 上的面积,即 $\int_a^b y\mathrm{d}x=z(b)-z(a)$,这显然就是如今的牛顿-莱布尼茨公式.

到了 1680 年,莱布尼茨在手稿中阐述了他的定积分思想,即用无限多个内接小矩形的面积和 $\sum\limits_i y_i\mathrm{d}x$ 代替曲边梯形的面积 $\int y\mathrm{d}x$,并指出"可以忽视剩余的三角形,因为它们同矩形相比是无穷小",这显然相当于 $\left|\int y\mathrm{d}x-\sum\limits_i y_i\mathrm{d}x\right|<\varepsilon$.

在 1686 年的《分析》及后续文章中,莱布尼茨进一步给出了若干积分公式,提出了分部积分法、换元法、有理方式积分法. 特别是在 1691 年,他给出了解常微分方程的变量分离法以及解一次齐次方程 $y'=f\left(\dfrac{y}{x}\right)$ 的换元法. 他还解决了最速降线问题、摆线方程和曳物线方程等问题.

5. 转换定理和莱布尼茨级数

根据莱布尼茨在《微积分的历史和起源》中的叙述,他早在 1673—1674 年间就利用微分三角形发现了两个结果,这充分显示了他的数学天分.

由莱布尼茨的微分三角形,可知 $\dfrac{\mathrm{d}s}{\mathrm{d}x}=\dfrac{n}{y}$,即 $y\mathrm{d}s=n\mathrm{d}x$,以及 $\dfrac{\mathrm{d}y}{\mathrm{d}x}=\dfrac{v}{y}$,即 $y\mathrm{d}y=v\mathrm{d}x$,因此如图 6 - 24 所示,有 $\int_{f(a)}^{f(b)} y\mathrm{d}y=\dfrac{1}{2}y^2\Big|_{f(a)}^{f(b)}=\int_a^b v\mathrm{d}x$. 考虑纵坐标为切线截距 $z=g(x)$ 的曲线,且其下的面积 $\int_a^b z\mathrm{d}x=\dfrac{1}{2}y^2\Big|_{f(a)}^{f(b)}$,则只需确定使次法线 $v=z$ 的曲线 $y=f(x)$,也就

是解方程 $v = y \dfrac{\mathrm{d}y}{\mathrm{d}x} = z$，这样面积问题就可以转化为莱布尼茨所称的反切线问题.

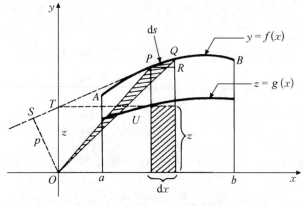

图 6-24 莱布尼茨的转换定理

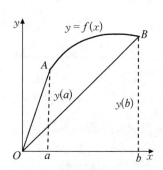

图 6-25 楔形 $OABb$ 的两种剖分

注意到图中的 $\triangle STO$ 相似于微分三角形 $\triangle PQR$，因此 $z\mathrm{d}x = p\mathrm{d}s$，从而有 $\dfrac{1}{2}z\mathrm{d}x = \dfrac{1}{2}p\mathrm{d}s = S_{\triangle OPQ}$，由于所有 $\triangle OPQ$ 的面积之和就是曲线 $APQB$ 与直线 OA 及 OB 所围面积，即图 6-25 中 $\triangle OAB$ 的面积，等于纵坐标为 z 的曲线下面积的一半，再根据图中楔形 $OABb$ 在两种剖分下面积相等，因此有转换定理

$$\int_a^b y\mathrm{d}x = \frac{1}{2}\left[\int_a^b z\mathrm{d}x + (xy)\Big|_a^b\right]$$

由于 $\triangle TPU$ 也相似于微分三角形 $\triangle PQR$，因此有 $\dfrac{\mathrm{d}y}{\mathrm{d}x} = \dfrac{PU}{TU} = \dfrac{y-z}{x}$，即 $z = y - x\dfrac{\mathrm{d}y}{\mathrm{d}x}$，代入前式，并整理得 $\int_a^b y\mathrm{d}x = (xy)\Big|_a^b - \int_{f(a)}^{f(b)} x\mathrm{d}y$，这显然是分部积分公式的特例(如图 6-26 所示).

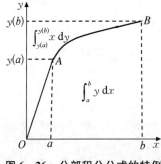

图 6-26 分部积分公式的特例

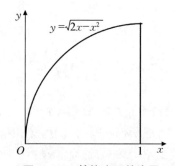

图 6-27 转换定理的应用

莱布尼茨接着将他的定理应用于一条著名的曲线 $(x-1)^2 + y^2 = 1$，即 $y = \sqrt{2x - x^2}$ (如图 6-27 所示). 显然可得

$$\frac{\pi}{4} = \int_0^1 y\mathrm{d}x = \frac{1}{2}(xy)\Big|_0^1 + \frac{1}{2}\int_0^1 z\mathrm{d}x = \frac{1}{2} + \frac{1}{2}\int_0^1 z\mathrm{d}x$$

其中 $z = y - x\dfrac{\mathrm{d}y}{\mathrm{d}x}$.

接着对圆的方程求微分,他得到 $\dfrac{\mathrm{d}y}{\mathrm{d}x} = \dfrac{1-x}{y}$,因此"割圆曲线"$z$ 变成了 $z = y - x\dfrac{\mathrm{d}y}{\mathrm{d}x} = \dfrac{x}{y}$,两边平方,并利用圆的方程,可得

$$z^2 = \frac{x^2}{y^2} = \frac{x^2}{2x - x^2} = \frac{x}{2-x}$$

即

$$x = \frac{2z^2}{1+z^2}$$

按照分部积分公式的特例以及转换定理,并结合等比级数,他得到了著名的莱布尼茨级数

$$\frac{\pi}{4} = \frac{1}{2} + \frac{1}{2}\left(1 - \int_0^1 x\,\mathrm{d}z\right) = 1 - \frac{1}{2}\int_0^1 \frac{2z^2}{1+z^2}\mathrm{d}z$$

$$= 1 - \int_0^1 z^2(1 - z^2 + z^4 - z^6 + \cdots)\mathrm{d}z = 1 - \frac{1}{3} + \frac{1}{5} - \frac{1}{7} + \cdots$$

惠更斯对这个结果给予了很高的评价,并指出"这在数学家中是一个值得永远记住的发现".遗憾的是,莱布尼茨的级数仅仅是詹姆斯·格雷戈里 1668 年发现的 $\arctan x$ 幂级数展开式的特例,只要令 $x=1$ 即可.更令人遗憾的是,当时作为数学新手的莱布尼茨并不知道詹姆斯·格雷戈里的成果(事实上,连惠更斯也不知道),因此当他访问伦敦时,自然而然地想分享这个发现,并希望以此申请皇家学会会员.这让他的英国对手们怀疑他喜欢攫取他人的成果,这种怀疑在 30 年后达到顶峰,因为当时在牛顿的指挥下,整个英国都在指责莱布尼茨剽窃了牛顿原创的微积分.如此,这个级数反而成了莱布尼茨被当作可耻抄袭者的典型案例之一.

6. 对莱布尼茨无穷小算法的评述

笛卡儿和斯宾诺莎等人的实体学说在物质与精神之间划了一道鸿沟,无法解决事物与观念之间的连续性问题."单子论"就是莱布尼茨提出的解决方案.所谓"单子",只是组成符合物的单纯实体.这里的"单纯"就是"没有部分",这是单子的基本特征.这说明单子不是物质实体,也就是说原子即物理上的点仅仅是表面上看起来的不可分,而数学上的点则是精确的不可分,不是一种实际的存在.据此可知:单子没有广延性,因为任何有形的东西都是可分的、有部分的;单子也不能以自然的方式(指的是组合与分解)产生和消灭,因此莱布尼茨认为单子是由上帝从无到有创造的,并最后归结为无;"单子的本性是表象",单子和单子之间的区别是质的程度的差别,也就是表象清晰程度的差别,而不是量的大小的差别.

莱布尼茨无穷小算法的核心是任意小的微差 $\mathrm{d}x$ 和 $\mathrm{d}y$,在进行微积分运算时,先将微差视为任意小的非零量,然后在运算中不加说明地舍弃所有含微差高次幂的项.对于这种方法的可靠性,莱布尼茨终其一生一直在寻求依据和解释.

莱布尼茨将无穷小视为对某对象进行无限细分的结果,但他指出:"无穷小不是简单的

绝对的零,而是相对的零,是一个消失的量,但仍然保持着它正在消失的特征."无穷小在哲学上就相当于他的"单子",是构成事物的"终极元素".微差 dx 和 dy 是实在的、没有广延性的、处于消失状态中的、小于任意数的非零的不可分量.无穷小既然是"单子",那就是分阶的、有层次之别的. dx 与 x 相比就像地球半径与宇宙半径相比一样,是可以忽略不计的.

为了进一步阐明无穷小量,莱布尼茨于 1687 年提出了"连续性原理":在任何假定的可在任何 terminus 结束的连续转变中,都允许制定一个一般推理,其中包含最后的 terminus. 这里 terminus 的含义是终点或极限,类似于 limit,包含的状态转瞬即逝.他举例说:平行线可以看成夹角为无穷小;抛物线可以看成一个有无穷远焦点的椭圆.因此无穷大和无穷小"仅仅表示愿意多大就多大和愿意多小就多小的量,误差可以小于任意指定的数".晚年他进一步指出:无穷大和无穷小是"虚构出来的理想的东西"但却是"有用的虚构",而不是直接经验观念化的产物.

6.3 微积分的严格化

6.3.1 狂飙世纪

1. 伯努利兄弟

在 18 世纪前后的欧洲大陆,仅就微积分领域而言,如果说莱布尼茨规划了微积分的蓝图,那么伯努利兄弟则是卓越的建设者.哥哥雅各布(Jacob Bernoulli, 1655—1705)主要研究了特殊曲线(悬链线、对数螺线和双纽线等)的微分性质、极坐标及曲率公式、无穷级数特别是垛积级数(figurate series)和调和级数(1689)、伯努利方程(1695)、最速降线问题(1697)以及等周问题(1700),特别是他的论文集《微分学方法,论反切线法》(1694)用深入浅出的语言诠释了微分原理,极大地普及了莱布尼茨的微积分学说.必须要指出的是,雅各布对数学的最大贡献不在微积分领域,而是概率论和变分法,特别是在他死后才出版的《猜度术》(1713)中,提出了著名的伯努利大数定理.

弟弟约翰(Johann Bernoulli, 1667—1748)的主要工作是:首次使用"变量"这个名词,并提出函数概念的解析式定义(1698);发展和完善积分计算的方法,例如部分分式法(1699),并引进了"积分"这个术语;解决悬链线问题(1691);提出并解决最速降线问题(1696),提出变分法;导出了正交曲线族的微分方程;撰写《积分法数学讲义》(1742)使微积分更加系统化.

必须要指出的是,约翰才是所谓洛必达法则的真正发明人,这是所谓"误称定律"最典型的案例.当时约翰应聘了法国数学家洛必达侯爵(De L'Hôpital, 1661—1704)的短期私人教师,讲授最新的微积分.侯爵深知自己能力有限,缺乏约翰所具有的那种创造力和敏锐的洞察力,但或许是出于爱慕虚荣,想在世人面前炫耀一下学问,促使他在 1694 年 3 月 17 日给约翰的信(1955 年正式出版)中写道:"我请你让我知道你可能作出的新发现,同时不要把这些发现通知其他任何人."当然,作为回报,侯爵在信中明确提出:"我今年将给你一笔 300 里弗赫(当时相当于 300 磅①白银)的津贴."所以作为工作的"延续",约翰在 1694 年 7 月 22 日

---

① 1 磅(lb)=0.45 千克(kg).

回信将这个法则告诉了洛必达,并被后者编写进当时世界上第一本系统的微积分教程《阐明曲线的无穷小分析》(1696)之中.洛必达也深知其中有很多约翰的成果,因为他在该书的前言中明确提到要特别感谢"格罗宁根大学教授小伯努利先生",并声明:"我无偿地使用了他们(指伯努利兄弟)的发现,只要他们愿意,我真诚地把他们要求拥有的任何东西归还给他们."事实上,据 1922 年出版的约翰 1691—1692 年的讲课稿,有人比较后发现,侯爵的书基本上与之一致.

我们重点考察一下约翰的两个贡献.其一是悬链线问题:找到一条两端固定的均匀、柔软的链条,如项链、悬索桥、架空电缆等,其在重力的作用下所形成的曲线如图 6 - 28 左图所示.达·芬奇早在 1490 年绘制《抱银貂的女人》时,就提出这个问题:在均匀重力作用下,女人戴的项链自然下垂的形态是什么? 伽利略从直觉出发,认为悬链线应该就是抛物线.惠更斯在 1646 年(时年仅 17 岁)从物理角度推翻了这个结论,但一时却无法得到正确的表达式.四十多年后的 1690 年 5 月,雅各布·伯努利在《教师学报》上正式发布了这个问题.一年后的 6 月,该杂志发表了惠更斯、莱布尼茨和约翰·伯努利提交的 3 份答案.发现悬链线方程被看成是当时的新数学即微积分的伟大成果,也使得几位参与者极大地提高了自己的声誉,其中最欣喜的是约翰,因为按他的自述,他仅仅用了一个晚上就解决了这个问题,而他的哥哥雅各布,则在整整一年里深陷于"伽利略所认为的悬链线即抛物线的泥潭中".

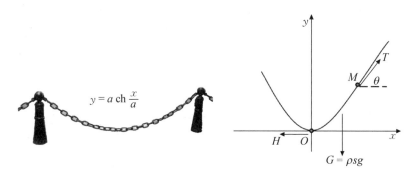

图 6 - 28　悬链线及其受力分析

约翰解法的更多细节出现在他写给洛必达的讲义中,其思路大致如下:如图 6 - 28 右图所示,以链条最低点为坐标原点建立直角坐标系.假设链条的线密度为 ρ,曲线方程为 $y = f(x)$.在链条上任取一点 $M(x, y)$,记链条 OM 弧段的长度为 s,其在点 M 和点 O 处所受张力分别为 T 和 H.

对 OM 弧段进行受力分析,则有 $\begin{cases} T\cos\theta = H, \\ T\sin\theta = \rho sg, \end{cases}$ 两式相除即得 $\tan\theta = \dfrac{\rho g}{H}s$.注意到 $y' = k_{切} = \tan\theta$,所以链条满足的积分方程为 $y' = \dfrac{\mathrm{d}y}{\mathrm{d}x} = \dfrac{s}{a}$,其中常数 $a = \dfrac{H}{\rho g}$ 表征的是链条的物理参数,即它的线密度以及它在最低点处的张力.由弧长微分

$$\mathrm{d}s = \sqrt{(\mathrm{d}x)^2 + (\mathrm{d}y)^2} = \sqrt{\left(\dfrac{a}{s}\right)^2 (\mathrm{d}y)^2 + (\mathrm{d}y)^2} = \dfrac{\sqrt{s^2 + a^2}}{s}\mathrm{d}y$$

分离变量并积分,得 $y = \sqrt{s^2 + a^2}$ 或 $s = \sqrt{y^2 - a^2}$.因此有

$$\mathrm{d}x = \frac{a}{s}\mathrm{d}y = \frac{a}{\sqrt{y^2-a^2}}\mathrm{d}y$$

约翰没能求出这个积分. 实际上, 两边积分, 并利用积分公式 $\int \frac{1}{\sqrt{x^2-a^2}}\mathrm{d}x = \ln(x+\sqrt{x^2-a^2})+C$, 可得

$$x = a\ln(y+\sqrt{y^2-a^2}) = a\,\mathrm{arch}\frac{y}{a}$$

即

$$y = a\,\mathrm{ch}\frac{x}{a} = \frac{a}{2}(\mathrm{e}^{x/a}+\mathrm{e}^{-x/a})$$

其中的双曲函数 $\mathrm{ch}\,x = \frac{1}{2}(\mathrm{e}^x+\mathrm{e}^{-x})$.

　　其二则是最速降线问题: 在一个垂直平面中给定两点 A 与 B, 让一个运动粒子 M 沿路径 AMB 在其自身重力作用下下降, 它在最短的时间内从点 A 移动到点 B, 求粒子 M 满足的曲线. 约翰在 1696 年 6 月正式在《教师学报》上公布了这个问题, 并且提示说这是一条"几何学家所熟知的"曲线. 事实上, 作为"莱布尼茨的斗牛犬", 这个问题是约翰为牛顿定制的, 因为当时正处在微积分优先权之争的敏感期. 约翰秘密地给莱布尼茨、牛顿和沃利斯送去了副本. 由于牛顿没有及时收到挑战书, 约翰听从莱布尼茨的建议, 将截止日期延长了半年. 牛顿在 1697 年 1 月 29 日傍晚收到了约翰的信件, 尽管在造币厂忙碌了一天以后已经非常疲惫, 但牛顿仍然连夜解决了这个问题, 并化名将解答提交给了皇家学会. 最后当约翰看到它时, 他惊呼自己"从利爪认出了狮子". 最终牛顿、莱布尼茨、伯努利兄弟各自的解法被公布在了 1697 年 5 月的《教师学报》上.

　　约翰解法的思路大致如下: 他首先指出, 根据伽利略的观点, 物体下落的速度与下落距离的平方根成正比. 其次, 他回顾了折射定律, 即光线的入射角正弦与折射角正弦之比反比于介质的密度之比, 也就是正比于光线在这两种介质中的速度之比. 然后, 约翰设想题中的垂直平面是由密度各不相同且厚度为无穷小的无穷层所组成的, 因此在每一点处, 曲线的切线与纵坐标之间的夹角的正弦与速度成正比, 从而与下降距离的平方根成正比.

　　如图 6-29 所示, 设曲线 AHE 为最速下降曲线 AMB 的速度曲线, 其中 A 为原点. 当点 m 无限接近点 M 时, 分别记无穷小量 $Cc=\mathrm{d}x$, $nm=\mathrm{d}y$, $Mm=\mathrm{d}s$, 则根据折射定律, 有

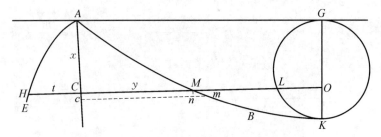

图 6-29　最速降线问题的约翰·伯努利解法

$\sin\angle nMm = \dfrac{\mathrm{d}y}{\mathrm{d}s} = \dfrac{t}{a}$，其中 a 为常数，因此有 $a\,\mathrm{d}y = t\,\mathrm{d}s = t\sqrt{(\mathrm{d}x)^2+(\mathrm{d}y)^2}$，即 $\mathrm{d}y =$

$\dfrac{t}{\sqrt{a^2-t^2}}\mathrm{d}x$．约翰注意到曲线 AHE 是抛物线 $t=\sqrt{ax}$，代入前式，即得曲线 AMB 的微分

方程 $\mathrm{d}y = \sqrt{\dfrac{x}{a-x}}\,\mathrm{d}x$．

约翰马上注意到这个方程描述的是一条摆线．因为设圆 GLK 的方程为 $y^2=ax-x^2$，

则沿着这个圆的弧长微分为 $\mathrm{d}s_1=\sqrt{(\mathrm{d}x)^2+(\mathrm{d}y)^2}=\dfrac{a}{2\sqrt{ax-x^2}}\mathrm{d}x$，又由圆的方程可知

$2y\,\mathrm{d}y_1=(a-2x)\mathrm{d}x$，即 $\mathrm{d}y_1=\dfrac{(a-2x)}{2y}\mathrm{d}x=\dfrac{a-2x}{2\sqrt{ax-x^2}}\mathrm{d}x$，所以

$$\mathrm{d}y = \sqrt{\dfrac{x}{a-x}}\mathrm{d}x = \dfrac{a}{2\sqrt{ax-x^2}}\mathrm{d}x - \dfrac{(a-2x)}{2\sqrt{ax-x^2}}\mathrm{d}x = \mathrm{d}s_1 - \mathrm{d}y_1$$

两边积分，并设 CO 等于 $\overset{\frown}{GK}$，即半周长，则

$$CM = \overset{\frown}{GL} - LO = CO - MO = \overset{\frown}{GK} - MO$$

即

$$MO = \overset{\frown}{LK} + LO \quad \text{或} \quad ML = \overset{\frown}{LK}$$

这说明曲线 AMB 的确是一条摆线．

伯努利兄弟背后实际上是伯努利数学家族，三代人中出了八位数学家，如图 6-30 所示．伯努利家族中最杰出的当属丹尼尔·伯努利(Daniel Bernoulli, 1700—1782)，其研究领域几乎涉及当时数学和物理学的所有前沿问题，其中最出色的工作则是将微积分、微分方程应用到物理学的流体问题、物体振动和摆动等问题中，因此被推崇为数学物理学的奠基人．

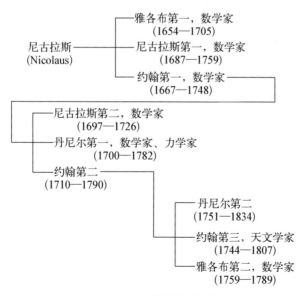

尼古拉斯
(Nicolaus)
— 雅各布第一，数学家
(1654—1705)
— 尼古拉斯第一，数学家
(1687—1759)
— 约翰第一，数学家
(1667—1748)
— 尼古拉斯第二，数学家
(1697—1726)
— 丹尼尔第一，数学家、力学家
(1700—1782)
— 约翰第二
(1710—1790)
— 丹尼尔第二
(1751—1834)
— 约翰第三，天文学家
(1744—1807)
— 雅各布第二，数学家
(1759—1789)

图 6-30　伯努利数学家族

在流体力学和空气动力学中有着关键作用的伯努利原理,就是因他而命名的. 据说有一次在旅行中遇到一个风趣的陌生人,他谦虚地介绍说:"我是丹尼尔·伯努利."结果对方竟语带讥讽地回答道:"那我就是艾萨克·牛顿."他与父亲约翰曾同时获得巴黎科学院举办的科学竞赛的第一名,而这位父亲因为不能承受与后代比较的"羞辱",以至于恼羞成怒,将儿子逐出家门. 当然,约翰的脾气坏且善妒是出了名的,特别是长期嫉妒哥哥雅各布的成就,甚至在哥哥死后还阻挠《猜度术》的出版,最后在莱布尼茨的斡旋下,该书才得以顺利出版,并成为雅各布取得崇高声誉的核心著作.

2. 欧拉:分析的化身

作为数学史上最高产的数学家,欧拉平均每年可写出 800 多页的论文,还写了大量的力学、分析学、几何学、变分法等领域的课本,"(他)是数学通才中的第一个,也许是最伟大的一个"(贝尔),目前数学界整理出版的欧拉全集已出到 80 卷. 此外,欧拉还涉及建筑学、弹道学、航海学等领域.

欧拉在微积分领域的主要贡献是:通过《无穷分析引论》《微分学原理》《积分学原理》等著作,总结定型了前人的发现,并加入了自己的见解. 比如函数的新定义、重要极限、欧拉公式、无穷小的阶、二阶混合偏导数可交换定理、全微分的可积条件、许多函数的幂级数展开和无穷乘积展开、将积分表示为初等函数的各类方法和技巧、反常积分、伽马(Gamma)函数与贝塔(Beta)函数、累次积分与二重积分、积分因子、常系数线性齐次方程的古典解法、欧拉折线法,等等. 在分析学领域,欧拉还是复变函数的先驱和变分法的奠基人. 概括地说,欧拉被贝尔誉为"分析的化身",因为欧拉用形式化的方法把微积分从几何中解脱出来,使其建立在算术和代数的基础之上,从而为完全用实数系统作为微积分学的基本论证打通了渠道.

欧拉的这些成就,被他的老师约翰·伯努利盛赞道:"我介绍高等分析的时候,它还是个孩子,而你正把它带大成人."至于作为欧拉后辈的拉普拉斯,则是大声呼吁道:"读读欧拉,读读欧拉,他是我们大家的老师!"

关于欧拉的"上帝公式"等工作将在第 7 章细谈,这里仅仅考察一下他"将阶乘推广到非整数值",即伽马函数的思想. 1729 年,时年 22 岁的欧拉开始尝试寻找阶乘的插值. 同年 10月,他在致友人的信中给出了一个奇特的无穷乘积表达式,即

$$[x] = \frac{1 \cdot 2^x}{1+x} \times \frac{2^{1-x} \cdot 3^x}{2+x} \times \frac{3^{1-x} \cdot 4^x}{3+x} \times \cdots$$

显然

$$[1] = \frac{1 \times 2}{2} \times \frac{1 \times 3}{3} \times \frac{1 \times 4}{4} \times \cdots = 1$$

$$[2] = \frac{1 \times 2^2}{3} \times \frac{3^2}{2 \times 4} \times \frac{4^2}{3 \times 5} \times \cdots = 2$$

$$[3] = \frac{1 \times 2^3}{4} \times \frac{3^3}{2^2 \times 5} \times \frac{4^3}{3^2 \times 6} \times \frac{5^3}{4^2 \times 7} \times \cdots = 6$$

一般地,对自然数 n,显然有 $[n] = n!$.

对于分数的情形,按照这个公式,欧拉有

$$\left[\frac{1}{2}\right]=\frac{1\times\sqrt{2}}{3/2}\times\frac{\sqrt{2}\times\sqrt{3}}{5/2}\times\frac{\sqrt{3}\times\sqrt{4}}{7/2}\times\cdots=\sqrt{\frac{2\times4}{3\times3}\times\frac{4\times6}{5\times5}\times\frac{6\times8}{7\times7}\times\cdots}$$

联想到沃利斯 1655 年给出的公式 $\frac{\pi}{4}=\frac{3\times3}{2\times4}\times\frac{5\times5}{4\times6}\times\frac{7\times7}{6\times8}\times\cdots$（具体请参阅第 7 章），欧拉得到了一个使人惊愕的结果，即

$$\left(\frac{1}{2}\right)!=\left[\frac{1}{2}\right]=\sqrt{\frac{\pi}{4}}=\frac{\sqrt{\pi}}{2}$$

考虑到结果中出现 π，欧拉猜测 $x!=[x]$ 与圆面积之间存在联系，于是他开始研究积分，并很快发现了新的公式

$$[x]=\int_0^1(-\ln u)^x\mathrm{d}u$$

欧拉认识到它满足 $[x]=x[x-1]$，并觉得应该有 $\left(-\frac{1}{2}\right)!=\left[-\frac{1}{2}\right]=2\times\left[\frac{1}{2}\right]=\sqrt{\pi}$. 后来勒让德通过代换 $t=-\ln u$，得到 $[x]=\int_0^{+\infty}t^x\mathrm{e}^{-t}\mathrm{d}t$，再左移一个单位，即得如今的伽马函数

$$\Gamma(x)=[x-1]=\int_0^{+\infty}t^{x-1}\mathrm{e}^{-t}\mathrm{d}t$$

3. 法国学派

在 18 世纪，推动微积分狂飙突进的，除了前述的伯努利家族和欧拉之外，还有一批法国数学家，包括达朗贝尔(Jean d'Alembert, 1717—1783)、拉格朗日和拉普拉斯等人.

达朗贝尔于 1754 年当选法国科学院终身院士，同期开始担任《百科全书》的副主编并撰写了长篇序言. 正是因为这份启蒙运动的纲领性文件，达朗贝尔成为法国启蒙运动的领袖之一.

达朗贝尔是一位多产的科学家，文集多达几十卷，是数学和力学的大师. 在分析学领域，他的主要贡献是：

(1) 推进了牛顿的极限概念，为极限作了较好的定义，并把导数看成是增量之比的极限，即他理解的导数就是 $\frac{\mathrm{d}y}{\mathrm{d}x}=\lim\limits_{\Delta x\to0}\frac{\Delta y}{\Delta x}$，但他没有将极限概念公式化，因为他还没有摆脱传统的几何方法的影响.

(2) 他是 18 世纪考虑级数敛散性的少数数学家之一，并且提出了达朗贝尔判别法(比值判别法).

(3) 在偏微分方程的研究中，他首先提出了波动方程(1746)，并在 4 年后通过分离变量法给出了方程的通解表达式，即达朗贝尔公式.

拉格朗日出身于意大利都灵，19 岁就被任命为都灵皇家炮兵学院教授，之后结识达朗贝尔、丹尼尔·伯努利和欧拉，30 岁时接替欧拉继任柏林科学院物理数学所所长，以至普鲁士国王腓特烈二世(Friedrich II, 1712—1786)高兴地调侃道:"我得以在我的科学院中由一个有两只眼睛的数学家代替了一个只有一只眼睛的数学家(欧拉那时一只眼睛已经失明)，这对于解剖学部是特别令人高兴的."20 年后受国王去世以及普鲁士人排外主义的影响，拉

格朗日转赴巴黎. 法国大革命期间,政府曾下令将所有在敌国境内出生的人驱逐出境并没收其财产,但特别声明尊贵的拉格朗日先生除外. 后来拿破仑不仅让他当上参议员和伯爵,更盛赞道:"拉格朗日是一座高耸在数学世界的金字塔."1813 年 4 月 8 日即拉格朗日逝世前两天,他曾平静地说:"我此生没有什么遗憾,死亡并不可怕,它只不过是我要遇到的最后一个函数."

作为分析学的开拓者,拉格朗日的成就仅次于欧拉. 他在分析学方面的主要贡献是:

(1) 在微分方程中,他取得许多重要结果,比如常数变易法和齐次线性方程的通解结构. 他还肇始了一阶偏微分方程的研究.

(2) 在牛顿之后的重要经典力学著作《分析力学》(1788)中,他运用变分法原理和分析学方法,统一了固体力学和流体力学,实现了力学分析化,从而奠定了现代力学的整个基础.

(3) 他用分析力学中的原理建立起了各类天体的运动方程,特别是以天体椭圆轨道根数为基本变量的拉格朗日行星运动方程,从而成为天体力学的奠基者. 他在天体力学上的另外一个重大历史性贡献就是发现了著名的三体问题(三个可视为质点的天体在相互之间万有引力作用下的运动规律问题)的五个特解.

(4) 在《解析函数论》(1797)中,他企图抛弃无穷小概念,将微分运算归结为代数运算. 在该书中,他将函数 $f(x)$ 的导数定义为 $f(x+h)$ 的泰勒展开式中 h 的一次项的系数,但却尴尬地发现无穷级数的收敛问题无法避开极限. 虽然他没有成功,但却对微积分基础理论的逻辑发展产生深远的影响. 这种用幂级数表示函数的处理方式后来成为实变函数论的起点. 同时他在书中给出了拉格朗日微分中值定理、拉格朗日余项等重大发现.

贝尔在《数学大师》中,毫不留情地称拉普拉斯的一生是"从农民到势利小人","是对高贵的追求必然使人的品格高贵这种教育学迷思的最明显的驳斥". 拉普拉斯生活在法国近代史上最跌宕起伏的年代,曾被拿破仑任命为内政部长(六个星期后,因为"把无穷小精神带进了政府之中"而被拿破仑罢免),路易十八(Louis ⅩⅧ,1755—1824)重登王位后又被晋升为侯爵,最终还凭五卷巨作《天体力学》(1799—1825)赢得"法国的牛顿"的美誉. 与之对比,他的前辈孔多塞(marquis de Condorcet,1743—1794)命丧囹圄,后辈柯西则自我流放他乡. 这里仅举两件事来说明拉普拉斯见风使舵的"变色龙"能力. 第一件,就是他把《分析概率论》(1812)一书的首版题献给"拿破仑大帝"(他是拿破仑的老师,在 1785 年作为军事考试委员主持了时年仅 16 岁的唯一考生拿破仑的入学考试),而在两年后(当时他作为议长按程序签署了流放拿破仑的命令)的再版中,他不仅取消了这个题献,而且还写道:"那个妄想统治一切的帝国的崩溃,熟悉机遇计算的人是可以以很高的概率预测得到的." 第二件,则是他在 1786 年之前的多篇论文中已经充分展示了自己对概率理论的深刻认识,却在之后转向更安全的天文学研究,直至局势比较稳定的 1809 年,才重新回到这个领域. 对于他的临终之言"我们所知的渺不足道,而我们未知的则茫茫无边",德摩根的评论则是:"这听起来像是对牛顿的小石子的拙劣模仿."

关于拉普拉斯的《天体力学》,还有两则趣事. 其一,拉普拉斯将它呈献给拿破仑,拿破仑翻阅后发现其中丝毫没有提及上帝这个宇宙的创造者,于是就问拉普拉斯为什么,拉普拉斯明确地回答说:"陛下,我不需要那个假设."拿破仑后来又将这句话复述给拉格朗日,拉格朗日的回答则是:"这是个好假设! 它可以解释许多事情."其二,柯西在一次会议上指出,如果在使用无穷级数时不考虑收敛性,将会导致谬误. 拉普拉斯听后非常紧张,急忙回家闭门自查,直至核实书中用到的每一个无穷级数都是收敛的,才大松一口气.

拉普拉斯在分析学方面的主要贡献是:

(1) 在《天体力学》中,成功地将分析学应用于天体力学的计算,给予了天体运动严格的数学描述,从而成为天体力学的集大成者.

(2) 在应用数学的同时,创造和发展了许多数学方法,涉及微分方程、复变函数等领域.比如拉普拉斯微分算子成为以后"运算微积分"的先声.

(3) 在《分析概率论》中,将数学分析方法引入概率研究,彻底改变了该学科的面貌.

最后我们来考察一下拉格朗日是如何发现拉格朗日余项的. 在《解析函数论》中,拉格朗日将给定函数 $f(x)$ 幂级数展开,并用 $x+i$ 代替 x,得到

$$f(x+i)=f(x)+p(x)i+q(x)i^2+r(x)i^3+\cdots \tag{6.5}$$

他将 $p(x)$ 定义为 $f(x)$ 的一阶导数,并记为 $f'(x)$.

在式(6.5)中,拉格朗日分别用 $i+o$ 代替 i, 用 $x+o$ 代替 x,得到

$$f(x+i+o)=f(x)+p(x)i+q(x)i^2+\cdots+p(x)o+2q(x)io+\cdots,$$
$$f(x+i+o)=f(x+o)+p(x+o)i+q(x+o)i^2+r(x+o)i^3+\cdots$$
$$=f(x)+p(x)i+q(x)i^2+\cdots+p(x)o+p'(x)io+q'(x)i^2o+\cdots,$$

对比两式的系数,可知

$$q(x)=\frac{1}{2}p'(x)=\frac{1}{2!}f''(x),\ r(x)=\frac{1}{3}q'(x)=\frac{1}{3!}f'''(x)\cdots$$

也就是说拉格朗日用自己的方法再次发现了泰勒级数:

$$f(x+i)=f(x)+f'(x)i+\frac{1}{2!}f''(x)i^2+\frac{1}{3!}f'''(x)i^3+\cdots \tag{6.6}$$

他接着在式(6.6)中先用 $x-i$ 代替 x,再用 xz 代替 i, 得到

$$f(x)=f(x-xz)+xzf'(x-xz)+\cdots+\frac{x^nz^n}{n!}f^{(n)}(x-xz)+x^{n+1}R(x,z) \tag{6.7}$$

显然 $R(x,0)=0$.

接下来他对式(6.7)两边关于 z 微分,得 $R'_z(x,z)=\frac{z^n}{n!}f^{(n+1)}(x-xz)$,进而得到

$$\frac{mz^n}{n!}\leqslant R'_z(x,z)\leqslant\frac{Mz^n}{n!} \tag{6.8}$$

其中 $m=\min\limits_{z\in[0,1]}f^{(n+1)}(x-xz)$, $M=\max\limits_{z\in[0,1]}f^{(n+1)}(x-xz)$.

拉格朗日接着对式(6.8)两边在$[0,1]$上积分,得 $\frac{m}{(n+1)!}\leqslant R(x,1)\leqslant\frac{M}{(n+1)!}$.

结合他已发现的微分中值定理,则存在 $z_1\in[0,1]$,使得 $R(x,1)=\frac{f^{(n+1)}(x-xz_1)}{(n+1)!}$.

最后拉格朗日在式(6.7)中设 $z=1$,并记 $u=x-xz_1\in[0,x]$,即得带拉格朗日余项

的泰勒展开式

$$f(x) = \sum_{k=0}^{n} \frac{x^k}{k!} f^{(k)}(0) + \frac{x^{n+1}}{(n+1)!} f^{(n+1)}(u)$$

4. "靠边站"的英国数学家

在发展和推广微积分上,因为优先权之争,使得英国数学家大都遵循牛顿流数术的理论路线,其中的佼佼者,当属泰勒(Brook Taylor, 1685—1731)和麦克劳林(Colin Maclaurin, 1698—1746)等人.

泰勒师从微积分战争中的关键人物基尔(John Keill, 1671—1721),与牛顿、哈雷都是亲密的朋友,1712 年入选皇家学会微积分发明优先权仲裁委员会,并接替哈雷担任皇家学会第一秘书.

泰勒在微积分上的贡献就是泰勒级数,它首次出现在 1712 年泰勒给友人的信中,正式发表于 1715 年出版的《正反增量法》一书之中,当时的具体形式为(需将 x 视为 z 的函数)

$$x(z+v) = x + \dot{x}\frac{v}{1 \cdot \dot{z}} + \ddot{x}\frac{v^2}{1 \cdot 2\dot{z}^2} + \dddot{x}\frac{v^3}{1 \cdot 2 \cdot 3\dot{z}^3} + \cdots$$

其中泰勒假定 x 和 z 是两个流量,v 是流量 z 的增量,且流量 z 随时间均匀变化,即流数 $\dot{z}$ 为常数.

从泰勒因历史原因给出的不严格证明来看,他试图用有限差分及极限来解释牛顿的流数术和莱布尼茨的微分法,但他没有考虑级数的敛散性,也没有给出余项表达式.事实上,直到欧拉 1755 年将之应用于微分学,泰勒级数的重要性才被人们意识到.后来拉格朗日用带余项的级数作为其函数理论的基础,进一步确认了泰勒级数的重要地位.

麦克劳林为自己设计的墓志铭是"蒙牛顿的推荐",因为他在牛顿的大力推荐和资助下,26 岁起就担任爱丁堡大学的数学教授,之后一直为继承、捍卫和发展牛顿的流数学说而奋斗,直至去世.在微积分上他的贡献就是《流数论》(1742,共两册),该书主要是为了回应英国主教贝克莱(George Berkeley, 1685—1753)对牛顿流数理论的批评.在第一册中,他用古人的严谨方法(古希腊的几何方法和穷竭法)论证了流数理论,为流数术作出了最早的系统且符合逻辑的阐述,是 1821 年柯西著作问世前比较严密的微积分教材.在第二册中,他则展示了流数术的应用:极值和拐点、切线与渐近线、曲率、最速降线、曲边梯形的面积、旋转体体积和曲面面积.如今微积分教材中著名的麦克劳林级数,就是在这本书中提出的,而且他明确指出这是泰勒 1715 年提出的级数的特殊情况.

牛顿与莱布尼茨的微积分优先权之争,将双方的许多朋友和追随者都卷入其中,致使当时的数学家分为大陆学派(以伯努利兄弟等为代表)和英国学派,前者支持莱布尼茨,后者捍卫牛顿,两派尖锐敌对.结果是在随后的百年里,英国人固守牛顿的几何方法和点符号,拒绝使用莱布尼茨创造的、更加简明易懂的微分和积分等符号和方法,致使英伦三岛的数学水平在牛顿之后整整 100 年里几乎停滞不前.反观欧洲大陆,微积分处处"攻城拔寨",由是彻底奠定了微积分在近代数学中的霸主地位.

为了扭转这个局面,1812 年皮科克(George Peacock, 1791—1858)、巴贝奇等几个剑桥本科生成立分析学会,旨在在英国推广欧洲大陆的分析数学,并于 1816 年翻译了法国数学家拉克鲁瓦(Sylvestre Lacroix, 1765—1843)的《微积分导论》(1802). 1817—1819 年期间,皮科克担任了剑桥数学荣誉考试主管人,更是以考促学,使得分析数学成为剑桥的必修课.之后经过几十年耕耘,英国数学终于在代数学上取得大突破,培育出了哈密顿、德摩根、布尔(George Boole, 1815—1864)、凯莱、卡罗尔等代数大师.

6.3.2　驯化"幽灵"

1. 消逝量的"幽灵"

早在 1694—1695 年间,荷兰数学家纽文泰特(Bernard Nieuwentijdt, 1654—1718)就在著作《无穷小分析》中指责流数术叙述"模糊不清",甚至会"引向荒谬",因为其中无法区分无穷小量与零,而莱布尼茨舍弃高阶微分的做法"缺乏根据",并提出一连串质问:为什么无穷小量之和可以是有限量? 高阶微分的意义何在? 为什么在推理过程中可以舍弃无穷小量?

到了 18 世纪这个"英雄世纪",人们用流数术和无穷小算法拓展完善了微积分,进而开创了许多数学新学科,同时在天文学、力学、光学、热学等领域也取得大量新成果.但与此同时,微积分的逻辑性与可靠性问题也变得更为严重与复杂.正如罗尔(Michel Rolle, 1652—1719)所告诫的,当时的微积分是"巧妙的谬论的汇集".

对微积分最激烈和最有代表性的攻击来自英国主教贝克莱.虽然他的主要出发点是维护神学,但在 1734 年发表的小册子《分析学家,或致一位不信神的数学家》("不信神的数学家"影射的是哈雷)中,他对流数术和无穷小算法的批评却是切中要害的:

首先,他指出牛顿的流数术先给流量 x 一个增量 o,然后又让增量消失,即让增量变成零,这违反了矛盾律.至于流数(导数)被当作消逝了的增量之比,则被讥讽为:"这些消逝的增量又是什么呢? 它们既不是有限量,也不是无限小,也不是 0,难道我们不能称它们为消逝量的幽灵吗?"

其次,他认为"我们(指人类)的感觉很难察知并接受极微小的对象,那么来源于感觉的想象就很难形成关于最小时间间隔或由它生成的最小增量的清晰概念,同时也很难理解瞬,或是流量处于初生状态即在它们最初存在和变成有限小量之前的增量概念了.至于要想象这种初生的、未完成的存在物的抽象速度(指一阶流数表示的瞬时速度),那就更是难上加难了",更进一步地,他认为"从任何意义上看,二阶或三阶流数都是模糊而不可思议的东西."所以他呼吁道:"那些能消化得了二阶或三阶流数的人,是不会吞食了神学论点就要呕吐的."也就是说,流数的原理并不比基督教义"构思更清楚""推理更明白".

贝克莱还正确地指出牛顿和莱布尼茨等人都是归纳地而不是演绎地推进他们的结论,对每一步没有给出逻辑,也没有说明理由,是在"用结论来证明他们的原理",而不是"用他们的原理证明他们的结论".他特别指出:微分之比决定的是割线的斜率,而不是切线的斜率.通过忽视高阶无穷小可以避免这个错误,因此这是"依靠双重错误,得到了虽然不科学却是正确的结果."

2. 柯西:数学与"风车"

是谁最终转动微积分严格化这辆"大风车",开启"驯化幽灵"的征程的? 柯西的父亲与拉格朗日、拉普拉斯等数学家交往密切,而且拉格朗日还曾经忠告老柯西:"在他(指柯西)17岁之前,不要让他摸数学书."这是因为"如果你不赶快给奥古斯坦(指柯西)一点可靠的文学教育,他的趣味就会使他冲昏头脑;他将成为一名伟大的数学家,但是他不会知道怎样用他自己的文字写作."拉格朗日真是极富眼光,老柯西牢记住了拉格朗日的劝告,因此柯西获得了充分的文学教育,甚至获得过一项全国性的古典文学特别奖.

1810 年柯西大学毕业,离开巴黎赴任军事工程师职位,他不多的行李中有四本书,其中包括拉格朗日的《解析函数论》和拉普拉斯的《天体力学》,后因身体原因转攻数学,之后回到巴黎综合理工学院任教.1816 年,年仅 27 岁柯西赢得法国科学院大奖(获奖论文长达 300 多页),进而晋升为教授,并当选为法国科学院院士,"这是柯西一生的顶点".柯西一生发表论文 800 多篇,文章如此之多,以致巴黎科学院学报不得不限制每个人发表文章的数量,于是柯西干脆创办了自己的杂志.

柯西在分析学上的主要贡献在微积分学、复变函数和微分方程等领域.特别是他以微积分的严格化为目标,在《分析教程》(1821)和《无穷小概要》(1823)这两本教材中,对微积分的基本概念给出了明确的定义,建立了一个基本严格的体系,成为之后微积分教程的标准模式.具体而言,这个体系包括:定义了函数、极限和连续(至于"消逝量的幽灵",无非是个极限为零的变量);发现了柯西收敛准则和柯西中值定理;用和的极限定义了定积分,并首次证明了微积分基本定理;首次以前 n 项和有极限来定义级数收敛,定义了绝对收敛,还给出了级数收敛的柯西判别准则、比较判别法和根式判别法,从而比较严密地建立了完整的级数理论.正是在柯西的努力下微积分才成为一个逻辑上紧密联系的体系,因此柯西被誉为数学严格化的奠基人,他关于"分析三性"(连续性、可微性和可积性)更具理论意义的研究方法激励了许多后人,"从很实际的意义上说,所有后来的人都算他的门徒."按贝尔的看法,仅凭这一点,柯西就可以被视为"思想明确地属于现代的第一个伟大法国数学家".

柯西最出色的贡献是在复变函数领域.他定义了复函数的连续性,给出了柯西-黎曼方程,并得到重要的积分定理,即"在函数没有奇异性的区域内,积分仅仅依赖于路径的端点",由此导出了柯西积分公式.他还定义了留数,给出了计算公式,并建立了留数定理.

在小明看来,柯西作为"目前(在巴黎)唯一一个从事纯数学研究的人"(阿贝尔的评语,1826),在上述两本教材上也表现出了"挑战风车"的倔强.它们是依据柯西在巴黎综合理工学院给大一新生第一年的讲稿编写而成,但奇怪的是他从未发表第二学年讲授微分方程的讲稿.有研究证明这是因为他受到了校长的责备,因为该校当时的目标是培养军事工程人才,所以他应该用课堂时间教授微分方程的应用,而不是纠结于严谨性问题.柯西被迫执行,但对于不符合个人学术观点的讲稿,倔强的他当然觉得不能发表.

下面我们选择微积分的两个主要定理来观瞻柯西对严谨的追求.其一是微分中值定理.柯西首先证明了一个引理:设函数 $f(x)$ 在区间 $[x_0, X]$ 连续,则

$$A \leqslant \frac{f(X) - f(x_0)}{X - x_0} \leqslant B$$

其中 $A = \min\limits_{[x_0, X]} f'(x)$,$B = \max\limits_{[x_0, X]} f'(x)$.

接下来,如果函数 $f(x)$ 及其导数 $f'(x)$ 在区间 $[x_0, X]$ 连续,那么根据他已证明的闭区间上连续函数的介值定理,导函数 $f'(x)$ 的连续性保证了它可取 $[A, B]$ 内的任意值,因此结合引理,可知存在 $\theta \in (0, 1)$,使得 $\dfrac{f(x) - f(x_0)}{X - x_0} = f'[x_0 + \theta(X - x_0)]$,这就得出了拉格朗日中值定理.

柯西证明上述引理的思路大致如下:选择"非常小的数"δ 和 ε,使得对于所有正数 $i < \delta$

以及任意的 $x \in (x_0, X)$，都有

$$f'(x) - \varepsilon < \frac{f(x+i) - f(x)}{i} < f'(x) + \varepsilon$$

选择适当的点 $x_0 < x_1 < \cdots < x_{n-1} < X$ 使得 $x_1 - x_0$，$x_2 - x_1$，$\cdots$，$X - x_{n-1}$ 都"具有小于 δ 的值"，则由 $A \leqslant f'(x) \leqslant B$ 可知

$$A - \varepsilon \leqslant f'(x_0) - \varepsilon < \frac{f(x_1) - f(x_0)}{x_1 - x_0} < f'(x_0) + \varepsilon \leqslant B + \varepsilon$$

$$\cdots$$

$$A - \varepsilon \leqslant f'(x_{n-1}) - \varepsilon < \frac{f(X) - f(x_{n-1})}{X - x_{n-1}} < f'(x_{n-1}) + \varepsilon \leqslant B + \varepsilon$$

根据不等式的性质，上面这些分式分子的和除以它们分母的和，所得的平均分数仍然介于 $A - \varepsilon$ 与 $B + \varepsilon$ 之间，即 $A - \varepsilon < \frac{f(X) - f(x_0)}{X - x_0} < B + \varepsilon$. 由于"这个结果对无论怎样小的数 ε 都成立"，因此引理得证.

其二是微积分基本定理. 牛顿的积分思想是将积分看成流数之逆或求原函数，莱布尼茨的积分思想则是将积分看成求微分之和，但直到拉克鲁瓦 1802 年的教科书中还是这样看待积分的：积分运算就是微分运算的逆运算，它的目标就是根据微分系数来追溯导出它的那个函数. 柯西不同意"积分依赖于微分因而从属于微分"的观点，他强调积分的独立性，把定积分定义为微分之和的极限，并首次给出了连续函数的定积分的算术性定义，即

$$\int_{x_0}^{X} f(x)\mathrm{d}x = \lim_{n \to \infty} S_n = \lim_{n \to \infty} \sum_{i=0}^{n-1} f(x_i)(x_i - x_{i-1})$$

他指出 S_n 的值依赖于"长度单元" $x_i - x_{i-1}$ 的个数 n 及划分方式，并证明了"如果单元的数值差别非常小而单元数非常大，那么划分方式对 S_n 的影响微乎其微".

尽管柯西的定积分定义仅仅适用于连续函数，但他明确了两个关键：定积分是一种极限，其存在同反微分法无关.

接下来，他开始用微积分基本定理统一微分思想与积分思想，思路如下：设函数 $f(x)$ 在 $[x_0, X]$ 连续，令函数 $\varPhi(x) = \int_{x_0}^{x} f(t)\mathrm{d}t$，则根据他已证明的积分中值定理和可加性，有

$$\varPhi(x + \alpha) - \varPhi(x) = \int_{x}^{x+\alpha} f(t)\mathrm{d}t = \alpha f(x + \theta\alpha), \ 0 \leqslant \theta \leqslant 1$$

再根据函数的连续性，可知

$$\varPhi'(x) = \lim_{\alpha \to 0} \frac{\varPhi(x + \alpha) - \varPhi(x)}{\alpha} = \lim_{\alpha \to 0} f(x + \theta\alpha) = f(x)$$

然后他证明了"处处导数为零的函数是常值函数"，因此，若有 $F'(x) = f(x)$，则令 $\omega(x) = \varPhi(x) - F(x)$. 由 $\omega'(x) = 0$ 可知 $\omega(x) = c$，因此 $c = \varPhi(x_0) - F(x_0) = 0 - F(x_0) = -F(x_0)$，于是有 $\int_{x_0}^{x} f(x)\mathrm{d}x = \varPhi(x) = F(x) - F(x_0)$，即 $\int_{x_0}^{X} f(x)\mathrm{d}x = F(X) -$

$F(x_0)$. 小明发现这个证明思路居然与现今微积分教材中的完全一致,柯西真是太强大了.

　　3. 黎曼:外表脑腆内心强大的天才

　　柯西讨论可积性时处理的是连续函数,也就是说他实际上证明了连续函数都是可积的,问题是可积函数是否一定要连续呢? 也就是说可积的充分条件是什么呢? 这些问题的解决者,正是黎曼.

　　贝尔在《数学大师》中指出,黎曼"从幼年起就是一个胆小、缺乏自信的人,害怕在公共场合讲话,也害怕引起人们对他的注意……(但)他在自己创造的世界里是至高无上的,他知道他超群的力量,不害怕任何人,不管是实在的人还是想象的人."的确,在导师高斯眼里,自己的爱徒"黎曼……具有创造性的、活跃的、真正数学家的头脑,具有灿烂丰富的创造力."

　　黎曼一生短促,留下的作品不多,但研究领域却极其广泛,并"对接触到的一切东西都作了一定程度的革新"(贝尔),因此对现代数学影响巨大. 他的就职演说《关于几何学基础的假设》(1854,出版于 1868 年)引入了流形和黎曼曲面,革新了微分几何,堪称名著.

　　黎曼在分析学领域的主要贡献就是建立了黎曼积分. 在 1854 年的就职论文《关于利用三角级数表示一个函数的可能性》中,他通过定积分的黎曼和定义,把可积函数从连续函数推广到具有无穷个间断点的有界函数,为之后勒贝格(Henri Lebesgue, 1875—1941)革命性的勒贝格积分奠定了基础. 其中"黎曼惊人的重排结果"(Riemann's remarkable rearrangement result,简称 4R),也就是"条件收敛级数重排后可以收敛到任何实数或者 $\pm\infty$,或者发散",让人惊奇不已. 他还与柯西、魏尔斯特拉斯并称为"复分析的三大奠基人",其博士论文《单复变函数一般理论的基础》(1851)也获得了审稿人高斯热情洋溢的赞扬.

　　黎曼是如何理解定积分的呢? 下面我们来仔细观瞻他的黎曼积分.

　　设函数 $f(x)$ 在区间 $[a, b]$ 上有界,对区间的一个划分 $a=x_0<x_1<\cdots<x_{n-1}<x_n=b$,令 $\delta_k=x_k-x_{k-1}$,则无论怎样选取 δ_k 和 $0\leqslant\varepsilon_k\leqslant1$,当 δ_k 趋近于无穷小时,引入的黎曼和

$$S=\sum_{k=1}^{n}\delta_k f(x_{k-1}+\varepsilon_k\delta_k)$$

即

$$S=\sum_{k=1}^{n}\Delta x_k f(\xi_k)$$

无限接近于一个固定值 A,那么就称 A 为 $\int_a^b f(x)\mathrm{d}x$. 如果 A 不存在,那么 $\int_a^b f(x)\mathrm{d}x$ 就没有意义. 显然这就是现今微积分教材中使用的定积分定义.

　　黎曼进一步意识到在区间 $[a, b]$ 上跳变过于频繁、过于剧烈的函数是不可积的,也就是说一个具有黎曼积分的函数,其振幅 D(最大值与最小值之差)必须受到限制. 于是黎曼引入新的和 $R=\sum_{k=1}^{n}\delta_k D_k$,其中 D_k 为函数 $f(x)$ 在子区间 $[x_{k-1}, x_k]$ 上的最大振幅,因此 R 就是如图 6-31 中所示的阴影区域的

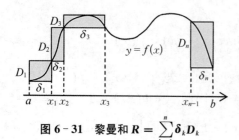

图 6-31　黎曼和 $R=\sum_{k=1}^{n}\delta_k D_k$

面积.

黎曼接着设 $\Delta(d)=\max\limits_{\delta\leqslant d}R$ 为满足 $\delta=\max\limits_{k}\delta_k\leqslant d$ 的所有和 R 的最大值,显然 $\lim\limits_{d\to0}\Delta(d)=0$ 等价于 $\int_a^b f(x)\mathrm{d}x$ 存在,说明划分越来越细时,阴影区域的面积将减小到零.

至此黎曼给出了可积性条件并给出了详细证明:$\int_a^b f(x)\mathrm{d}x$ 存在的充要条件是对任意 $\sigma>0$,A 型子区间的总长度 $s(\sigma)=\sum\limits_{A型}\delta_k$ 在 $d\to0$ 时可以达到任意小,其中的"A 型子区间"指的是振幅超过 σ 的子区间,否则称为"B 型子区间",如图 6-32 所示.

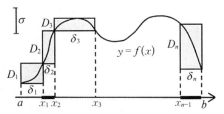

图 6-32 黎曼的子区间分类

按照黎曼可积性条件,可以证明狄利克雷函数 $D(x)=\begin{cases}1, & x\text{ 为有理数}\\0, & x\text{ 为无理数}\end{cases}$ 的黎曼积分 $\int_0^1 D(x)\mathrm{d}x$ 不存在. 直观上看,狄利克雷函数是如此彻底地不连续(它处处不连续,甚至处处无极限),自然也就不可积. 但这自然也催生了一个新问题:一个不连续的函数"病态"到何种程度依然是黎曼可积的? 这就是著名的黎曼函数(俗称"爆米花函数"):

$$R(x)=\begin{cases}1/n, & x=m/n\\0, & x=0,1\text{ 或无理数}\end{cases}$$

其中 $x\in[0,1]$ 且 m,n 为互素的正整数.

$R(x)$ 具有许多奇异的性质:① 上确界为 $\frac{1}{2}$,下确界为 0,聚点为 0;② 在有理点的图像关于 $x=\frac{1}{2}$ 对称;③ 在任何点的极限都为 0;④ 有无穷多个间断点(有理点)和连续点(无理点);⑤ 黎曼可积且积分值为 0.

小明注意到,要深刻理解黎曼函数乃至黎曼积分,需要勒贝格积分以及勒贝格测度等知识,有兴趣的读者不妨去深入探索.

4. 魏尔斯特拉斯:现代分析学之父

1854 年,39 岁的中学老师魏尔斯特拉斯在顶级刊物上发表《关于阿贝尔函数理论》一文,成功解决了当时的热门问题,即椭圆积分的逆问题. 不久,他便被柯尼斯堡大学授予名誉博士学位,并在 1856 年开始任教于柏林大学,同时当选柏林科学院院士. 他开始致力于将分析学置于严密的逻辑基础之上,开创了柏林学派,最终被誉为"现代分析学之父".

在分析基础上,他追求严谨,力求避免直观,致力于实现"分析的算术化". 首先,他在柯西的相当于 ε 方法的基础上,引进邻域 δ 的概念,从而提出了极限的 $\varepsilon-\delta$ 定义. 极限的 $\varepsilon-\delta$ 定义实现了无限与有限的相互转化,最终将微积分的运算和推理表示为一系列不等式的演变和推导. 其次,他发现了一致连续的概念:对于每个 $\varepsilon>0$,都存在与 ε 无关的 δ,使得当 $|x-y|<\delta$ 时有 $|f(x)-f(y)|<\varepsilon$,则称函数 f 在其定义域上是一致收敛的. 这意味着"一个 δ 适用于所有的 ε". 值得夸赞的是,他本人很少公开发表自己的新思想,而对于弟子们公开发表甚至"剽窃"他的成果,他抱怨的不是这种卑劣行为,而是无法容忍他的新思想被无能之辈粗制滥造地糟蹋. 函数一致收敛的概念就是其弟子海涅(Eduard Heine, 1821—

1881)公开发表的——当然海涅在文中已经暗示"这个普遍概念"是魏尔斯特拉斯传授给他的. 再次,他在 1872 年给出的著名"病态函数",打破了从柯西开始的数学家们普遍拥有的谬误,即连续函数都是可微的,震惊了当时的数学界,并使大家清楚地认识到"用几何直观作为微积分的基础"的主张可能会导致谬误,必须重新考虑分析基础尤其是实数基础. 一言以蔽之,几何直观不可靠,分析必须算术化. 最后,他用"递增有界数列"的极限定义了无理数,使实数系统得以完备,并给出了第一个严格的实数定义.

魏尔斯特拉斯早在 1841 年之前就有了级数一致收敛的概念:对任意 $\varepsilon > 0$,都存在仅依赖于 ε 的正整数 N,使得对任意 $n > N$ 以及任意 $x \in [a, b]$,都有 $|r_n(x)| = |S(x) - S_n(x)| < \varepsilon$,其中 $S(x)$ 为 $\sum_{n=1}^{\infty} f_n(x)$ 的和函数,$S_n(x) = \sum_{k=1}^{n} f_k(x)$,则称 $\sum_{n=1}^{\infty} f_n(x)$ 在区间 $[a, b]$ 上一致收敛. 他还提出了判别准则. 尽管他直到 1894 年才将它们公之于众,但如前所述,他的弟子们早就将这种思想传播出去了. 下面列出关于一致收敛的几个定理.

定理 6.1(魏氏 M 判别法)　如果对于函数序列 $\{f_n\}$,存在收敛的正项级数 $\sum_{n=1}^{\infty} M_n$,满足 $|f_n(x)| \leqslant M_n$,则函数项级数 $\sum_{n=1}^{\infty} f_n(x)$ 一致收敛.

这个判别法本质上是比较判别法,意味着数项级数的收敛蕴含着函数项级数的一致收敛.

定理 6.2　如果连续函数序列 $\{f_n\}$ 在 $[a, b]$ 上一致收敛于函数 f,则 f 也是 $[a, b]$ 上的连续函数,即有

$$\lim_{x \to x_0} f(x) = \lim_{x \to x_0} \lim_{n \to \infty} f_n(x) = \lim_{n \to \infty} \lim_{x \to x_0} f_n(x) = \lim_{n \to \infty} f_n(x_0) = f(x_0)$$

定理 6.3　如果黎曼可积的有界函数序列 $\{f_n\}$ 在 $[a, b]$ 上一致收敛于函数 f,则 f 在 $[a, b]$ 上也是黎曼可积的,且

$$\int_a^b f(x)\mathrm{d}x = \int_a^b \lim_{n \to \infty} f_n(x)\mathrm{d}x = \lim_{n \to \infty} \int_a^b f_n(x)\mathrm{d}x$$

定理 6.4　如果可导函数序列 $\{f_n\}$ 在 $[a, b]$ 上收敛于 f,其导函数序列 $\{f'_n\}$ 在 $[a, b]$ 上一致收敛,则 f 也是 $[a, b]$ 上的可导函数,即

$$f'(x) = [\lim_{n \to \infty} f_n(x)]' = \lim_{n \to \infty} [f_n(x)]' = \lim_{n \to \infty} f'_n(x)$$

概括地说,这三个定理就是"逐项连续""逐项积分""逐项求导",也就是说在一致收敛这个强条件下,函数的三个重要解析性质都可以从函数序列 $\{f_n\}$ 的个体项传递给它们的极限函数 f. 其中定理 6.4 是他人的贡献.

定理 6.5(魏氏逼近定理)　如果 f 是闭区间 $[a, b]$ 上的连续函数,则 $[a, b]$ 上一定存在一致收敛于函数 f 的多项式序列 $\{p_k\}$.

这个定理是数值逼近的基础性定理,它说明对有些特性极差的连续函数,居然可以用最简单的多项式序列来一致逼近.

5. "怪物"归笼

在畅销书《微积分的力量》中,作者将无穷比喻为《弗兰肯斯坦》中的怪物或犹太民间传

说中的石巨人.《弗兰肯斯坦》又译为《科学怪人》,是英国作家玛丽・雪莱(Mary Shelley, 1797—1851)在 1818 年创作的科幻小说.

纵观微积分 2 500 年的历史,芝诺悖论让"怪物"出笼,开始张牙舞爪. 之后的欧多克斯用穷竭法隔开一方天地,而阿基米德则尝试用平衡法大胆地驾驭无穷. 亚里士多德强烈反对实无穷,认为只有潜无穷才有意义,因此从根本上否认了"怪物"的存在,奉他为"亚圣"的基督教,甚至将之上升为"法令",致使接下来的 2 200 年里,讨论这个"怪物"甚至一度被视为禁忌. 文艺复兴运动带来的思想大解放,培育出了"新时代的阿基米德"伽利略和"新时代的毕达哥拉斯"开普勒,继承他们衣钵的卡瓦列里则高举起了不可分量大旗. 意识到危险的教会开始疯狂反扑,伽利略被软禁,不可分量学说被批驳并最终被禁止,意大利也从文艺复兴时期繁华的商业中心沦落为欧洲经济的边缘地带. 反之,法国的费马将"怪物"具象为 e,开始触及微分学的本质,同时用小矩形之和去逼近图形的面积;英国的沃利斯则从算术的途径大大扩展了卡瓦列里的不可分量原理,并大胆地将无穷这个"怪物"表示为"∞". 之后牛顿和莱布尼茨站上了"巨人的肩膀",最终创立了微积分学说. 牛顿将无穷小具象为"瞬" o 及 $\dot{x}o$,莱布尼茨则将无穷小具象为微分 $\mathrm{d}x$,也就是他哲学上所谓"单子",并将无穷大和无穷小视为"有用的虚构". 流数术和无穷小算法的逻辑缺陷终于招致了严厉的诘问,"怪物"被贝克莱主教化身为"消逝量的幽灵". 大约百年之后,脾气倔强的柯西不屈不挠,用"无穷小无非是个极限为零的变量(函数)",将这个"幽灵"封入笼中. 之后魏尔斯特拉斯则用 $\varepsilon-\delta$ 语言进一步完备了极限理论这个工具.

极限论的创立使数学家意识到,要最终严格化微积分,从而驯服"无穷"这头怪物,必须要更好地理解与建立实数系的逻辑基础. 魏尔斯特拉斯、康托尔和戴德金从不同角度给出了无理数模型,创立了实数理论. 他们的工作进一步导向了对整数理论和有理数理论的探究,进而归结为需要创立自然数理论. 最终意大利数学家皮亚诺借鉴戴德金的观点,于 1889 年提出了自然数的 5 条公理,并由此出发定义了整数和有理数,构建了整个实数系的逻辑基础. 微积分被算术化,几何直观作为微积分的基础的主张被彻底逐出了历史的舞台.

皮亚诺的自然数公理是这样叙述的:① 0 是一个自然数;② 0 不是任何其他自然数的后继数;③ 后继数公理:每个自然数都有一个后继数;④ 如果两个自然数的后继数相等,则这两个自然数也相等;⑤ 数学归纳法公理:如果由自然数组成的集合 A 中包含 0,而且当 A 包含 a 时,也一定也包含 a 的后继数,则 A 就包含所有自然数.

注意数学归纳法公理中出现了自然数这个无穷集合,这说明康托尔的集合论才是微积分学(实际上是整个数学)的逻辑基础. 事实上,正是在对实数理论的探究中,康托尔提出了无穷集合和超限数等新概念,创立了集合论. 戴德金仅仅将无穷集合定义为"如果集合与其适当部分相似,则称它为无限集合;否则称为有限集合",康托尔不满足于此,而是进一步提出了他的无穷集合理论(详见第 3 章). 在他眼里,无穷集合是"一个可以被人的心智思考的整体",这就是说他彻底扫除了亚里士多德的禁忌,将数学的研究对象扩充到了实无穷,第一次给无穷"怪物"建立起抽象的形式符号系统和确定的运算,从本质上揭示了无穷"怪物"的特性,这被贝尔评论为"自希腊人以来唯一真正的数学",自此数学的发展从变量数学时期开始进入现代数学时期.

法国大数学家庞加莱在 1900 年的国际数学家大会上公开宣称,数学的严格性,现在看来可以说是实现了. 伟大的罗素爵士在 1901 年也说道:"芝诺关心过的三个问题……这就是无穷小、无穷和连续的问题……魏尔斯特拉斯、戴德金和康托尔彻底解决了它们. 他们的解答清楚得不再留下丝毫怀疑,这个成就可能是这个时代能够夸耀的最伟大的成就."然而,正如他在自传中所说:"有三个简单而强烈的热情决定了我的一生,即对爱的需求、对知识的渴求和对人类苦难的难以承受的同情."正是"对知识的渴求",让他第二年痛苦地意识到一个悖论,用他 1918 年的通俗化版本,那就是:在克里特岛上,一位理发师正在纠结于是否要给自己理发!

参考文献

[1] 蔡天新. 数学与艺术[M]. 南京:江苏人民出版社,2021.
[2] 蔡天新. 数学简史[M]. 北京:中信出版集团,2017.
[3] 张志伟. 西方哲学十五讲[M]. 北京:北京大学出版社,2004.
[4] 赵敦华. 西方哲学简史[M]. 修订版. 北京:北京大学出版社,2012.
[5] 朱伟勇,朱海松. 时空简史:从芝诺悖论到引力波[M]. 北京:电子工业出版社,2018.
[6] 贝尔. 数学大师[M]. 徐源,译. 上海:上海科技教育出版社,2018.
[7] 克莱因 M. 古今数学思想:第一册[M]. 张理京,张锦炎,江泽涵,译. 上海:上海科学技术出版社,2002.
[8] 克莱因 M. 古今数学思想:第二册[M]. 朱学贤,申又枨,叶其孝,等译. 上海:上海科学技术出版社,2002.
[9] 克莱因 M. 古今数学思想:第三册[M]. 万伟勋,石生明,孙树本,等译. 上海:上海科学技术出版社,2002.
[10] 刘自觉. 近代西方哲学之父:笛卡尔[M]. 合肥:安徽人民出版社,2016.
[11] 孙卫民. 笛卡尔:近代哲学之父[M]. 北京:九州出版社,2013.
[12] 欧几里得. 几何原本[M]. 燕晓东,译. 全新修订版. 南京:江苏人民出版社,2011.
[13] 卡兹. 简明数学史:第一卷 古代数学史[M]. 董晓波,顾琴,邓海荣,等译. 北京:机械工业出版社,2016.
[14] 博耶,梅兹巴赫. 数学史:修订版[M]. 秦传安,译. 北京:中央编译出版社,2012.
[15] 波耶. 微积分概念发展史[M]. 唐生,译. 上海:复旦大学出版社,2011.
[16] 北京大学《数学手稿》编译组. 马克思数学手稿[M]. 北京:人民出版社,1975.
[17] 邓纳姆. 微积分的历程:从牛顿到勒贝格[M]. 李伯民,汪军,张怀勇,译. 北京:人民邮电出版社,2010.
[18] 龚升,林立军. 简明微积分发展史[M]. 长沙:湖南教育出版社,2005.
[19] 袁相碗. 微积分基本方法[M]. 南京:南京大学出版社,2010.
[20] 李心灿. 微积分的创立者及其先驱[M]. 3 版. 北京:高等教育出版社,2007.
[21] 蔡聪明. 微积分的历史步道[M]. 2 版. 台北:三民书局,2013.
[22] 张景中. 直来直去的微积分[M]. 北京:科学出版社,2010.
[23] 林群. 微积分快餐[M]. 3 版. 北京:科学出版社,2019.
[24] 赫尔曼. 数学恩仇录[M]. 范伟,译. 上海:复旦大学出版社,2009.
[25] 克莱因 M. 数学简史:确定性的消失[M]. 李宏魁,译. 北京:中信出版集团,2019.
[26] 邓纳姆. 天才引导的历程:数学中的伟大定理[M]. 李繁荣,李莉萍,译. 北京:机械工业出版社,2013.
[27] 亚历山大. 无穷小:一个危险的数学理论如何塑造了现代世界[M]. 凌波,译. 北京:化学工业出版社,2019.
[28] 韦斯特福尔. 牛顿传[M]. 郭先林,等译. 北京:中国对外翻译出版公司,1999.
[29] 艾利夫. 牛顿新传:中英双语[M]. 万兆元,译. 南京:译林出版社,2015.
[30] 怀特. 牛顿传:破界创新者[M]. 陈可岗,译. 北京:中信出版集团,2019.

[31] 柯瓦雷. 牛顿研究[M]. 张卜天,译. 北京:商务印书馆,2016.

[32] 牛顿. 自然哲学之数学原理[M]. 王克迪,译. 北京:北京大学出版社,2006.

[33] 安托内萨. 莱布尼茨传[M]. 宋斌,译. 北京:中国人民大学出版社,2015.

[34] 汤姆森. 莱布尼茨[M]. 李素霞,杨富斌,译. 北京:清华大学出版社,2019.

[35] 巴迪. 谁是剽窃者:牛顿与莱布尼茨的微积分战争[M]. 张菀,齐蒙,译. 上海:上海社会科学出版社,2017.

[36] 帕帕斯. 数学丑闻:光环底下的阴影[M]. 涂泓,译. 上海:上海科技教育出版社,2008.

[37] 马奥尔. e 的故事:一个常数的传奇[M]. 周昌智,毛兆荣,译. 2 版. 北京:人民邮电出版社,2018.

[38] 莫绍揆. 试论微分的本质[J]. 南京大学学报:自然科学版,1994,30(3):390-402.

[39] 赵云,蒙虎. 西方自然哲学与近代数学的起源[M]. 兰州:甘肃文化出版社,2009.

[40] 江晓原. 科学史十五讲[M]. 2 版. 北京:北京大学出版社,2016.

[41] 李文林. 数学珍宝:历史文献精选[M]. 北京:科学出版社,1998.

[42] 贝克莱主教. 分析学家[M]. 李文林,译//纽曼. 数学的世界:Ⅱ. 李文林,等译. 北京:高等教育出版社,2016.

[43] 靳志辉. 神奇的伽马函数[M]. 北京:高等教育出版社,2018.

[44] 赵焕光,黄忠裕. 人生相遇函数[M]. 北京:科学出版社,2013.

[45] 赵焕光,应裕林,章勤琼. 梦想相遇无穷[M]. 北京:科学出版社,2014.

[46] 韩雪涛. 数学悖论与三次数学危机[M]. 北京:人民邮电出版社,2016.

[47] 刘里鹏. 好的数学:微积分的故事[M]. 长沙:湖南科学技术出版社,2010.

[48] 龚昇. 微积分五讲[M]. 北京:科学出版社,2004.

[49] 柯朗,约翰. 微积分和数学分析引论[M]. 张鸿林,周民强,林建祥,等译. 北京:科学出版社,2001.

[50] 项武义. 微积分大意[M]. 北京:高等教育出版社,2014.

[51] 欧拉. 无穷分析引论:上[M]. 张延伦,译. 哈尔滨:哈尔滨工业大学出版社,2019.

[52] 项武义. 直说微积分:是何物? 有何用? [M]. 上海:复旦大学出版社,1986.

[53] 张景中,彭翕成. 数学哲学[M]. 3 版. 北京:北京师范大学出版社,2019.

[54] 齐民友. 重温微积分[M]. 北京:高等教育出版社,2008.

[55] 李晓奇,任嵘嵘. 先驱者的足迹:高等数学的形成[M]. 北京:科学普及出版社,2017.

[56] 纪志刚. 分析算术化的历史回溯[J]. 自然辩证法通讯,2003,25(4):81-86.

[57] 卡普兰. 零的历史[M]. 冯振杰,郝以磊,茹季月,译. 北京:中信出版社,2005.

[58] 赛弗. 神奇的数字零:对宇宙与物理的数学解读[M]. 杨立汝,译. 海口:海南出版社,2017.

[59] 斯托加茨. 微积分的力量[M]. 任烨,译. 北京:中信出版集团,2021.

[60] Berlinski D. A tour of the calculus[M]. New York:Random House, 1995.

[61] Acheson D. The calculus story[M]. Oxford:Oxford University Press, 2017.

[62] Edwards C H. The historical development of the calculus [M]. New York:Springer New York, 1979.

[63] Baron M E. The origins of the infinitesimal calculus[M]. New York:Dover Publication Inc, 1969.

[64] Grabiner J V. The origins of Cauchy's rigorous calculus[M]. New York:Dover Publication Inc, 2005.

[65] Guicciardini N. The development of Newtonian calculus in Britain:1700—1800[M]. Cambridge:Cambridge University Press, 1989.

第7章

三大常数的秘密

7.1 π的密码

7.1.1 π的文化初体验

三大常数中,小明知道大众最熟悉的非圆周率 π 莫属,因为至迟从小学开始,它就进入了我们的学习和生活. π 的小数点后前 200 位的结果如表 7-1 所示:

表 7-1 π 的小数点后前 200 位

3.14159	26535	89793	23846	26433	83279	50288	41971	69399	37510
58209	74944	59230	78164	06286	20899	86280	34825	34211	70679
82148	08651	32823	06647	09384	46095	50582	23172	53594	08128
48111	74502	84102	70193	85211	05559	64462	29489	54930	38196

想要记住这么多的圆周率位数,需要各种记忆大法的"加持",比如下面这种打油诗式的谐音记忆法:

> 山巅一寺一壶酒,尔乐苦煞吾,把酒吃,酒杀尔,杀不死,乐尔乐……

它的开头直至"乐尔乐"还是华罗庚先生的创造.除了打油诗,当然还可以通过发现规律来增进记忆,比如下面的"圆中有方":

> π 是希腊文"圆周"的首字母,也是第 16 个希腊字母,而 16 是 4 的平方. π 的英文拼写是 pi,p 和 i 分别是第 16 个和第 9 个(3 的平方)英文字母,两数和是 25(5 的平方),积是 144(12 的平方).

还有,π 的前 32 位中存在着神奇的模式:3.141 592 653 589 <u>79 3 2 38</u> <u>462 643</u> <u>38 3 2 79</u> 50. 不难发现,其中间出现了回文数 46264,还有三对数(79,32 和 38)的次序正好相反(相当于按数对回文),以及 32 正好是这三对数所有数字之和,即 $32 = 7 + 9 + 3 + 2 + 3 + 8$.

借助一些圆周率在线搜索工具(比如 http：// www. subidiom. com/ pi/ piday. asp)，可知数字串 360 出现在 π 小数点后第 358～360 位(这是它第 2 次出现，首次开始于第 285位)，数字串 5201314 首次开始于第 2 823 254 位，如图 7-1 所示. 著名的费曼点，即数字串 999999 在 π 中首次开始的位数是小数点后第 762 位. 再比如 24242424，居然首次出现在第 242 421 位(如果是 242424 就更神奇了). 最震撼人心的是袁亚湘院士的发现：中国共产党的生日 19210701 出现在第 44 842 733 位，中华人民共和国的生日 19491001 则出现在 82 267 377 位. 他幽默地指出，连 π 里都蕴藏了一个真理：没有共产党，就没有新中国! 诚哉斯言!

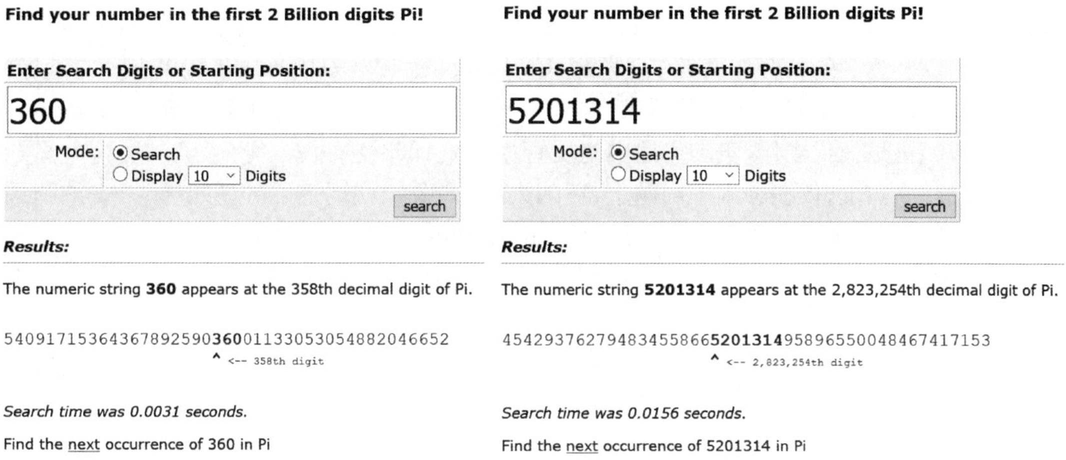

图 7-1　圆周率趣味查询示例

1654 年，爱尔兰数学家布龙克尔(William Brouncker，1620—1684)甚至得到了 π 的一个非常好记的连分数：

$$\pi = \cfrac{4}{1+\cfrac{1^2}{2+\cfrac{3^2}{2+\cfrac{5^2}{2+\cdots}}}}$$

可以练习用它计算 π，毕竟这是个源源不断的位数生成公式.

事实上，圆周率 π 不仅仅是一个数字，它已经渗透到我们的文化之中. 每年的 3 月 14 日是圆周率日，即 Pi Day. 通常是在下午 1 时 59 分庆祝，有时甚至精确到 26 秒，以象征圆周率的八位近似值 3. 141 592 6. 在这一天，我们可以了解 π 的悠久历史，学习 π 的数学知识;可以观看电影《死亡密码 π》和《少年派的奇幻漂流》;可以欣赏以 π 为主题的音乐，例如初音未来《圆周率之歌》(建议钢琴版);可以温习打油诗. 当然这一天也是所谓的"白色情人节"，还是伟大的爱因斯坦(Albert Einstein， 1879. 3. 14—1955. 4. 18)的生日，更是物理学家霍金(Stephen William Hawking，1942. 1. 8—2018. 3. 14)羽化登仙的日子.

谷歌公司是弘扬各种常数文化的典范. 据说美国谷歌公司有三座以三大数学常数命名的办公大楼(Pi 楼、Phi 楼、e 楼)，因为它们都是"无限不循环"的无理数，寓意"无穷大"并永不重复. 在 2005 年的一次公开募股中,谷歌公司 A 股发行数量是 14 159 265 股,共集资四十多亿美元.

至于其他精明的商家,本着一切文化皆可商业化的理念,自然也会想到利用圆周率来创造文化和商业产品,如关于 π 的文化衫、马克杯、饮料,甚至名为 π 的男士高档香水(试问香水与 π 到底哪里有联系),实现了文化价值与经济价值的双赢.

美国众议院甚至在 2009 年立法,将 3 月 14 日规定为国家圆周率日,以鼓励学校借此机会向学生教授和宣传 π 的知识和文化,从而促进数学和科学教育,因为美国总算意识到自己的 STEM(科学、技术、工程、数学)教育的确存在问题. 研究表明,美国不同群体间的学生在 STEM 学科上的学业成就相差巨大,非白种人、低收入群体、女性等的表现尤为欠缺. 确切地说,如今在美国越发盛行的反智主义,有着深厚的历史渊源. 在加德纳的《矩阵博士的魔法数》(1985)以及著名的科普作家卡尔·萨根(Carl Sagan, 1934—1996)的《魔鬼出没的世界》(1996)里,都对此有辛辣的讽刺. 美国历史学家理查德·霍夫施塔特(Richard Hofstadter, 1916—1970)更是在代表作《美国生活中的反智主义》(1963)中深入考察了美国反智主义的起源和蔓延. 事实上,仅在圆周率问题上,美国人在 1897 年就制定了可笑的《印第安纳圆周率法案》,该法案要求将内科医生古德温(Edwin Goodwin, 1828—1902)在"解决"化圆为方难题中得到的"π = 3.2"规定为数学真理,并且其他州要为使用这个"精确 π 值"支付专利费.

当然,在嘲笑别人的同时,我们也不能忽视自身的 STEM 教育问题. 1998 年《科技日报》曾以"圆周率并非无穷无尽"为题发文称:"加拿大少年天才发现了圆周率第 5 兆位的小数是零. 也就是说,如果按十进位来算,圆周率的第 1 兆 2 千 5 百亿位数应是它的尽头." 文章总结道:这表明,圆周率是可以除尽的. 次年,首都师范大学的数学学科教学论研究生入学考试,选用上述素材出了一道论述题:请你用数学教育理论对上述报道进行分析,并谈谈自己的看法. 答题结果却让人大跌眼镜:19 份答卷中,只有 4 份答卷明确指出"这则报道是荒谬的,圆周率是无理数是科学真理,计算机不可能把它除尽." 有 2 份答卷表示担心,"如果圆周率是有理数,以后中学有理数怎么教?" 其余 13 份答卷则侈谈什么"在未来的信息社会,技术进步使什么奇迹都可以创造出来. 圆周率是有理数,这是科学进步的标志. 人们要更新观念,才能跟上时代的步伐".

7.1.2　π 的计算史

圆周率 π 的值究竟是多少? 如何计算圆周率? 如何计算更多的位数? 怎么能使计算速度更快? 这些问题贯穿了人类文明的始终,它们与微积分的诞生也有着密切关系. 按计算 π 所采用的方法,小明将 π 的计算史大致划分为如下四个阶段,并且重点探索了其中的几何法阶段和分析法阶段.

1. 直观经验阶段

先民们应该是通过大量生活实践,逐步发现了圆周与直径成正比,以及圆的面积与直径的平方成正比. 至于是谁先发现的,显然已经无从考据. 但对他们而言,重要的是这个比值是多少? 因为众所周知,测量正方形的面积很容易,但测量圆的面积则非常困难,而生活实践中肯定会碰到大量"化圆为方"的问题,即要求将圆转化为正方形,使得它们面积相等.

在大约公元前 1700 年问世的古埃及《莱茵德纸草书》(*Rhind Papyrus*)中,第 50 题是这样描述的:"以直径为 9 的圆形土地为例,它的面积是多少? 减去直径的 1/9,余数是 8,将 8 乘以 8,等于 64,因此圆的面积为 64." 也就是说,埃及书记员描述的化圆为方公式为 $\left(d-\dfrac{d}{9}\right)^2=\left(\dfrac{8}{9}d\right)^2=\dfrac{1}{4}\pi d^2$,即他们认为 $\pi=\left(\dfrac{16}{9}\right)^2=\dfrac{256}{81}=3.160\,49\cdots$,这与圆周率的精确值的误差已低于 1/100,可以说已经很精确了. 至于 $\dfrac{8}{9}$ 及其平方 $\dfrac{64}{81}$ 的来源,有人认为该书第 48 题已经给出了解答.

有研究发现,在更早建造的吉萨金字塔中,古埃及人就将周长与高的比值设定为 22/7,而 $\pi=22/7=3.\dot{1}4285\dot{7}$ 是圆周率的一个非常好的近似值,这说明古人视 142 857 为圣数与圆周率有关.

在大约完成于公元前 6 世纪的《圣经·列王纪》中,描述了所罗门王神殿内祭坛的规格:"……他又铸一个铜海,样式是圆的,高五肘、径十肘、围三十肘." 根据这段描述,圣经中认为圆周率为三十肘除以十肘(围除以径),也就是 $\pi=3$. 这个粗糙的值很容易得出,毕竟圆内接正六边形的周长与圆的直径之比就是 3,因此被后人称为古率. 这段经文对后世产生了很大的困扰,有的基督教信徒甚至认为这是上帝的规定,圆周率就是 3,并进而怀疑和拒斥科学.

2. 几何法阶段

到了公元前 4 世纪,古希腊人重新拾起了圆周率问题. 众所周知,古希腊人对测量土地等实务并不感兴趣,而是更关注思辨. 具体到圆周率问题上,他们不再追问"它的值是多少",而是开始探讨"它的值是如何求出来的". 这个阶段所采用的方法,就是各种各样的割圆术:先作出圆的内接或外切正 n 边形,通过计算其边长,求出其周长或面积,再将边数翻倍为正 $2n$ 边形,重复上述计算……这样,当边数无限增加时,它们的周长或面积就越来越接近圆的周长或面积. 由此即可求得圆周率 π 的近似值.

(1) 阿基米德的割圆术

根据历史学家普鲁塔克(Plutarchus,约 46—120)的记载,公元前 5 世纪古希腊哲学家阿那克萨哥拉(Anaxagoras,公元前 498—公元前 428)因为宣扬"太阳不是神"(太阳是个大火球,而不是阿波罗神)而被捕入狱. 在狱中他提出并研究了"化圆为方"这个尺规作图问题. 之后据说安蒂丰首次尝试以穷竭法计算圆的面积. 据后世学者记载:安蒂丰先作圆内接正方形(也有记载说是圆内接正三角形),然后将其边数加倍,得到圆内接正八边形,以此类推,直到正多边形的边长小到恰与它们所在的圆周部分重合,就可以完成化圆为方问题. 此外,据说古希腊数学家布里松(Bryson of Heraclea,约公元前 450—?)提出用边数不断增加的外切多边形来求穷竭圆的面积.

200 年后,阿基米德开始接手这个重担,但他的重点不是两个正多边形的面积,而是它们的周长. 在《圆的度量》一文中,他首先给出了化圆为方问题的解答,即"任一圆的面积等于以该圆的半径和周长为两直角边的直角三角形的面积"(命题 1),并用欧多克斯的穷竭法进行了严格证明. 在命题 3 中,他进一步给出了圆周率的近似数值:任意圆的周长与直径之比小于 $3\dfrac{1}{7}$,但大于 $3\dfrac{10}{71}$. 这说明阿基米德首次提出了误差估计及其精确度的问题,并给出了用上下界确定近似值的方法. 他算出的 π 介于 3.140 8… 与 3.142 8… 之间,故可取 $\pi=3.14$ 或 $\pi=\dfrac{22}{7}$.

阿基米德是通过圆的外切和内接正 m 边形来确定圆周长的上下界的. 他先从 $m=6=3\times2^1$ 开始,然后将边数扩大 2 倍,通过 4 次递推计算得到 $m=96=3\times2^5$. 同时据分析,他还利用了不等式 $\dfrac{265}{153}<\sqrt{3}<\dfrac{1\,351}{780}$ 以及 $\dfrac{b}{2a\pm1}<\sqrt{a^2\pm b}<a\pm\dfrac{b}{2a}$.

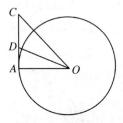

如图 7 - 2 所示,设 OA 是圆 O 的半径, AC 是圆 O 的切线, OD 平分 $\angle COA$, 则

$$\frac{OA}{OC}=\frac{AD}{DC}\Rightarrow\frac{OA}{OA+OC}=\frac{AD}{AC}\Rightarrow\frac{AC}{OC+OA}=\frac{AD}{OA}$$

若 $\angle COA=30°$, 则 CA 为外切正六边形的半边长, DA 为外切正十二边形的半边长. 一般地,按照现代的记号,有递推式

图 7 - 2　阿基米德的割圆术

$$t_{n+1}=\frac{rt_n}{u_n+r},\ u_{n+1}=\sqrt{r^2+t_{n+1}^2}\,,\ \pi<\frac{2mt_n}{2r}=\frac{mt_n}{r}=H_n$$

其中 t_n 为圆外切正 $m=3\times2^n$ 边形的半边长, u_n 为圆心到该外切正多边形顶点的线段长, H_n 为圆外切正 m 边形周长与圆的直径之比.

取 $r=1$, 则有 $\pi<H_1=\dfrac{6}{\sqrt{3}}<\dfrac{918}{265}$. 由于 $t_2=\dfrac{t_1}{u_1+1}$, 故

$$\frac{1}{t_2}=\frac{u_1}{t_1}+\frac{1}{t_1}=2+\sqrt{3}>2+\frac{265}{153}=\frac{571}{153}$$

可得 $\pi<H_2=12t_2<\dfrac{1\,836}{571}$. 进一步计算可得 $\pi<H_5<\dfrac{14\,688}{4\,673\frac{1}{2}}=3+\dfrac{667\frac{1}{2}}{4\,673\frac{1}{2}}<3\frac{1}{7}$.

通过计算圆内接正多边形的边长,类似可得 $\pi>\dfrac{6\,336}{2\,077\frac{1}{4}}>3\dfrac{10}{71}$. 因为 $3\dfrac{1}{7}=3\dfrac{10}{70}$, 所以上下界的唯一区别是分母分别为 70 和 71.

阿基米德的 22/7 的影响持续了 1 000 多年,关于它最典型的评价莫过于花拉子米给出的:"最好的方法是把直径乘以 22/7,这是最迅速、最简单的方法.只有上帝知道比它更好的方法了."

（2）刘徽的割圆术

古率在古代中国应该早就存在并被使用.至于文献中的古率,最早可见于赵爽的《周髀算经注》,在商高曰"数之法出于圆方"下,赵爽给出了"圆径一而周三"的注解,时间大约在 222 年.之后刘徽在《九章算术注》里,把圆周率称为"周三径一之率".

对古率自然也存在多个修正,其中包括东汉天文学家张衡(78—139)的工作.由于张衡的著作已经散佚,因此人们只能主要依据刘徽对《九章算术》中"开立圆术"的注解,其中对张衡有严厉的批评.据莫绍揆(1917—2011)先生的研究,张衡提出"方八之面,圆五之面",也就是"圆外切正方形的周长：圆周长 $=\sqrt{8}:\sqrt{5}$", 因此可算出"圆周率十之面,而径率一之面

也",也就是张衡的衡率为 $\pi = \sqrt{10} = 3.162\cdots$ 这个率也是很粗疏的,所以刘徽批评说:"衡亦以周三径一之率为非,是故更著此法. 然增周太多,过其实矣."由于张衡可谓是中国第一个从理论上探讨圆周率值的数学家,因此刘徽正是在对张衡的批评中,建立了自己的割圆术(徽术).

　　刘徽用他独创的徽术,将 π 计算到小数点后 2 位或 4 位,得到了徽率 $\pi = 3.14$ 或 3.141 6. 至于他所使用的方法,存在多种说法,其中一种如下所示.

　　如图 7-3 所示,设 AB 为圆内接正 n 边形的一边,其长记为 a_n, AD 为圆内接正 $2n$ 边形的一边,其长记为 a_{2n},圆的半径记为 r,则存在倍边公式: $a_{2n} = \sqrt{2r^2 - r\sqrt{4r^2 - a_n^2}}$. 这是因为

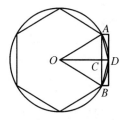

图 7-3　刘徽的徽术

$$a_{2n} = AD = \sqrt{AC^2 + CD^2} = \sqrt{\left(\frac{a_n}{2}\right)^2 + CD^2},$$

$$CD = OD - OC = r - \sqrt{r^2 - \left(\frac{a_n}{2}\right)^2}$$

将后式代入前式,即得倍边公式.

　　接下来,令 S_n 为圆内接正 n 边形的面积, S_{2n} 为圆内接正 $2n$ 边形的面积, S 为圆的面积,则图中有 $nAB \times CD = 2(S_{2n} - S_n)$, $S_n + nAB \times CD > S$,据此即得著名的刘徽不等式:

$$S_{2n} < S < S_{2n} + (S_{2n} - S_n)$$

　　同阿基米德一样,刘徽也是从内接正六边形开始计算的,取 $r = 1$,则 $a_6 = 1$,反复使用倍边公式,可算得 a_{12}, a_{24}, a_{48}, a_{96}. 同时根据圆内接正多边形面积公式 $S_{2n} = \frac{1}{2}nra_n = \frac{1}{2}rp_n$ (其中 p_n 为圆内接正多边形的周长),可求得 S_{96} 和 S_{192},最后根据刘徽不等式,即可确定

$$3.141\,024 < \pi < 3.142\,704$$

　　具体计算过程如表 7-2 所示.

表 7-2　徽术的计算过程

内接正多边形边数 n	边长 a_n	周长 p_n	面积 S_{2n}	面积差 $S_{2n} - S_n$	$S_{2n} + (S_{2n} - S_n)$
6	1.000 000	6.000 000			
12	0.517 638	6.211 656	3.000 000		
24	0.261 052	6.265 248	3.105 828	0.105 828	3.211 656
48	0.130 806	6.278 688	3.132 624	0.026 796	3.159 420
96	0.065 438	6.282 048	3.139 344	0.006 720	3.146 064
192			3.141 024	0.001 680	3.142 704

　　与阿基米德相比,刘徽的 π 值上下界更准确,小明觉得原因恐怕在于他不仅考虑了周长,还同时考虑了面积,这使他的徽术更显机智巧妙,进而减少了算法的工作量,并得到更准确的结果. 他在《九章算术》"圆田术"中的那段著名注解,即"割之弥细,所失弥少,割之又割,

以至于不可割,则与圆合体而无所失矣",对徽术作出了精炼的概括. 从微积分思想的角度看,其中当然蕴含了"原始的极限思想",以及"积分学思想的萌芽",更体现出了"化曲为直""曲直转化"的哲理. 另外也有人指出,刘徽割圆术的独特之处在于他"觚而裁之",即将圆分割为无穷多个以圆内接正多边形每边为底、以圆心为顶点的小等腰三角形,而圆的面积就是这无穷多个小三角形的面积之和. 这样,他通过无穷小分割然后求和的极限的方式,证明了"半周半径相乘得积步",也就是证明了圆面积公式 $A=\dfrac{1}{2}rp_n \rightarrow \dfrac{1}{2}rC=S$,其中当 n 无限增多时 p_n 显然趋近于圆的周长 C. 刘徽的开创性工作,为我国之后圆周率计算领先世界千年奠定了理论基础.

(3) 祖冲之和《缀术》

众所周知,祖冲之和儿子祖暅首次将 π 值精确到小数点后第七位,即在 3.141 592 6 和 3.141 592 7 之间. 同时他们还给出了 π 的两个近似有理数,即密率(又称祖率)$\dfrac{355}{113}=$ 3.141 592 9… 和约率 $\dfrac{22}{7}=$ 3.142 857 1…. 华罗庚先生指出,祖率"惊人精密地接近于圆周率,准确到六位小数,是很不简单的事情",而且它还是分子和分母都不超过 1 000 的分数中最接近 π 值的分数. 他还指出,祖率是个有趣的数字,它从分母到分子正好是三个最小奇数的依次重复,即 113 355.

这些成果,详细记载在了唐代编撰的《隋书·律历志》中:"古之九数,圆周率三,圆径率一,其术疏舛. 自刘歆、张衡、刘徽、王蕃、皮延宗之徒,各设新率,未臻折衷. 宋末,南徐州从事史祖冲之,更开密法,以圆径一亿为一丈,圆周盈数三丈一尺四寸一分五厘九毫二秒七忽,朒(音 nù,意为欠缺)数三丈一尺四寸一分五厘九毫二秒六忽,正数在盈朒二数之间. 密率,圆径一百一十三,圆周三百五十五. 约率,圆径七,周二十二."而且他和儿子祖暅合著的《缀术》曾被收入唐初国子监的教科书《算经十书》中,但遗憾的是"学官莫能究其深奥,是故废而不理",到北宋时就已亡佚了. 究其原因,徐光启(1562—1633)认为有二:名理之儒土苴(音 jū,比喻贱视)天下之实事;妖妄之术谬言数有神理,能知来藏往靡所不效.

祖冲之是如何计算 π 值的呢? 公认的说法是他继承了刘徽的割圆术思想. 钱宝琮(1892—1974)先生在《中国数学史》中据《隋书》推测:祖冲之采用了直径为 1 丈的圆,算得 $S_{12\,288}=3.141\,592\,61$ 方丈[①], $S_{24\,576}=3.141\,592\,51$ 方丈,再结合刘徽不等式,有

$$S_{24\,576}<S<S_{24\,576}+(S_{24\,576}-S_{12\,288})$$

也就是圆周率

$$3.141\,592\,61<\pi<3.141\,592\,71$$

祖冲之的巨大成就得到了国际社会的一致认可:1967 年,国际天文学家联合会把月球上的一座环形山命名为"祖冲之环形山";1977 年,紫金山天文台将 1964 年发现的、国际永久编号为 1888 的小行星命名为"祖冲之星";莫斯科大学内世界最著名科学家塑像中有祖冲之

———————————————

① 方丈即平方丈,1 平方丈 $=\dfrac{100}{9}$ 平方米.

铜像和祖冲之大理石塑像;上海浦东新区张江高科技园区东西走向的主要道路被命名为"祖冲之路",路南侧的浦东软件园三期被命名为"祖冲之园";国际数学协会 2011 年宣布将每年的 3 月 14 日设为国际数学节,以纪念祖冲之对圆周率的贡献;中科院 2021 年研制出的 62 比特可编程超导量子计算原型机被命名为"祖冲之号".

祖冲之的成果之所以领先西方 1 000 多年,或许也与中古时期印度数学家婆罗摩笈多的"贡献"有关.婆罗摩笈多求出了单位圆内接正 12, 24, 48 和 96 边形的周长,分别是 $\sqrt{9.65}$, $\sqrt{9.81}$, $\sqrt{9.86}$ 和 $\sqrt{9.87}$,然后他大胆地断言:当内接正多边形趋近于单位圆时,其周长会趋近于 $\sqrt{10}$ (也就是说 $\pi=\sqrt{10}=3.162\,2\cdots$). 小明觉得有道理,毕竟随着边数递增,圆内接正多边形的完满状态就是单位圆,而 10 寓意十全十美,也有完美、完满之意.当然还有可能是因为 $\sqrt{10}$ 非常好记.反正结果是随着印度数学西传欧洲,$\sqrt{10}$ 就成了中世纪欧洲通用的圆周率.

(4) 韦达的无穷乘积公式

直到 1579 年,韦达的工作才使得欧洲在圆周率的计算上有了重大突破.尽管采用的仍然是阿基米德的割圆术,但韦达却借助了更先进的工具,即数系的十进制表示法,使得 π 第一次从"形"的领域转入"数"的领域.

1593 年,韦达进一步得到了关于 π 的无穷乘积表达式.至于它的由来,小明注意到有两种解释.一种解释来自夏道行先生.设 a_n 和 p_n 分别为单位圆内接正 n 边形的边长和周长,则根据勾股定理和倍边公式,有

$$a_4=\sqrt{2}\,,\ p_4=4a_4=4\times\frac{2}{\sqrt{2}}\,,\ a_8=\sqrt{2-\sqrt{4-(\sqrt{2})^2}}=\sqrt{2-\sqrt{2}}$$

$$p_8=8a_8=8\sqrt{2-\sqrt{2}}=4\times\frac{2}{\sqrt{2}}\times\frac{2}{\sqrt{2+\sqrt{2}}}\,,\ a_{16}=\sqrt{2-\sqrt{4-a_8^2}}=\sqrt{2-\sqrt{2+\sqrt{2}}}$$

$$p_{16}=16a_{16}=16\times\frac{2-\sqrt{2+\sqrt{2}}}{2+\sqrt{2+\sqrt{2}}}=4\times\frac{2}{\sqrt{2}}\times\frac{2}{\sqrt{2+\sqrt{2}}}\times\frac{2}{\sqrt{2+\sqrt{2+\sqrt{2}}}}$$

如此反复,可得 $p_{2^n}=2^na_{2^n}=4\times\dfrac{2}{\sqrt{2}}\times\dfrac{2}{\sqrt{2+\sqrt{2}}}\times\cdots\times\dfrac{2}{\sqrt{2+\sqrt{2+\cdots+\sqrt{2}}}}$,由于 $\lim\limits_{n\to\infty}p_{2^n}=2\pi$,变形后即得韦达的无穷乘积表达式

$$\frac{2}{\pi}=\frac{\sqrt{2}}{2}\times\frac{\sqrt{2+2\sqrt{2}}}{2}\times\frac{\sqrt{2+2\sqrt{2+2\sqrt{2}}}}{2}\times\cdots$$

另一种解释需要利用重要极限,据说来自欧拉.不断地利用正弦的倍角公式,可得

$$\sin x=2\sin\frac{x}{2}\cos\frac{x}{2}=2^2\sin\frac{x}{4}\cos\frac{x}{4}\cos\frac{x}{2}=\cdots=2^n\sin\frac{x}{2^n}\cos\frac{x}{2}\cos\frac{x}{4}\cdots\cos\frac{x}{2^n}$$

两边同除以 x,并注意到根据重要极限 $\lim\limits_{x\to0}\dfrac{\sin x}{x}=1$,有 $\lim\limits_{n\to\infty}\dfrac{2^n}{x}\sin\dfrac{x}{2^n}=1$,欧拉得到

$$\cos \frac{x}{2} \cos \frac{x}{4} \cos \frac{x}{8} \cdots = \frac{\sin x}{x} \tag{7.1}$$

再根据半角公式,并注意到

$$\cos \frac{\pi}{4} = \frac{\sqrt{2}}{2}, \ \cos \frac{\pi}{8} = \sqrt{\frac{1 + \cos \frac{\pi}{4}}{2}} = \frac{\sqrt{2 + \sqrt{2}}}{2}, \ \cdots$$

可知韦达的表达式就是欧拉的结论式(7.1)的特殊情形,只要取 $x = \frac{\pi}{2}$ 即可!

这是历史上第一个关于 π 的无穷乘积表达式,也是数学发展史上的重要里程碑,因为它让无穷重新回到了数学的舞台中心. 按照这个表达式,韦达将 π 值算到了 18 位小数.

3. 分析法阶段

微积分的诞生使得幂级数法等分析类方法成为计算 π 值的利器,让 π 值的计算从几何问题彻底变成了级数求和问题.

(1) 沃利斯的无穷表达式

沃利斯接受了先辈们用代数方法研究几何问题的思想,在《无穷算术》中用代数方法发现了积分公式 $\int_0^1 x^{p/q} \mathrm{d}x = \frac{1}{p/q+1}$,其中 p, q 为整数. 在此基础上,他通过插值法,得到了关于 π 的一个无穷乘积表达式. 具体思路如下:

记 $A = 1 \Big/ \left[\int_0^1 (1-x^2)^{\frac{1}{2}} \mathrm{d}x \right]$,$a_{p,n} = 1 \Big/ \left[\int_0^1 (1-x^{1/p})^n \mathrm{d}x \right]$,根据定积分的几何意义,显然 $A = \frac{4}{\pi}$. 对于 $p = 0, 1, 2, \cdots$ 以及 $n = 0, 1, 2, \cdots$ 的情形,根据他发现的积分公式,都可以算出 $a_{p,n}$ 的数值,如表 7-3 所示. 例如 $a_{2,2}$ 可归结为计算 $y = (1-x^{1/2})^2 = 1 - 2x^{1/2} + x$ 的积分. 由于他从表中认出了帕斯卡三角形,因此他想要在表中插入能与 $p = \frac{1}{2}, \frac{3}{2}, \cdots$ 对应的行,以及与 $n = \frac{1}{2}, \frac{3}{2}, \cdots$ 对应的列. 借助于帕斯卡三角形中行的基本公式,他发现 $a_{p,n} = \mathrm{C}_{p+n}^n = \frac{p+n}{n} a_{p,n-1}$ 对分数 p 也成立.

对于 $p = \frac{1}{2}$ 的情形,他算得

$$a_{p,0} = 1, \ a_{p,1} = \frac{3}{2} a_{p,0} = \frac{3}{2} \times 1 = \frac{3}{2}, \ a_{p,2} = \frac{3}{2} a_{p,1} = \frac{5}{4} \times \frac{3}{2} = \frac{15}{8}, \ \cdots$$

注意到每行相隔项的比值递减:$a_{1/2, k+2} : a_{1/2, k} > a_{1/2, k+4} : a_{1/2, k+2}$. 他假定这对相邻项也成立,则有 $\sqrt{\frac{3}{2}} < A < \frac{3}{2} \sqrt{\frac{3}{4}} = \frac{3 \times 3}{2 \times 4} \sqrt{\frac{4}{3}}$. 类似地,有

$$\frac{3 \times 3}{2 \times 4} \sqrt{\frac{5}{4}} < A < \frac{3 \times 3}{2 \times 4} \times \frac{5 \times 5}{4 \times 6} \sqrt{\frac{6}{5}}$$

因此他断定:

$$A=\frac{4}{\pi}=\frac{3\times 3}{2\times 4}\times\frac{5\times 5}{4\times 6}\times\frac{7\times 7}{6\times 8}\times\cdots$$

也就是说他从圆的面积入手,得到了关于 π 的恒等式

$$\frac{\pi}{2}=\frac{2\times 2}{1\times 3}\times\frac{4\times 4}{3\times 5}\times\cdots\times\frac{2n\times 2n}{(2n-1)\times(2n+1)}\times\cdots$$

表 7 - 3　沃利斯的插值法

(p,n)	0	$\frac{1}{2}$	1	$\frac{3}{2}$	2	$\frac{5}{2}$	⋯
0	1		1		1		⋯
$\frac{1}{2}$	1	A	$\frac{3}{2}$	$\frac{4}{3}A$	$\frac{15}{8}$	$\frac{8}{5}A$	⋯
1	1		2		3		⋯
2	1		3		6		⋯
⋮	⋮		⋮		⋮		

表 7 - 4　莱布尼茨级数的收敛速度

n	S_m, $m=10^n$
1	3.041 839 62
2	3.131 592 90
3	3.131 592 90
4	3.141 492 65
5	3.141 582 65
6	3.141 591 65
7	3.141 592 55
8	3.141 592 64

（2）莱布尼茨级数

第 6 章已经指出,莱布尼茨在 1674 年发现的莱布尼茨级数

$$\frac{\pi}{4}=1-\frac{1}{3}+\frac{1}{5}-\frac{1}{7}+\cdots=\sum_{n=1}^{\infty}(-1)^{n-1}\frac{1}{2n-1}$$

仅仅是詹姆斯·格雷戈里 1668 年发现的 $\arctan x$ 展开式当 $x=1$ 时的特例. 但沃利斯的公式和莱布尼茨级数都没有被广泛应用于 π 值的计算,原因在于它们的收敛速度实在是太慢了! 特别是后者,要达到祖冲之的精度,需要计算级数的前 1 亿项的和,如表 7 - 4 所示. 因此它们只有思想价值,却没有实用价值.

有趣的是,格雷戈里也不能算是 $\arctan x$ 展开式的原创者,因为早在 1400 年左右,也就是比他早大约 250 年,古印度数学家马德哈瓦（Madhava of Sangamagrama, 约 1340—约 1425）就已经有了类似的想法. 他利用正弦函数,得到如下的"无穷级数":

$$\theta=\tan\theta-\frac{1}{3}\tan^3\theta+\frac{1}{5}\tan^5\theta-\frac{1}{7}\tan^7\theta+\cdots$$

显然令 $\theta=\arctan x$, 即 $x=\tan\theta$, 则上式就变成了 $\arctan x$ 的展开式. 事实上,马德哈瓦令 $\theta=\frac{\pi}{6}$, 得到

$$\pi=\sqrt{12}\left(1-\frac{1}{3}\times\frac{1}{3}+\frac{1}{5}\times\frac{1}{3^2}-\frac{1}{7}\times\frac{1}{3^2}+\cdots\right)$$

据此他算得 π＝3.141 592 653 592 222⋯ 精确到了小数点后 10 位.

（3）牛顿计算 π 的方法

在 1670 年左右,牛顿注意到了 π 值计算问题,然后运用他的新方法,取得了辉煌的

成就.

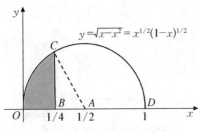

$$y = \sqrt{x - x^2} = x^{1/2}(1-x)^{1/2}$$

图 7-4　牛顿计算 π 的方法

如图 7-4 所示,牛顿考察了圆心在 $A\left(\dfrac{1}{2}, 0\right)$ 的上半圆,其方程为 $y = \sqrt{x - x^2} = x^{1/2}(1-x)^{1/2}$. 一方面,易知 $S_{阴} = S_{扇ACO} - S_{\triangle ABC} = \dfrac{\pi}{24} - \dfrac{\sqrt{3}}{32}$;另一方面,利用广义二项式定理,他得到幂级数展开式

$$(1-x)^{1/2} = 1 - \frac{1}{2}x - \frac{1}{8}x^2 - \frac{1}{16}x^3 - \cdots$$

根据定积分的几何意义,可知阴影部分的面积

$$S_{阴} = \int_0^{1/4} y \, \mathrm{d}x = \int_0^{1/4} x^{1/2}(1-x)^{1/2}\mathrm{d}x = \int_0^{1/4}\left(x^{1/2} - \frac{1}{2}x^{3/2} - \frac{1}{8}x^{5/2} - \frac{1}{16}x^{7/2} - \cdots\right)\mathrm{d}x$$

$$= \left(\frac{2}{3}x^{3/2} - \frac{1}{5}x^{5/2} - \frac{1}{28}x^{7/2} - \frac{1}{72}x^{9/2} - \cdots \right)\Bigg|_0^{1/4}$$

$$= \frac{1}{12} - \frac{1}{160} - \frac{1}{3\,584} - \frac{1}{36\,864} - \cdots \approx 0.076\,773\,106\,78\ (\text{若取级数的前 9 项})$$

因此 $\pi = 24 \times \left(0.076\,773\,106\,78 + \dfrac{\sqrt{3}}{32}\right) = 3.141\,592\,668\cdots$,已经精确到小数点后 7 位了. 其中 $\sqrt{3}$ 的值也可以通过 $(1-x)^{1/2}$ 的级数展开式来近似计算,即

$$\sqrt{3} = \sqrt{4-1} = 2\left(1 - \frac{1}{4}\right)^{1/2} = 2\left(1 - \frac{1}{8} - \frac{1}{128} - \frac{1}{1\,024} - \cdots\right)$$

事实上,牛顿在《流数术》中,利用 $(1-x)^{1/2}$ 幂级数表达式的前 20 项,将 π 值精确计算到了小数点后 16 位,只因为他"当时没有其他事情可做".

(4) 梅钦类反正切公式

1706 年英国数学家梅钦(John Machin, 1680—1751)巧妙地利用正切公式,得到了梅钦公式

$$\frac{\pi}{4} = 4\arctan\frac{1}{5} - \arctan\frac{1}{239}$$

这个公式的推导是这样的:令 $\alpha = \arctan\dfrac{1}{5}$,则 $\tan\alpha = \dfrac{1}{5}$,进而有

$$\tan 2\alpha = \frac{2\tan\alpha}{1-\tan^2\alpha} = \frac{5}{12},\quad \tan 4\alpha = \frac{120}{119},\quad \tan\left(4\alpha - \frac{\pi}{4}\right) = \frac{\tan 4\alpha - 1}{1 + \tan 4\alpha} = \frac{1}{239}$$

两边取反正切后再整理,即得梅钦公式.

梅钦将公式右边的反正切用格雷戈里的 $\arctan x$ 展开式展开,算得了 π 值的前 100 位小数. 这是人类 π 值计算史上第一次突破百位大关,充分展示了分析法的巨大神威,至此梅钦类公式成为 π 值计算的利器. 例如,德国数学家达斯(Zacharias Dase, 1824—1861)在 1844 年利用朋友的梅钦类公式 $\dfrac{\pi}{4} = \arctan\dfrac{1}{2} + \arctan\dfrac{1}{5} + \arctan\dfrac{1}{8}$,仅仅花了两个月时间,

就将 π 值计算到小数点后 200 位. 他的心算能力如此之强, 以至高斯都雇用他来为自己计算. 对于这个现象, 著名的科幻作家克拉克(Arthur Charles Clarke, 1917—2008)曾经写信给古生物学家古尔德(Stephen Jay Gould, 1941—2002), 探讨在大脑中计算出 π 值的前 200 位小数对于物种进化有何意义.

(5) 欧拉名震天下

对于所有正整数平方的倒数和问题, 即伯努利级数 $\sum\limits_{n=1}^{\infty}\dfrac{1}{n^2}$ 求和问题(又称巴塞尔问题), 雅各布·伯努利利用放缩及拆项技巧 $\dfrac{1}{n^2}<\dfrac{1}{n(n-1)}=\dfrac{1}{n-1}-\dfrac{1}{n}$, 证得其和

$$S<1+\frac{1}{1\times2}+\frac{1}{2\times3}+\frac{1}{3\times4}+\cdots=1+\left(1-\frac{1}{2}\right)+\left(\frac{1}{2}-\frac{1}{3}\right)+\left(\frac{1}{3}-\frac{1}{4}\right)+\cdots=2$$

这说明此级数收敛到某个小于 2 的有限数. 但伯努利兄弟却无法求出这个确切数值, 只能公开征求道: "如果谁能解决并告知这个迄今为止我们还无能为力的问题, 我们将不胜感谢."

1735 年, 时年 28 岁的欧拉, 通过有限与无限的类比, 轻松地求出了伯努利级数的和.

他的思路大致如下: 根据 $\sin x$ 的幂级数展开式, 有

$$\frac{\sin x}{x}=1-\frac{x^2}{3!}+\frac{x^4}{5!}-\frac{x^6}{7!}+\cdots$$

欧拉把它看成一个"无穷次方程", 它的根为 $x=\pm\pi,\pm2\pi,\pm3\pi,\cdots$, 因此通过类比, 他得到了

$$\frac{\sin x}{x}=\left(1-\frac{x^2}{\pi^2}\right)\left(1-\frac{x^2}{4\pi^2}\right)\left(1-\frac{x^2}{9\pi^2}\right)\cdots \tag{7.2}$$

通过比较 x^2 的系数, 可得 $\dfrac{1}{\pi^2}+\dfrac{1}{4\pi^2}+\cdots=\dfrac{1}{3!}$, 即

$$\sum_{n=1}^{\infty}\frac{1}{n^2}=1+\frac{1}{4}+\frac{1}{9}+\cdots=\frac{\pi^2}{6} \tag{7.3}$$

在给朋友的信中, 他写道: "完全意想不到, 我发现了基于 π 的……一个绝妙的公式." 的确如此, 按照他的公式, 可轻易求出所有正奇数平方的倒数和 $S=\sum\limits_{n=1}^{\infty}\dfrac{1}{(2n-1)^2}$, 因为

$$\frac{\pi^2}{6}=1+\frac{1}{2^2}+\frac{1}{3^2}+\frac{1}{4^2}+\cdots=\left(1+\frac{1}{3^2}+\frac{1}{5^2}+\cdots\right)+\frac{1}{4}\left(\frac{1}{1^2}+\frac{1}{2^2}+\frac{1}{3^2}+\cdots\right)=S+\frac{1}{4}\times\frac{\pi^2}{6}$$

解得 $S=\dfrac{\pi^2}{8}$.

不仅如此, 按照他的方法, 通过比较 x^4, x^6 直至 x^{26} 的系数, 可以得到

$$\sum_{n=1}^{\infty}\frac{1}{n^4}=\frac{\pi^4}{90},\ \sum_{n=1}^{\infty}\frac{1}{n^6}=\frac{\pi^6}{945},\ \sum_{n=1}^{\infty}\frac{1}{n^8}=\frac{\pi^8}{9\,450},\ \cdots,\ \sum_{n=1}^{\infty}\frac{1}{n^{26}}=\frac{76\,977\,927\times2^{24}}{(27!)!}\pi^{26}$$

一般地, 对偶数次 p 级数, 如今已求得 $\sum\limits_{n=1}^{\infty}\dfrac{1}{n^{2k}}=\dfrac{(-1)^{k-1}(2\pi)^{2k}}{2(2k)!}B_{2k}$, 其中 B_n 为伯努利数.

更神奇的是,将 $x=\dfrac{\pi}{2}$ 代入核心的式(7.2),整理可得

$$\frac{2}{\pi}=\left(1-\frac{1}{4}\right)\left(1-\frac{1}{4\times 2^2}\right)\left(1-\frac{1}{4\times 3^2}\right)\cdots=\left(1-\frac{1}{2^2}\right)\left(1-\frac{1}{4^2}\right)\left(1-\frac{1}{6^2}\right)\cdots$$

这显然就是沃利斯的恒等式 $\dfrac{\pi}{2}=\dfrac{2\times 2}{1\times 3}\times\dfrac{4\times 4}{3\times 5}\times\cdots\times\dfrac{2n\times 2n}{(2n-1)\times(2n-3)}\times\cdots.$

欧拉仅仅用了无穷级数和无穷乘积这两种方式来表示 $\dfrac{\sin x}{x}$,就得到了这么多惊人的成果,这要归功于他大胆的类比猜想和精准的计算.他通过计算此级数的部分和至小数点后 20 位,然后与答案 $\dfrac{\pi^2}{6}$ 对比,确认了这个结果的正确性之后才公之于众.

为了检验上述方法的有效性,欧拉又用同样的方法求出了莱布尼茨级数的和.具体地说,他考察了方程 $1-\sin x=0$,将之看成根为 $x=\dfrac{\pi}{2}$,$-\dfrac{3\pi}{2}$,$\dfrac{5\pi}{2}$,$\cdots$ 的"无穷次方程".由于曲线在这些点与直线相切而不是相交,因此说这些根都应该被看成重根,这样按他的类比可得

$$1-\sin x=\left(1-\frac{2x}{\pi}\right)^2\left(1+\frac{2x}{3\pi}\right)^2\left(1-\frac{2x}{5\pi}\right)^2\cdots$$

又因为 $1-\sin x=1-x+\dfrac{x^3}{3!}-\dfrac{x^5}{5!}+\cdots$,通过比较 x 的系数,可得 $-1=-\dfrac{4}{\pi}+\dfrac{4}{3\pi}-\dfrac{4}{5\pi}\cdots$,此即莱布尼茨级数

$$\frac{\pi}{4}=1-\frac{1}{3}+\frac{1}{5}-\frac{1}{7}+\cdots=\sum_{n=1}^{\infty}\frac{(-1)^{n-1}}{2n-1}$$

欧拉用同样的方法得出了先前已有的结果,这就佐证了新方法的有效性,并使得他最终于 1741 年找到了求伯努利级数等级数和的严格方法,因此解决伯努利级数求和问题让欧拉名声大振.对于伟大的欧拉而言,这当然只是他所有成果中的一点皮毛而已.不过即使天才如欧拉,也没能解决如何求奇数次 p 级数之和的问题,例如,是否存在有理数 a,b,使得 $\sum\limits_{n=1}^{\infty}\dfrac{1}{n^3}=\dfrac{a}{b}\pi^3$?事实上,对 p 级数求和的研究直接启发黎曼定义出了 zeta 函数 $\zeta(s)=\sum\limits_{n=1}^{\infty}\dfrac{1}{n^s}$ [$\mathrm{Re}(s)>1$,Re 表示复数的实部].至于奇数次 p 级数,目前仅知道 $\zeta(3)$ 是阿佩里常数 $1.202\,056\,903\cdots$,它是一个无理数,是由法国数学家阿佩里(Roger Apéry,1916—1994)于 1977 年证明的.

4. 计算机机算阶段

人工算 π 值一开始只有纸笔,之后则开始借助于计算尺和手摇式计算机,但即便有这些机械工具加持,其最高纪录也仅仅是 1949 年的 1 100 多位小数,之后随着电子计算机的诞生,π 值计算进入飞速发展的机算时代.

第一次使用电子计算机计算 π 值是在 1949 年,使用的是梅钦公式,耗时 70 h(包括准备资料和打孔的时间),算得小数点后 2 000 多位.突破 10 000 位是在 1958 年,三年后就突破

了 100 000 位,1973 年法国女数学家让·吉劳德(Jean Guilloud)和助手赢得了突破 100 万位的荣誉.

1975 年,在高斯-勒让德算法的基础上,澳大利亚数学家布伦特(Richard Brent)和美国数学家萨拉明(Eugene Salamin)各自独立地发现了适合计算机计算的新方法,称为布伦特-萨拉明公式,它具有二次收敛的性质,只需 25 次迭代就可以产生 π 值的 4 500 万位有效数字. 1976 年,拉马努金遗失的笔记被发现,其中包含他于 1910 年发现的椭圆积分变换理论与 π 的快速逼近之间存在的如下公式(当然他没有证明):

$$\frac{1}{\pi}=\frac{2\sqrt{2}}{9\,801}\sum_{n=1}^{\infty}\frac{1\,103+26\,930n}{396^{4n}}\cdot\frac{(4n)!}{(n!)^4}$$

只取此公式的前 2 项,就可得到 6 位准确的 π 值: π = 3.141 593 5…. 事实上,拉马努金公式具有四次收敛的性质.1985 年有人用此公式算得 π 值小数点后 1 700 万位.

日本的金田康正团队更是数十年如一日地专注于 π 值的计算,1987 年他们更新到小数点后 1 亿位,两年后即 1989 年 11 月突破 10 亿位关口,之后更是不断刷新纪录,直至 2002 年突破 1 万亿大关,达到 1.2 万亿位. 与此同时,俄罗斯的丘德诺夫斯基(Chudnovski)兄弟将拉马努金公式改良为丘氏公式:

$$\frac{1}{\pi}=12\sum_{n=0}^{\infty}(-1)^n\frac{13\,591\,409+545\,140\,134n}{640\,320^{3n+1.5}}\cdot\frac{(6n)!}{(3n)!(n!)^3}$$

并与金田康正团队形成你追我赶的竞赛模式:1989 年 6 月更新到小数点后 5 亿位,8 月突破 10 亿位关口,之后也是不断刷新,到 1996 年达到 80 亿.

1997 年,三位数学家 Bailey-Borwein-Plouffe 共同提出了 BBP 公式:

$$\pi=\sum_{k=0}^{\infty}\frac{1}{16^k}\left(\frac{4}{8k+1}-\frac{2}{8k+4}-\frac{1}{8k+5}-\frac{1}{8k+6}\right)$$

在十六进制下,它可以直接求出 π 值第 n 位开始的一串数字,而不依赖于第 n 位之前的数字,从而极大地节省了计算时间和内存,并为 π 值的并行计算提供了保证. 采用最新的并行计算技术,谷歌公司 2019 年 3 月 14 日宣布,日裔员工爱玛(Emma Iwao)在谷歌云平台的帮助下,将 π 值计算到了 31.4 万亿位,准确地说是 31.415 926 535 897 万亿位,这项计算需要 170 TB 的数据,与整个美国国会图书馆印刷藏品的数据量大致相同.

轻松一刻 6: π 是什么?

数学家: π 是圆的周长与其直径的比值;程序员: π 是双精度的 3.141 592 653 589;物理学家: π = 3.141 59 ± 0.000 005;工程师: π 大约是 22/7;营养师:"π"是美味的甜点.

7.1.3　π 到底是什么

π 是圆周长与直径的比值(周径比),也是圆的面积与半径平方的比值(面积与半径平方之比),特别地,π 就是单位圆的面积;π 是韦达和沃利斯等人眼中的无穷乘积式,也是莱布尼茨和欧拉等人眼中的无穷级数;π 还可以是无穷的连分数(布龙克尔等人),或者是各种反正切式(梅钦和欧拉等人)……π 到底是什么?

随着发现的 π 值数位越来越多,人们越来越倾向于认为 π 不是有理数. 事实上,印度数学家萨马亚吉(Nilakantha Somayaji, 1444—1545)早在 1501 年完成的《Tantrasamgraha》(汇编)一书中,就确信 π 是无理数. 1761 年,德国数学家兰伯特(Johann Lambert, 1728—1777)向柏林科学院提交论文,首次证明 π 是无理数,不过他的证明并不十分严格. 勒让德在 1794 年出版的《初等几何》中,完善了兰伯特的证明,引入了代数数和超越数的概念,并猜测 π 很有可能是超越数. 之后林德曼于 1882 年首次证明了 π 是超越数,但证法非常烦琐冗长.

关于 π 是无理数的证明,比较通俗易懂的是美国数学家尼云(Ivan Morton Niven, 1915—1999)在 1947 年给出的如下证法:

设 $\pi = \dfrac{p}{q}$,其中 p, q 是互素的正整数,构造函数 $f(x) = \dfrac{x^n (p - qx)^n}{n!}$ 以及

$$F(x) = f(x) - f^{(2)}(x) + f^{(4)}(x) + \cdots + (-1)^n f^{(2n)}(x)$$

计算可知 $F''(x) = f''(x) - f^{(4)}(x) + f^{(6)}(x) + \cdots + (-1)^n f^{(2n-2)}(x)$.

由于 $[F'(x)\sin x - F(x)\cos x]' = F''(x)\sin x + F(x)\sin x = f(x)\sin x$,因此

$$\int_0^\pi f(x)\sin x\,\mathrm{d}x = [F'(x)\sin x - F(x)\cos x]_0^\pi = F(\pi) + F(0)$$

对 $f(x)$ 求直至 $2n$ 阶的导数,注意到 $f^{(k)}(0)$ 和 $f^{(k)}(\pi)$ $(k = 1, 2, \cdots, 2n)$ 都是整数,可推得 $F(0)$ 和 $F(\pi)$ 也都是整数. 由于 $0 < x < \pi$ 时 $f(x)\sin x > 0$,因此

$$F(\pi) + F(0) = \int_0^\pi f(x)\sin x\,\mathrm{d}x > 0$$

这说明 $F(\pi) + F(0)$ 是一个正整数.

但是 $0 < x < \pi$ 时有 $0 < f(x)\sin x < \dfrac{\pi^n p^n}{n!}$,根据夹逼定理,当 $n \to \infty$ 时,有

$$f(x)\sin x \to 0, \ F(\pi) + F(0) = \int_0^\pi f(x)\sin x\,\mathrm{d}x \to 0$$

这显然与 $F(\pi) + F(0)$ 是一个正整数相矛盾. 因此 π 是无理数. 证毕.

随着机算的突飞猛进,面对 π 的海量数位,人们开始从概率统计角度研究 π. 一个想法油然而生: 在 π 的十进制小数展开式中,0~9 这 10 个数字是否以相同的频率出现,也就是说 π 是不是简单正规数(normal number)? 进一步地,所有等长数字串是否以相同的频率出现,也就是说 π 是不是正态数? (正规数的概念是法国数学家波莱尔于 1909 年提出的,显然正态数包含简单正规数.)

英国数学家尚克斯(William Shanks, 1812—1882)一生致力于 π 值及其他常数值的计算. 在梅钦公式的基础上,他经过几十年辛苦计算,在 1863 年算出 π 值的前 607 位,10 年后更新到 707 位. 可惜德摩根在研究了尚克斯 π 值的前 600 个数后,发现其中数字"7"出现次数太少. 后来有人证实,可怜的尚克斯在第 528 位就开始出错了,他把这一位的"4"写成了"5",因为他少算了两项.

金田康正团队在 1989 年对圆周率的十亿位数进行了统计,结果见表 7-5.

表 7-5　圆周率前十亿位数字频率表

0	1	2	3	4
99 999 485 134	99 999 945 664	100 000 480 057	99 999 787 805	100 000 357 857
5	6	7	8	9
99 999 671 008	99 999 807 503	99 999 818 723	100 000 791 469	99 999 854 780

　　从表中可知,10 个数字出现的频率基本上是相同的,看起来它们似乎是均匀分布的. 当然这种统计工作只能辅助我们判断"π 到底是不是简单正规数",毕竟从理论上这个猜想至今尚未解决,更何况"π 到底是不是正态数".

　　如果 π 真的是一个正规数,那似乎就"一切皆有可能"了. 圆周率小数点后前 3 位之和正好是第一个完全数 6,小数点后前 7 位之和正好是第二个完全数 28,还有小数点后前 144 位之和正好是野兽数 666,而 144＝(6+6)×(6+6). 你大可不用惊奇于这种巧合,因为美国数学家菲利普·戴维斯(Philip J. Davis, 1923—2018)早在 1981 年就撰写出《数学中究竟有没有巧合?》一文,对数学中的巧合现象进行了哲学探讨.

　　如果 π 真的是一个正规数,那么又该如何理解布劳威尔提出的问题:"在 π 的十进制展开式中,是否有 1 000 个相继的数字全是 0?"在卡尔·萨根创作的唯一一本科幻小说《接触》中,女主人公爱丽被织女星人告知:当圆周率被计算到一定位数后,会有一个十一维的消息,深深地隐藏在 π 的内部,这是"宇宙的管理员和隧道建造者"留下的"大消息".

　　小明知道,古希腊人崇拜圆和球,因为它们是最对称的图形,同时满足三类对称,即轴对称、中心对称和旋转对称,更可怕的是:任意一条直径所在直线都是对称轴,并且旋转角可以是任意角度!这让小明不禁联想到等周问题:周长相等的平面图形中,圆的面积最大;面积相等的平面图形中,圆的周长最小. 类似地,表面积相等的立体图形中,球的体积最大;体积相等的立体图形中,球的表面积最小.

　　从哲学上看,圆(和球)是一种统一而单纯的完美形体,其中的一切多样性都是同一性,因此它既是无穷大也是无穷小,它的延续是无限的,过去、现在、将来没有任何差异,既没有开始,也没有终结,它就是永恒.

　　所以亲爱的读者,对于 π,你又怎么看呢?

轻松一刻 7:π＝4,如下图.

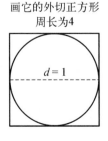 

画个直径为1的圆　　　画它的外切正方形　　　把角都缩进去
　　　　　　　　　　　周长为4　　　　　　　周长还是4

7.2 黄金数 φ 和 Φ

7.2.1 数学中的黄金数

1. 从黄金矩形到黄金数

随着学习和生活的需要,小明发现手头已有成堆的卡片:身份证、信用卡、社保卡、交通卡、校园卡,等等. 他注意到其中有些卡片尺寸和形状完全一致,若将两张卡一横一竖水平放置,如图 7-5 所示,则会出现一个有趣的现象:延长横卡 *ABCD* 的对角线 *AC*,恰好通过竖卡 *BEFG* 的右上角顶点 *F*. 也就是说,如果依次连接 *AC* 和 *CF*,那么 *A*、*C*、*F* 三点是共线的. 经过一番考证后,他得知这些卡片都是黄金矩形,与黄金数有关,并且可追溯到古希腊的中外比以及毕达哥拉斯学派.

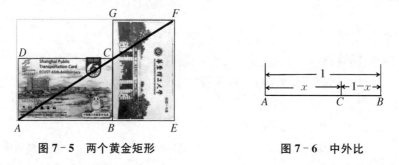

图 7-5 两个黄金矩形   图 7-6 中外比

《几何原本》中有多处提及了中外比:① 切分已知线段,使它与所分出的小线段构成的矩形等于剩余线段上的正方形(命题 Ⅱ-11);② 将一线段一分为二,当整体线段比大线段等于大线段比小线段时,则称此线段被分为中外比(定义 Ⅵ-3);③ 分已知线段为中外比(命题 Ⅵ-30). 如图 7-6 所示,显然按定义 Ⅵ-3,命题 Ⅵ-30 就是在 *AB* 上求点 *C*,使得 $AB:AC = AC:CB$,即 $AB \cdot CB = AC^2$,几何上这就是命题 Ⅱ-11,因此它们是互相等价的. 小明知道古希腊人之所以在这里采用比例,是因为要避开无理数. 那么这个被避开的无理数是什么呢?

若令 $AB=1$,$AC=x$,则由 $\dfrac{AB}{AC}=\dfrac{AC}{CB}$ 得 $\dfrac{1}{x}=\dfrac{x}{1-x}$,即方程 $x^2+x-1=0$. 由于 $x>0$,解得 $x=\dfrac{-1+\sqrt{5}}{2}$,因此 $\dfrac{1}{x}=\dfrac{1+\sqrt{5}}{2}$. 令 $\varphi=\dfrac{-1+\sqrt{5}}{2}$,$\Phi=\dfrac{1+\sqrt{5}}{2}$,这就是说中外比 $AC:AB=\varphi$,外中比 $AB:AC=\Phi$.

这两个比值就是被暗藏的黄金数(也称黄金比例、黄金率等),其中 φ 可称为(内)黄金数,Φ 可称为外黄金数.图 7-6 中的点 C 又称为线段 AB 的(内)黄金分割点,或者点 C(内)黄金分割了线段 AB,点 B 又称为线段 AC 的(外)黄金分割点,或者点 B(外)黄金分割了线段 AC.

如图 7-7 所示,设正方形 ABCD 的边长为 1,EF 为中线,则黄金分割点的尺规作图可采取以下方式:

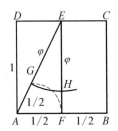 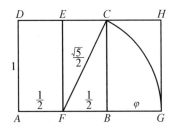

图 7-7　黄金分割点的尺规作图

(1) 在左图中,连接 AE,以 A 为圆心 AF 为半径作圆弧交 AE 于点 G,再以 E 为圆心 EG 为半径作圆弧交 EF 于点 H,则点 H 就是线段 EF 的内黄金分割点.这是因为 EF=1,而 EH=EG=AE-AF=φ.

(2) 在右图中,连接 CF,以 F 为圆心、CF 为半径作圆弧交 AB 的延长线于点 G,则点 G 就是线段 AB 的外黄金分割点.这是因为 AB=1,而 AG=AF+FG=AF+FC=Φ.

显然,φ 满足

$$\varphi^2 + \varphi - 1 = 0 \tag{7.4}$$

类似地,可知 Φ 满足

$$\Phi^2 - \Phi - 1 = 0 \tag{7.5}$$

并且两者之间存在如下关系式:

$$\Phi - \varphi = 1, \ \Phi\varphi = 1 \tag{7.6}$$

计算可知 φ=0.618···,Φ=1+φ=1.618··· 因此在近似的意义上,小数 0.618 和 1.618 有时候也被称为黄金数.

至于黄金矩形,显然指的就是长宽比为 Φ 的矩形.在图 7-5 中,若设对角线 AC 的延长线交 EF 或其延长线于点 F′,并令黄金矩形的宽 BC=BE=a,则长 AB=EF=Φa,且 BC:AB=EF′:AE,即 $\dfrac{a}{\Phi a} = \dfrac{EF'}{a+\Phi a}$,结合式(7.5)可知,$EF' = \dfrac{1+\Phi}{\Phi}a = \dfrac{\Phi^2}{\Phi}a = \Phi a = EF$,因此点 F′ 与 F 重合,即三点 A,C,F 共线.

小明知道连分数中经常使用自迭代技巧,一番探究后,他得知根据式(7.4)和式(7.6),黄金数存在下列连分数表示:

$$\varphi = \frac{1}{1+\varphi} = \cfrac{1}{1+\cfrac{1}{1+\varphi}} = \cfrac{1}{1+\cfrac{1}{1+\cfrac{1}{1+\cdots}}}, \ \Phi = 1+\varphi = 1 + \cfrac{1}{1+\cfrac{1}{1+\cfrac{1}{1+\cdots}}}$$

即 $\varphi=[0;\,1,\,1,\,1,\,\cdots]$，$\Phi=[1;\,1,\,1,\,1,\,\cdots]$，真是"我对你始终如一"！

　　表达黄金数的连分数全由 1 组成，这使得用分数来表达它们比其他无理数更为困难，因此它们被称为"无理数中的无理数"。按照数字神秘主义的解释，数 1 象征宇宙或神明，而且需要无限步才能求出 Φ 这个黄金数，而无限正是上帝的特征之一，因此 Φ 也被奉为神圣比例。

　　有趣的是，反复利用自迭代技巧，还可以用一串 1 的另一种形式来表达黄金数：根据式 (7.5)，可知

$$\Phi=\sqrt{1+\Phi}=\sqrt{1+\sqrt{1+\sqrt{1+\cdots}}}\,,\quad \varphi=\cfrac{1}{\sqrt{1+\sqrt{1+\sqrt{1+\cdots}}}}$$

这还没完，黄金数还可以直接来个"一路爱(2)不停"：由式(7.4)，可知

$$2+\varphi=1+2\varphi+\varphi^2=(1+\varphi)^2,\quad \sqrt{2+\varphi}=1+\varphi=2-\varphi^2,$$

$$\varphi^2=2-\sqrt{2+\varphi},\quad \varphi=\sqrt{2-\sqrt{2+\varphi}}=\sqrt{2-\sqrt{2+\sqrt{2-\sqrt{2+\cdots}}}}\,,$$

$$\Phi=\cfrac{1}{\sqrt{2-\sqrt{2+\sqrt{2-\sqrt{2+\cdots}}}}}$$

2. 正五边形中暗藏黄金数

　　那么毕达哥拉斯学派与黄金数又有何渊源呢？按照多边形内角和公式，易知正五边形各内角为 $(5-2)\times180°/5=108°$。如图 7-8 所示，连接正五边形 $ABCDE$ 的对角线 AC 和 AD，易知 $AC=AD$，$\angle BCA=\angle BAC=(180°-108°)/2=36°$。同理可知 $\angle EAD=\angle EDA=36°$，故 $\angle CAD=108°-2\times36°=36°$，进而可知 $\angle ACD=\angle ADC=(180°-36°)/2=72°$。显然正五边形被分割为三个等腰三角形：一个甲类 ($36°-72°-72°$) 和两个乙类 ($36°-36°-108°$)，它们统称为黄金三角形。

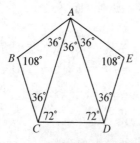
图 7-8　两类黄金三角形

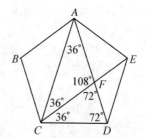
图 7-9　黄金三角形中有黄金

　　黄金三角形何以"黄金"？如图 7-9 所示，再连接对角线 CE，交 AD 于点 F，易知 $\angle DCE=36°$，故 CE 平分 $\angle ACD$，并将甲类黄金三角形 $\triangle ACD$ 划分为甲类黄金三角形 $\triangle CFD$ 和乙类黄金三角形 $\triangle ACF$。显然 $\triangle CFD\backsim\triangle ACD$，注意到 $AF=CF=CD$，故有

$$\frac{CD}{AC}=\frac{CF}{AC}=\frac{FD}{CD}=\frac{AD-AF}{CD}=\frac{AC-CD}{CD}=\frac{AC}{CD}-1$$

若令正五边形 $ABCDE$ 的边长为1,对角线长为 x,则有 $\frac{1}{x}=\frac{x}{1}-1$,化简得 $x^2-x-1=0$,注意到 $x>0$,解得 $x=\frac{1+\sqrt{5}}{2}=\Phi$. 所以正五边形对角线与边长之比为外黄金数 Φ,它也是甲类黄金三角形的腰底比,而乙类黄金三角形的腰底比则是内黄金数 $\varphi=\frac{1}{\Phi}\approx$ 0.618. 另外,由于 $AF=CD=1$, $AD=x=\Phi$,故 $AF:AD=1:\Phi=\varphi$,即点 F 黄金分割对角线 AD. 不难发现,点 F 同时也黄金分割对角线 CE.

进一步地,连接正五边形 $ABCDE$ 的所有对角线,如图 7-10 所示. 根据对称性,易知内部的小正五边形 $FGHIJ$ 的顶点都是正五边形 $ABCDE$ 相应对角线的黄金分割点,因此 $AI=CH=\varphi AC=\varphi\Phi=$ 1, $AH=HB=\varphi BC=\varphi\cdot1=\varphi$,故 $AH:AI=\varphi:1=\varphi$,这说明点 H 又是线段 AI 的黄金分割点. 类似地,点 H 同时也是线段 BG 的黄金分割点. 按照对称性,小正五边形 $FGHIJ$ 的其他顶点也具有同样的性质. 同时,可知 $HI=AI-AH=1-\varphi=\varphi^2$,即小正五边形 $FGHIJ$ 与大正五边形 $ABCDE$ 的边长之比为 φ^2,这说明图中存在

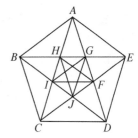

图 7-10　正五边形中的
大量黄金分割

"正五边形套娃"序列,其中任何相邻的两个正五边形的边长之比都为 φ^2. 同样地,图中也存在"正五角星套娃"序列($ACEBD$, $FHJGI$, …),其中任何相邻的两个正五角星的边长之比都为 φ^2. 如果用黄金数 Φ 来表示的话,那就是 $\Phi=\frac{AD}{DC}=\frac{DC}{CI}=\frac{CI}{IJ}=\cdots$.

正五边形的尺规作图可采取以下方式:如图 7-11 所示,首先作一个正方形(设其边长为1),然后以底边中点为圆心,经过它的上面两个顶点作一个半圆,这样在底边上就有了长度为 φ 和 Φ 的线段,然后以底边顶点为圆心、Φ 为半径作大圆弧,与以底边另一侧顶点为圆心、1 为半径所作的圆弧相交,即可确定正五边形的左右两侧的两个顶点,再分别以它们为圆心、1 为半径就可以作出最上方的顶点.

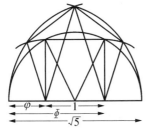

图 7-11　正五边形的尺规作图

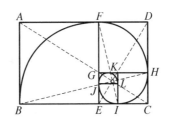

图 7-12　黄金矩形与黄金螺线

黄金矩形中是否也存在大量嵌套的小黄金矩形呢? 如图 7-12 所示,在黄金矩形 $ABCD$ 中,左侧切去正方形 $ABEF$,剩下的部分 $DFEC$ 仍然是黄金矩形,且长宽都缩短为原

黄金矩形 $ABCD$ 的 $\frac{1}{4}$，再在其中切去正方形 $DFGH$，剩下的部分 $CEGH$ 仍然是黄金矩形，且长宽都缩短为 $DFEC$ 的 $\frac{1}{4}$……以此类推得到一系列嵌套的黄金矩形序列，而且长宽的公比都为 φ.

至于面积上的关系，若令 $AB=1$，则 $AD=\Phi$，可知

$$S_{ABEF}=1,\ S_{DFGH}=(\Phi-1)^2=\varphi^2,\ S_{CHKI}=(1-\varphi)^2=\varphi^4,\ S_{CHKI}=\varphi^6,\ \cdots$$

即这些相邻正方形面积之比也是 φ^2，而且显然有 $S_{ABCD}=\Phi=1+\varphi^2+\varphi^4+\cdots$.

在正方形 $ABEF$ 中以顶点 E 为圆心、边长 EF 为半径作圆弧，在正方形 $DFGH$ 以顶点 G 为圆心、边长 GH 为半径作圆弧……以此类推，将这些圆弧依次相连，显然可得到一条螺线，它被称为黄金螺线. 更奇妙的是，这条螺线的起点就是相邻的两个黄金矩形对角线的交点(如 AC 与 DE)，也就是上述嵌套的黄金矩形序列最终会聚向永远也达不到的极限点，因此有人称这个极限点为"上帝之眼".

3. 斐波那契数列与黄金数

小明马上联想到第 2 章里的斐波那契螺线，那么这里面是不是也存在斐波那契数列呢？经过一番探究后，小明发现：

$$S_{DCEF}=\Phi-1,\ S_{CEGH}=\Phi-1-(\Phi-1)^2=3\Phi-2-\Phi^2=2\Phi-3,$$
$$S_{EGKI}=5\Phi-8,\ S_{JGKL}=13\Phi-21,\ \cdots$$

其中出现了斐波那契数列. 小明知道，这反过来也说明斐波那契数列中也应该蕴含着黄金数，因为斐波那契数列的通项公式中就包含了两个黄金数，即

$$F_n=\frac{1}{\sqrt{5}}\left[\left(\frac{1+\sqrt{5}}{2}\right)^n-\left(\frac{1-\sqrt{5}}{2}\right)^n\right]=\frac{1}{\sqrt{5}}\left[\Phi^n-(-\varphi)^n\right] \tag{7.7}$$

进一步地，他注意到斐波那契数列相邻两项的比值越来越接近黄金数 φ，即开普勒 1608 年的发现：数列 $\frac{1}{1},\ \frac{1}{2},\ \frac{2}{3},\ \frac{3}{5},\ \frac{5}{8},\ \frac{8}{13},\ \frac{13}{21},\ \frac{21}{34},\ \frac{34}{55},\ \cdots$ 的极限是黄金数 φ.

事实上，利用吉拉德递推关系 $F_{n+1}=F_n+F_{n-1}$ 可知 $\dfrac{F_n}{F_{n+1}}=\dfrac{F_n}{F_n+F_{n-1}}=\dfrac{1}{1+\dfrac{F_{n-1}}{F_n}}$，令

$x_n=\dfrac{F_n}{F_{n+1}}$，则 $x_n=\dfrac{1}{1+x_{n-1}}$. 显然，随着 n 越来越大，直观上 x_n 越来越靠近其极限，即有

$\lim\limits_{n\to\infty}x_n=x$，因此上式两边取极限，可得 $x=\dfrac{1}{1+x}$，即 $x^2+x-1=0$，解得 $x=\varphi$，故

$$\varphi=\lim_{n\to\infty}\frac{F_n}{F_{n+1}},\quad \Phi=\frac{1}{\varphi}=\lim_{n\to\infty}\frac{F_{n+1}}{F_n}$$

当然，利用通项公式(7.7)和极限的四则运算性质，也可以得到上述结论.

进一步地，小明发现黄金数与斐波那契数列还存在更多的联系：

$$\Phi^1=1\Phi+0,\ \Phi^2=1\Phi+1,\ \Phi^3=2\Phi+1,\ \Phi^4=3\Phi+2,\ \cdots$$

一般地，验算可知 $\Phi^n=F_n\Phi+F_{n-1}$. "亲上加亲"的是，类比 $F_n=F_{n-1}+F_{n-2}$，验算可知

$$\Phi^n = \Phi^{n-1} + \Phi^{n-2}$$

还有,根据式(7.4),反复利用自迭代技巧,可知

$$\varphi = \frac{1-\varphi}{\varphi} = \frac{1 - \dfrac{1-\varphi}{\varphi}}{\dfrac{1-\varphi}{\varphi}} = \frac{1-2\varphi}{\varphi-1}, \ \varphi = \frac{1-\varphi}{\varphi} = \frac{1-2\varphi}{\varphi-1} = \frac{2-3\varphi}{2\varphi-1} = \frac{3-5\varphi}{3\varphi-2} = \cdots$$

如果不考虑正负号,那么分子和分母中都出现了斐波那契数列.

7.2.2　天空中的黄金率

尽管高考数学文化题多次涉及黄金分割,但与圆周率 π 不同的是,黄金数 φ 和 Φ 这两个 "无理数中的无理数" 本质上是从西方舶来的. 事实上,它们在西方文化中有着悠久的历史渊源和深远的文化影响,这首先表现在正多面体(柏拉图体)与各种宇宙模型之间的关系上.

1. 古希腊的数理天文学

意大利南部的大希腊地区经常会发现正十二面体的黄铁矿晶体,据说正是对这种晶体的研究导致毕达哥拉斯学派对正多面体十分感兴趣.《几何原本》最后一卷就致力于五个正多面体(如图 7-13 上图所示)的尺规作图及其外接球的构建. 这些正多面体又称柏拉图立体,这是因为泰阿泰德(Theaetetus,公元前 417—公元前 369)告诉了柏拉图这些立体,柏拉图便将它们写进了《蒂迈欧篇》(*Timaeus*). 因此对它们的研究(特别是正十二面体的研究),公认的说法是要归功于泰阿泰德. 特别地,正是他意识到只存在这五种正多面体. 这个结论的严格证法是使用欧拉凸多面体公式 $V + F - E = 2$,其中 V 为多面体的顶点数,F 为面数,E 为棱数. 但泰阿泰德考虑的是应该是平面展开图中同一顶点处的顶角个数 n,即同一顶点处多边形的个数 n(如图 7-13 下图所示,尽管这种展开图直至 1525 年才正式出现在丢勒的作品中):

(1) 正三角形每个顶角为 60°,因此只能有 $n = 3, 4, 5$ 这三种情况,分别对应正四面体、正八面体和正二十面体;

(2) 正方形每个顶角为 90°,因此只能是 $n = 3$,对应正六面体即正方体;

(3) 正五边形每个顶角为 108°,因此只能是 $n = 3$,对应正十二面体.

小明知道柏拉图十分重视数学,因为柏拉图认为 "神总是按几何规律办事",在柏拉图学园门口就竖有 "不懂几何者不得入内" 的牌子,这被史学家调侃为 "历史上最早的大学录取门槛". 在《蒂迈欧篇》中,柏拉图指出: "两个东西不可能有完美的结合,除非另有第三者存在其间,因为它们之间必须有一种结合物,最好的结合物是比例. 设有三个数量,若中数与小数之比等于大数与中数之比……则后项就是前项和中数,中数就是前项和后项,所以三者必然相同,既为相同,就是一体." 他更试图用柏拉图立体解释物质的结构. 他综合了恩培多克勒(Empedocles,约公元前 495—约公元前 435)的 "四元素说"(火、土、气、水为万物的本原)以及德谟克利特的 "原子论"(原子与虚空是万物的本原),认为具有尖锐造型的正四面体代表 "火",扎实稳固的正六面体(立方体)代表 "土","气" 是运动多变的正八面体,"水" 是玲珑剔透的正二十面体,至于正十二面体,每个面都是正五边形,是 "上帝用来美化整个宇宙的", "众神用它编织了整个天空中的星座",因此代表宇宙的整体. 后来亚里士多德提出了 "以太" (一种充满整个宇宙的物质)的概念,将之作为第五元素与正十二面体联系起来. 法国导演吕

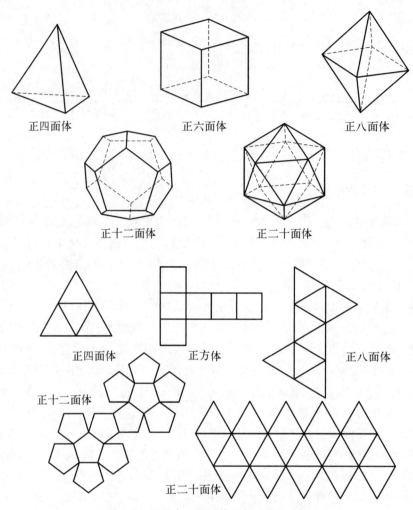

图 7 - 13　五个正多面体及其平面展开图

克·贝松有部科幻电影就叫《第五元素》(1997),影片中的"第五元素"代表了一种生命力.

柏拉图同时还认为各元素间可以互相转化,这是源于它们的对称性. 例如,正六面体"土"与正八面体"气"是对偶多面体,因为它们的棱数都是 12,但面数和顶点数正好相反,因此它们可以如此互相产生: 把正八面体各个面的中心点连接起来,可以得到一个正六面体; 把正六面体各个面的中心点连接起来,可以得到一个正八面体. 正二十面体与正十二面体之间也是对偶多面体,而且所得两个立体的棱长之比为 $\Phi^2 : \sqrt{5}$. 特别地,它们与黄金数关系密切,例如,如果正十二面体的棱长为 1 的话,那么它的表面积为 $\dfrac{15\Phi}{\sqrt{3-\Phi}} = 3\sqrt{25+10\sqrt{5}}$,体积为 $\dfrac{5\Phi^3}{6-2\Phi} = \dfrac{15+7\sqrt{5}}{4}$. 同样地,棱长为 1 的正二十面体的体积为 $\dfrac{5}{6}\Phi^2 = \dfrac{5}{12} \times (3+\sqrt{5})$. 至于正四面体,则是自我对偶的多面体,因为将其每个面的中心点连接起来就得到了另一个正四面体.

小明知道在毕达哥拉斯学派眼中,"四艺"即算术、几何、天文和音乐都可以归结为数学,柏拉图更是将它们列入柏拉图学园的教学科目. 特别是在天文学上, 柏拉图承袭了毕达哥拉斯学派的思想, 在《理想国》中他提议用理想的、数学的天文学(数理天文学)代替观测的天文学. 当时最特殊的天文问题就是行星的逆行问题, 也就是说与太阳、月亮和恒星的规则运动相比, 金、木、水、火、土等五大行星都存在不规则的运动, 事实上行星(planet)的希腊文原意即为"漫游者"的意思. 柏拉图认为天体是神圣和高贵的, 都做着匀速圆周的完美运动, 因此他给门徒们提出了一个任务: 研究行星杂乱无章的视运动究竟是由哪些均匀圆周运动叠加而成的. 这就是著名的"拯救现象"方法.

欧多克斯提出了宇宙的"同心球模型", 他的方案建立在毕达哥拉斯学派宇宙图景之上, 认为地球静止处于所有球的共同中心, 而每颗行星都是由 4 个同心球壳的简单圆周运动产生的, 而太阳和月亮则各自需要 3 个天球, 加上恒星天, 一共需要 27 个天球. 这种用天球的组合来模拟天象, 成为希腊数理天文学的基本模式.

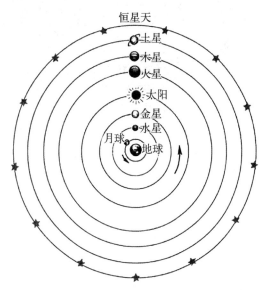

图 7 - 14 亚里士多德的水晶球宇宙模型

亚里士多德认为天体都是最美的球形, 宇宙以地球为中心, 以月亮为界分为天界和地界. 天界又称月上界, 其中充满第五元素以太, 天体都嵌在水晶球上, 由纯洁的以太组成, 是不朽和永恒的, 永远绕地球做着完美的匀速圆周运动. 天界自内向外有月球天、水星天、金星天、太阳天、火星天、木星天、土星天、恒星天、原动天等 9 层天(如图 7 - 14 所示), 它们依次圆形环套, 作为第一推动, 原动天推动其他层围绕地球转. 为了实现原动天对整个天球系统的物理支配, 亚里士多德使用了 56 个天球.

亚里士多德称地界为月下界, 并认为其中的一切事物都会变化和腐朽, 会生生灭灭, 以趋向宇宙中心即地球做自然运动, 路径是直线. 地界的四种元素从低到高依次是: 土最低, 水是海洋, 气是大气层, 接下来是延伸至月球的火层. 一旦事物脱离了它的自然位置, 它就会试图回到其自然位置. 火与气本质上是轻性的, 其目的地是天际, 因此它们的运动方向是向上; 水与土本质上是重性的, 其目的地是地球, 因此它们的运动方向是向下. 人在地球上总是往下跌而不是往上飘, 也是因为组成人的元素主要是土和水, 而不是气或火. 而且物体重性越多, 下落速度越快, 因此重物比轻物下落得快. 至于月亮, 则分享天地两界的性质, 因此它既有阴晴圆缺的变化, 也做永恒的圆周运动.

小明知道托勒密是古希腊天文学的集大成者, 在其名著《天文学大成》(《至大论》)中, 托勒密全面继承了亚里士多德的地心说, 并把亚里士多德的 9 层天扩大为 11 层, 把原动天改为水晶天, 又往外添加了最高天和净火天(如图 7 - 15 所示). 托勒密还大量吸收了天文学家喜帕恰斯的思想, 后者在天文学研究中首次使用了古希腊数学家阿波罗尼奥斯(Apollonius, 约公元前 262—约公元前 190)发明的本均轮与偏心圆. 喜帕恰斯设想各行星都绕着一个较小的圆周(本轮)运动, 而每个圆的圆心则在以地球为中心的圆周(均轮)上. 同时托勒密还假

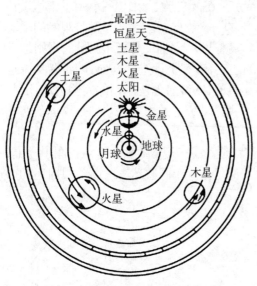

图 7 - 15　托勒密的本均轮宇宙模型

设均轮是一些偏心圆,也就是说地球并不恰好在均轮的中心,而是偏开了一定的距离.

托勒密的体系是从和谐的圆周运动图式中构造出来的数学图景,因此《天文学大成》中包含大量严格的数学论证和冗长的计算.尽管托勒密体系并不具有物理的真实性,而只是一个计算天体位置的数学方案,但它不仅能对行星的运动轨迹进行较为准确的预测,而且可以解释行星的停留和逆行.但是托勒密体系并未真正地解决问题,因为为了更好地近似行星的运动,需要不断增添新的本轮或均轮,到了哥白尼时代本均轮的数目甚至达到了 80 多个.而且更要命的是,托勒密体系越来越远离毕达哥拉斯主义的理想,因为匀速偏心圆的引入使得地球实际上既不处于宇宙的几何中心,也不处于运动中心.

2. 哥白尼、第谷和开普勒的宇宙模型

1500 年前后,世界发生了翻天覆地的变化.首先是地理大发现.哥伦布(Cristoforo Colombo, 1452—1506)在 1492 年发现了美洲,麦哲伦(Ferdinand Magellan, 1480—1521)及其追随者在 1518—1522 年间完成了人类首次环球航行.其次是文艺复兴(Renaissance).但丁(Dante Alighieri, 1265—1321)和达·芬奇等人在意大利各城邦掀起文艺复兴运动,用诗歌和绘画作品歌颂人而不是神,大力弘扬人文主义精神.从 14 世纪中叶到 16 世纪期间,文艺复兴运动传播到欧洲其他地区,其影响力在艺术、建筑、哲学、文学、音乐、科学技术、政治、宗教等方面都得到了充分体现.再次是宗教改革.马丁·路德(Martin Luther, 1483—1546)在 1517 年撰写了《九十五条论纲》,反对罗马教廷出售赎罪券,揭开了宗教改革的序幕,并让罗马教廷统治的基督教世界分裂为新教地区(如德国、英国、荷兰)和天主教地区(如法国、意大利、西班牙和葡萄牙).最后则是古登堡(Gutenberg,约 1400—1468)金属活字印刷术的发明.它使得印刷品变得非常便宜,从而极大地促进了文化和思想的传播.

哥白尼正是在这样的时代背景下成长起来的.他利用自己优越的社会经济地位和文化条件,对天文学进行了几十年的深入研究,并逐渐意识到,只要交换了托勒密体系中地球与太阳的位置,托勒密体系就会变得非常简单和清晰.由于担心激怒新教教会和天主教教会,哥白尼迟迟不敢公开发表自己的著作.在其毕生唯一的学生雷提卡斯(Georg Joachim Rheticus, 1514—1574)的劝说下,他最终下定决心委托雷提卡斯负责出版事宜,并在病逝前拿到了刚刚印好的《天球运行论》.

哥白尼所描绘的宇宙秩序,其核心在于太阳是宇宙的中心,同时地球是运动的行星,具有自转与公转,各行星绕太阳运行,运行周期同轨道圆大小成比例.他最终构造的宇宙图景是(如图 7-16 所示):最外层是静止不动的恒星天,其内依序是土星(运行周期为 30 年)、木星(运行周期为 12 年)、火星(运行周期为 2 年)、地球(运行周期为 1 年)、金星(运行周期为 9 个月)、水星(运行周期为 88 天).月亮是地球的卫星,它既随地球绕太阳转动,每月又绕地球

旋转一周.

　　事实上,小明了解到最早提出日心说的是古希腊天文学家阿里斯塔克(Aristarchus,公元前 315—公元前 230).他继承了毕达哥拉斯学派的中心火理论,只不过用太阳替换了中心火.他的思想在当时显然太过激进,以致当时的人们根本不相信,一种典型的质疑就是如果地球在运动,那么地球上的东西(包括人)应该会被抛出地球从而落在地球后面.这个质疑也是哥白尼无法解释清楚的.

　　当时接手雷提卡斯负责《天球运行论》后续出版工作的教士为了避免对教会刺激太大,擅自加上了一则《关于本书的假设告读者》的前言,指出哥白尼只是构造了一个方便计算的宇

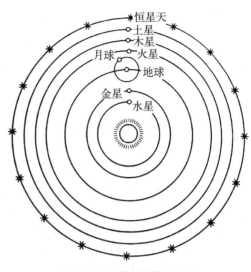

图 7 - 16　哥白尼的日心说

宙模型,不一定是对实在世界的真实描写.小明觉得某种意义上这也的确是事实,因为哥白尼的模型依据的的确只是一种数学上的秩序描述,而且主要涉及几何学知识.按照哥白尼的模型,天球没有了周期圆,行星也不在错综复杂的本均轮上,宇宙重新回归到毕达哥拉斯学派眼中的"秩序"与"和谐",而且由于哥白尼信奉"大自然爱好简单性",因此他忽略观测资料的不一致,坚持认为行星应做更美丽的匀速圆周运动.

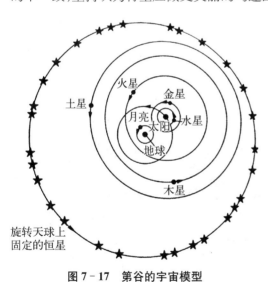

旋转天球上
固定的恒星

图 7 - 17　第谷的宇宙模型

　　哥白尼的日心说一开始不仅受到教会的敌视,而且也遭到第谷(Tycho Brahe, 1546—1601)等天文学家的反对.然而对 1572 年仙后座爆发的那颗"新星"(Nova,由第谷命名),第谷的观测结果却表明它位于恒星天球,这直接挑战了亚里士多德月上世界永恒不变的观点.之后对 1577 年出现的哈雷彗星的仔细观测,更否定了亚里士多德的彗星是大气现象的观点,因此属于月下世界的看法.更要命的是,第谷还发现彗星的轨道不是正圆.这些结论对地心说都是严重的挑战.与此同时,第谷完全清楚日心说的优点,而且赞美它是"美丽的几何构造".因此他在 1583 年提出了一种折中的宇宙模型(如图 7 - 17 所示):地球位于宇宙的中心

不动,太阳、月亮和恒星天围绕地球转,但金木水火土五大行星围绕着太阳转,再跟太阳一起围绕地球转,转动轨道都是圆.这个模型顺应了传统的神学与物理学观点,成为当时主流学界和天主教会一度认可的宇宙模型.

　　1597 年,第谷受邀举家迁居布拉格,他在这里的最大收获就是发现了开普勒这个杰出的助手和继承人.当时罗马教皇格里高利十三世(Gregory XIII, 1572—1585 年在位)主持修改了基督教世界已沿用千年之久的儒略历,并于 1582 年颁行了格里高利新历.这自然遭到

了新教地区天文学家的强烈反对,原因仅仅因为它是罗马教皇颁布的. 年轻的开普勒也被强行拖入了这场论争,因为他当时开始负责每年都要创作一本星相日历,因此需要清楚准确地掌握计时,特别是复活节的日期. 星相学是开普勒的饭碗,按他自嘲的说法,当星相学这个"傻乎乎的小女儿"一无所获的时候,天文学家这个"母亲"就会饿死.

同伽利略一样,开普勒也遵循这样的思想传统,即造物主是在《圣经》和"自然之书"中阐述其意志的. 当《圣经》因新教改革而众说纷纭时,作为数学家,则有义务把"自然之书"当作独立作品加以诠释. 作为毕生狂热的毕达哥拉斯主义者,支配开普勒探索天空奥秘的,就是这样的信念:上帝参照一个几何模型创造了世界(上帝是一位几何学家),人的理性有能力认识这个模型. 莫里斯·克莱因对开普勒的评价是:"在他的天文学研究中,他将科学、数学与神秘主义混在一起."如果借用科普名著《天空中的圆周率》一书的书名寓意,那么在开普勒心中则是"天空中的黄金率",因为他深信黄金比例(他称之为神圣比例)是上帝创造宇宙的基本工具,他曾说:"几何学有两大财富,其一为毕氏定理,其二为将一线段分成中外比. 前者如黄金,后者如珍珠."

按开普勒的自叙,在 1595 年 7 月 19 日的一次数学课堂上,他突然意识到:一个正三角形的内切圆半径与外接圆半径之比,大致相当于哥白尼《天球运行论》之中木星与土星的均轮半径之比. 由此,他进而思考当时的六大行星(地球和金星、木星、水星、火星、土星)轨道之间的数学联系,最终顿悟到其中的"奥秘和天意":为什么行星的个数不多不少正好是 6 个,是因为柏拉图立体不多不少正好有 5 个! 它们之间的关系可以用如图 7 - 18 所示的正多面体宇宙模型来描述:以地球的轨道为标准,外切一个正十二面体,那么火星的轨道就在这个正十二面体的外接球上;在火星的轨道上外切一个正四面体,那么木星的轨道就在这个正四面体的外接球上;继续在木星的轨道上外切一个正六面体,那么土星的轨道就在它的外接球上;现在,在地球的轨道上内接一个正二十面体,那么金星的轨道就在它的内切球上;在金星的轨道上内接一个正八面体,那么水星的轨道就在它的内切球上. 开普勒将这一构想发表在1596 年出版的《宇宙的神秘》一书中,图 7 - 18 中的右图就是书中的卷首插画.

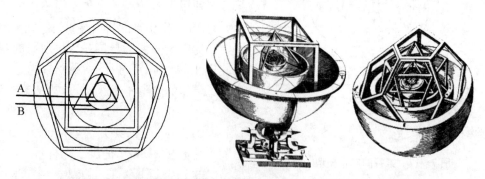

图 7 - 18　开普勒的正多面体宇宙模型:左为平面模型,右为立体模型

开普勒完全相信他的模型的准确性,并将有出入的地方归结为测量误差. 尽管无论是当时还是现在来看,他的模型都是疯狂的、完全错误的,但它在引导科学发展的进程中却产生了重大的影响. 因为他的模型采用的正是"归纳—演绎—论证"的科学方法:基于观测和测量数据,提出一种模型去解释已观察到的现象,然后它所预测的东西将通过实验和进一步的观测被证实或证伪. 按照这种科学方法,并利用第谷留下的大量精密观测资料,再加上他丰富的数学知识和才华,开普勒于 1609 年出版了被延宕达 6 年之久的《新天文学》,其中包含了他的第一定律(椭圆定律,所有行星绕太阳的轨道都是椭圆,太阳在椭圆的一个焦点上)和第二定律(面积定律,行星和太阳的连线在相等的时间间隔内扫过的面积相等). 1619 年他又出版巨著《世界的和谐》,内含开普勒第三定律(调和定律,所有行星绕太阳一周的恒星时间的平方与它们轨道长半轴的立方成比例). 这些伟大成就使他获得了"天空立法者"的美誉. 与此同时,三大定律将所有行星的运动与太阳紧密地联系起来,从此以后牢牢地确立了太阳系的概念. 对于开普勒而言,更为重要的是,调和定律再次表明数学、音乐和天体运动处于一个和谐的体系之中,宇宙再次回归到毕达哥拉斯学派的数学秩序和和谐比例中. 在《世界的和谐》中,开普勒认为"天体的运动只不过是某种永恒的复调音乐而已",并使用了大量的音乐语言和乐谱图,甚至为不同的行星配上了不同的音律.

7.2.3　绘画中的黄金分割

小明知道达·芬奇是所谓的文艺复兴人(又称全才人,尤指写作和绘画方面多才多艺的人)中的典型代表,他兴趣广泛,在数学、物理、化学、工程、军事技术、绘画和建筑等领域都有突出贡献. 达·芬奇撰有《绘画论》(大约写于 1498 年,后人整理并出版于 16 世纪中叶),开篇第一句话就是:"不是数学家的人请不要阅读我的书."因为他坚持认为绘画的价值在于精确地再现自然界,因此绘画是一门科学,而且同所有其他科学一样,以数学为基础,而透视学则是绘画的"舵轮与准绳". 他认为"美感完全建立在各部分之间的神圣比例关系上,各特征必须同时作用,才能产生使观众如醉如痴的和谐比例."在他最著名的《蒙娜丽莎的微笑》(1505)中,就隐藏了许多黄金矩阵.

如果说对于达·芬奇在《蒙娜丽莎的微笑》中是否运用了黄金比例,人们存在不同的看法,那么他 1487 年前后创作完成的钢笔素描画《维特鲁威人》,则明确使用了黄金比例. 画中一个男性被置于宇宙中心,并外接了一个圆和正方形. 准确地说,达·芬奇在此画中表现了古罗马建筑师维特鲁威(Marcus Vitruvius Pollio,生活于公元前 1 世纪)在《建筑十书》中提出的观点:理想男性的身高等于他的臂展(两臂伸开的长度),而且如果他仰面平躺下来,手脚伸开,那么手指和脚趾将与以肚脐为中心的圆周相接触. 在《维特鲁威人》中,肚脐是圆心,生殖器是正方形的中心,正方形的边长与圆的半径之比就是黄金比例 Φ. 古希腊人认为理想的人体中存在多个黄金分割:肚脐上下之比为 φ,上肢、肚脐以下部分和肚脐以上的黄金分割点分别是肘关节、膝盖和咽喉. 字母 Φ 就取自古希腊著名建筑师菲狄亚斯(Phidias,公元前 480—公元前 430)希腊名字(Φειδίας)的首字母,他的代表作是帕特农神庙的雅典娜雕像(已毁). 事实上,现代人体解剖学表明,神圣比例是人体科学的一个重要规律,不仅人体各范围的黄金分割点大多处于骨骼的关节,具有重要的生理意义,而且很多器官的结构也符合黄金分割.

达·芬奇的绘画思想并不是无源之水. 事实上,文艺复兴时期的艺术家之所以转向数学,是因为他们都受了他们要"复兴"的古希腊哲学的影响,即"数学是真实的现实世界的本质,宇宙是有秩序的,而且能按照几何方式明确地理性化."欧洲近代绘画之父乔托(Giotto di Bondone, 1266—1337)直接利用了视觉印象的空间关系,以致他的作品"近似于照相机". 之后在 1435 年问世的透视学奠基之作《论绘画》中,作者阿尔贝蒂(Leon Battista Alberti, 1404—1472)说,做一个合格的画家首先要精通几何学,至于绘画,则是"一扇打开的窗,我们透过窗看到了绘画对象".他还在《论建筑》中阐述了自己对现代建筑的观点,其中充满了黄金比例的思想.最重要的透视学家则是弗朗西斯卡(Piero della Francesca, 1420—1492),他很小的时候就显示出巨大的数学天赋.在《透视绘画论》中,他多次提及《几何原本》,因为他试图说明取得透视效果的诀窍就在于要以科学的视觉感触为基础.在自己的绘画作品中,他大量使用了单点透视绘画法,即水平与垂直轴不变形,所有的纵深轴汇聚到一个灭点(消失点)上.这里的灭点就是在观察者看来直接趋于消失的所有线条的会合点,比如在达·芬奇著名的《最后的晚餐》中,消失点都集中在耶稣基督的右耳处,而犹大的形象正处在黄金分割点上.

达·芬奇的思想应该与帕乔利有关,更正式的说法是"达·芬奇从帕乔利那里学习到一些几何知识,而他自己则向对方灌输了欣赏艺术的思维方式."帕乔利被称为"文艺复兴时期的无名英雄"(类似的人物还有卡尔达诺),如今却被视为"会计之父",因为他在《数学大全》里,十分详细地讲述了复式记账法.复式记账法的意义被媲美于会计学历史上的"蒸汽机革命",但帕乔利不是它的发明人,因为在斐波那契的《计算之书》中,就出现了这种想法.事实上,《数学大全》作为一本百科全书性质的算术课本,大量借鉴了斐波那契以及帕乔利的老师弗朗西斯卡的代数著作.

帕乔利于 1509 年出版了三卷本的专著《神圣比例》(写于 1498 年末).第一卷包括对黄金比例性质的详尽总结,以及对柏拉图立体以及其他多面体的研究,其中包含了达·芬奇绘制的 60 多幅多面体插画(如图 7-19 所示)以及《维特鲁威人》.

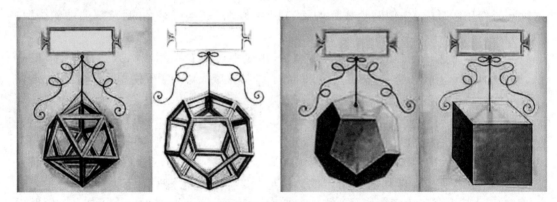

图 7-19　达·芬奇的部分插画(左为框架式,右为结构式)

《神圣比例》第二卷则基于维特鲁威《建筑十书》中的理论,讨论了比例在建筑及人体构造方面的应用.他深信"人体的每一种比例……是在至高无上的上帝的召唤下被发现和制造出来的".第三卷则是老师弗朗切斯卡的几何著作《论五种正多面体》的意大利文译本,为此帕乔利曾遭到剽窃的指责.

不管怎么说,就像欧几里得原创不足但编撰的《几何原本》却能流芳千古一样,帕乔利编撰的《数学大全》与斐波那契的《计算之书》、卡尔达诺的《大术》并称文艺复兴时代的三大数学名著.同时,他编撰的《神圣比例》为西方文化史上许多极具影响力的艺术作品提供了创作素材,其中包括波提切利(Sandro Botticelli, 1445—1510)的《维纳斯的诞生》(1487)、丢勒的《忧郁》(1514)、拉斐尔(Raffaello Santi, 1483—1520)的《耶稣受难》(1502—1503)、安格尔(Jean-Auguste-Dominique Ingres, 1780—1867)的《泉》(1830—

1856),等等. 如今神圣比例早已从建筑、绘画、雕塑、音乐等传统领域延伸到设计、广告等新兴领域.

一路走来,我们看到黄金数既是黄金分割、黄金率,也是中外比、黄金比例乃至神圣比例,其间甚至差一点儿被开普勒定格为天空中的黄金率,但斐波那契数列中黄金数的发现,却通过黄金螺线进一步揭示了黄金数与大自然乃至宇宙的神秘联系,毕竟宇宙万物大多都是螺旋状的. 这让小明不禁联想到邪恶的恶魔数字 666,那么两者之间会有联系吗? 当然,正如雨果(Victor Hugo, 1802—1885)所说的那样:"万物中的一切并非都是合乎人情的美,丑就在美的旁边,畸形靠近着优美,丑怪藏在崇高的背后,美与恶并存,光明与黑暗相共." 如若不信,请看下式: $\sin 666° + \cos(6 \times 6 \times 6)° = -1.618\cdots = -\Phi$.

7.3 e 的故事

7.3.1 无处不在的 e

1. 神奇螺线 e^θ

雅各布·伯努利钟爱的、甚至将其刻于墓碑上的"神奇螺线"需要使用极坐标系下的方程来描述. 所谓极坐标系,如图 7 - 20 所示,指的是平面内由极点、极轴和极径组成的坐标系. 通俗地讲,就是将原点设为极点,并将 x 轴正半轴设为极轴之后,先沿逆时针方向偏转 θ 角度(称为极角)作一条射线 $\overrightarrow{OP}$,再沿射线方向前进距离 ρ,即得点 $P(\rho, \theta)$,也就是说可用射线与圆的交点来确定直角坐标系下点 $P(a, b)$ 的极坐标.

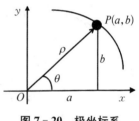

图 7 - 20 极坐标系

两种坐标系之间存在下述换算关系:

$$\begin{cases} x = \rho\cos\theta \\ y = \rho\sin\theta \end{cases} \Longleftrightarrow \begin{cases} \rho = \sqrt{x^2 + y^2} \\ \tan\theta = \dfrac{y}{x} \end{cases}$$

一般地,由于极角 θ 的变化导致极径 ρ 随之发生变化,因此极坐标系下的曲线可用方程 $\rho = \rho(\theta)$ 来描述.

一般公认雅各布·伯努利是极坐标的发现者,因为他将极坐标应用于各种曲线的表述(比如著名的"∞"形曲线即伯努利双纽线 $\rho^2 = a^2\cos 2\theta$,就因他而得名),并从中寻找它们的各种特性. 他的"神奇螺线"的极坐标方程就是 $\rho = e^\theta$,也就是 $\ln\rho = \theta$,因此也称为对数螺线,如图 7 - 21 所示. 而遗憾的是,由于当时的雕刻工匠的失误,墓碑上刻的是 $\rho = \theta$,也称为阿基米德螺线,如图 7 - 22 所示.

对数螺线 $\rho = e^\theta$ 最重要的特征就是:如果极角 θ 按公差为 d 的等差数列递增,那么极径 ρ 则按公比为 e^d 的等比数列递增,也就是 $\ln\rho$ 也按公差为 d 的等差数列递增,这是因为 $e^{\theta+d} = e^d \cdot e^\theta$. 这显然是它何以被称为对数螺线的原因所在.

对数螺线 $\rho = e^\theta$ 又称等角螺线,这是因为它在任意一点处的切线与过该点与极点的直线夹角(径切角为定值),而且对数螺线还是唯一具有此性质的曲线. 证明如下:

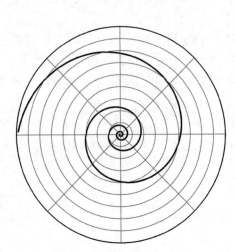

图7-21　对数螺线 $\rho = \mathrm{e}^{\theta}$

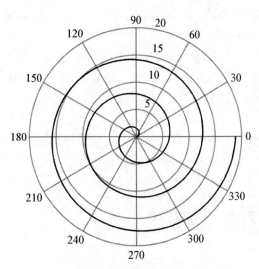

图7-22　阿基米德螺线 $\rho = \theta$

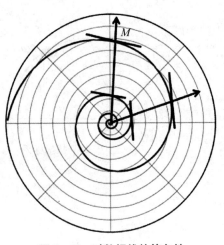

图7-23　对数螺线的等角性

如图7-23所示,由于对数螺线 $\rho = \mathrm{e}^{\theta}$ 的参数方程为 $\begin{cases} x = \mathrm{e}^{\theta}\cos\theta, \\ y = \mathrm{e}^{\theta}\sin\theta, \end{cases}$ 因此

$$\frac{\mathrm{d}y}{\mathrm{d}x} = \frac{\mathrm{d}y/\mathrm{d}\theta}{\mathrm{d}x/\mathrm{d}\theta} = \frac{\cos\theta + \sin\theta}{\cos\theta - \sin\theta} = \frac{1+\tan\theta}{1-\tan\theta}$$

即

$$k_{切} = \frac{\mathrm{d}y}{\mathrm{d}x} = \frac{1+\tan\theta}{1-\tan\theta} = \tan\alpha,$$

又由参数方程可知切点坐标为 $M(\mathrm{e}^{\theta}\cos\theta, \mathrm{e}^{\theta}\sin\theta)$,故矢径 $\overrightarrow{OM}$ 的斜率为

$$k_{\overrightarrow{OM}} = \frac{y}{x} = \frac{\sin\theta}{\cos\theta} = \tan\theta$$

从而径切角(矢径 $\overrightarrow{OM}$ 与切线的夹角) φ 的正切为

$$\tan\varphi = \tan(\alpha - \theta) = \frac{\tan\alpha - \tan\theta}{1 + \tan\alpha\tan\theta} = 1$$

故 $\varphi = \dfrac{\pi}{4}$ 为定值,即对数螺线 $\rho = \mathrm{e}^{\theta}$ 上任意一点 M 处的径切角为定值. 证毕.

　　而让雅各布·伯努利感到惊奇的,则是在大多数几何变换中,对数螺线 $\rho = \mathrm{e}^{\theta}$ 都保持不变. 例如,反演变换 $\rho\rho' = 1$ 只是将对数螺线 $\rho = \mathrm{e}^{\theta}$ 变换为它的对称螺线 $\rho' = \mathrm{e}^{-\theta}$,区别仅在于前者是左手对数螺线,而后者是右手对数螺线(如图7-24所示). 再如,对数螺线 $\rho = \mathrm{e}^{\theta}$ 的渐屈线就是它自身.

　　对数螺线 $\rho = \mathrm{e}^{\theta}$ 的方程可一般化为 $\rho = k\mathrm{e}^{a\theta}$. 易知上述性质仍然成立,特别地,计算可知相应的径切角为 $\varphi = \arctan(a^{-1})$.

小明知道大自然中存在着大量的对数螺线. 比如飞蛾扑火(类似的还有兀鹰猎物),是因为飞蛾的特性是保持跟每一缕光线相同的夹角飞行. 但由于人造光源的光线成中心放射线状,结果飞蛾的轨迹就成了等角螺线. 更经典的则是鹦鹉螺的螺线、向日葵的种子盘,甚至大气气旋,更别说各种旋涡星系. 至于黄金螺线,据计算其参数 $a = 0.306\ 348\ 9$. 首位生物数学家汤姆逊(D'Arcy Thompson, 1860—1948)的《生长与形态》(1917)一书对生物学家和数学家都产生了很大的影响,在书中他指出对数螺线是一种完美的生长模式,出现在自然界的各种物体中. 与之同时, 英国作家库克(Theodore Andrea Cook, 1867—1928)的《生命的曲线》(1914)一书,从

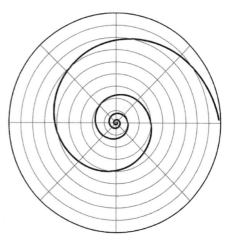

图 7 - 24 右手对数螺线 $\rho = e^{-\theta}$

科学美学的角度,列举了在自然界中出现的大量螺旋曲线,用数学、美学、物理学、植物学、动物学、天文学、建筑学等学科知识深入研究了螺旋曲线,并指出"每一段螺旋曲线都代表一段生长过程".

2. 威力强大的复利律

螺旋曲线之所以与生长过程有关,是因为万物若自然增长,必定满足复利律. 爱因斯坦将复利律视为人类"第八大奇迹",并指出"宇宙中威力最强大的就是复利". 事实上,关于 e 的起源,最典型的就是例 4.24 中已经述及的连续复利问题,即 $e = \lim\limits_{n \to \infty}\left(1 + \dfrac{1}{n}\right)^n$. 雅各布·伯努利在 1683 年估计这个极限值在 2 与 3 之间. 欧拉最早在手稿中用 e 表示自然对数 $\ln x$ 的底,时间最早是 1727 年或 1728 年. 至于为什么选择 e,可能是因为它是指数(exponent)的首字母,也可能是因为字母 a, b, c, d 在数学中是常用的符号. 巧合的是,欧拉姓氏的首字母也是 e,因此 e 也被称为欧拉数.

阿西莫夫以科幻小说而著名,特别是他的《基地系列》《银河帝国三部曲》《机器人系列》,被誉为"科幻圣经". 然而他也撰写了大量科普文章,其中关于数学的被汇编为《数的趣谈》一书. 在书中他语带幽默地说道:"我准备把这项发现称为阿西莫夫数列,除非读者诸君来信告诉我:谁、在什么时候最早指出过这个数列." 他的"发现"就是随着 n 的递增,$\left(1 + \dfrac{1}{n}\right)^n$ 的值形成一个收敛数列,不断趋近于一个确定的极限值,它就是

$$e = 2.718\ 281\ 828\ 459\ 045\ 235\ 360\ 287\ 471\ 352\ 662\cdots$$

2004 年,谷歌公司在硅谷各大地铁站发布大型广告牌,其中只包含一道数学题:{e 的连续数字中最先出现的 10 位素数}.com. 这个素数是 7 427 466 391,通过这一关的人,登录网站 www.7427466391.com 后,将会遇到一道更令人头疼的数学题,答对后才能得到进入下一关的密码. 完成这些通关游戏后,7 500 个"幸存者"进入 Google 实验室网页,成功投出简历. 最后,Google 只录用了其中的 50 个人. 谷歌公司对 e 可谓情有独钟,2004 年首次公开募股的集资额就是 2 718 281 828 美元.

那么什么是复利律呢? 简而言之就是导函数与原函数成正比例,也就是说满足微分方

程 $y' = \pm ay$，其中常数 $a > 0$，而"$\pm$"取"$+$"时 a 表示增长率，取"$-$"时 a 表示衰减率. 显然方程的通解为 $y = c\mathrm{e}^{\pm ax}$，其中 c 为任意常数. 在例 4.24 中，复利律就是

$$A = \lim_{n \to \infty} P\left(1 + \frac{r}{n}\right)^{nt} = P\mathrm{e}^{rt}$$

其中 P 是现值，A 是期值，而 $P = A\mathrm{e}^{-rt}$ 则是贴现公式.

将金钱的复利律类比到人口（乃至生物种群）的自然增长上，就是英国牧师马尔萨斯（Thomas Robert Malthus, 1766—1834）提出的人口模型：人口按几何级数增长，即 $N = N_0\mathrm{e}^{rt}$，其中 N 为 t 时刻的总人口数，N_0 为初始时刻的人口数，r 为净出生率. 即便是修正的逻辑斯谛（logistic）人口模型：人口增长需要考虑饥馑、战争和疾病等资源约束因素，因此人口的净增长率应为 $r(N) = r - sN$，其中资源约束因子 $s = \dfrac{r}{N_{\max}}$ 满足 $r(N_{\max}) = 0$，此时其微分方程为 $\mathrm{d}N = r(N)N\mathrm{d}t = rN\left(1 - \dfrac{N}{N_{\max}}\right)\mathrm{d}t$，解为 $N = \dfrac{N_{\max}}{1 + \left(\dfrac{N_{\max}}{N_0} - 1\right)\mathrm{e}^{-rt}}$，其中仍然包含了表征复利律的 e^{rt}.

至于自然衰减的情形，最典型的就是放射性物质衰变公式：$m = m_0\mathrm{e}^{-rt}$. 易知其半衰期为 $T = \dfrac{\ln 2}{r}$. 联想到曲线 $y = \mathrm{e}^{-ax}$ 长长的尾部（长尾），也就能理解为什么切尔诺贝利和福岛的核事故影响人类的时间会相当长久. 类似的衰减公式还有：

（1）牛顿冷却定律：$T = T_1 + (T_0 - T_1)\mathrm{e}^{-at}$，即 t 时刻物体冷却的速度与物体与环境的温度差 $T - T_1$ 成正比.

（2）声强和光强公式：$I = I_0\mathrm{e}^{-bx}$，其中 I 是声音和光在介质（空气、水等）中传播时的强度，x 是传播的距离.

（3）跳伞下落速度公式：$v = mgk^{-1} + (v_0 - mgk^{-1})\mathrm{e}^{-\frac{k}{m}t}$，其中 k 为空气的阻尼系数. 有趣的是，当 $t \to \infty$ 时，极限速度为 $v_\infty = mgk^{-1}$，只与跳伞者的重力 mg 以及阻尼系数 k 有关，而与初始速度 v_0 无关.

小明发现甚至在悬链线方程 $y = \dfrac{1}{a}(\mathrm{e}^{ax} + \mathrm{e}^{-ax})$ 中也出现了复利律的表达式，而倒挂的悬链线甚至成了美国的地标性建筑.

最后我们来解决一个"自然"的问题. 我们知道 $y = \mathrm{e}^x$ 被称为自然指数函数，其反函数 $y = \ln x$ 则被称为自然对数函数，那么它们是何以"自然"的呢？小明发现答案其实很简单，那就是 $y = \mathrm{e}^x$ 是复利律 $y = \mathrm{e}^{ax}$ 中最简单的情形（$a = 1$），即满足 $(\mathrm{e}^x)' = \mathrm{e}^x$，这正如柯朗在《什么是数学》中所说的那样："自然指数函数与它的导数恒相等，这实际上是指数函数所有性质的来源，并且是它在应用上之所以重要的基本原因." 这一点在对数函数上表现得最为明显. 因为 $(\log_a x)' = \dfrac{1}{x}\log_a \mathrm{e}$，其中 $\log_a \mathrm{e}$ 明显不易记忆，如果选用其他的数 b（比如 10）为底，则根据换底公式，有 $(\log_a x)' = \dfrac{1}{x} \cdot \dfrac{\log_b \mathrm{e}}{\log_b a}$，更加烦琐难记. 若取底数 $b = \mathrm{e}$，并引入简写记号 $\ln$ 来表示 $\log_\mathrm{e}$，就能得到比较简洁的公式 $(\log_a x)' = \dfrac{1}{x\ln a}$，其中底数 $a = \mathrm{e}$ 时则是更加简

洁的公式 $(\ln x)'=\dfrac{1}{x}$. 显然选择以数 e 为底后，$y=\mathrm{e}^x$ 和 $y=\ln x$ 的导数的表达式都最简单，其他的衍生公式也都简化了，所以这种选择无非是数学思维追求简洁、方便、实用及美观的"自然"反应.

7.3.2　数学殿堂中的 e

1. 算 e 新法

先考察数列 $x_n=\left(1+\dfrac{1}{n}\right)^n$ 的极限存在性问题. 小明注意到一种非常巧妙的证法是利用基本不等式：算术平均值 A_n 大于等于几何平均值 G_n，即对非负数列 $\{a_n\}$，有

$$A_n=\frac{a_1+a_2+\cdots+a_n}{n}\geqslant\sqrt[n]{a_1a_2\cdots a_n}=G_n$$

当且仅当 $a_1=a_2=\cdots=a_n$ 时等号成立.

根据 $n+1$ 项和 $n+2$ 项情形下的基本不等式，可知

$$
\begin{aligned}
x_n&=\left(1+\frac{1}{n}\right)^n=\left(1+\frac{1}{n}\right)\times\left(1+\frac{1}{n}\right)\times\cdots\times\left(1+\frac{1}{n}\right)\times 1\\
&<\left(\frac{n\left(1+\frac{1}{n}\right)+1}{n+1}\right)^{n+1}=\left(1+\frac{1}{n+1}\right)^{n+1}=x_{n+1}
\end{aligned}
$$

以及

$$\frac{x_n}{4}=\left(1+\frac{1}{n}\right)\times\left(1+\frac{1}{n}\right)\times\cdots\times\left(1+\frac{1}{n}\right)\times\frac{1}{2}\times\frac{1}{2}<\left(\frac{n\left(1+\frac{1}{n}\right)+\frac{1}{2}+\frac{1}{2}}{n+2}\right)^{n+2}=1,$$

即 $x_n<4$.

综上可知，数列 $\{x_n\}$ 单调递增有上界，由单调有界准则，故 $\lim\limits_{n\to\infty}x_n=\lim\limits_{n\to\infty}\left(1+\dfrac{1}{n}\right)^n$ 存在（记为 e）. 证毕.

继续考察 x_n 的二项展开式，注意到

$$
\begin{aligned}
x_n&=\left(1+\frac{1}{n}\right)^n=\sum_{k=0}^{n}C_n^k\left(\frac{1}{n}\right)^k\\
&=1+\frac{1}{1!}+\frac{1}{2!}\left(1-\frac{1}{n}\right)+\frac{1}{3!}\left(1-\frac{1}{n}\right)\left(1-\frac{2}{n}\right)+\cdots+\\
&\quad\frac{1}{n!}\left(1-\frac{1}{n}\right)\left(1-\frac{2}{n}\right)\cdots\left(1-\frac{n-1}{n}\right)
\end{aligned}
$$

由于 $n\to\infty$ 时各括号因子 $1-\dfrac{k}{n}\to 0$，这就得到了 e 的级数展开式，即

$$\mathrm{e}=\lim_{n\to\infty}\left(1+\frac{1}{n}\right)^n=1+\frac{1}{1!}+\frac{1}{2!}+\frac{1}{3!}+\cdots=\sum_{n=0}^{\infty}\frac{1}{n!} \tag{7.8}$$

用级数展开式(7.8)计算 e 值,速度非常快.如表 7-6 所示,当 $n=7$ 时,已经精确到小数点后 4 位.事实上,由于余项

$$R_n = \frac{1}{(n+1)!} + \frac{1}{(n+2)!} + \frac{1}{(n+3)!} + \cdots < \frac{1}{(n+1)!}\left[1 + \frac{1}{(n+2)} + \frac{1}{(n+2)^2} + \cdots\right]$$

$$= \frac{1}{(n+1)!} \cdot \frac{n+2}{n+1}$$

因此 $R_7 < \frac{1}{8!} \times \frac{9}{8} = \frac{1}{35\ 840} < 0.000\ 028\ 0.$

表 7-6　e 的近似值

n	$e \approx \sum_{k=0}^{n} \frac{1}{k!}$
1	2
2	2.5
3	2.666 66…
4	2.708 33…
5	2.716 66…
6	2.718 05…
7	2.718 25…

2. 最美数学公式

按照韦塞尔给出的复数乘法定义,若记 $f(x) = \cos x + \mathrm{i}\sin x$,则有

$$f(\alpha)f(\beta) = f(\alpha+\beta), \quad f^n(\alpha) = f(n\alpha)$$

乘法变加法,幂变乘法,这显然是指数函数的特性,因此不妨设 $f(x) = \mathrm{e}^{ax}$,则有

$$a\mathrm{e}^{ax} = f'(x) = -\sin x + \mathrm{i}\cos x = \mathrm{i}(\cos x + \mathrm{i}\sin x) = \mathrm{i}\mathrm{e}^{ax}$$

因此 $a = \mathrm{i}$,从而有欧拉公式

$$\mathrm{e}^{\mathrm{i}x} = \cos x + \mathrm{i}\sin x \tag{7.9}$$

以 $-x$ 代替 x,则有 $\mathrm{e}^{-\mathrm{i}x} = \cos x - \mathrm{i}\sin x$,因此有(也称为欧拉公式)

$$\sin x = \frac{\mathrm{e}^{\mathrm{i}x} - \mathrm{e}^{-\mathrm{i}x}}{2\mathrm{i}}, \quad \cos x = \frac{\mathrm{e}^{\mathrm{i}x} + \mathrm{e}^{-\mathrm{i}x}}{2} \tag{7.10}$$

它们都是欧拉于 1748 年在著名的《无穷分析引论》中正式发表的.其实在欧拉之前,英国数学家科茨(Roger Cotes, 1682—1716)已经于 1714 年发表了类似的公式: $\mathrm{i}x = \ln(\cos x + \mathrm{i}\sin x)$,可惜就差了最终的"临门一脚".科茨是牛顿《原理》第二版的编辑,可惜英年早逝,对此牛顿曾非常惋惜:"假如科茨还活着,我们可能会知道得更多."

在欧拉公式中,如果令 $x=\pi$,即得著名的欧拉恒等式

$$\mathrm{e}^{\mathrm{i}\pi} + 1 = 0 \tag{7.11}$$

这个公式被誉为"最美数学公式""上帝公式",是因为其中包含了"2,3,4,5":2个最重要的运算符,即"+"和"=";3个最重要的数学运算,即加法、乘法和指数运算;4个经典数学主要分支,即 0 和 1 代表的算术,i 代表的代数学,π 代表的几何学,e 代表的分析学;5 个最重要的常数(0,1,i,π,e). 费曼在少年时代的笔记本里,用粗黑手写体一个字母一个字母地写出了这个公式,并加有粗黑的标题"THE MOST REMARKABLE FORMULA IN MATH"(数学中最著名的公式),当时他还未满 15 岁. 还有一个经常提到的故事,说的是美国的"纯数学之父",即 19 世纪顶级的哈佛数学家皮尔斯(Benjamin Peirce, 1809—1880),在向学生展示完这个神秘的公式之后,评论道:"先生们,它绝对是正确的,也是绝对诡异的,我们无法理解它,也无从知晓它的含义. 但我们已经证明了它,因此我们知道它就一定是正确的."如今关于它的文化也逐渐在我国传播开来,比如文化衫和石刻(位于吉林大学校内).

皮尔斯之所以感叹,是因为在欧拉公式(7.9)中,若令 $x=\dfrac{\pi}{2}$,则有 $e^{\frac{\pi}{2}i}=\cos\dfrac{\pi}{2}+i\sin\dfrac{\pi}{2}=i$,两边取对数并整理,可得他所谓"一个神秘的公式" $\pi=2\dfrac{\ln i}{i}$,也就是说居然能用虚数 i 来表示 π. 如果两边取 i 次幂,则有 $i^{i}=(e^{\frac{\pi}{2}i})^{i}=e^{\frac{\pi}{2}i^{2}}=e^{-\frac{\pi}{2}}=0.2078\cdots$. 一个虚数的虚次幂居然是实数!

如果将复数 $z=x+yi$ 视为自变量,同时假定指数运算法则仍然成立,就有了复指数函数

$$e^{z}=e^{x+yi}=e^{x}e^{yi}=e^{x}(\cos y+i\sin y) \tag{7.12}$$

这显然与实指数函数 e^{x} 不冲突,因为当 $y=0$ 时,复数 z 特殊为实数 x,而且根据欧拉公式,上式恒成立.

事实上,利用幂级数完全可以将指数函数 e^{x} 推广到复数域,即

$$e^{z}=1+\dfrac{z}{1!}+\dfrac{z^{2}}{2!}+\dfrac{z^{3}}{3!}+\cdots \tag{7.13}$$

据此可以证明指数运算法则 $e^{z_{1}+z_{2}}=e^{z_{1}}e^{z_{2}}$ 以及 $\dfrac{d}{dz}e^{z}=e^{z}$,因此 e^{z} 的这两种定义是等价的.

类似地,根据欧拉公式(7.10),三角函数 $\sin x$ 和 $\cos x$ 也可以推广到复数域,即

$$\sin z=\dfrac{e^{iz}-e^{-iz}}{2i},\ \cos z=\dfrac{e^{iz}+e^{-iz}}{2} \tag{7.14}$$

注意到 $e^{2n\pi i}=\cos 2n\pi+i\sin 2n\pi=1$,其中 n 为整数,因此 $e^{1+2n\pi i}=e\cdot e^{2n\pi i}=e$,从而有

$$e=e^{1+2n\pi i}=(e^{1+2n\pi i})^{1+2n\pi i}=e^{(1+2n\pi i)^{2}}=e^{1+4n\pi i-4n^{2}\pi^{2}}=e^{1-4n^{2}\pi^{2}}e^{4n\pi i}=e^{1-4n^{2}\pi^{2}}$$

这就是说 $1=e^{-4n^{2}\pi^{2}}$. 这显然是荒谬的,因为当且仅当 $n=0$ 时等号才成立. 这就是自学成才的丹麦数学家克劳森(Thomas Clausen, 1801—1885)在 1827 年发现的.

导致克劳森以及皮尔斯的神秘发现的原因,在于复指数函数 e^{z} 实际上是周期函数,其周期为纯虚数 $2\pi i$,因为 $e^{z+2\pi i}=e^{z}e^{2\pi i}=e^{z}$. 这导致复指数函数 $w=e^{z}$ 的反函数也是多值函数,也就是说对于复自然对数函数 $w=\ln z$ 来说,同一个 z 应该对应无数个对数值 $\ln z$,它们之

间相差 $2\pi i$ 的整数倍.

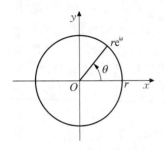

图7-25 复数的指数表示

那么又该如何定义复对数函数呢？这个对欧拉来说问题不大,因为借助于欧拉公式和 e^z 的周期性,他得到了复数更简洁的指数表示(如图7-25所示):

$$z = r(\cos\theta + i\sin\theta) = re^{i\theta} = re^{i(\theta+2k\pi)},\ \theta = \arg z$$

这样复对数函数 $\ln z$ 可定义为

$$\ln z = \ln r + i(\theta + 2k\pi),\ \text{其中}\ r = |z|,\ \theta = \arg z$$

其主值 $\operatorname{Ln} z$ 可定义为

$$\operatorname{Ln} z = \ln r + i\theta$$

特别地,当 z 特殊为正实数 x 时,有 $r = x$, $\theta = 0$, 从而有

$$\operatorname{Ln} z = \ln x\ (z = x > 0)$$

因此皮尔斯的神秘等式应该改写为 $\pi = 2\dfrac{\operatorname{Ln} i}{i}$, 因为 $\operatorname{Ln} i = \ln|i| + i\dfrac{\pi}{2} = \dfrac{\pi}{2}i$.

至于 i^i 的问题,则需要考虑对数恒等式 $x = e^{\ln x}$ 的推广形式 $z = e^{\ln z}$, 从而有

$$i^i = e^{i\ln i} = e^{i(\ln|i| + i\arg i + 2k\pi i)} = e^{-\left(\frac{\pi}{2} + 2k\pi\right)}\ (k = 0,\ \pm 1,\ \pm 2,\ \cdots)$$

因此 i 的 i 次幂是实数没错,但不是一个实数,而是有无穷多个实数!

3. e到底是什么数

三大常数中, π 和黄金数 Φ、φ 的历史都可以追溯到古代,而 e 的历史才不过400年左右.欧拉在1737年首次证明了 e 是无理数,这样三大常数都是无理数,其中黄金数 Φ 和 φ 是代数数,而 π 则是超越数.那么 e 是不是超越数呢？事实上,正是埃尔米特在1873年用特别高超的技巧初步证明了 e 是超越数,之后林德曼才借鉴他的思路,利用欧拉公式于1882年证明了 π 的超越性.所以说 e 是第一个被证实了超越性的"自然"的数,因为之前刘维尔给出的那类超越数都是人为构造的数.而它的证明人埃尔米特可谓身残志坚的代表.因为他天生跛脚,转入伽罗瓦的母校后,他被数学老师视为"年轻的拉格朗日",但大学入学考试却屡屡败北,最终录取他的巴黎综合理工学院居然在入学一年后因跛脚问题将他退学.如今数学中有很多以他的名字命名的理论,其中最特别的是与对称理论有关的 Hermite 矩阵.或许可以说,正是因为自己的"不对称",他才深刻地理解并驯服了对称之美.

π 和 e 的超越性的解决,也带来了新的问题,比如 $\pi \pm e$、πe、π / e、e^e、e^π 以及 π^e 是不是无理数或超越数？其中的盖尔丰德常数 e^π 因为可改写为 i^{-2i} 的形式,已在1929年被苏联数学家盖尔丰德(Aleksandr Gelfond, 1906—1968)证明是超越数.

关于 π 和 e 的关系,除了有趣的 $\pi^4 + \pi^5 \approx e^6$ (小数点后第5位才不同)之外,还有下面这种有趣的联系:

$$\pi = 3.141\ 592\ 653\ 589\ 793\ 238\ 46\cdots$$

$$e = 2.718\ 281\ 828\ 459\ 045\ 235\ 36\cdots$$

其中画下划线的数字对应相同.有人据此猜测它们平均每 10 位会有 1 次雷同.对于三大常数,有人还提出了这样有趣的问题:为什么几个重要的数(0,φ,1,$\sqrt{2}$,Φ,e 和 π),数值都在 0 与 4 之间?

同另外两大常数一样,e 也有连分数展开式,例如

$$e=2+\cfrac{1}{1+\cfrac{1}{2+\cfrac{2}{3+\cfrac{3}{\cdots}}}}$$

最后给出 e 是无理数的一种证法如下:由于 $e=\sum_{n=0}^{\infty}\dfrac{1}{n!}$,两边同时乘以 $n!$,可得

$$n!e=n!\sum_{k=0}^{n}\frac{1}{k!}+\frac{1}{n+1}+\frac{1}{(n+1)(n+2)}+\cdots$$

令 $a_n=n!\sum_{k=0}^{n}\dfrac{1}{k!}$,$b_n=n!e-a_n$,则

$$a_n=2n!+n\times(n-1)\times\cdots\times3+n\times(n-1)\times\cdots\times4+\cdots+1$$

显然 a_n 是自然数.至于 b_n,则不是自然数,这是因为

$$0<b_n=n!e-a_n=\frac{1}{n+1}\left[1+\frac{1}{(n+2)}+\frac{1}{(n+2)(n+3)}+\cdots\right]$$
$$<\frac{1}{n+1}\left[1+\frac{1}{(n+2)}+\frac{1}{(n+2)^2}+\cdots\right]=\frac{1}{n+1}\cdot\frac{1}{1-\frac{1}{n+2}}=\frac{n+2}{(n+1)^2}<1$$

因此 $n!e=a_n+b_n$ 不可能是整数.

另一方面,如果 e 是有理数,则有 $e=\dfrac{p}{q}$,其中 p,q 是互素的整数且 $p>q$,因此

$$n!e=n!\frac{p}{q}=1\times2\times\cdots\times(q-1)\times(q+1)\times\cdots\times n\times p$$

这说明 $n!e$ 是一个整数.出现了矛盾,因此 e 是无理数.证毕.

7.3.3　先有对数,后有指数

1. 对数的发现

如前所述,1500 年前后的地理大发现,促进了天文、航海、工程、贸易以及军事的发展,也使得提高数字计算的计算速度和准确性成为当务之急.其中特别是天文学,因为涉及大数(所谓天文数字)冗长烦琐的乘、除、乘方、开方等运算,这就催生了改进数字计算方法的迫切需求.苏格兰数学家纳皮尔(John Napier,1550—1617)从 1594 年起潜心研究三角学,最终于 1614 年出版《奇妙的对数定律说明书》,纳皮尔对数横空出世,并很快震惊了当时的伦敦数学界,之后更被传播到欧洲大陆乃至包括当时中国在内的全世界.对数的发明为天文学家

的计算带来了极大的方便,开普勒成为第一个受益者,因为他将之应用于发现第三定律的计算并获得成功.拉普拉斯也是深有体会:"由于可以把几个月所做的计算减少到几天完成,对数的发明减少了劳动量,倍增了天文学家的寿命",因此"(对数)这种完全由学识而来的发明是人类精神上的宝贵成就".伽利略甚至声称:"给我空间、时间和对数,我就可以创造一个宇宙."这话说得没错,因为宇宙是关于时空的学说,而对数则是当时的重要计算工具.恩格斯在《自然辩证法》(1873—1886)中,把对数与解析几何、微积分并列为17世纪数学的三大成就.还有卡约里,他在《数学符号史》(两卷,1928—1929)中指出:"现代计算的神奇力量源自三大神秘发明:阿拉伯数字、小数以及对数."

触发纳皮尔发明对数的思想来源,主要是指数律和加减术.前者指的是等比数列与等差数列之间的对应运算关系,在16世纪已经广为人知.后者指的是三角函数中的积化和差公式,它们在16世纪已经被天文学家所熟知.

纳皮尔的创造首先在于将指数律的幂由整数拓展到连续值,为此他需要一个庞大的数表.鉴于他没有意识到分数指数幂的问题,他只能选择一个足够小的数作为底数,使得相应的幂缓慢增长.经过长期斟酌,同时为了尽量避免使用刚刚出现的小数,他最终选择了 $0.999\,999\,9$,即 $1-10^{-7}$,这样就有了他的第一张表(只有101项),如下所示:

表 7-7　纳皮尔对数表

y	10^7	$10^7\times(1-10^{-7})$	$10^7\times(1-10^{-7})^2$	$10^7\times(1-10^{-7})^3$	$\cdots$	$10^7\times(1-10^{-7})^{100}$
x	0	1	2	3	$\cdots$	100

其中纳皮尔忽略了 $10^7\times(1-10^{-7})^2=9\,999\,998.000\,000\,100\,582\,8$ 的小数部分,只取 $9\,999\,998$,其他以此类推.

如果我们记 $y=10^7(1-10^{-7})^x$,那么 x 就是 y 的纳皮尔对数,记为 $x=\text{Nap.}\log y$.这样就有 $\text{Nap.}\log10^7=0$,$\cdots$,$\text{Nap.}\log10^7(1-10^{-7})^{100}=100$.显然纳皮尔对数与如今的对数之间存在如下关系

$$x=\text{Nap.}\log y=\log_{1-10^{-7}}\frac{y}{10^7}=\log_{(1-10^{-7})^{10^7}}y$$

其中的底数为 $(1-10^{-7})^{10^7}$,当将 10^7 替换为 n 时,可知 $n\to\infty$ 时其极限为 e.当然,纳皮尔当时还没有底数的概念,更没有自然对数的想法,而且纳皮尔对数也不满足对数的基本运算规律(如乘积的对数等于各自对数的和),更关键的是,纳皮尔对数值是单调递减的.

纳皮尔对数受到伦敦数学家布里格斯(Henry Briggs, 1561—1631)的极度喜爱,以致他于1615年夏天不远千里坐马车去苏格兰拜访纳皮尔.在这次会晤中,他提出了两条建议:将1而非 10^7 的对数值定义为0,定义10的对数值与10的某个指数幂值相等.尚在中年的布里格斯接手了计算新对数表的任务,于1617年出版了《一千个数的对数》,并最终于1624年出版了《对数的算术》一书,其中包含了1~20 000之间以及90 000~100 000之间的所有整数的常用对数值,精度达到了小数点后14位.他还在书中详细解释了他的方法.20 000~90 000之间的空缺部分在该书1628年的第2版中被书商补齐.常用对数终于登上了历史舞台.

对数的另一个发明人是瑞士数学家比尔吉(Jost Bürgi, 1552—1632),大多数历史学家

公认他早在 1588 年就发明了对数,这比纳皮尔开始研究对数的时间还要早 6 年,但因为个人原因和战乱,他的《算术与几何级数表》直到 1620 年才得以出版. 在比尔吉的对数表中,底数使用的是比 1 略大的 $1+10^{-4}$,而且与纳皮尔的几何方法不同的是,比尔吉使用的是纯代数方法. 开普勒在 1627 年出版的《鲁道夫星表》中为他惋惜道:"这个犹豫不决、守口如瓶的男人抛弃了他的'孩子'(指比尔吉和他的对数),而没有为了大众的利益把'孩子'抚养成人." 这是因为早在 1588 年,就有一位天文学家在出版的著作中介绍了比尔吉的部分新数学方法,但因为未经允许,引起了他的不快,并导致他之后在记录以及与他人分享数学创新时变得过度谨慎. 这让小明不禁深深感叹:历史总是让人惋惜!

至于现在通用的指数符号,则来自笛卡儿 1637 年在《几何学》中的创造. 事实上,他综合了法国数学家皮埃尔·埃里贡(Pierre Hérigone, 1580—1643)于 1634 年给出的 $a3$、$2ba2$ 等记号,以及旅居巴黎的爱尔兰人休谟(James Hume)于 1636 年给出的 A^{iii} 等记号,引入了 a^3、$2ba^2$ 等现代符号. 至于分数指数幂、负指数幂和负分数指数幂,公认的出处则是牛顿于 1676 年写给莱布尼茨的信中. 这样,牛顿站在前人的肩膀上,将正整数指数幂一下子扩充到有理指数幂,并且创造了现在通用的、科学的负分数指数幂记号. 因此与教材先指数后对数的逻辑顺序不同的是,历史上对数的发明早于现代意义上的指数. 这又是与微积分"不合逻辑的发展"相似的情形. 至于造成这种现象的原因,有人给出了如下解释:

(1) 纳皮尔首先发现的是大数运算中有对应比例关系,他利用这种关系的目的是简化计算,而不是考虑求指数逆运算.

(2) 指数运算用的是自乘的方法计算,比较简单. 特别是笛卡儿发明了指数运算的符号和规则后,更加简化了这种运算. 而人们喜欢把容易的运算说成正运算,难的运算是逆运算,例如加法易减法难,乘法易除法难,微分易积分难等,这实际上是人类的认知偏好先易后难带来的逻辑后果.

距离对数和指数的发明过去一百多年后,欧拉开始拨乱反正,他在《无穷分析引论》(1748)中,提出了"对数源于指数"的观点:"从以底为变量的幂转向了以指数为变量的幂,作为以指数为变量之幂的逆,自然而有成果地得到了对数的概念." 据此他在书中指出了对数与指数的互逆关系,定义了现代意义上的对数,并明确将对数函数 $x=\log_a y$ 定义为指数函数 $y=a^x$ 的反函数:

> 前面我们看到,给定一个数 a ,那么对每一个值 x ,都能求得一个值 y ,使得 $y=a^x$. 倒过来,对每一个值 y ,要求出一个值 x ,使得 $y=a^x$,也就是把 x 看成 y 的函数,此时称 x 为 y 的对数(函数),通常记为 $x=\log_a y$,这里假定 a 是一个固定的数,称为底.

2. 对数函数的发现

对数函数的发现与著名的双曲线求积问题有关. 第 6 章已经指出,对于任意正整数(乃至正分数)n ,费马(以及其他人)解决了"高次抛物线" $y=x^n$ 求积问题(1636 年)以及"高次双曲线" $y=x^{-n}$ 的求积问题(1640 年前后,发表于 1658 年的《求积论》),即

$$\int_0^a x^n \mathrm{d}x = \frac{1}{n+1}a^{n+1}, \int_a^{+\infty} x^{-n}\mathrm{d}x = \frac{1}{n-1}a^{1-n}(a>0)$$

但他只能遗憾地指出:"我认为所有的双曲线中,除了阿波罗尼奥斯曲线中的一个或者说第一个(指双曲线 $y=1/x$) 外,其余的都可以通过统一的步骤用几何级数方法求积分."

这个问题的解决归功于圣文森特的格雷戈里,他的《求圆与圆锥曲线的面积》(1647)是一本 1 250 余页的巨著,其中他注意到:对于 $xy=1$,用于计算其下曲边梯形的面积的所有长方形都有着相同的面积,这意味着距离从 0 开始按等比数列增长时,相应的曲边梯形面积按等差数列增长,也就是说面积与水平距离的对数是成比例的. 如图 7-26 所示,从点 N 开始,按费马的方法,相邻各长方形的宽依次是 $a(1-r)$, $ar(1-r)$, $\cdots$, 高依次是 a^{-1}, $(ar)^{-1}$, $\cdots$, 则图中相应的长方形的面积都是 $1-r$. 这样双曲线 $xy=1$ 介于定点 1 及动点 x 之间的面积,就可以表示成 $A(x)=\log x$. 因为这个面积与对数的底数无关,后来就选择了最"自然"的底数 e,即有 $A(x)=\ln x$.

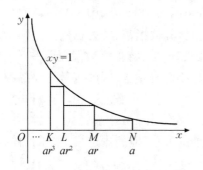

图 7-26　用费马的方法处理双曲线 $xy=1$

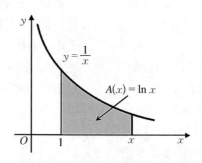

图 7-27　对数函数的惠更斯几何模型

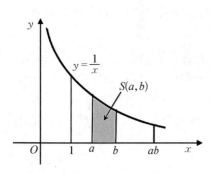

图 7-28　$S(1, b)=S(a, ab)$

惠更斯在 1661 年也给出了对数函数 $A(x)=\ln x$ 的几何模型,如图 7-27 所示. 他的思路是利用面积的可加性,即 $S(1, ab)=S(1, a)+S(a, ab)$,其中 $S(a, b)$ 表示双曲线 $xy=1$ 介于点 a 与 b 之间的面积,如图 7-28 所示. 为了得到这种面积与对数函数的关系,他需要证明 $S(1, b)=S(a, ab)$,为此只需要一个复合的线性变换:

$$u=ax, \quad v=\frac{y}{a}$$

这是一个复合变换(在水平方向拉长了 a 倍,同时在垂直方向缩短了 a 倍),因此这是一个保持面积不变的线性变换,由于 $S(1, b)$ 对应的曲边梯形经过变换后变成了与 $S(a, ab)$ 对应的曲边梯形,因此两者面积相等. 惠更斯还把他的观察推广到 $xy=c$ 的情形,其中常数 $c \neq 0$. 他发现不同的 c 对应不同的对数函数,其中最简单的自然是 $c=1$ 的情形,因此他称之为自然对数(函数).

第 6 章已经指出,在 1665 年前后,牛顿对双曲线 $(x+1)y=1$ 特别感兴趣,同时他已经注意到了圣文森特的格雷戈里的发现,而 $(x+1)y=1$ 右移一个单位就是标准双曲线 $xy=1$,因此 $(x+1)y=1$ 从原点到 x 之间的

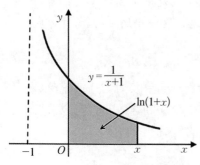

图 7-29　$\ln(1+x)$ 的几何模型

面积(如图 7-29 所示)就是 $\ln(1+x)$. 接着借助于 $y=(1+x)^{-1}$ 的级数展开式以及费马等人共同发现的积分公式,他得到了 $\ln(1+x)$ 的幂级数展开式,即

$$\ln(1+x) = \int_0^x (1+t)^{-1} \mathrm{d}t = \int_0^x (1-t+t^2-t^3+\cdots)\mathrm{d}t = x - \frac{x^2}{2} + \frac{x^3}{3} - \frac{x^4}{4} + \cdots$$

遗憾的是,他当时没有公开自己的发现. 公开发表这个级数的是墨卡托,时间是 1668 年. 对 $x=\ln(1+y)$,借助于级数反演方法,牛顿还得到了 e^x 的级数展开式.

到了 1748 年,欧拉在《无穷分析引论》中不仅明确将对数函数 $x=\log_a y$ 定义为指数 $y=a^x$ 的反函数,还得到了 a^x 的级数展开式

$$a^x = 1 + \frac{1}{1!}Kx + \frac{1}{2!}(Kx)^2 + \frac{1}{3!}(Kx)^3 + \frac{1}{4!}(Kx)^4 + \cdots$$

他接着令 $x=1$,得到了

$$a = 1 + \frac{1}{1!}K + \frac{1}{2!}K^2 + \frac{1}{3!}K^3 + \frac{1}{4!}K^4 + \cdots$$

同时他指出,由于"对数的底 a 可以根据需要选取,现在我们取 a 使得 $K=1$",这样就有了

$$a = 1 + \frac{1}{1!} + \frac{1}{2!} + \frac{1}{3!} + \frac{1}{4!} + \cdots = 2.718\,281\,828\,459\,045\,235\,360\,28\cdots$$

于是欧拉称"以这个数为底的对数为自然对数或者双曲对数",并指出后一名称来源于双曲线下的面积可以用这种对数来表示. 他将上面这个数记为 e,即 e 是自然对数或双曲对数的底,并实质上给出了 e^x 的如下形式(其中极限符号也是后人于 1786 年发明的)

$$\mathrm{e}^x = \lim_{n\to\infty}\left(1+\frac{x}{n}\right)^n = 1 + \frac{x}{1!} + \frac{x^2}{2!} + \frac{x^3}{3!} + \cdots$$

参考文献

[1] 纳瓦罗. π 的秘密:关于圆的一切[M]. 李海亭,译. 北京:中信出版集团,2021.

[2] 波沙曼提尔,莱曼. π:世界最神秘的数字[M]. 王瑜,译. 长春:吉林出版集团有限责任公司,2011.

[3] 布拉特纳. 神奇的 π[M]. 潘恩典,译. 汕头:汕头大学出版社,2003.

[4] 陈仁政. π 的密码[M]. 北京:科学出版社,2016.

[5] 陈仕达,陈雪. 说不尽的圆周率[M]. 北京:人民邮电出版社,2016.

[6] 夏道行. π 和 e[M]. 上海:上海教育出版社,1964.

[7] 李大潜. 圆周率 π 漫话[M]. 北京:高等教育出版社,2007.

[8] 汤涛. 从圆周率计算浅谈计算数学[M]. 北京:高等教育出版社,2018.

[9] 莫绍揆. 论张衡的圆周率[J]. 西北大学学报:自然科学版,1996,26(4):359-362.

[10] 郭书春. 九章算术译注[M]. 上海:上海古籍出版社,2009.

[11] 华罗庚. 从祖冲之的圆周率谈起[M]. 北京:科学出版社,2002.

[12] 虞言林,虞琪. 祖冲之算 π 之谜[M]. 北京:科学出版社,2002.

[13] 王能超. 千古绝技"割圆术":刘徽的大智慧[M]. 2 版. 武汉:华中科技大学出版社,2003.

[14] 郭书春. 中国科学技术史:数学卷[M]. 北京:科学出版社,2010.

[15] 张维忠. 文化视野中的数学与数学教育[M]. 北京:人民教育出版社,2005.

[16] 堀场芳数. π 的奥秘:从圆周率到统计[M]. 丁树深,译. 北京:科学出版社,1998.

[17] 卡兹. 简明数学史: 第一卷 古代数学[M]. 董晓波, 顾琴, 邓海荣, 等译. 北京: 机械工业出版社, 2016.

[18] 卡兹. 简明数学史: 第三卷 早期近代数学[M]. 董晓波, 孙翠娟, 孙岚, 等译. 北京: 机械工业出版社, 2017.

[19] 张国利, 杜智慧. 关于对 p 级数敛散性研究的注记[J]. 洛阳师范学院学报, 2017, 36(11): 22 - 24.

[20] 邓纳姆. 天才引导的历程: 数学中的伟大定理[M]. 李繁荣, 李莉萍译. 北京: 机械工业出版社, 2013.

[21] 泽布罗夫斯基. 圆的历史[M]. 李大强, 译. 北京: 北京理工大学出版社, 2003.

[22] Davis P J. Are there coincidences in mathematics? [J]. The American Mathematical Monthly, 1981, 88(5): 311 - 320.

[23] 萨根. 接触[M]. 王义豹, 译. 重庆: 重庆出版社, 2008.

[24] 袁亚湘. 数学漫谈[M]. 北京: 科学出版社, 2021.

[25] 黄建国. 从中国传统数学算法谈起[M]. 北京: 北京大学出版社, 2016.

[26] 马奥尔. 三角之美: 边边角角的趣事[M]. 曹雪林, 边晓娜, 译. 2 版. 北京: 人民邮电出版社, 2018.

[27] 李大潜. 黄金分割漫话[M]. 北京: 高等教育出版社, 2007.

[28] 科尔瓦兰. 黄金比例: 用数学打造完美[M]. 张鑫, 译. 北京: 中信出版集团, 2021.

[29] 利维奥. φ的故事: 解读黄金比例[M]. 刘军, 译. 长春: 长春出版社, 2003.

[30] 陈雪, 黎渝. 奥妙无穷的黄金分割[M]. 北京: 人民邮电出版社, 2016.

[31] 陈仁政. Φ的密码[M]. 北京: 科学出版社, 2011.

[32] 德·帕多瓦. 宇宙的奥秘: 开普勒、伽利略与度量天空[M]. 盛世同, 译. 北京: 社会科学文献出版社, 2020.

[33] 罗布莱克. 天文学家的女巫案: 开普勒为母洗污之战[M]. 洪云, 张文龙, 译. 北京: 北京联合出版公司, 2017.

[34] 冈恩, 郭建中. 钻石透镜: 从吉尔伽美什到威尔斯[M]. 北京: 北京大学出版社, 2008.

[35] 开普勒. 世界的和谐[M]. 张卜天, 译. 北京: 北京大学出版社, 2011.

[36] 金格拉斯. 科学与宗教: 不可能的对话[M]. 范鹏程, 译. 北京: 中国社会科学出版社, 2019.

[37] 詹姆斯. 天体的音乐: 音乐、科学和宇宙自然秩序[M]. 李晓东, 译. 长春: 吉林人民出版社, 2003.

[38] 斯金纳. 神圣几何[M]. 王祖哲, 译. 长沙: 湖南科学技术出版社, 2010.

[39] 项武义, 张海潮, 姚珩. 千古之谜与几何天文物理两千年: 纪念开普勒《新天文学》问世四百周年[M]. 北京: 高等教育出版社, 2010.

[40] 赵峥. 物理学与人类文明十六讲[M]. 北京: 高等教育出版社, 2008.

[41] 吴国盛. 科学的历程[M]. 全新修订版. 长沙: 湖南科学技术出版社, 2018.

[42] 克莱因 M. 西方文化中的数学[M]. 张祖贵, 译. 北京: 商务印书馆, 2020.

[43] 蔡天新. 数学与艺术[M]. 南京: 江苏人民出版社, 2021.

[44] 梦隐. 帕乔利: 数学、上帝和资本[J]. 科学文化评论, 2013, 10(1): 126 - 128.

[45] 刘钝. 帕乔利: 修士、数学家、现代会计学鼻祖[J]. 数学文化, 2018, 9(1): 51 - 61.

[46] 艾萨克森. 列奥纳多·达芬奇传: 从凡人到天才的创造力密码[M]. 汪冰, 译. 北京: 中信出版集团, 2018.

[47] 马传渔, 邵进, 李栋宁. 艺术数学[M]. 北京: 科学出版社, 2012.

[48] 梁进. 名画中的数学密码[M]. 北京: 科学普及出版社, 2018.

[49] 裴雪重, 高世金. 黄金分割与人体科学[J]. 科学, 1998, 50(6): 44 - 45.

[50] 米歇尔, 布朗. 神圣几何: 人类与自然和谐共存的宇宙法则[M]. 李美蓉, 译. 广州: 南方日报出版社, 2014.

[51] 奥内斯. 数学艺术: 真实 美丽 平衡[M]. 杨大地, 译. 重庆: 重庆大学出版社, 2021.

[52] 马奥尔. e的故事: 一个常数的传奇[M]. 周昌智, 毛兆荣, 译. 2 版. 北京: 人民邮电出版社, 2018.

[53] 李大潜. 漫话 e[M]. 北京: 高等教育出版社, 2011.

[54] 黎渝, 陈梅. 不可思议的自然对数[M]. 北京: 人民邮电出版社, 2016.

[55] 陈仁政. e 的密码[M]. 北京: 科学出版社,2011.

[56] 李力. 简证对数螺线的数理性质[J]. 大学物理,2015,34(7): 13 - 14.

[57] 金福. 关于对数螺线不变性之证明[J]. 沈阳师范学院学报: 自然科学版,1999,17(3): 4 - 7.

[58] 库克. 生命的曲线[M]. 周秋麟,陈品健,译. 长春: 吉林人民出版社,2000.

[59] 阿西莫夫. 数的趣谈[M]. 洪丕柱,周昌忠,译. 上海: 上海科学技术出版社,1980.

[60] 纳欣. 虚数的故事[M]. 朱惠霖,译. 上海: 上海教育出版社,2008.

[61] 欧拉. 无穷分析引论: 上[M]. 张延伦,译. 哈尔滨: 哈尔滨工业大学出版社,2019.

[62] 徐斌,汪晓勤. 从指数律到对数[J]. 数学教学,2010(6): 35 - 38.

[63] 陈少丽. 对数的发明及其相关历史分析[D]. 临汾: 山西师范大学,2012.

[64] 王鑫. HPM 视角下对数复习课教学的案例研究[D]. 上海: 华东师范大学,2019.